科学出版社"十三五"普通高等教育本科规划教材

高 等 数 学
(下册)

谢寿才　尹忠旗　邓丽洪
李林珂　陈　渊　唐　孝　编

科学出版社
北　京

内 容 简 介

本书根据高等学校理工科本科专业高等数学课程的教学基本要求,结合国家质量工程培养应用型人才的指导思想,借鉴多年的教学实践及近几年的考研大纲编写而成. 本书结构严谨、逻辑清晰、概念准确,在内容上力求适用、简明、易懂;在例题的选择上力求具有层次性、全面性和典型性,注重理论知识与实际应用相结合,增加生活和工程技术应用相关的知识以提高学生分析和解决问题的能力.

本书分上、下两册. 上册包括一元函数微积分学、无穷级数,下册包括空间解析几何、多元函数微积分和微分方程. 各小节均配有习题,各章配有总习题,习题中包含近几年与每章内容有关的考研试题,书末配有习题参考答案及提示.

本书可作为高等院校理工类专业教材使用,也可作为考研学生的参考书.

图书在版编目(CIP)数据

高等数学(下册)/谢寿才等编. —北京:科学出版社,2017.11
科学出版社"十三五"普通高等教育本科规划教材
ISBN 978-7-03-053474-3

I. ①高… Ⅱ. ①谢… Ⅲ. 高等数学-高等学校-教材 Ⅳ. ①O13

中国版本图书馆 CIP 数据核字 (2017) 第 134471 号

责任编辑:王胡权 / 责任校对:邹慧卿
责任印制:赵 博 / 封面设计:陈 敬

科学出版社 出版
北京东黄城根北街 16 号
邮政编码:100717
http://www.sciencep.com

天津市新科印刷有限公司印刷
科学出版社发行 各地新华书店经销

*

2017 年 11 月第 一 版 开本:720×1000 1/16
2024 年 8 月第十一次印刷 印张:18
字数:363 000

定价:39.00 元
(如有印装质量问题,我社负责调换)

前　言

本书根据高等学校理工科本科专业高等数学课程的教学基本要求，结合国家质量工程培养应用型人才的指导思想，借鉴多年的教学实践及近几年的考研大纲编写而成. 本书结构严谨、逻辑清晰、概念准确，在内容上力求适用、简明、易懂；在例题的选择上力求具有层次性、全面性和典型性，注重理论知识与实际应用相结合，增加生活和工程技术应用相关的知识以提高学生分析和解决问题的能力.

本书是为了适应新形势下高等数学教学模式改革过程中要突出应用型人才培养的特点，以提高学生的数学素质，培养学生创造性地解决实际问题的能力为宗旨编写而成的. 全书内容编排新颖，对高等数学教材的内容和编排进行了较大幅度的调整. 在第1章中适当精简了初等函数的内容，将集合、映射、函数的定义学生熟知的内容进行了精简；在第8章中对向量代数进行了适当精简，适当降低了部分内容的深度和广度，淡化了某些知识点的定理证明和不必要的繁琐，提高了数学思想和数学应用方面的要求. 在内容编排上将无穷级数和微分方程的位置进行了调整，分别调整为上册的第7章和下册的第12章.

本书分上、下两册. 上册包括一元函数微积分学、无穷级数，下册包括空间解析几何、多元函数微积分和微分方程. 各小节均配有习题，各章配有总习题，习题中包含近几年与本章内容有关的考研真题，书末配有习题参考答案及提示. 本书由四川师范大学数学与软件科学学院大学数学教研室具有丰富教学经验的一线教师编写完成. 第1、2、3、7、9、12章由李林珂执笔，第4、5、6章由唐孝执笔，第8章由陈渊执笔，第10、11章由尹忠旗执笔. 谢寿才、邓丽洪、严峻对各章节的初稿作了详细的修改，最后由谢寿才、唐孝、邓丽洪统一定稿.

本书可供高等学校理工科类各专业学生使用，也可作为广大教师、考研学生及工程技术人员的参考书.

本书在编写过程中得到了四川师范大学数学与软件科学学院领导及大学数学教研室各位老师的大力支持，科学出版社编辑对本书的出版付出了大量心血，在此对他们表示由衷的感谢！

由于编者水平有限，书中难免存在不足与疏漏之处，敬请读者批评指正.

编　者
2017年4月

目 录

前言
第 8 章 空间解析几何 ·· 1
  8.1 空间直角坐标及向量的坐标运算 ······························· 1
    8.1.1 空间直角坐标系 ·· 1
    8.1.2 向量的坐标表示及方向余弦 ······························ 2
    8.1.3 向量的数量积 ··· 7
    8.1.4 向量的向量积 ··· 9
    习题 8.1 ·· 11
  8.2 曲面及其方程 ·· 12
    8.2.1 曲面方程的概念 ·· 12
    8.2.2 旋转曲面 ··· 13
    8.2.3 柱面 ··· 15
    8.2.4 二次曲面 ··· 16
    习题 8.2 ·· 19
  8.3 空间曲线及其方程 ··· 20
    8.3.1 空间曲线的方程 ·· 20
    8.3.2 空间曲线在坐标面上的投影 ······························ 23
    习题 8.3 ·· 24
  8.4 平面及其方程 ·· 25
    8.4.1 平面的方程 ·· 25
    8.4.2 两平面的位置关系 ··· 27
    8.4.3 点到平面的距离 ·· 29
    习题 8.4 ·· 29
  8.5 空间直线及其方程 ··· 30
    8.5.1 空间直线的方程 ·· 30
    8.5.2 两直线的位置关系 ··· 32
    8.5.3 直线与平面的位置关系 ··································· 32
    习题 8.5 ·· 35
  总习题 8 ·· 36

第 9 章　多元函数微分学···38

9.1　多元函数的基本概念···38
9.1.1　预备知识···38
9.1.2　多元函数的概念···40
9.1.3　二元函数的极限···43
9.1.4　二元函数的连续性···45
习题 9.1···48

9.2　偏导数···48
9.2.1　偏导数的定义及其计算···48
9.2.2　偏导数的几何意义···52
9.2.3　高阶偏导数···53
习题 9.2···55

9.3　全微分···55
9.3.1　全微分的定义···55
9.3.2　多元函数可微分的必要条件和充分条件························56
9.3.3　全微分在近似计算中的应用······································59
习题 9.3···61

9.4　多元复合函数求导法及隐函数的求导公式································62
9.4.1　多元复合函数的求导法···62
9.4.2　全微分的形式不变性···67
9.4.3　隐函数的求导公式···68
习题 9.4···76

9.5　多元函数微分学的几何应用··78
9.5.1　空间曲线的切线与法平面·······································78
9.5.2　曲面的切平面与法线···81
习题 9.5···84

9.6　方向导数与梯度··84
9.6.1　方向导数···84
*9.6.2　梯度···87
习题 9.6···91

9.7　多元函数的极值及其求法···92
9.7.1　多元函数的极值及最值···92
9.7.2　条件极值···97
习题 9.7···99

*9.8　二元函数的泰勒公式···100

9.8.1 二元函数的泰勒公式 ·· 100
9.8.2 极值充分条件的证明 ······································ 103
习题 9.8 ·· 104
总习题 9 ··· 104

第 10 章 重积分 ·· 108
10.1 二重积分的概念与性质 ··· 108
10.1.1 引例 ·· 108
10.1.2 二重积分的性质 ·· 111
习题 10.1 ··· 114
10.2 二重积分的计算 ··· 115
10.2.1 利用直角坐标计算二重积分 ·································· 115
10.2.2 利用极坐标计算二重积分 ····································· 123
习题 10.2 ··· 129
10.3 三重积分 ··· 131
10.3.1 三重积分的概念 ·· 131
10.3.2 三重积分的计算 ·· 132
习题 10.3 ··· 141
10.4 重积分的应用 ·· 142
10.4.1 空间曲面的面积 ·· 142
10.4.2 质心 ··· 145
10.4.3 转动惯量 ··· 147
习题 10.4 ··· 148
总习题 10 ·· 148

第 11 章 曲线积分与曲面积分 ··· 151
11.1 第一类曲线积分 ·· 151
11.1.1 第一类曲线积分的定义 ·· 151
11.1.2 第一类曲线积分的计算 ·· 153
习题 11.1 ··· 156
11.2 第二类曲线积分 ·· 157
11.2.1 第二类曲线积分的定义和性质 ································ 157
11.2.2 第二类曲线积分的计算 ·· 160
11.2.3 两类曲线积分的联系 ··· 164
习题 11.2 ··· 166
11.3 格林公式及其应用 ··· 167
11.3.1 格林 (Green) 公式 ··· 167

11.3.2 平面上曲线积分与路径无关的条件 ········· 172
习题 11.3 ········· 178
11.4 第一类曲面积分 ········· 179
11.4.1 第一类曲面积分的定义与性质 ········· 179
11.4.2 第一类曲面积分的计算 ········· 181
习题 11.4 ········· 183
11.5 第二类曲面积分 ········· 184
11.5.1 第二类曲面积分的定义与性质 ········· 184
11.5.2 第二类曲面积分的计算 ········· 188
习题 11.5 ········· 190
11.6 高斯 (Gauss) 公式、斯托克斯 (Stokes) 公式 ········· 191
11.6.1 高斯 (Gauss) 公式 ········· 191
*11.6.2 斯托克斯 (Stokes) 公式 ········· 195
习题 11.6 ········· 198
总习题 11 ········· 199

第 12 章 常微分方程 ········· 202
12.1 微分方程的基本概念 ········· 202
习题 12.1 ········· 204
12.2 一阶微分方程 ········· 205
12.2.1 可分离变量的微分方程 ········· 205
12.2.2 齐次方程 ········· 207
12.2.3 一阶线性微分方程 ········· 211
12.2.4 全微分方程 ········· 217
习题 12.2 ········· 219
12.3 可降阶的高阶微分方程 ········· 221
12.3.1 $y^{(n)} = f(x)$ 型 ········· 221
12.3.2 $y'' = f(x, y')$ 型 ········· 221
*12.3.3 $y'' = f(y, y')$ 型 ········· 224
习题 12.3 ········· 225
12.4 二阶线性微分方程解的结构 ········· 226
习题 12.4 ········· 228
12.5 二阶常系数齐次线性微分方程 ········· 229
12.5.1 二阶常系数齐次线性微分方程 ········· 229
*12.5.2 n 阶常系数齐次线性微分方程 ········· 235
习题 12.5 ········· 236

12.6 二阶常系数非齐次线性微分方程 ······ 236
　　12.6.1 $f(x) = P_m(x)\mathrm{e}^{\lambda x}$ 型 ······ 237
　　12.6.2 $f(x) = \mathrm{e}^{\lambda x}[P_l(x)\cos\omega x + P_n(x)\sin\omega x]$ 型 ······ 239
　　习题 12.6 ······ 240
12.7 欧拉方程 ······ 241
　　习题 12.7 ······ 243
*12.8 常系数线性微分方程组 ······ 244
　　习题 12.8 ······ 246
总习题 12 ······ 246
附录 1　向量的线性运算 ······ 249
附录 2　习题参考答案及提示 ······ 254
参考书目 ······ 276

第8章 空间解析几何

在平面解析几何中,通过平面直角坐标系建立了平面上的点与二元有序实数对之间的一一对应关系,从而可以用代数的方法来研究几何问题,这为一元微积分学提供了直观的几何背景. 空间解析几何通过空间直角坐标系建立空间中的点与三元有序数组之间的一一对应,从而将空间几何图形的研究转化为用代数的方法来研究,并为研究多元函数微积分学提供了直观的几何背景.

8.1 空间直角坐标及向量的坐标运算

8.1.1 空间直角坐标系

通过平面直角坐标系,可以将平面上的点与有序数对一一对应,从而可用代数方法来讨论几何问题. 现将这种思想加以推广,引进空间直角坐标系,从而将空间中的点用一个有序数组来表示.

在空间中取定一点 O 作为原点,过该点作三条相互垂直的直线作为坐标轴, x 轴、y 轴的正向可任意选取,而 z 轴的正向按右手法则 (以右手握住 z 轴,四指从 x 轴的正向旋转 $90°$ 到 y 轴的正向时,拇指的指向就是 z 轴的正向 (图 8.1)) 确定.

通常将 x 轴和 y 轴置于水平面上, z 轴取铅直方向. 此时也称 x 轴为横轴, y 轴为纵轴, z 轴为竖轴.

由任意两条坐标轴所确定的平面称为**坐标面**. 由 x 轴和 y 轴所确定的坐标面称为 xOy 面, 由 y 轴与 z 轴和由 z 轴与 x 轴所确定的坐标面,分别叫做 yOz 面和 zOx 面.

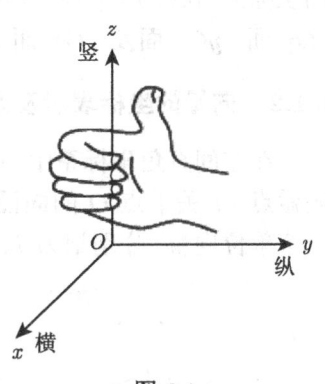

图 8.1

三个坐标面将整个空间分为八个部分,每一部分称为一个**卦限**. 其中含有 x 轴、y 轴和 z 轴的正半轴的那个卦限称为**第一卦限**,第二、第三、第四卦限都在 xOy 面的上方,按逆时针方向确定. 第五卦限在第一卦限的下方,第六、第七、第八卦限都在 xOy 面的下方,按逆时针方向确定. 这八个卦限分别用罗马数字 I、II、III、IV、V、VI、VII、VIII 来表示 (图 8.2).

设 M 为空间中的一已知点,过 M 点作三个分别垂直于 x 轴、y 轴和 z 轴的平面,它们与 x 轴、y 轴和 z 轴分别交于 P、Q 和 R(图 8.3). 这三个点在 x 轴、y 轴

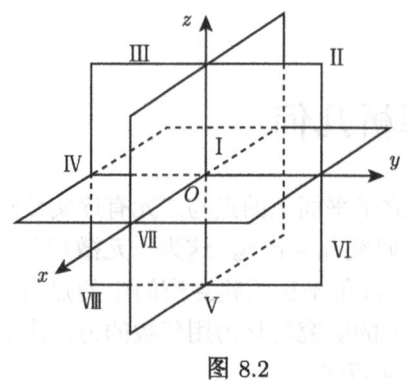
图 8.2

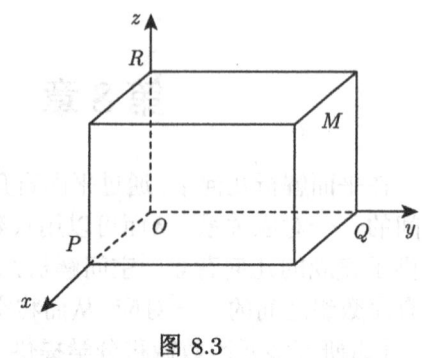
图 8.3

和 z 轴上的坐标分别是 x、y 和 z. 于是, 空间中的点 M 就唯一确定了一个有序数组 (x,y,z); 反之, 给定一个有序数组 (x,y,z), 则可分别在 x 轴、y 轴和 z 轴上取坐标为 x, y, z 的三个点 P、Q、R, 过这三个点各作一个分别与 x 轴、y 轴和 z 轴垂直的平面, 这三个平面有唯一的交点, 这个交点就是有序数组 (x,y,z) 所确定的点 M. 这样, 利用空间直角坐标系, 就建立了空间中的点 M 与有序数组 (x,y,z) 之间的一一对应. 称有序数组 (x,y,z) 为点 M 的坐标, 记为 $M(x,y,z)$. 特别地, 原点的坐标为 $(0,0,0)$; x 轴、y 轴和 z 轴上的点的坐标分别为 $(x,0,0), (0,y,0), (0,0,z)$; xOy 面、yOz 面及 zOx 面上的点的坐标分别为 $(x,y,0), (0,y,z), (x,0,z)$.

8.1.2 向量的坐标表示及方向余弦

在空间直角坐标系中, 以坐标原点 O 为始点, 空间一点 M 为终点的向量 $\overrightarrow{OM}$, 叫做点 M 关于点 O 的**向径**, 通常用 r 表示. 在 x 轴、y 轴和 z 轴的正方向上各取一个单位向量, 分别记为 i、j、k, 称为**基本单位向量**.

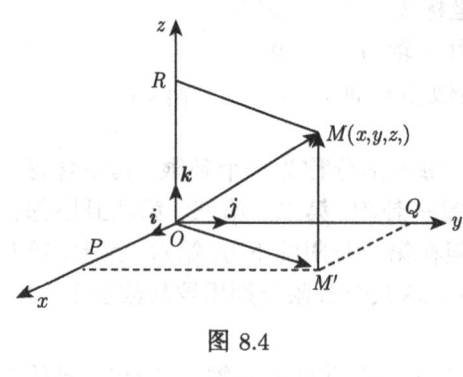
图 8.4

设向径 $r = \overrightarrow{OM}$, 终点为 $M(x,y,z)$. 过点 M 作三坐标轴的垂直平面, 与 x 轴、y 轴和 z 轴的交点分别为 P、Q、R (图 8.4), 由向量的加法法则, 有

$$\overrightarrow{OM} = \overrightarrow{OM'} + \overrightarrow{M'M}$$

在 $\triangle OPM'$ 中

$$\overrightarrow{OM'} = \overrightarrow{OP} + \overrightarrow{PM'}, \quad \overrightarrow{PM'} = \overrightarrow{OQ},$$

又 $\overrightarrow{M'M} = \overrightarrow{OR}$,

8.1 空间直角坐标及向量的坐标运算

所以
$$r = \overrightarrow{OM} = \overrightarrow{OP} + \overrightarrow{OQ} + \overrightarrow{OR}$$
$$= x\boldsymbol{i} + y\boldsymbol{j} + z\boldsymbol{k}.$$

这就建立了向径 r 与三元有序数组 x, y, z 之间的一一对应，因此向径 r 由有序数组 x, y, z 唯一确定，我们把这个有序数组叫做**向径的坐标**，并记作

$$r = (x, y, z).$$

上式也称为向径的坐标表示式. 利用勾股定理, 有

$$|r| = |\overrightarrow{OM}| = \sqrt{x^2 + y^2 + z^2}.$$

在这里特别强调, 一个点与该点的向径有相同的坐标, 记号 (x, y, z) 既表示点 M, 又表示向量 $\overrightarrow{OM}$. 因此, 求点 M 的坐标就是求 $\overrightarrow{OM}$ 的坐标. 但要注意, 在几何中, 点与向量是两个不同的概念, 不可混淆.

设向量 $\overrightarrow{M_1 M_2}$ 的起点为 $M_1(x_1, y_1, z_1)$, 终点为 $M_2(x_2, y_2, z_2)$, 三个向量 $\overrightarrow{OM_1}$, $\overrightarrow{OM_2}$ 及 $\overrightarrow{M_1 M_2}$ 构成一个三角形 (图 8.5). 由向量的加减法运算, 有

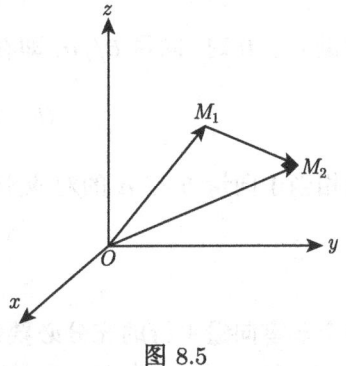

图 8.5

$$\overrightarrow{M_1 M_2} = \overrightarrow{OM_2} - \overrightarrow{OM_1}$$
$$= (x_2 \boldsymbol{i} + y_2 \boldsymbol{j} + z_2 \boldsymbol{k}) - (x_1 \boldsymbol{i} + y_1 \boldsymbol{j} + z_1 \boldsymbol{k})$$
$$= (x_2 - x_1) \boldsymbol{i} + (y_2 - y_1) \boldsymbol{j} + (z_2 - z_1) \boldsymbol{k}$$
$$= (x_2 - x_1, y_2 - y_1, z_2 - z_1).$$

即向量的坐标等于它的终点与起点的对应坐标之差.

向量 $\overrightarrow{M_1 M_2}$ 的模为

$$|\overrightarrow{M_1 M_2}| = \sqrt{(x_2 - x_1)^2 + (y_2 - y_1)^2 + (z_2 - z_1)^2}. \tag{8.1}$$

这就是**空间两点间的距离公式**.

在坐标表示下，向量的线性运算

设 $\boldsymbol{a}=(a_x,a_y,a_z)$，$\boldsymbol{b}=(b_x,b_y,b_z)$，即 $\boldsymbol{a}=a_x\boldsymbol{i}+a_y\boldsymbol{j}+a_z\boldsymbol{k}$，$\boldsymbol{b}=b_x\boldsymbol{i}+b_y\boldsymbol{j}+b_z\boldsymbol{k}$．利用向量的加法运算及数与向量的乘法运算，有

$$\boldsymbol{a}\pm\boldsymbol{b}=(a_x\pm b_x)\boldsymbol{i}+(a_y\pm b_y)\boldsymbol{j}+(a_z\pm b_z)\boldsymbol{k},$$

$$\lambda\boldsymbol{a}=(\lambda a_x)\boldsymbol{i}+(\lambda a_y)\boldsymbol{j}+(\lambda a_z)\boldsymbol{k}.$$

即

$$\boldsymbol{a}\pm\boldsymbol{b}=(a_x\pm b_x,a_y\pm b_y,a_z\pm b_z),$$

$$\lambda\boldsymbol{a}=(\lambda a_x,\lambda a_y,\lambda a_z).$$

其中 λ 为实数．

向量 $\boldsymbol{a}$ 的模为

$$|\boldsymbol{a}|=\sqrt{a_x^2+a_y^2+a_z^2}.$$

当向量 $\boldsymbol{a}\neq\boldsymbol{0}$ 时，向量 $\boldsymbol{b}//\boldsymbol{a}$，即存在实数 λ，使得 $\boldsymbol{b}=\lambda\boldsymbol{a}$，其坐标表示式为

$$(b_x,b_y,b_z)=\lambda(a_x,a_y,a_z).$$

这也相当于向量 $\boldsymbol{b}$ 与 $\boldsymbol{a}$ 的对应坐标成比例

$$\frac{b_x}{a_x}=\frac{b_y}{a_y}=\frac{b_z}{a_z}.$$

即**两个非零向量平行的充分必要条件是它们对应的坐标成比例**．

(1) 当 a_x,a_y,a_z 中有一个是零时，例如 $a_x=0$，这时上式因有分母等于零而失去意义，但为保持形式上的一致，上式仍可写成

$$\frac{b_x}{0}=\frac{b_y}{a_y}=\frac{b_z}{a_z},$$

但应理解为

$$b_x=0,\quad \frac{b_y}{a_y}=\frac{b_z}{a_z}.$$

(2) 当 a_x,a_y,a_z 中有两个为零时，例如 $a_x=a_y=0$ 时，即

$$\frac{b_x}{0}=\frac{b_y}{0}=\frac{b_z}{a_z},$$

理解为

$$b_x=b_y=0.$$

例 8.1.1 已知两点 $A(x_1, y_1, z_1)$ 和 $B(x_2, y_2, z_2)$ 以及实数 $\lambda \neq -1$,在直线 AB 上求一点 M,使 $\overrightarrow{AM} = \lambda \overrightarrow{MB}$.

解 如图 8.6 所示,由于 $\overrightarrow{AM} = \overrightarrow{OM} - \overrightarrow{OA}, \overrightarrow{MB} = \overrightarrow{OB} - \overrightarrow{OM}$,因此
$$\overrightarrow{OM} - \overrightarrow{OA} = \lambda(\overrightarrow{OB} - \overrightarrow{OM}),$$
从而
$$\overrightarrow{OM} = \frac{1}{1+\lambda}(\overrightarrow{OA} + \lambda \overrightarrow{OB}).$$
把 $\overrightarrow{OA}, \overrightarrow{OB}$ 的坐标代入,得
$$\overrightarrow{OM} = \left(\frac{x_1 + \lambda x_2}{1+\lambda}, \frac{y_1 + \lambda y_2}{1+\lambda}, \frac{z_1 + \lambda z_2}{1+\lambda} \right),$$
这就是点 M 的坐标.

特别当 $\lambda = 1$,点 M 为有向线段 $\overrightarrow{AB}$ 的中点,其坐标为 $M\left(\dfrac{x_1 + x_2}{2}, \dfrac{y_1 + y_2}{2}, \dfrac{z_1 + z_2}{2} \right)$.

为了表示向量的方向,先引进两向量夹角的概念.

设有两个非零向量 a, b,作向径 $\overrightarrow{OA} = a, \overrightarrow{OB} = b$,称 $\angle AOB$(设 $\varphi = \angle AOB$, $0 \leqslant \varphi \leqslant \pi$)为向量 a 与 b 的**夹角**(图 8.7),记作 $(\widehat{a, b})$ 或 $(\widehat{b, a})$. 如果向量 a, b 中有一个是零向量,规定它们的夹角可以是 0 与 π 之间的任意值.

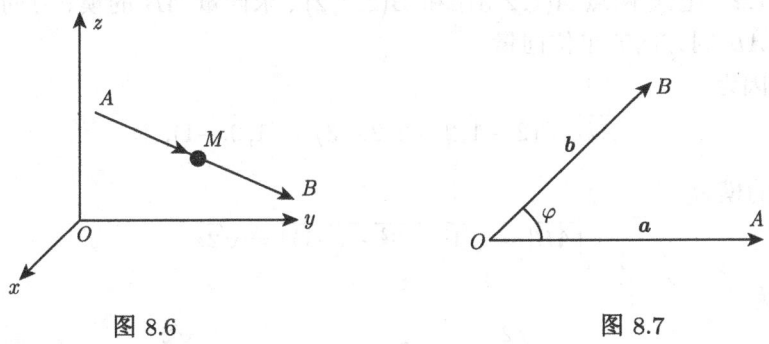

图 8.6　　　　　图 8.7

类似地定义向量与数轴之间的夹角.

设向径 $r = (x, y, z)$ 与三条坐标轴的夹角分别为 α, β, γ,称 α, β, γ 为向量 r 的**方向角**(图 8.8),方向角的余弦 $\cos \alpha, \cos \beta, \cos \gamma$ 称为向量 r 的**方向余弦**. 容易得
$$\cos \alpha = \frac{|OP|}{|OM|} = \frac{x}{|r|} = \frac{x}{\sqrt{x^2 + y^2 + z^2}};$$
$$\cos \beta = \frac{|OQ|}{|OM|} = \frac{y}{|r|} = \frac{y}{\sqrt{x^2 + y^2 + z^2}};$$

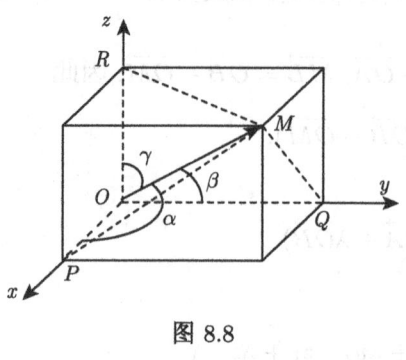

图 8.8

$$\cos\gamma = \frac{|OR|}{|OM|} = \frac{z}{|\boldsymbol{r}|} = \frac{z}{\sqrt{x^2+y^2+z^2}}.$$

一般地, 对非零向量 $\boldsymbol{a} = (a_x, a_y, a_z)$, 有

$$\cos\alpha = \frac{a_x}{|\boldsymbol{a}|} = \frac{a_x}{\sqrt{a_x^2+a_y^2+a_z^2}};$$

$$\cos\beta = \frac{a_y}{|\boldsymbol{a}|} = \frac{a_y}{\sqrt{a_x^2+a_y^2+a_z^2}};$$

$$\cos\gamma = \frac{a_z}{|\boldsymbol{a}|} = \frac{a_z}{\sqrt{a_x^2+a_y^2+a_z^2}}.$$

从而, 有

$$\cos^2\alpha + \cos^2\beta + \cos^2\gamma = 1.$$

设 $\boldsymbol{a}$ 为非零向量, $\boldsymbol{e_a}$ 是与其同向的**单位向量**, 则有

$$\boldsymbol{e_a} = \frac{1}{|\boldsymbol{a}|}\boldsymbol{a} = \left(\frac{a_x}{|\boldsymbol{a}|}, \frac{a_y}{|\boldsymbol{a}|}, \frac{a_z}{|\boldsymbol{a}|}\right) = (\cos\alpha, \cos\beta, \cos\gamma).$$

例 8.1.2 已知两点 $A(1,2,3)$ 和 $B(2,2,2)$, 求向量 $\overrightarrow{AB}$ 的模、方向余弦、方向角及与 $\overrightarrow{AB}$ 同方向的单位向量.

解 因为
$$\overrightarrow{AB} = (2-1, 2-2, 2-3) = (1, 0, -1),$$

所以 $\overrightarrow{AB}$ 的模为
$$|\overrightarrow{AB}| = \sqrt{1^2 + 0^2 + (-1)^2} = \sqrt{2}.$$

方向余弦为
$$\cos\alpha = \frac{\sqrt{2}}{2}, \quad \cos\beta = 0, \quad \cos\gamma = -\frac{\sqrt{2}}{2}.$$

方向角为
$$\alpha = \frac{\pi}{4}, \quad \beta = \frac{\pi}{2}, \quad \gamma = \frac{3\pi}{4}.$$

与 $\overrightarrow{AB}$ 同方向的单位向量为
$$\boldsymbol{e} = \frac{1}{|\overrightarrow{AB}|} \cdot \overrightarrow{AB} = \left(\frac{\sqrt{2}}{2}, 0, -\frac{\sqrt{2}}{2}\right).$$

8.1.3 向量的数量积

设一物体在常力 F 的作用下沿直线从 M_1 移动到 M_2, 即有位移 $S = \overrightarrow{M_1M_2}$, 若力 F 与位移 S 的夹角为 θ(图 8.9), 由物理学知, 力 F 所做的功为

$$W = |F||S|\cos\theta.$$

从该例子可以看出, 有时对两个向量作这样的运算, 结果得到的是一个数, 由此引入向量的数量积.

定义 8.1.1 设 a, b 为向量, θ 为两向量的夹角, 称 $|a|\cdot|b|\cos\theta$ 为向量 a 与 b 的**数量积**(或**点积**), 记为 $a \cdot b$, 即

$$a \cdot b = |a|\cdot|b|\cos\theta. \qquad (8.2)$$

当 $a \neq 0, b \neq 0$ 时, 因 $\mathrm{Prj}_a b = |b|\cos\theta$, $\mathrm{Prj}_b a = |a|\cos\theta$, 其中 θ 为 a, b 的夹角. 则数量积又可以写为

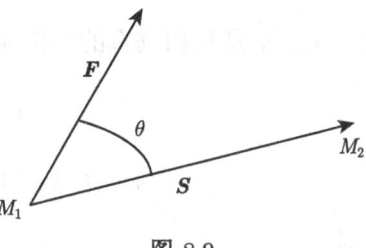

图 8.9

$$a \cdot b = |a|\cdot \mathrm{Prj}_a b$$

或

$$a \cdot b = |b|\cdot \mathrm{Prj}_b a.$$

即两向量的数量积等于其中一个向量的模和另一个向量在这向量的方向上的投影的乘积.

由数量积的定义可得如下结论.

(1) $a \cdot a = |a|^2$.

事实上, 因夹角 $\theta = 0$, 所以

$$a \cdot a = |a|^2 \cos 0 = |a|^2.$$

(2) 对于非零向量 a 与 b, 若 $a \perp b$ 时, 则 $a \cdot b = 0$; 反之, 若 $a \cdot b = 0$ 时, 则 $a \perp b$. 因为 $a \cdot b = 0$, 由于 $|a| \neq 0, |b| \neq 0$, 所以 $\cos\theta = 0$, 从而 $\theta = \dfrac{\pi}{2}$, 即 $a \perp b$; 反之, 如果 $a \perp b$, 那么 $\theta = \dfrac{\pi}{2}$, $\cos\theta = 0$, 于是 $a \cdot b = |a|\cdot|b|\cos\theta = 0$.

由于零向量的方向是任意的, 故可认为零向量与任何向量都垂直. 因此得到结论: **向量 $a \perp b$ 的充分必要条件是** $a \cdot b = 0$.

数量积满足下面的运算律:

(1) 交换律 $a \cdot b = b \cdot a$.

(2) 分配律　$a \cdot (b+c) = a \cdot b + a \cdot c$.

(3) 结合律　$\lambda(a \cdot b) = (\lambda a) \cdot b = a \cdot (\lambda b)$.

下面来建立数量积的坐标表示式.

设 $a = a_x i + a_y j + a_z k, b = b_x i + b_y j + b_z k$, 由数量积的运算律, 有

$$\begin{aligned} a \cdot b &= (a_x i + a_y j + a_z k) \cdot (b_x i + b_y j + b_z k) \\ &= a_x b_x i \cdot i + a_x b_y i \cdot j + a_x b_z i \cdot k \\ &\quad + a_y b_x j \cdot i + a_y b_y j \cdot j + a_y b_z j \cdot k \\ &\quad + a_z b_x k \cdot i + a_z b_y k \cdot j + a_z b_z k \cdot k. \end{aligned}$$

由于 i, j, k 是互相垂直的单位向量, 则

$$i \cdot i = j \cdot j = k \cdot k = 1,$$

$$i \cdot j = j \cdot k = k \cdot i = 0, \quad j \cdot i = k \cdot j = i \cdot k = 0.$$

于是

$$a \cdot b = a_x b_x + a_y b_y + a_z b_z.$$

即**两个向量的数量积等于它们对应坐标乘积之和**.

利用两个向量的数量积的定义, 当 a, b 都不是零向量时,

$$\cos \theta = \frac{a \cdot b}{|a||b|} = \frac{a_x b_x + a_y b_y + a_z b_z}{\sqrt{a_x^2 + a_y^2 + a_z^2} \sqrt{b_x^2 + b_y^2 + b_z^2}}.$$

因此, **向量$a \perp b$的充要条件**是

$$a_x b_x + a_y b_y + a_z b_z = 0.$$

例 8.1.3　设液体流过平面 Π 上面积为 A 的一个区域, 液体在这区域上各点处的流速 v 为常量. 设 n 为垂直于 Π 的单位向量 (图 8.10), 求单位时间内经过该区域流向 n 所指一侧的流量 (液体的密度为 ρ).

解　单位时间内流过这区域的液体构成一个底面积为 A、斜高为 $|v|$ 的斜柱体 (图 8.11). 这柱体的斜高与底面的垂线的夹角就是 v 与 n 的夹角 θ, 于是这柱体的高为 $|v| \cos \theta$, 体积为 $A|v| \cos \theta = Av \cdot n$. 因此, 单位时间内经过该区域流向 n 所指一侧的流量为

$$m = \rho Av \cdot n.$$

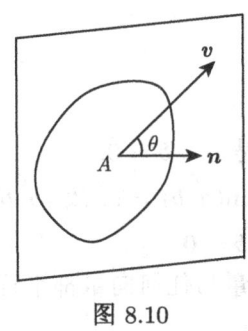
图 8.10

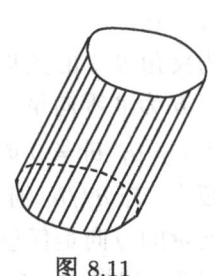
图 8.11

8.1.4 向量的向量积

设 O 为一杠杆 L 的支点,有一个力 F 作用于这杠杆上的 P 点处,F 与 $\overrightarrow{OP}$ 的夹角为 θ (图 8.12). 由力学知,力 F 对支点 O 的力矩是一向量 M, 它的模

$$|M| = |OQ| \cdot |F| = |\overrightarrow{OP}| \cdot |F| \sin\theta,$$

M 的方向垂直于 $\overrightarrow{OP}$ 与 F 所确定的平面, 其指向是按右手法则, 即当右手的四个手指从 $\overrightarrow{OP}$ 以不超过 π 的角度转向 F 握拳时, 大拇指的指向就是 M 的指向.

这种由两个已知向量按上面的规则来确定另一个向量的情况, 在其他力学和物理问题中也会遇到, 从而可以抽象出两个向量的向量积的概念.

定义 8.1.2 两向量 a 和 b 的**向量积**是一个向量 c, 模: $|c| = |a||b|\sin\theta$. (其中 θ 为向量 a 和 b 的夹角); 方向: $c \perp a$, $c \perp b$, 其指向是向量 a、b、c 的方向服从右手法则 (图 8.13): 即平移 a、b、c 使其有共同的起点, 当右手的四个手指从 a 以不超过 π 的角度转向 b 握拳时, 大拇指所指方向就是 c 的方向.

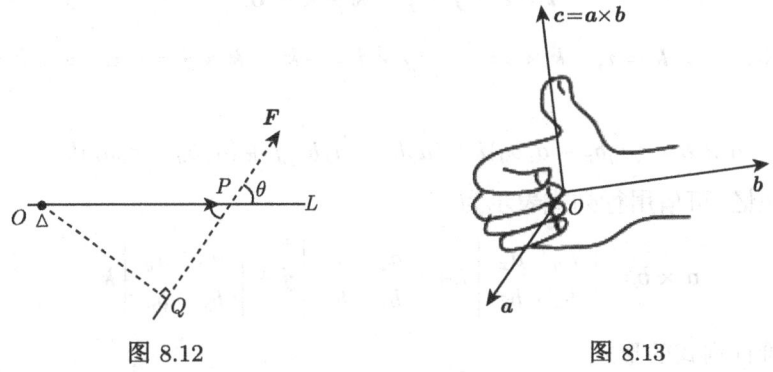

图 8.12   图 8.13

向量 a 和 b 的向量积记为 $a \times b$, 即 $c = a \times b$.

向量积又称为**叉积**, 向量积的模的几何意义是: **它的值是以 a、b 为邻边的平行四边形的面积**.

由向量积的定义可得

(1) $a \times a = 0$.

这是因为夹角 $\theta = 0$,所以 $a \times a = |a|^2 \sin 0 = 0$.

(2) 若 a、b 为非零向量,则 $a//b$ 的充要条件是 $a \times b = 0$.

因为当 $|a| \neq 0$, $|b| \neq 0$ 时, $|a \times b| = 0$, 只有 $\sin(\widehat{a,b}) = 0$, 故 $(\widehat{a,b}) = 0$ 或 π, 所以 $a//b$. 反之, 若 $a//b$, 则 $\sin(\widehat{a,b}) = 0$, 故 $a \times b = 0$.

由于零向量的方向是任意的,故可以认为零向量与任何向量都平行. 因此,上述结论可叙述为:**向量 $a//b$ 的充要条件是 $a \times b = 0$**.

向量的向量积满足下列运算律:

(1) **反交换律** $a \times b = -(b \times a)$.

(2) **分配律** $a \times (b+c) = a \times b + a \times c$.
$(b+c) \times a = b \times a + c \times a$.

(3) **结合律** $(\lambda a) \times b = \lambda(a \times b) = a \times (\lambda b) (\lambda$ 为实数$)$.

下面我们来推导向量的向量积的坐标表示式.

设 $a = a_x i + a_y j + a_z k$, $b = b_x i + b_y j + b_z k$, 利用向量积的运算律可得

$$a \times b = (a_x i + a_y j + a_z k) \times (b_x i + b_y j + b_z k)$$
$$= a_x b_x (i \times i) + a_x b_y (i \times j) + a_x b_z (i \times k)$$
$$+ a_y b_x (j \times i) + a_y b_y (j \times j) + a_y b_z (j \times k)$$
$$+ a_z b_x (k \times i) + a_z b_y (k \times j) + a_z b_z (k \times k)$$

由于 i, j, k 是两两互相垂直的单位向量,故有

$$i \times i = j \times j = k \times k = 0.$$

$i \times j = k$, $j \times k = i$, $k \times i = j$, $j \times i = -k$, $k \times j = -i$, $i \times k = -j$.

于是

$$a \times b = (a_y b_z - a_z b_y)i + (a_z b_x - a_x b_z)j + (a_x b_y - a_y b_x)k.$$

为了便于记忆,可借用行列式表示为

$$a \times b = \begin{vmatrix} a_y & a_z \\ b_y & b_z \end{vmatrix} i + \begin{vmatrix} a_z & a_x \\ b_z & b_x \end{vmatrix} j + \begin{vmatrix} a_x & a_y \\ b_x & b_y \end{vmatrix} k$$

或写成三阶行列式的形式

$$a \times b = \begin{vmatrix} i & j & k \\ a_x & a_y & a_z \\ b_x & b_y & b_z \end{vmatrix}.$$

8.1 空间直角坐标及向量的坐标运算

例 8.1.4 已知三角形 ABC 的三个顶点分别是 $A(1,1,1)$、$B(2,1,2)$ 和 $C(-1,3,2)$，求三角形 ABC 的面积.

解 如图 8.14，根据向量积的定义可知，三角形 ABC 的面积

$$S_{\triangle ABC} = \frac{1}{2}|AB||CD| = \frac{1}{2}|\overrightarrow{AB}||\overrightarrow{AC}|\sin\angle A = \frac{1}{2}|\overrightarrow{AB}\times\overrightarrow{AC}|.$$

由于 $\overrightarrow{AB}=(1,0,1)$, $\overrightarrow{AC}=(-2,2,1)$, 因此

$$\overrightarrow{AB}\times\overrightarrow{AC} = \begin{vmatrix} i & j & k \\ 1 & 0 & 1 \\ -2 & 2 & 1 \end{vmatrix} = -2i - 3j + 2k.$$

于是

$$S_{\triangle ABC} = \frac{1}{2}|\overrightarrow{AB}\times\overrightarrow{AC}| = \frac{1}{2}\sqrt{(-2)^2+(-3)^2+2^2} = \frac{1}{2}\sqrt{17}.$$

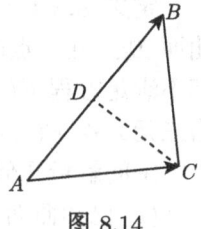

图 8.14

习 题 8.1

1. 在空间直角坐标系中，指出下列各点在哪个卦限？

   $A(1,-3,2)$； $B(1,3,-2)$； $C(2,-3,-2)$； $D(-2,-3,2)$； $E(-1,-2,-2)$.

2. 在坐标面上和在坐标轴上的点的坐标各有什么特征？指出下列各点的位置：

   $A(2,1,0)$； $B(0,4,2)$； $C(2,0,0)$； $D(0,-3,0)$.

3. 求 (a,b,c) 关于 (1) 各坐标面；(2) 各坐标轴；(3) 坐标原点的对称点的坐标.

4. 已知两点 $M_1(4,\sqrt{2},1)$, $M_2(3,0,2)$, 求向量 $\overrightarrow{M_1M_2}$ 的方向余弦和方向角.

5. 设向量 a 与 x 轴，y 轴夹角的余弦分别为 $\cos\alpha=\frac{1}{3}$, $\cos\beta=\frac{2}{3}$, 并且 $|a|=3$, 求 a.

6. 试用向量证明三角形的余弦定理：$c^2=a^2+b^2-2ab\cos C$.

7. 已知向量 $a=3i-j-2k$, $b=i+2j-k$, 求：

   (1) $a\cdot b$ 及 $a\times b$ (2) $-2a\cdot 3b$ 及 $a\times 2b$ (3) a 与 b 夹角的余弦

8. 设 a,b,c 为单位向量，且满足 $a+b+c=0$, 求 $a\cdot b+b\cdot c+c\cdot a$.

9. 已知 $M_1(1,-1,2)$, $M_2(3,3,1)$ 和 $M_3(3,1,3)$, 求与 $\overrightarrow{M_1M_2}$、$\overrightarrow{M_2M_3}$ 同时垂直的向量.

10. 设 $a=(3,5,-2)$, $b=(2,1,4)$, 问 λ 与 μ 满足什么关系时，$\lambda a+\mu b$ 与 z 轴垂直.

11. 设 $|a|=3$, $|b|=4$, $|c|=5$, 且 $a+b+c=0$, 求 $|a\times b+b\times c+c\times a|$.

12. $a=(3,1,-2)$, $b=(2,1,-1)$, 求以 $a+2b$ 和 $3a-2b$ 为边所对应的平行四边形的面积.

8.2 曲面及其方程

8.2.1 曲面方程的概念

在生活中，我们经常会看见各种曲面，例如轿车的车顶、篮球的表面等. 在空间解析几何中，可以把曲面看成是具有某种特性的动点的轨迹.

定义 8.2.1 在空间直角坐标系中，设曲面 Σ 及三元方程 $F(x, y, z) = 0$. 若曲面 Σ 上任一点的坐标都满足方程 $F(x, y, z) = 0$，而不在曲面 Σ 上任何点的坐标都不满足方程 $F(x, y, z) = 0$. 则称方程 $F(x, y, z) = 0$ 为**曲面 Σ 的方程**，曲面 Σ 称为三元方程 $F(x, y, z) = 0$ **的图形**（图 8.15）.

空间解析几何中，对曲面的研究，主要讨论以下两个基本问题：
(1) 已知曲面上的点所满足的几何条件，建立曲面的方程；
(2) 已知曲面方程，研究曲面的几何形状.

例 8.2.1 求与 $A(1, 0, 1)$ 和 $B(2, 1, 3)$ 两点距离相等的点的轨迹方程.

解 设点 $M(x, y, z)$ 是该轨迹上任意一点，由 $|MA| = |MB|$，即
$$\sqrt{(x-1)^2 + (y-0)^2 + (z-1)^2} = \sqrt{(x-2)^2 + (y-1)^2 + (z-3)^2}$$
得，其轨迹方程为
$$x + y + 2z - 6 = 0.$$
由题意知，此轨迹为线段 AB 的垂直平分面，那么上述方程为一个**平面方程**.

例 8.2.2 设动点 $M(x, y, z)$ 到定点 $M_0(x_0, y_0, z_0)$ 的距离等于常数 R，那么动点 M 的运动轨迹是球心为 M_0、半径为 R 的**球面**（图 8.16）.

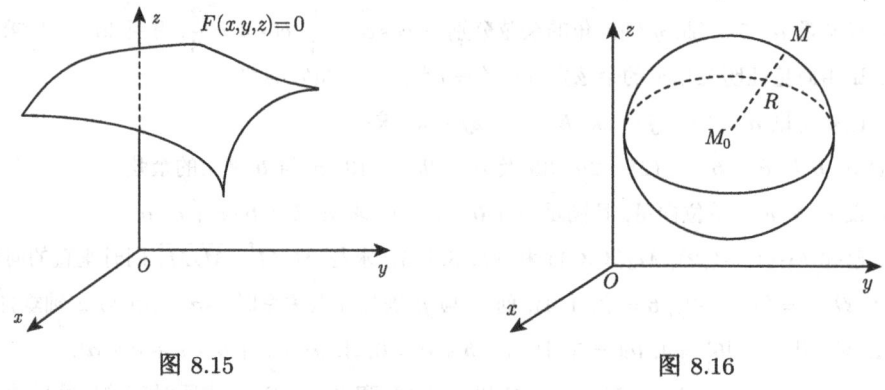

图 8.15　　　　　　　　图 8.16

由于动点 $M(x, y, z)$ 到定点 $M_0(x_0, y_0, z_0)$ 的距离等于常数 R，故有
$$\sqrt{(x-x_0)^2 + (y-y_0)^2 + (z-z_0)^2} = R,$$

8.2 曲面及其方程

即
$$(x - x_0)^2 + (y - y_0)^2 + (z - z_0)^2 = R^2. \tag{8.3}$$

该方程就是以 $M_0(x_0, y_0, z_0)$ 为球心，R 为半径的球面方程，这种表示出球心坐标和半径的方程，称为**球面的标准方程**。

例 8.2.3 讨论方程 $x^2 + y^2 + z^2 - 2x - 4y - 6z = m$ 所表示的曲面。

解 由方程 $x^2 + y^2 + z^2 - 2x - 4y - 6z = m$，有
$$(x-1)^2 + (y-2)^2 + (z-3)^2 = m + 14.$$

当 $m + 14 > 0$ 时，方程表示以点 $(1,2,3)$ 为球心，半径为 $\sqrt{m+14}$ 的球面；

当 $m + 14 = 0$ 时，方程表示的是一个点 $(1,2,3)$；

当 $m + 14 < 0$ 时，方程无意义，表示空间中的一个虚轨迹。

一般地，对三元二次方程
$$Ax^2 + Ay^2 + Az^2 + Dx + Ey + Fz + G = 0 \quad (A \neq 0).$$

将其配方后可以化成方程 (8.3) 的形式，那么它的图形就是一个球面。

8.2.2 旋转曲面

定义 8.2.2 由一平面曲线 C 绕该平面内的一条定直线 L 旋转一周所形成的曲面叫做**旋转曲面**，曲线 C 叫做旋转曲面的**母线**，定直线 L 叫做旋转曲面的**旋转轴**。

下面考虑坐标面上的曲线绕坐标轴旋转一周所形成的曲面方程。

设 yOz 坐标面上有一条已知曲线 C，其方程为
$$\begin{cases} f(y, z) = 0, \\ x = 0. \end{cases}$$

当曲线 C 绕 z 轴旋转时，曲线上的点 $P_0(0, y_0, z_0)$ 绕 z 轴转到另一点 $P(x, y, z)$ (图 8.17)，由于纵坐标不变，所以 $z = z_0$，且点 P 到 z 轴的距离与 P_0 到 z 轴的距离相等，即
$$\sqrt{x^2 + y^2} = |y_0|.$$

将 $z_0 = z$，$y_0 = \pm\sqrt{x^2 + y^2}$ 代入方程 $f(y, z) = 0$，有
$$f(\pm\sqrt{x^2 + y^2}, z) = 0,$$

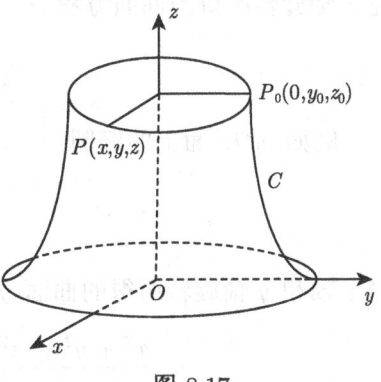

图 8.17

这就是所求旋转曲面的方程。

同理, 曲线 C
$$\begin{cases} f(y,z) = 0, \\ x = 0 \end{cases}$$
绕 y 轴旋转所成的旋转曲面的方程为
$$f(y, \pm\sqrt{x^2+z^2}) = 0.$$

类似地, xOy 平面上的曲线
$$\begin{cases} f(x,y) = 0, \\ z = 0 \end{cases}$$
绕 x 轴旋转所得的曲面方程为
$$f(x, \pm\sqrt{y^2+z^2}) = 0;$$
绕 y 轴旋转所得的曲面方程为
$$f(\pm\sqrt{x^2+z^2}, y) = 0.$$

zOx 平面上的曲线
$$\begin{cases} f(x,z) = 0, \\ y = 0 \end{cases}$$
绕 x 轴旋转所得的曲面方程为
$$f(x, \pm\sqrt{y^2+z^2}) = 0;$$
绕 z 轴旋转所得的曲面方程为
$$f(\pm\sqrt{x^2+y^2}, z) = 0.$$

例如, yOz 面上的椭圆
$$\begin{cases} \dfrac{y^2}{b^2} + \dfrac{z^2}{c^2} = 1, \\ x = 0. \end{cases}$$
绕 z 轴和 y 轴旋转所得的曲面方程分别为
$$\frac{x^2+y^2}{b^2} + \frac{z^2}{c^2} = 1 \quad \text{和} \quad \frac{y^2}{b^2} + \frac{x^2+z^2}{c^2} = 1,$$
称其为**旋转椭球面**.

8.2 曲面及其方程

zOx 面上的抛物线

$$\begin{cases} x^2 = 2z, \\ y = 0 \end{cases}$$

绕 z 轴旋转所得的曲面方程为

$$x^2 + y^2 = 2z,$$

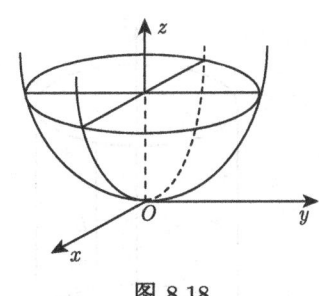

图 8.18

称为**旋转抛物面**(图 8.18).

例 8.2.4 动直线 L 绕另一条与 L 相交的定直线旋转一周, 所得旋转曲面叫做**圆锥面**. 动直线与定直线的交点叫做圆锥面的**顶点**, 两直线的夹角 $\alpha \left(0 < \alpha < \dfrac{\pi}{2}\right)$ 叫做圆锥面的**半顶角**.

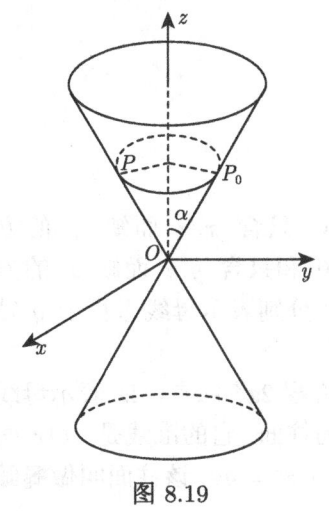

图 8.19

解 取锥面的顶点为坐标原点 O, 定直线为 z 轴建立坐标系 (图 8.19). 将动直线 L 看成 yOz 坐标面上的直线, 其方程为

$$z = y \cot \alpha.$$

因绕 z 轴旋转, z 坐标不变, 将上面方程中的 y 改成 $\pm\sqrt{x^2 + y^2}$, 就得到所求圆锥面的方程

$$z = \pm\sqrt{x^2 + y^2} \cot \alpha,$$

即

$$z^2 = a^2(x^2 + y^2),$$

其中 $a = \cot \alpha$.

8.2.3 柱面

定义 8.2.3 动直线 L 沿定曲线 C 平行移动形成的轨迹叫做**柱面**. 称定曲线 C 为柱面的**准线**, 动直线 L 为柱面的**母线**.

例如, 在空间直角坐标系中, 方程 $x^2 + y^2 = R^2$ 表示以 xOy 面上的圆 $x^2 + y^2 = R^2$ 为准线, 母线平行于 z 轴的一个柱面, 称其为**圆柱面**(图 8.20).

又如, 在空间直角坐标系中, 方程 $y^2 = 2x$ 表示以 xOy 面上的抛物线 $y^2 = 2x$ 为准线, 母线平行于 z 轴的一个柱面, 称为**抛物柱面** (图 8.21).

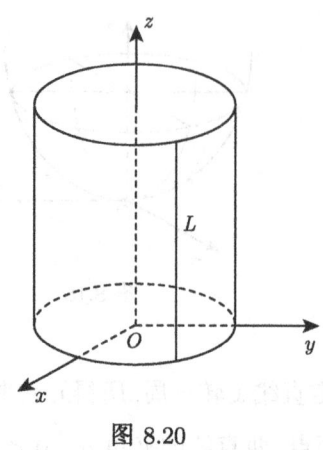
图 8.20

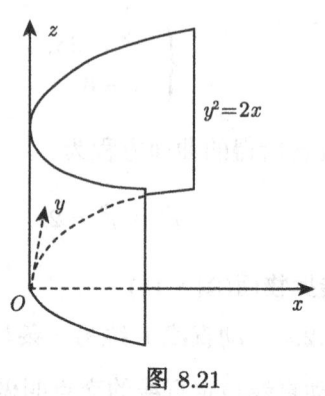
图 8.21

一般地,只含 x,y 而缺 z 的方程 $F(x,y)=0$,在空间直角坐标系中表示一母线平行于 z 轴的柱面,其准线是 xOy 面上的曲线 C:

$$\begin{cases} F(x,y)=0, \\ z=0. \end{cases}$$

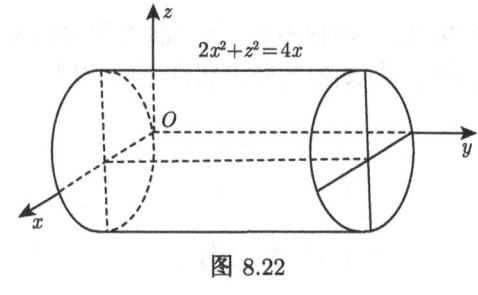
图 8.22

类似地,只含 x,z 而缺 y 的方程 $G(x,z)=0$ 和只含 y,z 而缺 x 的方程 $H(y,z)=0$ 分别表示母线平行于 y 轴和 x 轴的柱面.

例如,方程 $2x^2+z^2=4x$ 表示母线平行于 y 轴的柱面,它的准线是 zOx 面上的椭圆 $2x^2+z^2=4x$,该柱面叫做椭圆柱面(图 8.22).

8.2.4 二次曲面

在例 8.2.1 中我们知道,平面的方程为一次方程,所以平面也称为**一次曲面**. 把三元二次方程 $F(x,y,z)=0$ 所表示的曲面称为**二次曲面**,下面介绍一些常见的二次曲面.

在研究二次曲面的形状时,我们往往考虑平面 $z=t$ 与曲面 $F(x,y,z)=0$ 的交线, 称此交线为**截痕**. 当 t 在其取值范围内变化时,得到一系列平面,它们与曲面 $F(x,y,z)=0$ 的截痕的变化情况,提供了我们了解曲面形状的方法. 这种方法称为**截痕法**.

8.2 曲面及其方程

1. 椭圆锥面

形如方程

$$\frac{x^2}{a^2} + \frac{y^2}{b^2} = z^2$$

所表示的曲面称为**椭圆锥面**(图 8.23).

从方程我们知道, $z \in (-\infty, +\infty)$. 以平面 $z = t$ 截此曲面, 当 $t = 0$ 时得一点 $(0,0,0)$; 当 $t \neq 0$ 时, 得平面 $z = t$ 上的椭圆

$$\frac{x^2}{(at)^2} + \frac{y^2}{(bt)^2} = 1.$$

当 $|t|$ 从 0 逐步变大时, 椭圆的长短轴也逐步变大. 为了进一步了解其形状, 考虑曲面与 yOz 面和 zOx 面的交线分别为直线

$$\begin{cases} z = \pm\dfrac{y}{b}, \\ x = 0 \end{cases} \text{和} \begin{cases} z = \pm\dfrac{x}{a}, \\ y = 0. \end{cases}$$

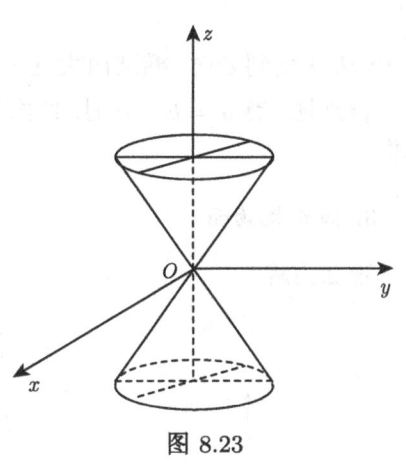

图 8.23

特别地, 当 $a = b$ 时, 曲面为圆锥面.

2. 椭球面

形如方程

$$\frac{x^2}{a^2} + \frac{y^2}{b^2} + \frac{z^2}{c^2} = 1$$

所表示的曲面称为**椭球面**(图 8.24).

由方程可知

$$|x| \leqslant a, \ |y| \leqslant b, \ |z| \leqslant c.$$

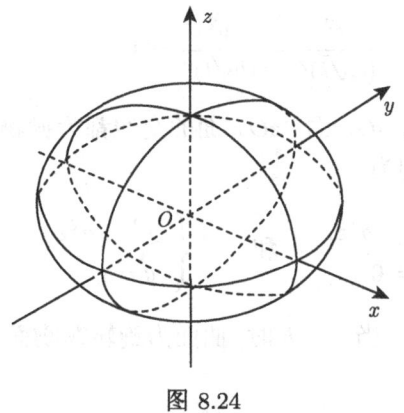

图 8.24

这说明椭球面含在一个以原点为中心的长方体中, 称 a, b, c 为椭球面的**半轴**.

椭球面与三个坐标面的交线分别为

$$\begin{cases} \dfrac{x^2}{a^2} + \dfrac{y^2}{b^2} = 1, \\ z = 0. \end{cases} \begin{cases} \dfrac{x^2}{a^2} + \dfrac{z^2}{c^2} = 1, \\ y = 0. \end{cases} \begin{cases} \dfrac{y^2}{b^2} + \dfrac{z^2}{c^2} = 1, \\ x = 0. \end{cases}$$

这些交线都是椭圆.

我们用平面 $z = t, (|t| \leqslant c)$ 截此曲面,当 $|t| = |c|$ 时,得到 z 轴上的两点 $(0, 0, \pm c)$;当 $|t| < |c|$ 时,得到平面 $z = t$ 上的椭圆

$$\frac{x^2}{\left(\frac{a}{c}\sqrt{c^2-t^2}\right)^2} + \frac{y^2}{\left(\frac{b}{c}\sqrt{c^2-t^2}\right)^2} = 1.$$

当 $|t|$ 从 0 变到 c 时,椭圆由大变小,最后缩为一点.

特别地,当 $a = b = c$ 时,曲面为球面;当 a, b, c 有两个相等时,曲面为旋转椭球面.

3. 椭圆抛物面

形如方程

$$\frac{x^2}{a^2} + \frac{y^2}{b^2} = z$$

所表示的曲面称为**椭圆抛物面**(图 8.25).

这里 $z \geqslant 0$. 当 $z = 0$ 时,曲面与 xOy 面的交点为 $(0, 0, 0)$. 用平面 $z = t(t > 0)$ 截此曲面,得到平面 $z = t$ 上的椭圆

$$\frac{x^2}{(a\sqrt{t})^2} + \frac{y^2}{(b\sqrt{t})^2} = 1.$$

曲面与 yOz 面、zOx 面的交线都为抛物线,其方程分别为

$$\begin{cases} y^2 = b^2 z, \\ x = 0 \end{cases} \quad \text{和} \quad \begin{cases} x^2 = a^2 z, \\ y = 0. \end{cases}$$

特别地,当 $a = b$ 时,曲面为旋转抛物面.

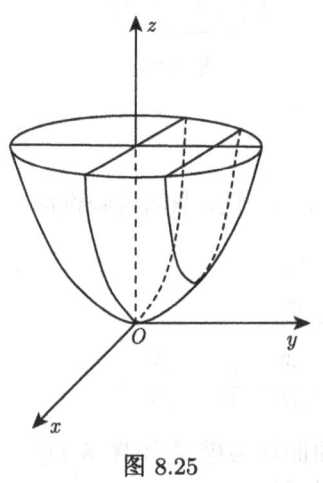

图 8.25

4. 单叶双曲面

形如方程

$$\frac{x^2}{a^2} + \frac{y^2}{b^2} - \frac{z^2}{c^2} = 1$$

所表示的曲面称为**单叶双曲面**(图 8.26).

当 $a = b$ 时,曲面是由 yOz 面上的双曲线 $\frac{y^2}{b^2} - \frac{z^2}{c^2} = 1$ 绕 z 轴旋转一周而成的旋转单叶双曲面.

8.2 曲面及其方程

5. 双叶双曲面

形如方程

$$-\frac{x^2}{a^2} + \frac{y^2}{b^2} - \frac{z^2}{c^2} = 1$$

所表示的曲面称为**双叶双曲面**(图 8.27).

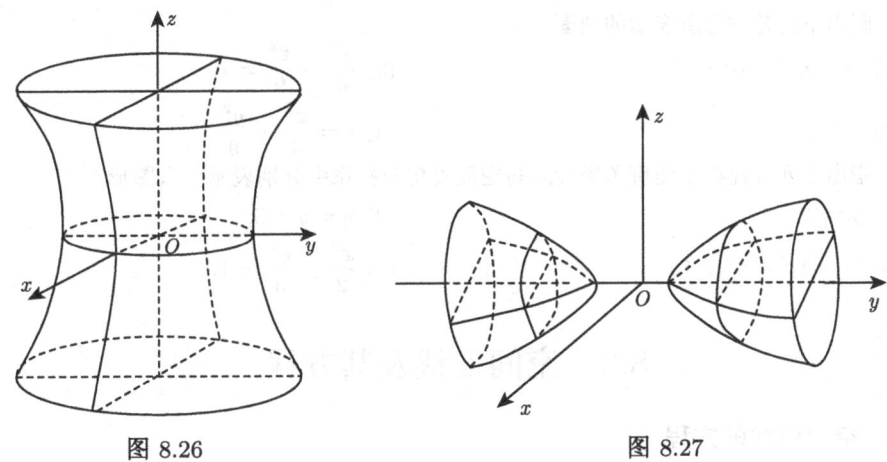

图 8.26

图 8.27

当 $a = c$ 时,曲面是由 yOz 面上的双曲线 $\frac{y^2}{b^2} - \frac{z^2}{c^2} = 1$ 绕 y 轴旋转一周而成的旋转双叶双曲面.

6. 双曲抛物面

形如方程

$$\frac{x^2}{a^2} - \frac{y^2}{b^2} = z$$

所表示的曲面称为**双曲抛物面**,又称**马鞍面**(图 8.28).

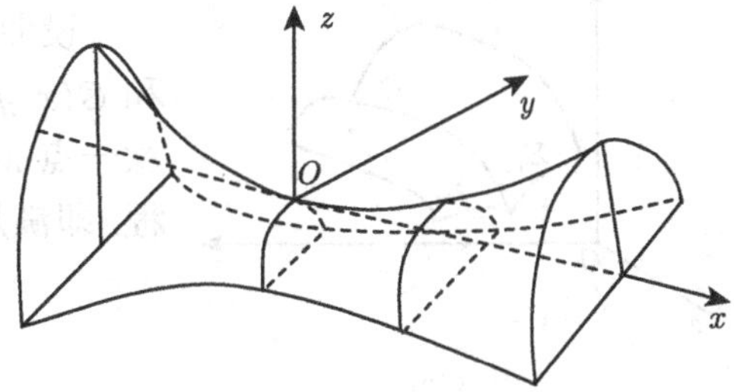

图 8.28

习 题 8.2

1. 动点 $P(x,y,z)$ 到两定点 $A(1,1,1)$, $B(2,3,1)$ 距离的平方差为 1,求该动点的轨迹方程.

2. 方程 $x^2 + y^2 + z^2 - 2x + 6y + 2z = 0$ 表示什么曲面?

3. 设 $A(-4,0,0)$, $B(0,-2,0)$, $C(0,0,2)$, O 为原点,求四面体 $OABC$ 的外接球面方程.

4. 求与坐标原点 O 及点 $(2,3,4)$ 的距离之比为 $1:3$ 的点的全体所组成的曲面方程, 它表示怎样的曲面?

5. 将 zOx 坐标面上的抛物线 $z^2 = 2x + 1$, 分别绕 x 轴、z 轴旋转一周, 求所生成的旋转曲面的方程.

6. 将 xOy 坐标面上的双曲线 $x^2 - y^2 = 2$ 分别绕 x 轴及 y 轴旋转一周, 求所生成的旋转曲面的方程.

7. 画出下列各方程所表示的曲面:

(1) $(x-a)^2 + y^2 = a^2$;

(2) $\dfrac{x^2}{4} + \dfrac{z^2}{9} = 1$;

(3) $z - y^2 = 0$;

(4) $z = \dfrac{x^2}{4} + \dfrac{y^2}{9}$.

8. 指出下列方程在平面直角坐标系与空间直角坐标系中分别表示什么图形?

(1) $y = 2$;

(2) $x = y + 3$;

(3) $(x+1)^2 + y^2 = 2$;

(4) $\dfrac{x^2}{2} - \dfrac{y^2}{3} = 1$.

8.3 空间曲线及其方程

8.3.1 空间曲线的方程

1. 空间曲线的一般方程

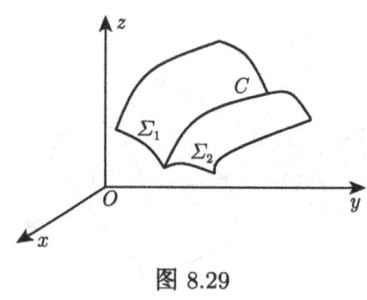

图 8.29

空间曲线可以看成两张曲面的交线 (图 8.29).

设曲面 Σ_1 和 Σ_2 的方程分别为 $F(x,y,z) = 0$ 和 $G(x,y,z) = 0$, 对曲面 Σ_1 和 Σ_2 的交线 C 上任意一点 $M(x,y,z)$, 其坐标同时满足这两个曲面的方程, 即满足方程组

$$\begin{cases} F(x,y,z) = 0, \\ G(x,y,z) = 0. \end{cases} \qquad (8.4)$$

另一方面, 如果点 M 不在曲线 C 上, 那么它不可能同时在两个曲面上, 所以它的坐标不能满足方程组. 因此, 称方程 (8.4) 为空间曲线 C 的**一般方程**.

例 8.3.1 方程组

$$\begin{cases} \dfrac{x^2}{4} + \dfrac{y^2}{9} = 1, \\ 2x + z = 6 \end{cases}$$

表示怎样的曲线?

解 在空间直角坐标系中, 方程 $\dfrac{x^2}{4} + \dfrac{y^2}{9} = 1$ 表示以 xOy 面上的椭圆 $\dfrac{x^2}{4} + \dfrac{y^2}{9} = 1$

为准线,母线平行于 z 轴的椭圆柱面. 而 $2x + z = 6$ 表示以 zOx 面上的直线为准线,母线平行于 y 轴的柱面. 方程组

$$\begin{cases} \dfrac{x^2}{4} + \dfrac{y^2}{9} = 1, \\ 2x + z = 6 \end{cases}$$

就表示上述两柱面的交线 (图 8.30).

例 8.3.2 方程组

$$\begin{cases} z = \sqrt{a^2 - x^2 - y^2}, \\ \left(x - \dfrac{a}{2}\right)^2 + y^2 = \left(\dfrac{a}{2}\right)^2 \end{cases}$$

表示怎样的曲线?

解 方程组中第一个方程表示球心在坐标原点 O,半径为 a 的上半球面. 第二个方程表示以 xOy 面上圆心为点 $\left(\dfrac{a}{2}, 0\right)$,半径为 $\dfrac{a}{2}$ 的圆为准线,母线平行于 z 轴的圆柱面. 因此,该方程组就表示半球面与圆柱面的交线 (图 8.31).

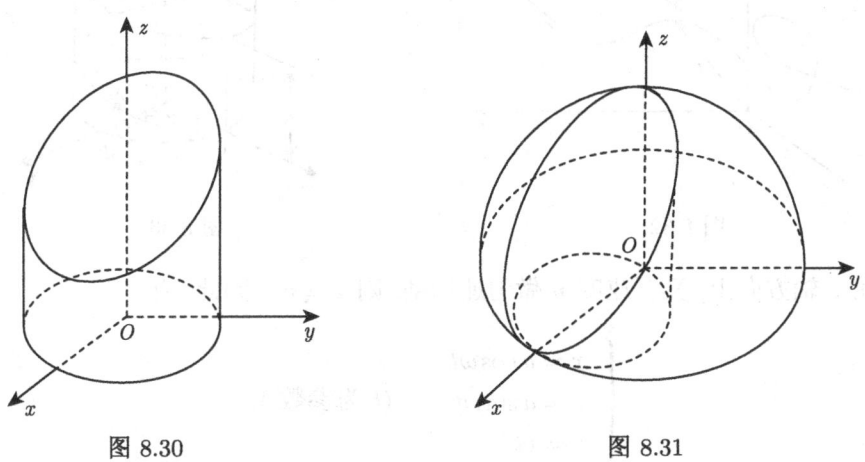

图 8.30   图 8.31

2. 空间曲线的参数方程

如图 8.32,对空间曲线 C 上任意一点 $M(x, y, z)$,其对应的向径 $\boldsymbol{r} = \overrightarrow{OM}$ 可表示成某一单参数 t 的函数 $\boldsymbol{r} = \boldsymbol{r}(t)$,即 $\boldsymbol{r} = (\varphi(t), \psi(t), \omega(t))$. 其分量形式为

$$\begin{cases} x = \varphi(t), \\ y = \psi(t), \\ z = \omega(t), \end{cases} \tag{8.5}$$

称方程 (8.5) 为空间曲线 C 的**参数方程**.

例 8.3.3 如果空间一点 M 在圆柱面 $x^2 + y^2 = a^2$ 上以等角速度 ω 绕 z 轴旋转,同时又以速度 v 沿 z 轴做匀速运动 (其中 ω, v 都是常数),那么点 M 的运动轨迹称为**圆柱螺旋线**. 试建立其参数方程.

解 设当 $t = 0$ 时,动点位于 xOy 面的点 A. 经过时间 t 后运动到点 $M(x, y, z)$ (图 8.33). 点 M 在 xOy 面上的投影点 $M'(x, y, 0)$, 则

$$x = |OM'| \cos \angle AOM' = a \cos \omega t,$$

$$y = |OM'| \sin \angle AOM' = a \sin \omega t.$$

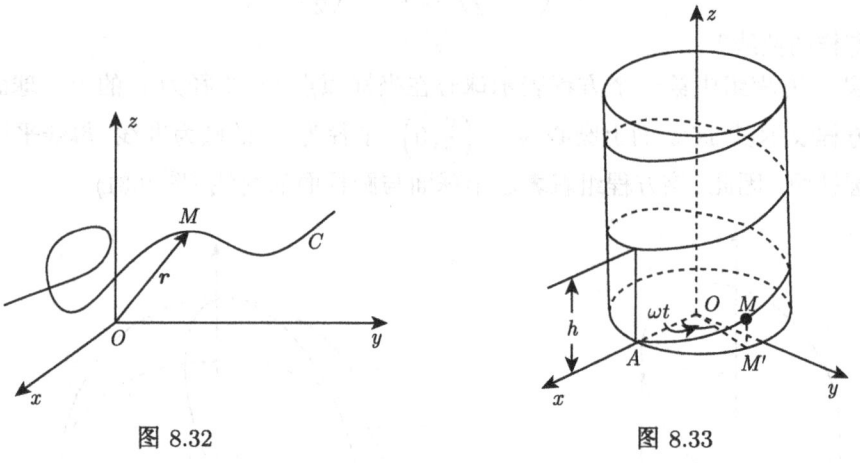

图 8.32   图 8.33

在 z 轴方向上,又以速度 v 做匀速运动,则 $z = vt$. 因此, 有

$$\begin{cases} x = a \cos \omega t, \\ y = a \sin \omega t, \\ z = vt \end{cases} \quad (t \text{ 为参数}).$$

如果令 $\theta = \omega t$, 则圆柱螺旋线的参数方程也可写为

$$\begin{cases} x = a \cos \theta, \\ y = a \sin \theta, \\ z = b\theta, \end{cases}$$

这里 $b = \dfrac{v}{\omega}$, 而参数为 θ.

当 OM' 转过一周时,点 M 就上升固定的高度 $h = 2\pi b$. 这个高度 $h = 2\pi b$ 在工程技术上叫做**螺距**.

8.3 空间曲线及其方程

8.3.2 空间曲线在坐标面上的投影

以空间曲线 C 为准线，垂直于平面 Π 的直线为母线的柱面，称该柱面为空间曲线 C 关于平面 Π 的**投影柱面**，投影柱面与平面 Π 的交线称为空间曲线 C 在平面 Π 上的**投影**. 下面我们讨论空间曲线在坐标面上的投影.

设空间曲线 C 的一般方程为

$$\begin{cases} F(x,y,z) = 0, \\ G(x,y,z) = 0. \end{cases} \quad (8.6)$$

由方程 (8.6) 消去变量 z, 得到方程

$$H(x,y) = 0. \quad (8.7)$$

由于方程 (8.7) 是由方程 (8.6) 消去 z 后所得的, 因此当 x, y 和 z 满足方程组 (8.6) 时, 前两个数 x, y 必定满足方程 (8.7), 这说明曲线 C 上的所有点都在由方程 (8.7) 所表示的曲面上. 而方程 (8.7) 表示一母线平行于 z 轴的柱面, 此柱面必定包含曲线 C. 以曲线 C 为准线、母线平行于 z 轴 (即垂直于 xOy 面) 的柱面叫做曲线 C 关于 xOy 面的**投影柱面**, 投影柱面与 xOy 面的交线叫做空间曲线 C 在 xOy 面上的**投影曲线**, 简称**投影**. 因此, 方程 (8.7) 所表示的柱面必定包含投影柱面, 而方程

$$\begin{cases} H(x,y) = 0, \\ z = 0 \end{cases}$$

所表示的曲线必定包含空间曲线 C 在 xOy 面上的投影.

同理, 消去方程组 (8.6) 中的变量 x 或 y, 再分别和 $x = 0$ 或 $y = 0$ 联立, 就得到包含曲线 C 在 yOz 面或 zOx 面上的投影曲线的方程为

$$\begin{cases} R(y,z) = 0, \\ x = 0 \end{cases} \quad \text{或} \quad \begin{cases} T(x,z) = 0, \\ y = 0. \end{cases}$$

例 8.3.4 已知两球面的方程为

$$x^2 + y^2 + z^2 = 1 \quad (8.8)$$

和

$$x^2 + (y-1)^2 + (z-1)^2 = 1, \quad (8.9)$$

求它们的交线 C 在 xOy 面上的投影方程.

解 先求包含交线 C 而母线平行于 z 轴的柱面方程. 因此, 由方程 (8.8)、(8.9) 消去 z, 为此可先由方程 (8.8) 减去方程 (8.9) 并化简, 得到

$$y + z = 1.$$

再以 $z = 1 - y$ 代入方程 (8.8) 或方程 (8.9),即得交线 C 关于 xOy 面的投影柱面的方程

$$x^2 + 2y^2 - 2y = 0.$$

于是,两球面的交线 C 在 xOy 面上的投影曲线的方程

$$\begin{cases} x^2 + 2y^2 - 2y = 0, \\ z = 0. \end{cases}$$

在重积分和曲面积分的计算中,往往需要确定一个立体或曲面在坐标面上的投影,这时要利用投影柱面和投影曲线.

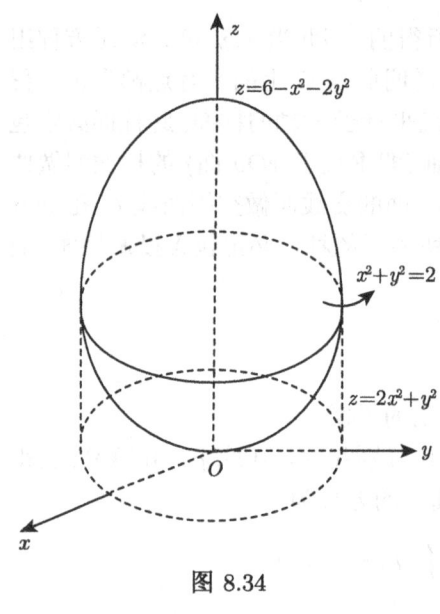

图 8.34

例 8.3.5 求抛物面 $z = 6 - x^2 - 2y^2$ 与 $z = 2x^2 + y^2$ 所围成的立体在 xOy 面上的投影区域 (图 8.34).

解 由

$$\begin{cases} z = 6 - x^2 - 2y^2, \\ z = 2x^2 + y^2, \end{cases}$$

消去 z,得到两抛物面的交线 C 关于 xOy 面的投影柱面 $x^2 + y^2 = 2$. 因此,交线 C 在 xOy 平面上的投影曲线的方程为

$$\begin{cases} x^2 + y^2 = 2, \\ z = 0. \end{cases}$$

于是,两抛物面所围成的立体在 xOy 面上的投影区域为 $D = \{(x, y) | x^2 + y^2 \leqslant 2\}$.

习 题 8.3

1. 画出下列曲线在第一卦限内的图形:

   (1) $\begin{cases} z = \sqrt{9 - x^2 - y^2}, \\ x - y = 0; \end{cases}$

   (2) $\begin{cases} x^2 + y^2 = a^2, \\ x + z = 1. \end{cases}$

2. 分别求母线平行于 x 轴及 y 轴而且通过曲线 $\begin{cases} 3x^2 + 2y^2 + z^2 = 4, \\ x^2 - 2y^2 + 3z^2 = 0 \end{cases}$ 的柱面方程.

3. 求球面 $x^2 + y^2 + z^2 = 9$ 与平面 $z + y = 1$ 的交线在 xOy 面上的投影曲线的方程.

4. 将下列曲线的一般方程化为参数方程:

(1) $\begin{cases} z = \sqrt{8-x^2-y^2}, \\ y = 2x; \end{cases}$ (2) $\begin{cases} (x-1)^2+y^2+(z-1)^2=4, \\ z=0. \end{cases}$

5. 求螺旋线 $\begin{cases} x = 2\cos\theta, \\ y = 2\sin\theta, \\ z = 4\theta \end{cases}$ 在三个坐标面上的投影曲线的直角坐标方程.

6. 求由上半球面 $z = \sqrt{4-x^2-y^2}$ 与锥面 $z = \sqrt{3(x^2+y^2)}$ 所围立体在 xOy 面上的投影区域.

7. 求上半球体 $0 \leqslant z \leqslant \sqrt{1-x^2-y^2}$ 与圆柱体 $x^2+y^2 \leqslant x$ 的公共部分在 zOx 面上的投影区域.

8.4 平面及其方程

8.4.1 平面的方程

1. 点法式方程

垂直于平面的非零向量, 称为该平面的**法线向量**或**法向量**. 易知, 平面的法向量与平面上的任一向量都垂直. 下面我们通过法向量来讨论平面的方程.

如图 8.35, 已知平面 Π 上的一点 $M_0(x_0, y_0, z_0)$ 和它的法线向量 $\boldsymbol{n} = (A, B, C)$. 对平面 Π 上的任意一点 $M(x, y, z)$, 向量 $\overrightarrow{M_0M} = (x-x_0, y-y_0, z-z_0)$ 必与平面 Π 的法线向量 $\boldsymbol{n} = (A, B, C)$ 垂直, 即

$$\overrightarrow{M_0M} \cdot \boldsymbol{n} = 0,$$

所以

$$A(x-x_0) + B(y-y_0) + C(z-z_0) = 0. \quad (8.10)$$

另一方面, 不在平面上的点, 其坐标不满足方程 (8.10). 称方程 (8.10) 为**平面的点法式方程**.

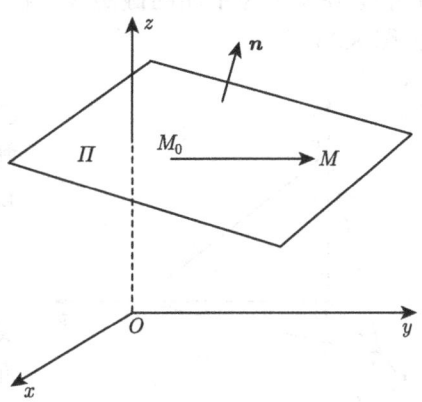

图 8.35

例 8.4.1 求过三点 $A(0,-1,4), B(-1,0,-2), C(0,2,1)$ 的平面方程.

解 先求平面的法线向量 $\boldsymbol{n}$. 由于法线向量 $\boldsymbol{n}$ 既垂直于向量 $\overrightarrow{AB} = (-1, 1, -6)$, 又垂直于向量 $\overrightarrow{AC} = (0, 3, -3)$, 故取法线向量 $\boldsymbol{n}$ 为这两个向量的向量积, 即

$$\boldsymbol{n} = \overrightarrow{AB} \times \overrightarrow{AC} = \begin{vmatrix} \boldsymbol{i} & \boldsymbol{j} & \boldsymbol{k} \\ -1 & 1 & -6 \\ 0 & 3 & -3 \end{vmatrix} = 15\boldsymbol{i} - 3\boldsymbol{j} - 3\boldsymbol{k}.$$

由式 (8.10), 得所求平面方程为

$$15x - 3(y+1) - 3(z-4) = 0,$$

即

$$5x - y - z + 3 = 0.$$

特别地, 当平面过坐标轴上的三点 $P(a,0,0)$, $Q(0,b,0)$, $R(0,0,c)$ (这里 $abc \neq 0$) 时, 可取平面的法线向量

$$\boldsymbol{n} = \overrightarrow{PQ} \times \overrightarrow{PR} = \begin{vmatrix} \boldsymbol{i} & \boldsymbol{j} & \boldsymbol{k} \\ -a & b & 0 \\ -a & 0 & c \end{vmatrix} = bc\boldsymbol{i} + ac\boldsymbol{j} + ab\boldsymbol{k}.$$

则平面方程为

$$bc(x-a) + acy + abz = 0,$$

可以化为

$$\frac{x}{a} + \frac{y}{b} + \frac{z}{c} = 1. \tag{8.11}$$

称方程 (8.11) 为平面的**截距式方程**, a, b, c 分别为平面在 x 轴, y 轴, z 轴上的**截距**(图 8.36).

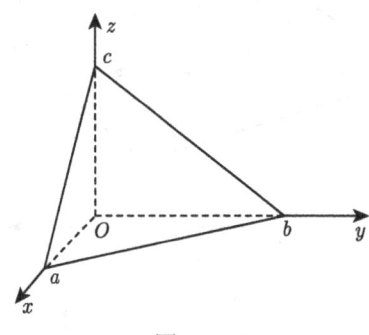

图 8.36

例 8.4.2 求过点 $A(2,0,0)$, $B(0,1,0)$, $C(2,1,-3)$ 的平面方程.

解 由于平面过点 $A(2,0,0)$, $B(0,1,0)$, 所以可设平面方程为

$$\frac{x}{2} + y + \frac{z}{c} = 1.$$

又由于该平面过点 $C(2,1,-3)$, 将其坐标代入上面方程得, $c = 3$. 因此, 所求平面方程为

$$\frac{x}{2} + y + \frac{z}{3} = 1.$$

2. 平面的一般式方程

由前面可知, 平面可用一三元一次方程来表示. 反之, 任一三元一次方程是否表示一平面? 对任一三元一次方程

$$Ax + By + Cz + D = 0, \tag{8.12}$$

其中 A, B, C 不全为零.

8.4 平面及其方程

任取满足式 (8.12) 的一组数 x_0, y_0, z_0, 即有

$$Ax_0 + By_0 + Cz_0 + D = 0. \tag{8.13}$$

将式 (8.12) 与式 (8.13) 相减, 得

$$A(x - x_0) + B(y - y_0) + C(z - z_0) = 0. \tag{8.14}$$

反之, 式 (8.14) 加式 (8.13) 即为式 (8.12), 这说明式 (8.12) 与式 (8.14) 等价. 而式 (8.14) 是过点 $M_0(x_0, y_0, z_0)$, 法线向量 $\boldsymbol{n} = (A, B, C)$ 的平面的点法式方程. 因此, 式 (8.12) 表示一个平面. 将式 (8.12) 称为**平面的一般方程**, 其法线向量 $\boldsymbol{n} = (A, B, C)$.

在平面的一般方程 $Ax + By + Cz + D = 0$ 中, 特别地,

(1) 当 $D = 0$ 时, 平面方程为 $Ax + By + Cz = 0$, 说明平面过坐标原点;

(2) 当 A, B, C 中只有一个为 0 时, 如 $A = 0$, 平面的法线向量 $\boldsymbol{n} = (0, B, C)$ 与 x 轴垂直, 说明平面平行于 x 轴. 同样 $B = 0$ 时, 平面平行于 y 轴; $C = 0$ 时, 平面平行于 z 轴;

(3) 当 A, B, C 中有两个为 0 时, 如 $A = B = 0$ 时, 平面的法线向量同时垂直于 x 轴和 y 轴, 平面平行于 xOy 面. 同样 $B = C = 0$ 时, 平面平行于 yOz 面. $A = C = 0$ 时, 平面平行于 zOx 面.

例 8.4.3 求过 z 轴和点 $(1, 1, 1)$ 的平面的方程.

解 由于平面过 z 轴, 则它必过原点与 z 轴平行, 故可设平面方程为

$$Ax + By = 0.$$

又因为这平面通过点 $(1, 1, 1)$, 所以有

$$A + B = 0 \quad \text{即} \quad B = -A.$$

将其代入所设方程并除以 $A(A \neq 0)$, 便得所求的平面方程为

$$x - y = 0.$$

8.4.2 两平面的位置关系

两平面的法向量的夹角 (通常指锐角) 称为**两平面的夹角**.

设平面

$$\Pi_1 : A_1 x + B_1 y + C_1 z + D_1 = 0,$$

$$\Pi_2 : A_2 x + B_2 y + C_2 z + D_2 = 0.$$

法向量分别为 $\boldsymbol{n}_1 = (A_1, B_1, C_1)$, $\boldsymbol{n}_2 = (A_2, B_2, C_2)$.

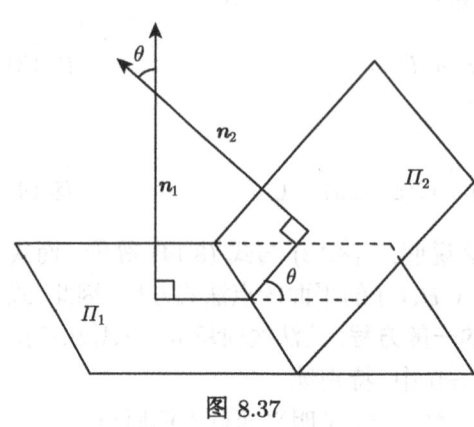

图 8.37

平面 Π_1 和 Π_2 的夹角 θ 应是 $(\widehat{n_1, n_2})$ 和 $\pi - (\widehat{n_1, n_2})$ 两者中的锐角 (图 8.37), 因此 $\cos\theta = |\cos(\widehat{n_1, n_2})|$. 由两向量数量积的定义, 有

$$\cos\theta = |\cos(\widehat{n_1, n_2})| = \frac{|A_1A_2 + B_1B_2 + C_1C_2|}{\sqrt{A_1^2 + B_1^2 + C_1^2} \cdot \sqrt{A_2^2 + B_2^2 + C_2^2}}.$$

由此, 可得

两平面垂直的充分必要条件是 $A_1A_2 + B_1B_2 + C_1C_2 = 0$;

两平面平行的充分必要条件是

$$\frac{A_1}{A_2} = \frac{B_1}{B_2} = \frac{C_1}{C_2}.$$

例 8.4.4 求两平面 $x + y + 2z = 0$, $2x - y + z = 1$ 的夹角.

解 两平面的法向量分别为 $n_1 = (1, 1, 2)$, $n_2 = (2, -1, 1)$, 则

$$\cos\theta = \frac{|1 \times 2 + 1 \times (-1) + 2 \times 1|}{\sqrt{1^2 + 1^2 + 2^2} \cdot \sqrt{2^2 + (-1)^2 + 1^2}} = \frac{1}{2},$$

所以 $\theta = \dfrac{\pi}{3}$.

例 8.4.5 一平面过 $M_1(1, 0, -1)$, $M_2(2, 1, 0)$ 且垂直于平面 $2x - y + z = 1$, 求该平面的方程.

解 设所求平面的法向量为 n, 记平面 $2x - y + z = 1$ 的法向量为 $n_1 = (2, -1, 1)$, 则 $n \perp n_1$. 又因 $\overrightarrow{M_1M_2}$ 在所求平面上, 所以 $n \perp \overrightarrow{M_1M_2}$. 因此,

$$n = \overrightarrow{M_1M_2} \times n_1 = \begin{vmatrix} i & j & k \\ 1 & 1 & 1 \\ 2 & -1 & 1 \end{vmatrix} = (2, 1, -3).$$

故所求平面方程为

$$2(x - 1) + (y - 0) - 3(z + 1) = 0,$$

即

$$2x + y - 3z - 5 = 0.$$

8.4 平面及其方程

8.4.3 点到平面的距离

设 $P_0(x_0, y_0, z_0)$ 是平面 $Ax + By + Cz + D = 0$ 外一点 (图 8.38), 下面求 P_0 到这平面的距离.

在平面上任取一点 $P_1(x_1, y_1, z_1)$, 设向量 $\overrightarrow{P_1P_0}$ 与平面的法向量 $\boldsymbol{n} = (A, B, C)$ 的夹角为 θ, 由图 8.38 可知, P_0 到该平面的距离 d 就是 $\overrightarrow{P_1P_0}$ 在 $\boldsymbol{n}$ 上的投影的绝对值, 即

$$d = |\mathrm{Prj}_{\boldsymbol{n}} \overrightarrow{P_1P_0}| = |\overrightarrow{P_1P_0}||\cos\theta| = \frac{|\overrightarrow{P_1P_0} \cdot \boldsymbol{n}|}{|\boldsymbol{n}|}.$$

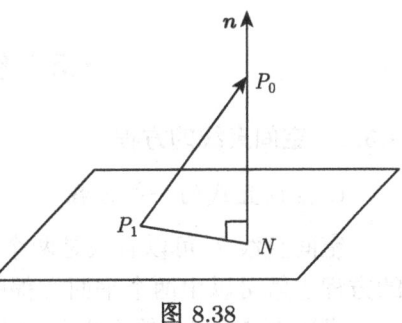

图 8.38

由于 $P_1(x_1, y_1, z_1)$ 在平面上, 则

$$Ax_1 + By_1 + Cz_1 + D = 0.$$

又因为 $\overrightarrow{P_1P_0} = (x_0 - x_1, y_0 - y_1, z_0 - z_1)$, 则

$$\begin{aligned}
\overrightarrow{P_1P_0} \cdot \boldsymbol{n} &= A(x_0 - x_1) + B(y_0 - y_1) + C(z_0 - z_1) \\
&= Ax_0 + By_0 + Cz_0 - (Ax_1 + By_1 + Cz_1) \\
&= Ax_0 + By_0 + Cz_0 + D.
\end{aligned}$$

于是, 点 $P_0(x_0, y_0, z_0)$ 到该平面的距离为

$$d = \frac{|\overrightarrow{P_1P_0} \cdot \boldsymbol{n}|}{|\boldsymbol{n}|} = \frac{|Ax_0 + By_0 + Cz_0 + D|}{\sqrt{A^2 + B^2 + C^2}}.$$

例如, 点 $(1, 1, 1)$ 到平面 $x - y + z + 2 = 0$ 的距离为

$$d = \frac{|1 - 1 + 1 + 2|}{\sqrt{1^2 + (-1)^2 + 1^2}} = \frac{3}{\sqrt{3}} = \sqrt{3}.$$

习 题 8.4

1. 求过点 $A(1, 1, 1)$ 且与平面 $x - 2y + z + 7 = 0$ 平行的平面方程.
2. 求过点 $(1, -1, 1)$ 且与两平面 $x - y - z = 1$ 和 $x + 2y + z = 3$ 都垂直的平面方程.
3. 求过 $A(1, 0, 0)$, $B(1, 1, 1)$ 和 $C(0, 0, 2)$ 三点的平面方程.
4. 求平面 $x - y + z = 1$ 与 xOy 面的夹角.
5. 分别按下列条件求平面方程:
(1) 平行于 yOz 面且经过点 $(1, -1, 2)$;
(2) 通过 z 轴和点 $(1, 1, 2)$;

(3) 平行于 x 轴且经过两点 $(4,0,-2)$ 和 $(1,1,2)$.

6. 求过点 $M(4,3,2)$ 且在三个坐标轴上的截距相等的平面方程.

7. 求一平面, 点 $P(1,2,3)$ 到此平面的距离为 6, 并且与平面 $2x-3y+6z=1$ 平行.

8.5 空间直线及其方程

8.5.1 空间直线的方程

1. 空间直线的一般方程

空间直线 L 可以看成是两个平面 Π_1 和 Π_2 的交线 (图 8.39), 因此, 空间直线的方程也就可以由两个平面方程所组成的方程组来表示.

设平面 Π_1, Π_2 的方程分别为

$$A_1x + B_1y + C_1z + D_1 = 0, \quad A_2x + B_2y + C_2z + D_2 = 0.$$

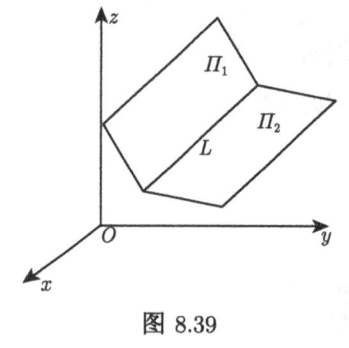

图 8.39

直线 L 上任一点的坐标同时满足平面 Π_1 和 Π_2 的方程, 即满足

$$\begin{cases} A_1x + B_1y + C_1z + D_1 = 0, \\ A_2x + B_2y + C_2z + D_2 = 0. \end{cases} \quad (8.15)$$

而不在直线 L 上的点不能同时在平面 Π_1 和 Π_2 上, 它的坐标不满足方程组 (8.15). 因此, 直线 L 可以用方程组 (8.15) 来表示, 称方程组 (8.15) 为空间直线的**一般方程**.

2. 空间直线的点向式方程

平行于已知直线的非零向量称为这条直线的**方向向量**, 记为 $s=(m,n,p)$. 方向向量的坐标 m,n,p 叫做这条直线的一组**方向数**, 向量 s 的方向余弦叫做该直线的**方向余弦**.

下面来建立过点 $M_0(x_0, y_0, z_0)$, 方向向量为 s 的直线 L 的方程.

如图 8.40, 在直线 L 上任取一点 $M(x,y,z)$, 那么 $\overrightarrow{M_0M}$ 与 s 平行. 由向量的线性运算, 有

$$\boldsymbol{r}-\boldsymbol{r}_0 = t\boldsymbol{s}, \quad 即 \quad \boldsymbol{r}=\boldsymbol{r}_0+t\boldsymbol{s}.$$

其分量表示形式为

$$\frac{x-x_0}{m} = \frac{y-y_0}{n} = \frac{z-z_0}{p}, \quad (8.16)$$

称方程组 (8.16) 为直线 L 的**点向式方程**, 也称**对称式方程**.

8.5 空间直线及其方程

方程组 (8.16) 中, 若 m,n,p 中有一个为零, 则视其对应分子也为零. 如 $m=0, n\neq 0, p\neq 0$ 时, 直线方程为

$$\begin{cases} x-x_0=0, \\ \dfrac{y-y_0}{n}=\dfrac{z-z_0}{p}. \end{cases}$$

若 $m=n=0, p\neq 0$, 直线方程为

$$\begin{cases} x-x_0=0, \\ y-y_0=0. \end{cases}$$

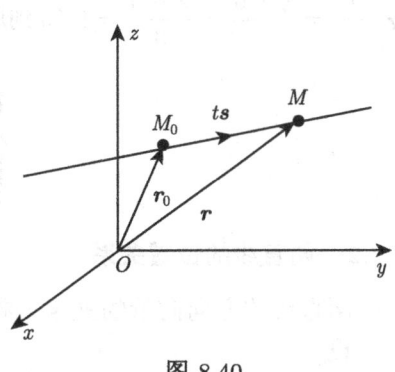

图 8.40

在方程组 (8.16) 中, 令

$$\frac{x-x_0}{m}=\frac{y-y_0}{n}=\frac{z-z_0}{p}=t,$$

有

$$\begin{cases} x=x_0+mt, \\ y=y_0+nt, \\ z=z_0+pt, \end{cases} \tag{8.17}$$

称方程组 (8.17) 为直线 L 的**参数式方程**.

例 8.5.1 用对称式方程及参数方程表示直线 L

$$\begin{cases} x-y+2z=0, \\ 2x+y-z+3=0. \end{cases}$$

解 先找出直线 L 上一点 (x_0, y_0, z_0), 取 $x_0=0$, 代入方程组, 得

$$\begin{cases} -y_0+2z_0=0, \\ y_0-z_0+3=0. \end{cases}$$

解得 $y_0=-6, z_0=-3$, 即 $(0,-6,-3)$ 是直线上的一点.

因为所求直线的方向向量 $\boldsymbol{s}$ 与两平面的法向量 $\boldsymbol{n_1}=(1,-1,2)$, $\boldsymbol{n_2}=(2,1,-1)$ 都垂直, 所以取

$$\boldsymbol{s}=\boldsymbol{n_1}\times\boldsymbol{n_2}=\begin{vmatrix} \boldsymbol{i} & \boldsymbol{j} & \boldsymbol{k} \\ 1 & -1 & 2 \\ 2 & 1 & -1 \end{vmatrix}=(-1,5,3).$$

因此, 所给直线的对称式方程为

$$\frac{x}{-1}=\frac{y+6}{5}=\frac{z+3}{3};$$

令 $\dfrac{x}{-1} = \dfrac{y+6}{5} = \dfrac{z+3}{3} = t$, 得到所给直线的参数方程为

$$\begin{cases} x = -t, \\ y = -6 + 5t, \\ z = -3 + 3t. \end{cases}$$

8.5.2 两直线的位置关系

两直线的方向向量的夹角 (通常指锐角) 称为**两直线的夹角**.

设
$$L_1 : \dfrac{x - x_1}{m_1} = \dfrac{y - y_1}{n_1} = \dfrac{z - z_1}{p_1},$$
$$L_2 : \dfrac{x - x_2}{m_2} = \dfrac{y - y_2}{n_2} = \dfrac{z - z_2}{p_2},$$

它们的方向向量分别为 $s_1 = (m_1, n_1, p_1)$, $s_2 = (m_2, n_2, p_2)$. 那么直线 L_1 和 L_2 的夹角 θ 应是 $(\widehat{s_1, s_2})$ 和 $\pi - (\widehat{s_1, s_2})$ 两者中的锐角, 因此 $\cos\theta = |\cos(\widehat{s_1, s_2})|$. 由两向量数量积的定义, 有

$$\cos\theta = |\cos(\widehat{s_1, s_2})| = \dfrac{|m_1 m_2 + n_1 n_2 + p_1 p_2|}{\sqrt{m_1^2 + n_1^2 + p_1^2} \cdot \sqrt{m_2^2 + n_2^2 + p_2^2}}.$$

由此, 可得到

(1) 两直线 L_1 和 L_2 垂直的充分必要条件是 $m_1 m_2 + n_1 n_2 + p_1 p_2 = 0$;

(2) 两直线 L_1 和 L_2 平行的充分必要条件是 $\dfrac{m_1}{m_2} = \dfrac{n_1}{n_2} = \dfrac{p_1}{p_2}$.

例 8.5.2 求直线 $L_1 : \begin{cases} x - 1 = z + 3, \\ y = 0 \end{cases}$ 和 $L_2 : \dfrac{x}{2} = y = z$ 的夹角.

解 直线 L_1, L_2 的方向向量分别为 $s_1 = (1, 0, 1)$ 和 $s_2 = (2, 1, 1)$. 设两直线的夹角为 θ, 则

$$\cos\theta = \dfrac{|1 \times 2 + 0 \times 1 + 1 \times 1|}{\sqrt{1^2 + 0^2 + 1^2} \cdot \sqrt{2^2 + 1^2 + 1^2}} = \dfrac{3}{\sqrt{2} \cdot \sqrt{6}} = \dfrac{\sqrt{3}}{2},$$

所以 $\theta = \dfrac{\pi}{6}$.

8.5.3 直线与平面的位置关系

当直线与平面不垂直时, 直线与它在该平面上的投影直线的夹角 $\varphi \left(0 \leqslant \varphi \leqslant \dfrac{\pi}{2}\right)$ 称为**直线与平面的夹角**, 当直线与平面垂直时, 规定直线与平面的夹角为 $\dfrac{\pi}{2}$.

设直线 L 的方向向量为 $s = (m, n, p)$, 平面的法线向量为 $n = (A, B, C)$, 直线

8.5 空间直线及其方程

与平面的夹角为 φ, 那么 $\varphi = \left| \dfrac{\pi}{2} - (\widehat{s, n}) \right|$, $\sin \varphi = |\cos(\widehat{s, n})|$. 由两向量数量积的定义, 有

$$\sin \varphi = \dfrac{|Am + Bn + Cp|}{\sqrt{A^2 + B^2 + C^2} \cdot \sqrt{m^2 + n^2 + p^2}}.$$

当直线与平面垂直时, 直线的方向向量 $s = (m, n, p)$ 与平面的法向量 $n = (A, B, C)$ 平行; 当直线与平面平行或直线在平面上时, 直线的方向向量 $s = (m, n, p)$ 与平面的法向量 $n = (A, B, C)$ 垂直, 则有如下结论:

(1) 直线与平面垂直的充分必要条件是 $\dfrac{A}{m} = \dfrac{B}{n} = \dfrac{C}{p}$;

(2) 直线与平面平行的充分必要条件是 $Am + Bn + Cp = 0$.

例 8.5.3 求直线 $\dfrac{x-3}{-1} = y = \dfrac{z+1}{2}$ 与平面 $2x + y - z = 6$ 的夹角 φ.

解 因直线的方向向量 $s = (-1, 1, 2)$, 平面的法向量 $n = (2, 1, -1)$, 所以

$$\sin \varphi = \dfrac{|-1 \times 2 + 1 \times 1 + 2 \times (-1)|}{\sqrt{6} \cdot \sqrt{6}} = \dfrac{1}{2},$$

所以 $\varphi = \dfrac{\pi}{6}$.

例 8.5.4 求过点 $(1, 2, 1)$ 与平面 $x + 2y + 3z + 1 = 0$ 垂直的直线的方程.

解 由题意知, 可以取已知平面的法向量 $n = (1, 2, 3)$ 为所求直线的方向向量, 又由于过点 $(1, 2, 1)$, 故所求直线的方程为

$$\dfrac{x-1}{1} = \dfrac{y-2}{2} = \dfrac{z-1}{3}.$$

例 8.5.5 求点 $M_0(1, -1, 1)$ 在平面 $3x + 2y + z = 0$ 上的投影点.

解 过 M_0 且垂直于已知平面的直线方程为

$$\dfrac{x-1}{3} = \dfrac{y+1}{2} = \dfrac{z-1}{1},$$

将该直线的参数方程

$$x = 1 + 3t, \quad y = -1 + 2t, \quad z = 1 + t$$

代入平面方程中, 有

$$3(1 + 3t) + 2(-1 + 2t) + 1 + t = 0.$$

由此解得 $t = -\dfrac{1}{7}$, 故所求投影点为 $\left(\dfrac{4}{7}, -\dfrac{9}{7}, \dfrac{6}{7} \right)$.

例 8.5.6 求点 $M_0(1, 1, 2)$ 到直线 $\dfrac{x-1}{2} = \dfrac{y+1}{1} = \dfrac{z-1}{1}$ 的距离.

解 过 $M_0(1,1,2)$ 与已知直线垂直的平面方程为

$$2(x-1)+(y-1)+(z-2)=0,$$

即

$$2x+y+z=5.$$

将该直线的参数方程

$$x=1+2t,\quad y=-1+t,\quad z=1+t,$$

代入方程 $2x+y+z=5$ 中,解得 $t=\dfrac{1}{2}$,故点 M_0 到已知直线的垂足为 $M\left(2,-\dfrac{1}{2},\dfrac{3}{2}\right)$,则所求距离为

$$d=\left|\overrightarrow{M_0M}\right|=\sqrt{1^2+\left(-\dfrac{3}{2}\right)^2+\left(-\dfrac{1}{2}\right)^2}=\dfrac{\sqrt{14}}{2}.$$

我们经常需要讨论过定直线 L 的平面问题,过直线 L 的平面有无穷多个,这无数个平面组成的集合,称为过直线 L 的**平面束**,L 称为该**平面束的轴**.

设直线 L 的一般方程为

$$\begin{cases} A_1x+B_1y+C_1z+D_1=0, \\ A_2x+B_2y+C_2z+D_2=0, \end{cases}$$

其中 A_1,B_1,C_1 与 A_2,B_2,C_2 不成比例.

建立三元一次方程

$$A_1x+B_1y+C_1z+D_1+\lambda(A_2x+B_2y+C_2z+D_2)=0, \tag{8.18}$$

其中 λ 为任意常数.

整理,得

$$(A_1+\lambda A_2)x+(B_1+\lambda B_2)y+(C_1+\lambda C_2)z+(D_1+\lambda D_2)=0.$$

因为 A_1,B_1,C_1 与 A_2,B_2,C_2 不成比例,所以 $A_1+\lambda A_2$,$B_1+\lambda B_2$,$C_1+\lambda C_2$ 不同时为零,方程 (8.18) 为一三元一次方程,表示一平面. 因直线 L 上的任意一点都满足方程 (8.18),所以方程 (8.18) 所表示的平面一定通过直线 L. 另一方面,由于 λ 为任意常数,通过直线 L 的任意平面(除平面 $A_2x+B_2y+C_2z+D_2=0$ 外)都可以用方程 (8.18) 来表示,称方程 (8.18) 为过直线 L 的**平面束方程**.

例 8.5.7 求直线 L:

$$\begin{cases} x-y+z=0, \\ 2x+y+3z=3 \end{cases}$$

在平面 $\Pi : 3x + y - z = 4$ 上的投影直线方程.

解 设过直线 L 的平面束为

$$x - y + z + \lambda(2x + y + 3z - 3) = 0, \tag{8.19}$$

即

$$(1 + 2\lambda)x + (-1 + \lambda)y + (1 + 3\lambda)z - 3\lambda = 0,$$

其中 λ 为待定常数.

因该平面与平面 $3x + y - z = 4$ 垂直, 利用两平面垂直的充分必要条件, 有

$$(1 + 2\lambda) \cdot 3 + (-1 + \lambda) \cdot 1 + (1 + 3\lambda) \cdot (-1) = 0.$$

由此得 $\lambda = -\dfrac{1}{4}$. 将其代入式 (8.19), 得

$$2x - 5y + z + 3 = 0.$$

所求投影直线的方程为

$$\begin{cases} 2x - 5y + z = -3, \\ 3x + y - z = 4. \end{cases}$$

习 题 8.5

1. 求过点 $A(0,0,2), B(5,3,0)$ 的直线方程.
2. 若三点 $(3,0,1), (0,2,4), (1,m,n)$ 在同一条直线上, 求 m,n 的关系.
3. 求过点 $(1,2,1)$ 且平行于直线 $\dfrac{x+3}{2} = y - 1 = \dfrac{z-5}{4}$ 的直线方程.
4. 求过点 $(1,2,3)$ 且与平面 $4x - 2y - 3z + 5 = 0$ 垂直的直线方程.
5. 设直线方程为 $\begin{cases} x - 2y + z = 0, \\ 2x + y - 3z - 6 = 0, \end{cases}$ 写出该直线的点向式方程和参数式方程.
6. 求过点 $(2,1,-3)$ 与直线 $\begin{cases} x + 2y - z = 1, \\ 2x + y + z = 3 \end{cases}$ 垂直的平面方程.
7. 求过点 $(2,1,0)$, 且过直线 $\dfrac{x-3}{3} = \dfrac{y+1}{2} = \dfrac{z-2}{1}$ 的平面方程.
8. 求过点 $(1,1,1)$, 并且与两平面 $x + y + z = 1$ 和 $2x - y + 3z = 0$ 都平行的直线方程.
9. 求直线 $\begin{cases} x - y + z + 1 = 0, \\ 2x + y - z = 0 \end{cases}$ 与平面 $x - y + z = 1$ 的夹角.
10. 试确定下列各组中直线与平面的位置关系:
(1) $\dfrac{x-1}{2} = \dfrac{y}{3} = \dfrac{z+1}{1}$ 和 $x + y + z = 3$;
(2) $\dfrac{x-1}{2} = \dfrac{y+1}{3} = \dfrac{z}{-1}$ 和 $2x + 3y - z + 7 = 0$;

(3) $\dfrac{x+1}{2} = \dfrac{y+1}{1} = \dfrac{z-1}{-3}$ 和 $x+y+z=1$.

11. 求点 $(1,1,1)$ 在平面 $x+2y+3z-7=0$ 上的投影.

12. 求直线 $\begin{cases} x+2y+z=1, \\ 3x-y-z=2 \end{cases}$ 在平面 $x+y-z+1=0$ 上的投影直线方程.

13. 求过点 $(2,0,1)$ 且与直线 $\dfrac{x-1}{1} = \dfrac{y+1}{2} = \dfrac{z}{-1}$ 垂直相交的直线方程.

总 习 题 8

一、判断正误：

1. 若 $\boldsymbol{a} \cdot \boldsymbol{b} = \boldsymbol{b} \cdot \boldsymbol{c}$，并且 $\boldsymbol{b} \neq \boldsymbol{0}$，则 $\boldsymbol{a} = \boldsymbol{c}$. ( )
2. 若 $\boldsymbol{a} \times \boldsymbol{b} = \boldsymbol{b} \times \boldsymbol{c}$，并且 $\boldsymbol{b} \neq \boldsymbol{0}$，则 $\boldsymbol{a} = \boldsymbol{c}$. ( )
3. 若 $\boldsymbol{a} \cdot \boldsymbol{c} = \boldsymbol{0}$，则 $\boldsymbol{a} = \boldsymbol{0}$ 或 $\boldsymbol{c} = \boldsymbol{0}$. ( )
4. $\boldsymbol{a} \times \boldsymbol{b} = -\boldsymbol{b} \times \boldsymbol{a}$. ( )

二、选择题：

1. 当 $\boldsymbol{a}$ 与 $\boldsymbol{b}$ 满足 (　　) 时，有 $|\boldsymbol{a}+\boldsymbol{b}| = |\boldsymbol{a}| + |\boldsymbol{b}|$.

(A) $\boldsymbol{a} \perp \boldsymbol{b}$;
(B) $\boldsymbol{a} = \lambda \boldsymbol{b}$ (λ 为常数);
(C) $\boldsymbol{a} \parallel \boldsymbol{b}$;
(D) $\boldsymbol{a} \cdot \boldsymbol{b} = |\boldsymbol{a}||\boldsymbol{b}|$.

2. 下列平面中, 平面 (　　) 过 y 轴.

(A) $x+y+z=1$;
(B) $x+y+z=0$;
(C) $x+z=0$;
(D) $x+z=1$.

3. 在空间直角坐标系中, 方程 $z = 1 - x^2 - 2y^2$ 所表示的曲面是 (　　).

(A) 椭球面;
(B) 椭圆抛物面;
(C) 椭圆柱面;
(D) 单叶双曲面.

4. 空间曲线 $\begin{cases} z = x^2 + y^2 - 2, \\ z = 5 \end{cases}$ 在 xOy 面上的投影曲线的方程为 (　　).

(A) $x^2 + y^2 = 7$;
(B) $\begin{cases} x^2 + y^2 = 7, \\ z = 5; \end{cases}$
(C) $\begin{cases} x^2 + y^2 = 7, \\ z = 0; \end{cases}$
(D) $\begin{cases} z = x^2 + y^2 - 2, \\ z = 0. \end{cases}$

5. 直线 $\dfrac{x-1}{2} = \dfrac{y}{1} = \dfrac{z+1}{-1}$ 与平面 $x - y + z = 1$ 的位置关系是 (　　).

(A) 垂直;
(B) 平行;
(C) 夹角为 $\dfrac{\pi}{4}$;
(D) 夹角为 $-\dfrac{\pi}{4}$.

三、填空题：

1. 若 $|\boldsymbol{a}||\boldsymbol{b}| = \sqrt{2}$, 它们夹角为 $\dfrac{\pi}{2}$, 则 $|\boldsymbol{a} \times \boldsymbol{b}| = $ _____, $\boldsymbol{a} \cdot \boldsymbol{b} = $ _____.

2. 与平面 $x - y + 2z - 6 = 0$ 垂直的单位向量为 _____.

总习题 8

3. 过点 $(-3,1,-2)$ 和 $(3,0,5)$ 且平行于 x 轴的平面方程为_____.

4. 原点 $O(0,0,0)$ 到由点 $A(5,2,0)$, $B(2,5,0)$, $C(1,2,4)$ 及所确定的平面的距离是_____.

5. 设直线 $\dfrac{x-1}{1}=\dfrac{y+3}{2}=\dfrac{z-1}{\lambda}$ 与直线 $x+1=y-1=z$ 垂直，则 $\lambda=$_____.

6. 过原点且垂直于平面 $2y-z+2=0$ 的直线为_____.

7. 曲线 $\begin{cases} z=2x^2+y^2, \\ z=1 \end{cases}$ 在 xOy 平面上的投影曲线方程为_____.

四、解答题：

1. 已知 $a=(1,-2,1)$, $b=(1,1,2)$, 计算
(1) $(2a-b)\cdot(a+b)$；　(2) $a\times b$；　(3) $|(a-b)^2|$.

2. 设 $|a|=2|b|$, $(\widehat{a,b})=\dfrac{\pi}{6}$, 求 $a+b$ 与 $a-b$ 的夹角.

3. 设 $(a+3b)\perp(7a-5b)$, $(a-4b)\perp(7a-2b)$, 求 a 与 b 的夹角.

4. 已知 $a=(1,0,-2)$, $b=(1,1,0)$, 求 c, 使 $c\perp a$, $c\perp b$ 且 $|c|=6$.

5. 求满足下列条件的平面方程：
(1) 过三点 $P_1(0,1,2)$, $P_2(1,2,1)$ 和 $P_3(3,0,4)$;
(2) 过 x 轴且与平面 $\sqrt{5}x+2y+z=0$ 的夹角为 $\dfrac{\pi}{3}$.

6. 求过点 $(2,1,1)$，平行于直线 $\dfrac{x-2}{3}=\dfrac{y+1}{2}=\dfrac{z-2}{-1}$ 且垂直于平面 $x+2y-3z+5=0$ 的平面方程.

7. 求通过点 $M_0(2,-1,4)$ 和 z 轴的平面方程.

8. 求过点 $A(-3,0,1)$ 且平行于平面 $\Pi: 3x-4y-z+5=0$, 又与直线 $L_1: \dfrac{x}{2}=\dfrac{y-1}{1}=\dfrac{z+1}{-1}$ 相交的直线 L 的方程.

9. 一直线通过点 $A(1,2,1)$, 且垂直于直线 $L: \dfrac{x-1}{3}=\dfrac{y}{2}=\dfrac{z+1}{1}$, 又和直线 $x=y=z$ 相交，求该直线方程.

10. 一平面过直线 $\begin{cases} x+5y+z=0, \\ x-z+4=0 \end{cases}$ 且与平面 $4x-y+z+1=0$ 垂直，求该平面方程.

11. 设点 $(1,-1,1)$ 到直线 $\begin{cases} y-z+1=0, \\ x=0 \end{cases}$ 的垂线为 L，求通过垂线 L，并且与平面 $z=1$ 垂直的平面方程.

12. 求曲线 $\begin{cases} z=2-x^2-y^2, \\ z=(x-1)^2+(y-1)^2 \end{cases}$ 在三个坐标面的投影曲线方程.

13. 求锥面 $z=\sqrt{x^2+y^2}$ 与柱面 $z^2=2x$ 所围立体在三个坐标面上的投影.

第 9 章 多元函数微分学

前面我们讨论的函数都只有一个自变量,这种函数叫做一元函数. 但在实际问题中往往牵涉到多方面的因素,反映到数学上,就是一个变量依赖于多个变量的情形. 这就提出了多元函数以及多元函数的微分. 在讨论中我们以二元函数为主,因为从一元函数到二元函数会产生新的问题和不同的结果,而从二元函数到二元以上的多元函数则可以类推. 本章将在一元函数微分学的基础上,讨论多元函数的微分学. 将以二元函数为背景,研究多元函数的微分及其应用.

9.1 多元函数的基本概念

9.1.1 预备知识

1. 邻域

一元函数的定义域是数轴上的某个点集,而二元函数的定义域是平面上的某个点集. 因此,有必要了解平面上的点集和区域等概念.

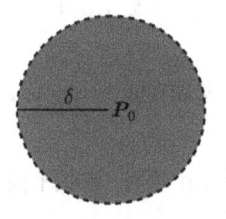

图 9.1

设 $P_0(x_0, y_0)$ 是 xOy 面上的点,δ 为正实数,称以 P_0 为圆心,δ 为半径的圆的内部为点 P_0 的 δ **邻域**,记为 $U(P_0)$,即

$$U(P_0) = \{(x,y) | (x-x_0)^2 + (y-y_0)^2 < \delta^2\}.$$

称点 P_0 为**邻域中心**,δ 为**邻域半径**. 去掉邻域中心 P_0 的点集,称为点 P_0 的**去心邻域**,记为 $\overset{\circ}{U}(P_0)$,即

$$\overset{\circ}{U}(P_0) = \{(x,y) | 0 < (x-x_0)^2 + (y-y_0)^2 < \delta^2\}(\text{图 } 9.1).$$

2. 内点、外点、边界点、聚点

设 E 为一平面点集,P 为平面上的一点. 如果存在 P 点的某个邻域 $U(P)$,使得 $U(P) \subset E$,则称点 P 为点集 E 的**内点**(如图 9.2 中的 P_1);如果存在 P 点的某个邻域 $U(P)$,使得 $U(P) \cap E = \varnothing$,则称点 P 为点集 E 的**外点**(如图 9.2 中的 P_2);如果对 P 点的任何邻域 $U(P)$,有 $U(P) \not\subset E$,且 $U(P) \cap E \neq \varnothing$,则称点 P 为点集 E 的**边界点**(如图 9.2 中的 P_3). 由边界点所构成的集合称为点集 E 的**边界**.

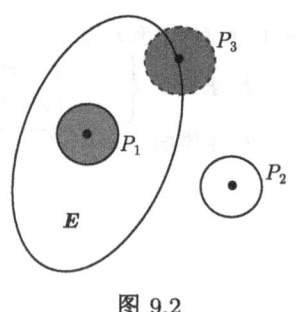

图 9.2

任意一点与一个点集 E 之间除了上述三种关系之外，还有另外一种关系，这就是下面定义的聚点.

如果对于任意给定的 $\delta > 0$，点 P 的去心邻域 $\overset{\circ}{U}(P)$ 内总有点集 E 中的点，则称 P 是点集 E 的**聚点**. 设点 $P \in E$，如果存在点 P 的某个去心邻域 $\overset{\circ}{U}(P)$，使得 $\overset{\circ}{U}(P) \cap E = \varnothing$，则称点 P 为点集 E 的**孤立点**.

注 9.1.1　(1) 内点、边界点都是聚点；

(2) 点集 E 的聚点可以属于 E，也可以不属于 E.

例如：对点集 $E = \{(x,y) | 1 < x^2 + y^2 \leqslant 4\}$，满足 $1 < x^2 + y^2 < 4$ 的点 (x,y) 都是点集 E 的内点，而内点都是聚点；满足 $x^2 + y^2 = 1$ 或 $x^2 + y^2 = 4$ 的点 (x,y) 都是点集 E 的边界点，边界 $\{(x,y)|x^2 + y^2 = 4\}$ 上的点都是聚点也都属于点集 E，而边界 $\{(x,y)|x^2 + y^2 = 1\}$ 上的点也都是聚点但不属于点集 E；圆 $x^2 + y^2 = 1$ 的内部和大圆 $x^2 + y^2 = 4$ 外部的点都是点集 E 的外点.

3. 开集与区域

设 E 为一点集，如果点集 E 的任意一点都是内点，则称点集 E 为**开集**.

设 E 为一点集，如果对点集 E 内任意两点 P_1, P_2，都可在点集 E 内找到一条折线将 P_1, P_2 连接起来，则称点集 E 具有**连通性**(如图 9.3). 具有连通性的开集称为**区域**(或**开区域**). 区域连同其边界称为**闭区域**.

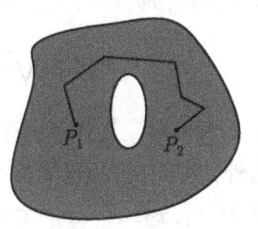

图 9.3

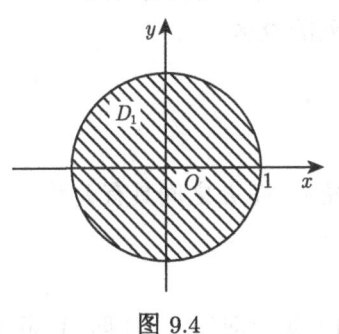

图 9.4

例如，点集 $E_1 = \{(x,y)|x+y > 0\}$ 为开区域，点集 $E_2 = \{(x,y)|x+y \geqslant 0\}$ 为闭区域.

如果区域 D 可包含在一个以原点为中心的圆内，则称区域 D 为**有界区域**，否则，称区域 D 为**无界区域**. 例如：$D_1 = \{(x,y)|x^2 + y^2 \leqslant 1\}$ 和 $D_2 = \{(x,y)| -1 \leqslant x \leqslant 1, 0 \leqslant y \leqslant 1\}$ 都是闭区域 (图 9.4，图 9.5)，且是有界区域，区域 $D_3 = \{(x,y)|x+y > 0\}$ 是无界区域 (图 9.6).

在以下叙述中，若不需要区分开区域、闭区域、有界区域、无界区域时，统称为区域，并以 D 表示.

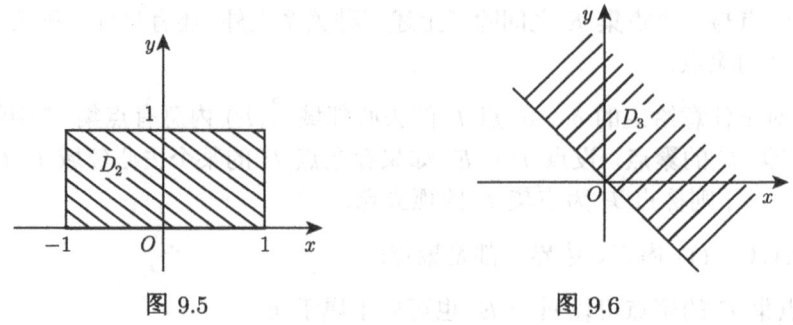

图 9.5　　　　　　　　　图 9.6

4. n 维空间

用 $\mathbf{R},\mathbf{R}^2$ 和 $\mathbf{R}^3$ 分别表示实数、二元有序实数组 (x,y) 和三元有序实数组 (x,y,z) 的全体,分别对应于直线、平面和空间. 类似地,对确定的正整数 n,称 n 元有序实数组 $(x_1,x_2,\cdots,x_n)$ 的全体为 **n 维空间**,记为 $\mathbf{R}^n$. 称 n 元有序实数组 $(x_1,x_2,\cdots,x_n)$ 为 $\mathbf{R}^n$ 中的一个点,数 x_i 为该点的第 i 个坐标.

设 $P_1(x_1,x_2,\cdots,x_n)$ 和 $P_2(y_1,y_2,\cdots,y_n)$ 是 $\mathbf{R}^n$ 中的任意两点,其**距离**定义为

$$\|P_1P_2\| = \sqrt{(y_1-x_1)^2 + (y_2-x_2)^2 + \cdots + (y_n-x_n)^2}.$$

当 $n=1,2,3$ 时,上式就是直线、平面、空间两点的距离.

此外,前面介绍的平面点集中有关概念也可推广到 n 维空间. 例如

设 $P(x_1,x_2,\cdots,x_n) \in \mathbf{R}^n$ 和 $\delta > 0$,n 维空间中点集

$$U(P) = \{M | \|PM\| < \delta, M \in \mathbf{R}^n\}$$

称为点 P 的 δ **邻域**. 以邻域为基础,即可定义 n 维空间中点集的内点、外点、边界点、聚点和孤立点以及开集、闭集、区域等一系列的概念.

9.1.2 多元函数的概念

1. 二元函数的概念

例 9.1.1　圆柱体的体积 V 和它的底面半径 r、高 h 之间具有关系

$$V = \pi r^2 h$$

这里,当 r、h 在一定范围 $\{(r,h)|r>0, h>0\}$ 内取定一对值 (r,h) 时,V 就有唯一确定的值与之对应.

例 9.1.2　一定量的理想气体的压强 P、体积 V 和绝对温度 T 之间具有关系

$$P = \frac{RT}{V}.$$

(其中 R 为理想气体常数) 同样,当 T、V 在一定范围 $\{(T,V)|T>T_0, V>0\}$ 内取定一对值 (T,V) 时,P 就有唯一确定的值与之对应.

上面两个例子的实际意义虽各不相同,撇开实际意义,抽象地考虑其数量关系,便可得二元函数的定义.

定义 9.1.1 设有三个变量 x, y, z,其中变量 x、y 在平面点集 D 中取值. 如果对每一个有序实数 $(x,y) \in D$,按某一对应法则 f,总有唯一确定的 z 值与之对应,则称 z 是 x、y 的**函数**,也称为**二元函数**,记为 $z = f(x,y)$ 或 $z = z(x,y)$. 称 x,y 为**自变量**,z 为**因变量**. 称 f 为**对应法则**,自变量 x、y 的取值范围叫做函数的**定义域**,称 $R_f = \{z | z = f(x,y), (x,y) \in D\}$ 为函数的**值域**. 称 $f(x_0, y_0)$ 为二元函数 $z = f(x,y)$ 在点 (x_0, y_0) 处的函数值.

在定义 9.1.1 中,将自变量 x、y 排了序,使它们所取的值成为有序数对 (x,y). 这样,自变量 x、y 的每一对值就对应 xOy 面上的一个点 $P(x,y)$,于是函数 $z = f(x,y)$ 可看成平面上点 P 的函数,并简记为 $z = f(P)$. 例如,当 P 是数轴上的点 x 时,则 $u = f(P)$ 就表示一元函数. 以点 P 表示自变量的函数称为**点函数**,这样不论是一元函数还是多元函数都可统一地表示为点 P 的函数 $u = f(P)$.

与一元函数一样,定义域 D、对应法则 f、值域 R_f 是确定二元函数的三个要素,而定义域及对应法则是构成函数的主要要素. 如果对于点 $P(x,y)$,函数 $f(x,y)$ 有确定的值和它对应,就说函数 $z = f(x,y)$ 在点 $P(x,y)$ 处有定义. 函数的定义域也就是使函数有定义的点的全体所构成的点集. 因此,二元函数 $z = f(x,y)$ 的定义域是 xOy 面上的点集.

关于二元函数的定义域,与一元函数相类似,作如下约定:用解析式表示的二元函数,就以使得这个解析式有意义的点集为这个函数的定义域.

例如,函数 $z = \sqrt{1 - x^2 - y^2}$,要使解析式有意义,必须 $1 - x^2 - y^2 \geqslant 0$,即 $x^2 + y^2 \leqslant 1$. 所以,该函数的定义域是 $D = \{(x,y) | x^2 + y^2 \leqslant 1\}$ (图 9.7).

例 9.1.3 求函数 $z = \dfrac{\arcsin(x^2 + y^2)}{\sqrt{y - x}} + \ln x$ 的定义域,并画出 D 的图形.

解 要使解析式有意义,需满足条件

$$\begin{cases} x^2 + y^2 \leqslant 1, \\ y - x > 0, \\ x > 0, \end{cases}$$

即

$$D = \{(x,y) | x^2 + y^2 \leqslant 1, y > x > 0\}. (图 9.8)$$

例 9.1.4 设 $f\left(x + y, \dfrac{y}{x}\right) = x^2 - y^2$,求函数 $f(x,y)$.

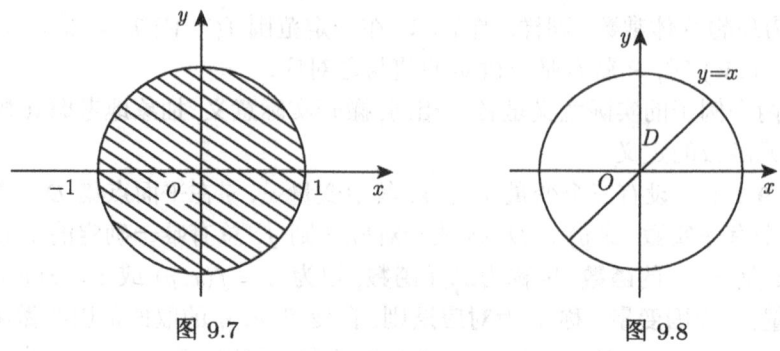

图 9.7　　　　　　　　　图 9.8

解　由于

$$f\left(x+y, \frac{y}{x}\right) = x^2 - y^2 = (x+y)(x-y)$$

$$= (x+y)^2 \frac{x-y}{x+y} = (x+y)^2 \frac{1-\frac{y}{x}}{1+\frac{y}{x}},$$

令 $u = x+y$, $v = \frac{y}{x}$, 则 $f(u,v) = \frac{u^2(1-v)}{1+v}$. 所以,

$$f(x,y) = x^2 \frac{1-y}{1+y}.$$

2. 二元函数的几何意义

设函数 $z = f(x,y)$ 在区域 D 内有定义, 对区域内的任意一点 $P(x,y)$, 对应空间中一点 $M(x,y,z)$. 当点 $P(x,y)$ 取遍定义域内的所有点时, 其动点 $M(x,y,z)$ 构成空间中的一个点集

$$\{(x,y,z) | z = f(x,y), (x,y) \in D\}.$$

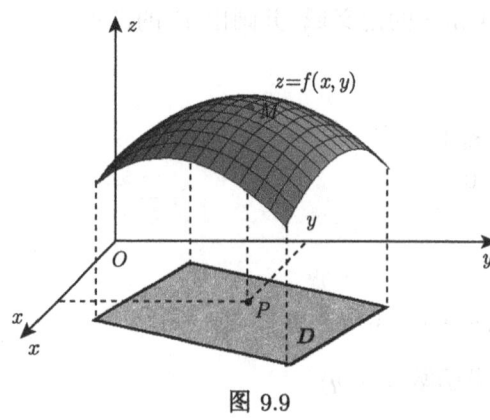

图 9.9

一般地, 该点集形成一张空间曲面 Σ, 称这张曲面 Σ 为二元函数 $z = f(x,y)$ 的图形 (图 9.9), 定义域 D 就是曲面 Σ 在 xOy 面上的投影区域.

例如, 二元函数 $z = x^2 + y^2$ 的图形是位于 xOy 面上方的旋转抛物面 (图 9.10), 其定义域是整个 xOy 面. 二元函数 $z = \sqrt{a^2 - x^2 - y^2}$ ($a > 0$) 的图形是球心在原点, 半径为 a 的上半球面 (图 9.11), 其定义域 $D = \{(x,y) | x^2 + y^2 \leqslant a^2\}$ 为球面在 xOy 面上的投影区域.

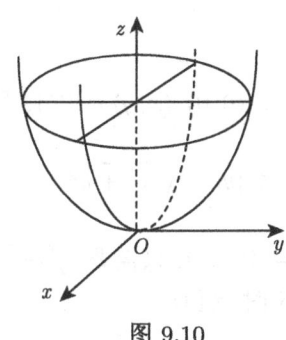
图 9.10

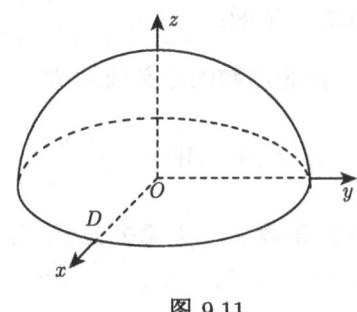
图 9.11

类似地,可将定义 9.1.1 中三个变量改为 $n+1$ 个变量 $u, x_1, x_2, \cdots, x_n$,平面点集 D 改为 n 维空间点集,则可类似地定义 n 元函数 $u = f(x_1, x_2, \cdots, x_n)$,也可简记为 $u = f(P), P(x_1, x_2, \cdots, x_n) \in D$.

二元及二元以上的函数统称为**多元函数**,本章主要讨论二元函数.

9.1.3 二元函数的极限

与一元函数类似,对于多元函数,也需要考察当点 P 趋于点 P_0 时,对应的函数值 $f(P)$ 的变化趋势,这就是多元函数的极限问题.

下面讨论二元函数 $z = f(x, y)$,当点 $P(x, y) \to P_0(x_0, y_0)$ 时函数的极限.与一元函数的极限概念类似,如果当点 $P(x, y) \to P_0(x_0, y_0)$ 时,对应的函数值 $f(x, y)$ 无限接近于一个确定的常数 A,则称 A 为函数 $f(x, y)$ 当点 $P(x, y) \to P_0(x_0, y_0)$ 时的极限.

下面用 "ε-δ" 定义来描述这个极限概念.

定义 9.1.2 设函数 $f(x, y)$ 在点 $P_0(x_0, y_0)$ 的某去心邻域内有定义,A 为常数. 如果对任意给定的正数 ε(ε 无论多么小),总存在正数 δ,当
$$0 < |PP_0| = \sqrt{(x - x_0)^2 + (y - y_0)^2} < \delta$$
时,有
$$|f(x, y) - A| < \varepsilon$$
成立,则称 A 为函数 $f(x, y)$ 当点 $P(x, y) \to P_0(x_0, y_0)$ 时的极限,记为
$$\lim_{(x, y) \to (x_0, y_0)} f(x, y) = A,$$
或 $\lim\limits_{\substack{x \to x_0 \\ y \to y_0}} f(x, y) = A$.

为了区别于一元函数的极限,把二元函数的极限叫做**二重极限**. 与一元函数的极限类似,二重极限是否存在与函数 $f(x, y)$ 在点 $P_0(x_0, y_0)$ 是否有定义无关.

例 9.1.5 证明：$\lim\limits_{(x,y)\to(0,0)} \dfrac{x^2 y}{x^2+y^2} = 0$.

证明 因为函数的定义域为 $D = \{(x,y)|(x,y)\neq(0,0),(x,y)\in R^2\}$，且

$$|f(x,y) - A| = \left|\dfrac{x^2 y}{x^2+y^2}\right| = \dfrac{x^2}{x^2+y^2}|y| \leqslant |y| \leqslant \sqrt{x^2+y^2}.$$

对任意给定的正数 ε (ε 无论多么小)，要使 $|f(x,y) - A| < \varepsilon$，只需要 $\sqrt{x^2+y^2} < \varepsilon$. 因此，取 $\delta = \varepsilon > 0$，当 $0 < \sqrt{(x-0)^2+(y-0)^2} < \delta$ 时，恒有

$$|f(x,y) - A| = \left|\dfrac{x^2 y}{x^2+y^2}\right| \leqslant \sqrt{x^2+y^2} < \delta = \varepsilon$$

成立，所以

$$\lim_{(x,y)\to(0,0)} \dfrac{x^2 y}{x^2+y^2} = 0.$$

注 9.1.2 在一元函数 $f(x)$ 的极限定义中，点 x 只是沿 x 轴趋向于点 x_0，而且趋近路径只有 $x\to x_0^+$ 和 $x\to x_0^-$ 两种直线方式；但二元函数 $f(x,y)$ 包含两个自变量 x 和 y，且 xOy 面上的点 (x,y) 趋近于点 (x_0,y_0) 的路径有无穷多种. 所谓**二重极限存在**，是指当点 $P(x,y)$ 以任何方式趋于点 $P_0(x_0,y_0)$ 时，函数值 $f(x,y)$ 都趋近同一个值 A. 因此，如果点 $P(x,y)$ 以某一特殊方式趋于 $P_0(x_0,y_0)$ 时，即使函数 $f(x,y)$ 无限接近于某一确定值，也不能由此断定函数的极限存在. 这就为判断二元函数的极限不存在提供了方法，即如果点 $P(x,y)\in D$ 沿两条不同的路径趋于点 $P_0(x_0,y_0)$ 时，函数趋于不同的值或沿其中之一路径的极限不存在，那么就可断定函数 $f(x,y)$ 当点 $P(x,y)\to P_0(x_0,y_0)$ 时的极限不存在.

例 9.1.6 设函数

$$f(x,y) = \begin{cases} \dfrac{2xy}{x^2+y^2}, & x^2+y^2 \neq 0, \\ 0, & x^2+y^2 = 0. \end{cases}$$

求 $\lim\limits_{(x,y)\to(0,0)} f(x,y)$.

解 函数的定义域为 $D = \mathbf{R}^2$.

当点 $P(x,y)$ 沿 x 轴趋于点 $(0,0)$，即当 $y=0$，$x\to 0$ 时，有

$$\lim_{\substack{(x,y)\to(0,0)\\ y=0}} f(x,y) = \lim_{x\to 0} f(x,0) = 0;$$

当点 $P(x,y)$ 沿 y 轴趋于点 $(0,0)$，即当 $x=0$，$y\to 0$ 时，有

$$\lim_{\substack{(x,y)\to(0,0)\\ x=0}} f(x,y) = \lim_{y\to 0} f(0,y) = 0;$$

尽管 $\lim\limits_{\substack{(x,y)\to(0,0)\\y=0}} f(x,y) = \lim\limits_{\substack{(x,y)\to(0,0)\\x=0}} f(x,y) = 0$, 但 $\lim\limits_{(x,y)\to(0,0)} f(x,y)$ 不存在. 这是因为当 $P(x,y)$ 点沿直线 $y=kx$ 趋近于 $(0,0)$ 点时, 即当 $y=kx, x\to 0$ 时, 有

$$\lim_{(x,y)\to(0,0)} f(x,y) = \lim_{(x,y)\to(0,0)} \frac{2xy}{x^2+y^2} = \lim_{\substack{x\to 0\\y=kx\to 0}} \frac{2kx^2}{x^2+(kx)^2} = \frac{2k}{1+k^2}.$$

显然, 其值随着 k 的取值不同而不相同. 因此, $\lim\limits_{(x,y)\to(0,0)} f(x,y)$ 不存在.

二重极限具有与一元函数的极限相同的性质和类似的运算法则. 因而在进行二元函数极限的运算时, 可运用一元函数极限的某些性质和方法, 如夹逼准则、有界变量与无穷小量的乘积为无穷小量、两个重要极限等.

例 9.1.7 求极限 $\lim\limits_{(x,y)\to(0,2)} \dfrac{\sin(xy)}{x}$.

解
$$\lim_{(x,y)\to(0,2)} \frac{\sin(xy)}{x} = \lim_{(x,y)\to(0,2)} \left(\frac{\sin(xy)}{xy} \cdot y\right)$$
$$= \lim_{(x,y)\to(0,2)} \frac{\sin(xy)}{xy} \cdot \lim_{y\to 2} y = 1\cdot 2 = 2.$$

例 9.1.8 求极限 $\lim\limits_{(x,y)\to(0,0)} (x^2+y)\sin\dfrac{1}{xy}$.

解 由于 $\lim\limits_{(x,y)\to(0,0)} (x^2+y) = 0$, 而 $\left|\sin\dfrac{1}{xy}\right| \leqslant 1$, 所以

$$\lim_{(x,y)\to(0,0)} (x^2+y)\sin\frac{1}{xy} = 0.$$

例 9.1.9 求极限 $\lim\limits_{(x,y)\to(0,0)} (1+xy)^{\frac{1}{\tan(xy)}}$.

解 $\lim\limits_{(x,y)\to(0,0)} (1+xy)^{\frac{1}{\tan(xy)}} = \lim\limits_{(x,y)\to(0,0)} [(1+xy)^{\frac{1}{xy}}]^{\frac{xy}{\tan(xy)}} = \mathrm{e}.$

例 9.1.10 求极限 $\lim\limits_{\substack{x\to\infty\\y\to\infty}} \dfrac{x^2+y^2}{x^4+y^4}$.

解 因
$$0 < \frac{x^2+y^2}{x^4+y^4} \leqslant \frac{x^2+y^2}{2x^2y^2} = \frac{1}{2}\left(\frac{1}{y^2}+\frac{1}{x^2}\right),$$

且 $\lim\limits_{\substack{x\to\infty\\y\to\infty}} \left(\dfrac{1}{x^2}+\dfrac{1}{y^2}\right) = 0.$ 因此,

$$\lim_{\substack{x\to\infty\\y\to\infty}} \frac{x^2+y^2}{x^4+y^4} = 0.$$

9.1.4 二元函数的连续性

有了多元函数极限的概念, 就可以利用多元函数的极限来定义多元函数在一点处的连续性.

设二元函数 $z = f(x,y)$ 的自变量 x, y 在 x_0, y_0 处分别有改变量 $\Delta x, \Delta y$ 时, 称相应函数 z 的改变量

$$\Delta z = f(x_0 + \Delta x, y_0 + \Delta y) - f(x_0, y_0)$$

为函数 $z = f(x,y)$ 在点 $P_0(x_0, y_0)$ 处的**全增量**. 称改变量

$$\Delta z_x = f(x_0 + \Delta x, y_0) - f(x_0, y_0)$$

为函数 $z = f(x,y)$ 在点 $P_0(x_0, y_0)$ 处对 x 的**偏增量**.

类似地, 称改变量

$$\Delta z_y = f(x_0, y_0 + \Delta y) - f(x_0, y_0)$$

为函数 $z = f(x,y)$ 在点 $P_0(x_0, y_0)$ 处对 y 的**偏增量**.

定义 9.1.3 设函数 $z = f(x,y)$ 在点 $P_0(x_0, y_0)$ 的某邻域内有定义, 若当自变量 x, y 在 x_0, y_0 处的改变量 $\Delta x, \Delta y$ 趋于零时, 相应函数 z 的全增量 $\Delta z = f(x_0 + \Delta x, y_0 + \Delta y) - f(x_0, y_0)$ 也趋向于零, 即

$$\lim_{(\Delta x, \Delta y) \to (0,0)} \Delta z = 0, \tag{9.1}$$

则称函数 $z = f(x,y)$ 在点 $P_0(x_0, y_0)$ **处连续**. 否则, 称函数 $f(x,y)$ 在点 $P_0(x_0, y_0)$ 处**不连续或间断**.

若令 $x = x_0 + \Delta x, y = y_0 + \Delta y$, 则当 $(\Delta x, \Delta y) \to (0,0)$ 时, $(x,y) \to (x_0, y_0)$. 从而 (9.1) 式可以改写为

$$\lim_{(x,y) \to (x_0, y_0)} [f(x,y) - f(x_0, y_0)] = 0.$$

因此, 连续性的定义可用如下的等价定义来描述.

定义 9.1.4 设函数 $z = f(x,y)$ 在点 $P_0(x_0, y_0)$ 的某邻域内有定义, 如果

$$\lim_{(x,y) \to (x_0, y_0)} f(x,y) = f(x_0, y_0), \tag{9.2}$$

则称函数 $z = f(x,y)$ 在点 $P_0(x_0, y_0)$ **处连续**. 否则, 称函数 $f(x,y)$ 在点 $P_0(x_0, y_0)$ 处**不连续或间断**.

对例 9.1.6, 因 $\lim\limits_{(x,y) \to (0,0)} f(x,y)$ 不存在, 所以函数 $z = f(x,y)$ 在点 $(0,0)$ 不连续. 函数 $z = f(x,y)$ 的不连续点称为函数 $z = f(x,y)$ 的**间断点**.

如果函数 $f(x,y)$ 在区域 D 内的每一点都连续, 则称函数 $f(x,y)$ 在区域 D 内连续.

9.1 多元函数的基本概念

以上关于二元函数的连续性的概念, 可相应地推广到 n 元函数中去.

一元函数中关于连续性的运算, 对于多元函数依然适用. 可以证明多元连续函数的和、差、积、商 (在分母不为零处) 仍为连续函数; 多元连续函数的复合函数也是连续函数.

与一元初等函数类似, **多元初等函数**是指可用一个数学式子表示的多元函数, 这个式子是由常数函数及含多个自变量的基本初等函数经过有限次四则运算和有限次复合运算所构成的. 例如,

$$3x^2yz^4 + 5y^3z^2 - 8xz, \quad \arcsin(1 + e^x + y), \quad \ln(xy) + \cos^2(x+y)$$

等都是多元初等函数.

由连续函数的和、差、积、商的连续性及连续函数的复合函数的连续性可知, **一切多元初等函数在其定义区域内都是连续的**. 所谓**定义区域**是指包含在定义域内的区域.

由多元初等函数的连续性知, 若 $P_0 \in D$, 则

$$\lim_{P \to P_0} f(P) = f(P_0).$$

例 9.1.11 求极限 $\lim\limits_{(x,y) \to (0,0)} \dfrac{\sqrt{xy+4}-2}{xy}$.

解
$$\lim_{(x,y) \to (0,0)} \frac{\sqrt{xy+4}-2}{xy} = \lim_{(x,y) \to (0,0)} \frac{xy}{xy(\sqrt{xy+4}+2)}$$
$$= \lim_{(x,y) \to (0,0)} \frac{1}{\sqrt{xy+4}+2} = \frac{1}{4}.$$

上述运算的最后一步用到了二元函数 $\dfrac{1}{\sqrt{xy+4}+2}$ 在点 $(0,0)$ 处的连续性.

与闭区间上一元连续函数的性质类似, 在有界闭区域上的多元连续函数也有以下性质:

性质 9.1.1 (最大值、最小值定理) 设函数 $z = f(P)$ 在有界闭区域 D 上连续, 则函数 $z = f(P)$ 在 D 上必有最大值和最小值. 这就是说, 在有界闭区域 D 上至少存在一点 P_1 及一点 P_2, 使得 $f(P_1)$ 为最小值, $f(P_2)$ 为最大值, 即

$$f(P_1) \leqslant f(P) \leqslant f(P_2), \quad P \in D.$$

性质 9.1.2 (有界性) 设函数 $z = f(P)$ 在有界闭区域 D 上连续, 则函数 $z = f(P)$ 在 D 上必有界.

性质 9.1.3 (介值定理) 设函数 $z = f(P)$ 在有界闭区域 D 上连续, 则函数 $z = f(P)$ 必取到介于最小值和最大值之间的任何值.

性质 9.1.4 (一致连续性定理)　有界闭区域 D 上的多元连续函数必定在 D 上一致连续.

注 9.1.3　性质 9.1.4 是指, 若 $z = f(P)$ 在有界闭区域 D 上连续, 则对于任意给定的正数 $\varepsilon(\varepsilon$ 无论多小$)$, 总存在正数 δ, 使得对于 D 上的任意两点 P_1、P_2, 只要当 $|P_1P_2| < \delta$ 时, 都有
$$|f(P_1) - f(P_2)| < \varepsilon$$
成立.

习 题 9.1

1. 设 $z = \sqrt{y} + f(\sqrt[3]{x} - 1)$, 且当 $y = 1$ 时, $z = x$. 试求 $f(x)$ 及 z 的表达式.

2. 已知函数 $f(x,y) = y^2 g(3x+2y)$, 并且 $f\left(x, \dfrac{1}{2}\right) = x^2$, 求 $f(x,y)$.

3. 求下列函数的定义域:

(1) $z = \ln(x^2 - 2y + 1)$;

(2) $z = \dfrac{1}{\sqrt{x+y}} + \dfrac{1}{\sqrt{x-y}}$;

(3) $u = \dfrac{1}{\sqrt{x-1}} + \dfrac{1}{\sqrt{y+1}} + \dfrac{1}{\sqrt{z-1}}$;

(4) $u = \tan \dfrac{3z}{\sqrt{x^2+y^2}}$.

4. 求下列极限:

(1) $\lim\limits_{(x,y) \to (0,1)} \dfrac{1-xy}{x^2+y^2}$;

(2) $\lim\limits_{(x,y) \to (0,0)} \dfrac{1-\cos(x^2+y^2)}{(x^2+y^2)\mathrm{e}^{x^2 y^2}}$;

(3) $\lim\limits_{(x,y) \to (0,2)} (1+xy)^{\frac{\sin(xy)}{x^2}}$;

(4) $\lim\limits_{\substack{x \to +\infty \\ y \to +\infty}} (x^2+y^2)\mathrm{e}^{-(x+y)}$.

5. 证明: 极限 $\lim\limits_{(x,y) \to (0,0)} \dfrac{x+y}{x-y}$ 不存在.

6. 设函数
$$f(x,y) = \begin{cases} \dfrac{x^2 y}{x^4 + y^2}, & x^2 + y^2 \neq 0, \\ 0, & x^2 + y^2 = 0, \end{cases}$$
讨论 $f(x,y)$ 在点 $(0,0)$ 处的连续性.

7. 设函数
$$f(x,y) = \begin{cases} (x+y)\sin\dfrac{1}{x}\sin\dfrac{1}{y}, & xy \neq 0, \\ 0, & xy = 0, \end{cases}$$
讨论 $f(x,y)$ 在点 $(0,0)$ 处的连续性.

9.2　偏　导　数

9.2.1　偏导数的定义及其计算

在一元函数中, 从研究函数的变化率引入了导数概念. 对于多元函数同样需要

9.2 偏导数

讨论它的变化率. 由于多元函数的自变量不止一个, 则因变量与自变量的关系要比一元函数复杂得多. 以二元函数 $z = f(x,y)$ 为例, 如果只有自变量 x 变化, 而自变量 y 固定 (即看作常量), 这时它就是关于 x 的一元函数, 这样讨论变化率就简便了.

定义 9.2.1 设函数 $z = f(x,y)$ 在点 (x_0, y_0) 的某邻域内有定义, 固定 $y = y_0$, 而 x 在 x_0 处取得增量 Δx, 如果极限 $\lim\limits_{\Delta x \to 0} \dfrac{\Delta z_x}{\Delta x}$ 存在, 则称此极限值为**函数 $z = f(x,y)$ 在点 (x_0, y_0) 处对 x 的偏导数**, 记为

$$\left.\frac{\partial z}{\partial x}\right|_{(x_0, y_0)}, \quad \left.\frac{\partial f}{\partial x}\right|_{(x_0, y_0)}, \quad z_x|_{(x_0, y_0)} \text{ 或 } f_x(x_0, y_0),$$

即

$$f_x(x_0, y_0) = \lim_{\Delta x \to 0} \frac{f(x_0 + \Delta x, y_0) - f(x_0, y_0)}{\Delta x}.$$

类似地, **函数 $z = f(x,y)$ 在点 (x_0, y_0) 处对 y 的偏导数**记为

$$\left.\frac{\partial z}{\partial y}\right|_{(x_0, y_0)}, \quad \left.\frac{\partial f}{\partial y}\right|_{(x_0, y_0)}, \quad z_y|_{(x_0, y_0)} \text{ 或 } f_y(x_0, y_0),$$

即

$$f_y(x_0, y_0) = \lim_{\Delta y \to 0} \frac{f(x_0, y_0 + \Delta y) - f(x_0, y_0)}{\Delta y}.$$

如果函数 $z = f(x,y)$ 在区域 D 内每一点 (x,y) 处, 对 x 的偏导数都存在. 则对于区域 D 内的每一点 (x,y), 都有一个偏导数值与之对应, 这样就得到了一个关于 x 和 y 的新的二元函数, 称该新函数为函数 $z = f(x,y)$ 对 x 的**偏导函数**, 记为

$$\frac{\partial z}{\partial x}, \quad \frac{\partial f}{\partial x}, \quad z_x \text{ 或 } f_x(x,y).$$

即

$$f_x(x,y) = \lim_{\Delta x \to 0} \frac{f(x + \Delta x, y) - f(x,y)}{\Delta x}.$$

类似地, **函数 $z = f(x,y)$ 对 y 的偏导函数**, 记为

$$\frac{\partial z}{\partial y}, \quad \frac{\partial f}{\partial y}, \quad z_y \text{ 或 } f_y(x,y).$$

即

$$f_y(x,y) = \lim_{\Delta y \to 0} \frac{f(x, y + \Delta y) - f(x,y)}{\Delta y}.$$

由偏导数的定义可知:

(1) 函数 $z=f(x,y)$ 在点 (x_0,y_0) 处对 x 的偏导数 $f_x(x_0,y_0)$ 就是偏导函数 $f_x(x,y)$ 在点 (x_0,y_0) 的函数值，而 $f_y(x_0,y_0)$ 就是偏导函数 $f_y(x,y)$ 在点 (x_0,y_0) 处的函数值. 为了方便，将偏导数和偏导函数统称为**偏导数**.

(2) 求 $z=f(x,y)$ 在点 (x_0,y_0) 处对 x 的偏导数 $f_x(x_0,y_0)$ 也可以理解为，函数 $z=f(x,y)$ 当 $y=y_0$ 时的函数值对 x 的导数 $f'(x,y_0)$ 在 $x=x_0$ 的函数值，即

$$f_x(x_0,y_0) = \frac{\mathrm{d}}{\mathrm{d}x}f(x,y_0)\bigg|_{x=x_0}.$$

同理，有

$$f_y(x_0,y_0) = \frac{\mathrm{d}}{\mathrm{d}y}f(x_0,y)\bigg|_{y=y_0}.$$

(3) 偏导数的概念可以推广到二元以上的函数. 例如，三元函数 $u=f(x,y,z)$ 对 x 的偏导数定义为

$$f_x(x,y,z) = \lim_{\Delta x \to 0} \frac{f(x+\Delta x,y,z)-f(x,y,z)}{\Delta x}.$$

(4) 由多元函数偏导数的定义可知，在求多元函数对某个自变量的偏导数时，只需要把其余自变量看作常数，然后直接利用一元函数求导公式及复合函数求导法则来计算. 例如，求 $z=f(x,y)$ 的偏导数 $\frac{\partial f}{\partial x}$ 时，只需要将 y 看成常数直接对 x 求导数；求 $\frac{\partial f}{\partial y}$ 时，只需将 x 看成常数直接对 y 求导数.

例 9.2.1 求 $z=x^3+xy+2y^2$ 在点 $(2,1)$ 处的偏导数.

解 (法一) 将 y 看成常数直接对 x 求导数，得

$$\frac{\partial z}{\partial x} = 3x^2+y,$$

将 x 看成常数直接对 y 求导数，得

$$\frac{\partial z}{\partial y} = x+4y.$$

因此

$$\frac{\partial z}{\partial x}\bigg|_{(2,1)} = 3\times 2^2+1 = 13, \quad \frac{\partial z}{\partial y}\bigg|_{(2,1)} = 2+4\times 1 = 6.$$

(法二) 因为 $f(x,1)=x^3+x+2$, $f(2,y)=8+2y+2y^2$，则

$$\frac{\partial z}{\partial x}\bigg|_{(2,1)} = \frac{\mathrm{d}}{\mathrm{d}x}f(x,1)\bigg|_{x=2} = \frac{\mathrm{d}}{\mathrm{d}x}(x^3+x+2)\bigg|_{x=2} = (3x^2+1)|_{x=2} = 13,$$

$$\frac{\partial z}{\partial y}\bigg|_{(2,1)} = \frac{\mathrm{d}}{\mathrm{d}x}f(2,y)\bigg|_{y=1} = \frac{\mathrm{d}}{\mathrm{d}y}(2y^2+2y+8)\bigg|_{y=1} = (4y+2)|_{y=1} = 6.$$

9.2 偏导数

例 9.2.2 求 $z = \ln^2(xy)$ 的偏导数.

解
$$\frac{\partial z}{\partial x} = \frac{2y}{xy}\ln(xy) = \frac{2}{x}\ln(xy),$$
$$\frac{\partial z}{\partial y} = \frac{2x}{xy}\ln(xy) = \frac{2}{y}\ln(xy).$$

例 9.2.3 设 $z = x^y(x > 0, x \neq 1)$,求证 $\dfrac{x}{y}\dfrac{\partial z}{\partial x} + \dfrac{1}{\ln x}\dfrac{\partial z}{\partial y} = 2z$.

证明 因为 $\dfrac{\partial z}{\partial x} = yx^{y-1}, \dfrac{\partial z}{\partial y} = x^y \ln x$,所以

$$\frac{x}{y}\frac{\partial z}{\partial x} + \frac{1}{\ln x}\frac{\partial z}{\partial y} = \frac{x}{y}yx^{y-1} + \frac{1}{\ln x}x^y \ln x = x^y + x^y = 2z.$$

例 9.2.4 求 $r = \sqrt{x^2 + y^2 + z^2}$ 的偏导数.

解
$$\frac{\partial r}{\partial x} = \frac{2x}{2\sqrt{x^2+y^2+z^2}} = \frac{x}{r},$$

同理,有
$$\frac{\partial r}{\partial y} = \frac{y}{r}, \quad \frac{\partial r}{\partial z} = \frac{z}{r}.$$

例 9.2.5 已知理想气体的状态方程为 $PV = RT(R$ 为常数$)$,求证:
$$\frac{\partial P}{\partial V} \cdot \frac{\partial V}{\partial T} \cdot \frac{\partial T}{\partial P} = -1.$$

证明 因为 $P = \dfrac{RT}{V}, V = \dfrac{RT}{P}, T = \dfrac{PV}{R}$,所以

$$\frac{\partial P}{\partial V} = -\frac{RT}{V^2}, \quad \frac{\partial V}{\partial T} = \frac{R}{P}, \quad \frac{\partial T}{\partial P} = \frac{V}{R}.$$

从而
$$\frac{\partial P}{\partial V} \cdot \frac{\partial V}{\partial T} \cdot \frac{\partial T}{\partial P} = -\frac{RT}{V^2} \cdot \frac{R}{P} \cdot \frac{V}{R} = -\frac{RT}{PV} = -1.$$

我们知道,对一元函数 $y = f(x)$ 来说,$\dfrac{dy}{dx}$ 可看作函数的微分 dy 与自变量的微分 dx 之商. 而例 9.2.5 表明,偏导数 $\dfrac{\partial z}{\partial x}$ 的记号是一个整体记号,不能将之视为 ∂z 与 ∂x 之商.

注 9.2.1 对一元函数,如果函数在某点可导,则它在该点必定连续. 但是,多元函数即使在某点的各个偏导数都存在,也不能保证它在该点一定连续.

例如,函数
$$f(x, y) = \begin{cases} \dfrac{2xy}{x^2 + y^2}, & x^2 + y^2 \neq 0, \\ 0, & x^2 + y^2 = 0, \end{cases}$$

由偏导数的定义,因为

$$\lim_{\Delta x \to 0} \frac{f(0+\Delta x,0)-f(0,0)}{\Delta x} = \lim_{\Delta x \to 0} \frac{0-0}{\Delta x} = 0,$$

$$\lim_{\Delta y \to 0} \frac{f(0,0+\Delta y)-f(0,0)}{\Delta y} = \lim_{\Delta y \to 0} \frac{0-0}{\Delta y} = 0.$$

所以 $f_x(0,0) = 0$, $f_y(0,0) = 0$. 即函数 $f(x,y)$ 在点 $(0,0)$ 处的两个偏导数都存在,但由例 9.1.6 知, $f(x,y)$ 在点 $(0,0)$ 处极限不存在, 所以在点 $(0,0)$ 处不连续.

9.2.2 偏导数的几何意义

设曲面 Σ 方程为 $z = f(x,y)$, $M_0(x_0,y_0,f(x_0,y_0))$ 是该曲面上的一点, 过点 M_0 作平面 $y = y_0$, 截此曲面得一条曲线 Γ_1, 其方程为

$$\begin{cases} z = f(x,y_0), \\ y = y_0. \end{cases}$$

由偏导数的定义, $f_x(x_0,y_0) = \left.\dfrac{\mathrm{d}}{\mathrm{d}x}(f(x,y_0))\right|_{x=x_0}$.

因此, 偏导数 $f_x(x_0,y_0)$ 表示曲面 $z = f(x,y)$ 被平面 $y = y_0$ 所截得的曲线 Γ_1 在点 M_0 处的切线 $M_0 T_x$ 对 x 轴正向的斜率, 即

$$\tan\alpha = f_x(x_0,y_0),$$

其中 α 是切线 $M_0 T_x$ 与 x 轴正向所成的倾角 (如图 9.12).

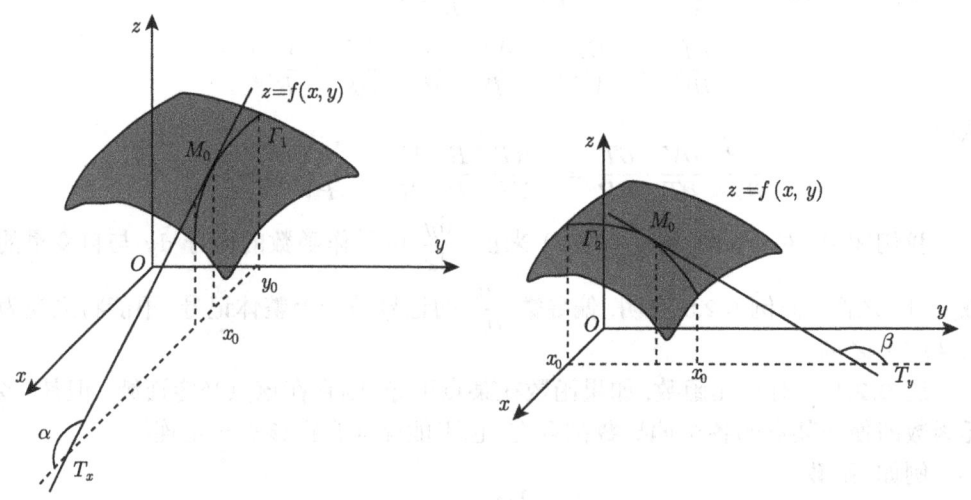

图 9.12   图 9.13

同理, 偏导数 $f_y(x_0, y_0)$ 就是曲面 $z = f(x, y)$ 被平面 $x = x_0$ 所截得的曲线 Γ_2 在点 M_0 处的切线 $M_0 T_y$ 对 y 轴正向的斜率, 即

$$\tan \beta = f_y(x_0, y_0),$$

其中 β 是切线 $M_0 T_y$ 与 y 轴正向所成的倾角 (如图 9.13).

9.2.3 高阶偏导数

设函数 $z = f(x, y)$ 在区域 D 内对 x, y 的偏导数 $\dfrac{\partial z}{\partial x}, \dfrac{\partial z}{\partial y}$ 都存在, 这两个偏导数在 D 内都是 x, y 的函数. 如果这两个函数的偏导数也存在, 则称这两个函数的偏导数为函数 $z = f(x, y)$ 的**二阶偏导数**. 按对变量求导的次序不同有以下四个二阶偏导数:

$$\frac{\partial z}{\partial x} = f_x(x, y) \begin{cases} \dfrac{\partial^2 z}{\partial x^2} = \dfrac{\partial}{\partial x}\left(\dfrac{\partial z}{\partial x}\right) = f_{xx}(x, y), \\ \dfrac{\partial^2 z}{\partial x \partial y} = \dfrac{\partial}{\partial y}\left(\dfrac{\partial z}{\partial x}\right) = f_{xy}(x, y), \end{cases}$$

$$\frac{\partial z}{\partial y} = f_y(x, y) \begin{cases} \dfrac{\partial^2 z}{\partial y \partial x} = \dfrac{\partial}{\partial x}\left(\dfrac{\partial z}{\partial y}\right) = f_{yx}(x, y), \\ \dfrac{\partial^2 z}{\partial y^2} = \dfrac{\partial}{\partial y}\left(\dfrac{\partial z}{\partial y}\right) = f_{yy}(x, y). \end{cases}$$

称 $f_{xy}(x, y), f_{yx}(x, y)$ 为**二阶混合偏导数**. 同样可得三阶、四阶以及 n 阶偏导数. 二阶及二阶以上的偏导数统称为**高阶偏导数**.

例 9.2.6 设 $z = x^3 y^2 - 3xy^3 - xy + 1$, 求 $\dfrac{\partial^2 z}{\partial x^2}, \dfrac{\partial^2 z}{\partial x \partial y}, \dfrac{\partial^2 z}{\partial y \partial x}, \dfrac{\partial^2 z}{\partial y^2}$.

解 因为

$$\frac{\partial z}{\partial x} = 3x^2 y^2 - 3y^3 - y, \quad \frac{\partial z}{\partial y} = 2x^3 y - 9xy^2 - x,$$

所以

$$\frac{\partial^2 z}{\partial x^2} = \frac{\partial}{\partial x}\left(\frac{\partial z}{\partial x}\right) = 6xy^2, \quad \frac{\partial^2 z}{\partial y^2} = \frac{\partial}{\partial y}\left(\frac{\partial z}{\partial y}\right) = 2x^3 - 18xy,$$

$$\frac{\partial^2 z}{\partial x \partial y} = \frac{\partial}{\partial y}\left(\frac{\partial z}{\partial x}\right) = 6x^2 y - 9y^2 - 1, \quad \frac{\partial^2 z}{\partial y \partial x} = \frac{\partial}{\partial x}\left(\frac{\partial z}{\partial y}\right) = 6x^2 y - 9y^2 - 1.$$

不难发现, 在上例中两个二阶混合偏导数相等, 即

$$\frac{\partial^2 z}{\partial x \partial y} = \frac{\partial^2 z}{\partial y \partial x},$$

事实上有下述定理:

定理 9.2.1 如果函数 $z = f(x,y)$ 的两个二阶混合偏导数 $f_{xy}(x,y)$, $f_{yx}(x,y)$ 在区域 D 内连续，则在区域 D 内必有

$$f_{xy}(x,y) = f_{yx}(x,y),$$

即两个二阶混合偏导数必相等．

换言之，二阶混合偏导数在连续的条件下与求偏导数的次序无关．

上述定理可推广到更高阶的混合偏导数的情形．有下列结论：如果函数 $z = f(x,y)$ 的直到某阶为止的一切偏导数在区域 D 内都存在且连续，那么所出现的同阶混合偏导数均与求偏导次序无关．例如，在连续条件下，有

$$f_{xxy} = f_{xyx} = f_{yxx},$$

上式表明，只要对 x 求偏导两次，对 y 求偏导一次，无论求偏导的次序如何，结果是一样的．

对于二元以上的函数，也可类似地定义高阶偏导数，并且**高阶混合偏导数在偏导数连续的条件下也与求偏导的次序无关**．

例 9.2.7 证明：函数 $z = \ln\sqrt{x^2+y^2}$ 满足方程

$$\frac{\partial^2 z}{\partial x^2} + \frac{\partial^2 z}{\partial y^2} = 0.$$

证明 因为 $z = \ln\sqrt{x^2+y^2} = \frac{1}{2}\ln(x^2+y^2)$，则

$$\frac{\partial z}{\partial x} = \frac{x}{x^2+y^2}, \quad \frac{\partial^2 z}{\partial x^2} = \frac{(x^2+y^2) - x \cdot 2x}{(x^2+y^2)^2} = \frac{y^2-x^2}{(x^2+y^2)^2};$$

$$\frac{\partial z}{\partial y} = \frac{y}{x^2+y^2}, \quad \frac{\partial^2 z}{\partial y^2} = \frac{(x^2+y^2) - y \cdot 2y}{(x^2+y^2)^2} = \frac{x^2-y^2}{(x^2+y^2)^2}.$$

所以

$$\frac{\partial^2 z}{\partial x^2} + \frac{\partial^2 z}{\partial y^2} = \frac{y^2-x^2}{(x^2+y^2)^2} + \frac{x^2-y^2}{(x^2+y^2)^2} = 0.$$

例 9.2.8 证明函数 $u = \frac{1}{r}$ 满足方程

$$\frac{\partial^2 u}{\partial x^2} + \frac{\partial^2 u}{\partial y^2} + \frac{\partial^2 u}{\partial z^2} = 0,$$

其中 $r = \sqrt{x^2+y^2+z^2}$．

证明 因为

$$\frac{\partial u}{\partial x} = -\frac{1}{r^2}\frac{\partial r}{\partial x} = -\frac{1}{r^2}\frac{x}{r} = -\frac{x}{r^3}, \quad \frac{\partial^2 u}{\partial x^2} = -\frac{1}{r^3} + x\frac{3}{r^4}\frac{\partial r}{\partial x} = -\frac{1}{r^3} + \frac{3x^2}{r^5},$$

由函数关于自变量的对称性,有

$$\frac{\partial^2 u}{\partial y^2} = -\frac{1}{r^3} + \frac{3y^2}{r^5}, \quad \frac{\partial^2 u}{\partial z^2} = -\frac{1}{r^3} + \frac{3z^2}{r^5},$$

因此

$$\frac{\partial^2 u}{\partial x^2} + \frac{\partial^2 u}{\partial y^2} + \frac{\partial^2 u}{\partial z^2} = -\frac{3}{r^3} + \frac{3(x^2+y^2+z^2)}{r^5} = -\frac{3}{r^3} + \frac{3}{r^3} = 0.$$

以上两例中的方程都叫拉普拉斯 (Laplace) 方程,是数学物理方程中一种很重要的方程.

习 题 9.2

1. 设 $f(x,y) = 4x + (y-3)\arccos\sqrt{\dfrac{y}{x^2}}$,求 $f_x(x,3)$.

2. 求下列函数的偏导数:

(1) $z = \dfrac{x+y}{x-y}$;   (2) $z = x^y \cdot y^x$;

(3) $z = \arcsin xy - \cos^2(xy)$;   (4) $z = \ln \tan \dfrac{x}{y}$;

(5) $z = (\ln y)^{xy}$;   (6) $z = \displaystyle\int_x^y e^{t^2} dt$;

(7) $u = x^{y^z}$;   (8) $u = \sin(x_1 + 2x_2 + \cdots + nx_n)$.

3. 设 $f(x,y,z) = xy^2 + yz^2 + zx^2$,求 $f_x(1,1,1)$,$f_y(1,1,1)$ 和 $f_z(1,1,1)$.

4. 求曲线 $\begin{cases} z = \dfrac{x^2+y^2}{6} \\ y = 3 \end{cases}$,在点 $(\sqrt{3}, 3, 2)$ 处的切线与 x 轴正向所成的倾角.

5. 求下列函数的 $\dfrac{\partial^2 z}{\partial x^2}$,$\dfrac{\partial^2 z}{\partial y^2}$ 和 $\dfrac{\partial^2 z}{\partial x \partial y}$:

(1) $z = 4x^3 + 3x^2y - 3xy^2 - x + y$;   (2) $z = e^{ax}\cos by$;

(3) $z = x\ln(x+y)$;   (4) $z = \sin 2x + ye^{x^2+2x}$.

6. 求下列函数指定的高阶偏导数:

(1) $f(x,y,z) = \sin(3x + yz)$,f_{xxyz};

(2) $u = x^a y^b z^c$,$\dfrac{\partial^6 u}{\partial x \partial y^2 \partial z^3}$.

7. 验证函数 $u(x,t) = \sin(x-at)$ 满足波动方程:$\dfrac{\partial^2 u}{\partial t^2} = a^2 \dfrac{\partial^2 u}{\partial x^2}$.

9.3 全 微 分

9.3.1 全微分的定义

设有一个长为 x、宽为 y 的矩形金属薄片,则其面积为 $A = xy$. 薄片受温度变化的影响,其长会由 x 变为 $x+\Delta x$,同时宽会由 y 变为 $y+\Delta y$(如图 9.14),则该金

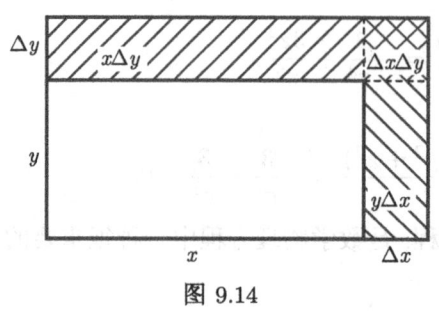

图 9.14

属薄片面积的全增量为

$$\Delta A = (x+\Delta x)(y+\Delta y) - xy$$
$$= y\Delta x + x\Delta y + \Delta x \Delta y.$$

由于 $\left|\dfrac{\Delta x \Delta y}{\sqrt{(\Delta x)^2+(\Delta y)^2}}\right| \leqslant \dfrac{1}{2}\sqrt{(\Delta x)^2+(\Delta y)^2}$,

则

$$\lim_{(\Delta x,\Delta y)\to(0,0)} \frac{\Delta x \Delta y}{\sqrt{(\Delta x)^2+(\Delta y)^2}} = 0.$$

显然, 面积的全增量 ΔA 的表达式中包含两部分, 第一部分 $y\Delta x + x\Delta y$ 是 Δx 和 Δy 的线性函数, 第二部分 $\Delta x \Delta y$ 是当 $(\Delta x,\Delta y)\to(0,0)$ 时, 比 $\sqrt{(\Delta x)^2+(\Delta y)^2}$ 高阶的无穷小量. 此时在 $|\Delta x|$ 和 $|\Delta y|$ 很小时, 就可略去高阶无穷小量 $\Delta x \Delta y$, 从而可用第一部分 $y\Delta x + x\Delta y$ 来近似代替全增量 ΔA.

一般情况下, 计算全增量 Δz 比较复杂. 与一元函数类似, 是否也可以用 Δx、Δy 的线性函数来近似地代替函数的全增量 Δz 呢? 从而引入如下定义

定义 9.3.1 设函数 $z=f(x,y)$ 在点 (x,y) 的某邻域内有定义, 如果函数 $z=f(x,y)$ 在点 (x,y) 的全增量

$$\Delta z = f(x+\Delta x, y+\Delta y) - f(x,y)$$

可以表示为

$$\Delta z = A\Delta x + B\Delta y + o(\rho), \tag{9.3}$$

其中 A,B 不依赖于 $\Delta x, \Delta y$ 而仅与点 (x,y) 有关, $\rho=\sqrt{(\Delta x)^2+(\Delta y)^2}$. 则称函数 $z=f(x,y)$ 在点 (x,y) **处可微分**, $A\Delta x + B\Delta y$ 称为函数 $z=f(x,y)$ 在点 (x,y) 的**全微分**, 记为 $\mathrm{d}z$, 即

$$\mathrm{d}z = A\Delta x + B\Delta y. \tag{9.4}$$

故

$$\Delta z = \mathrm{d}z + o(\rho).$$

因此, $z=f(x,y)$ 在点 (x,y) 处可微应满足 $\lim\limits_{\rho\to 0}\dfrac{\Delta z - \mathrm{d}z}{\rho}=0$.

9.3.2 多元函数可微分的必要条件和充分条件

在 9.1 节中曾指出, 多元函数在某点偏导数存在, 并不能保证函数在该点处连续. 但是, 由定义 9.3.1 可知, 如果函数 $z=f(x,y)$ 在点 (x,y) 可微分, 那么函数在

9.3 全微分

该点必定连续. 事实上, 由式 (9.3) 有
$$\lim_{\rho \to 0} \Delta z = 0,$$
于是
$$\lim_{(\Delta x, \Delta y) \to (0,0)} f(x + \Delta x, y + \Delta y) = \lim_{\rho \to 0} [f(x,y) + \Delta z] = f(x,y).$$
因此, 函数 $z = f(x,y)$ 在点 (x,y) 处连续.

定理 9.3.1(可微分的必要条件)　如果函数 $z = f(x,y)$ 在点 (x,y) 可微分, 则该函数在点 (x,y) 的偏导数 $\dfrac{\partial z}{\partial x}, \dfrac{\partial z}{\partial y}$ 必存在, 且函数 $z = f(x,y)$ 在点 (x,y) 的全微分为
$$\mathrm{d}z = \frac{\partial z}{\partial x} \Delta x + \frac{\partial z}{\partial y} \Delta y.$$

证明　因为函数 $z = f(x,y)$ 在点 (x,y) 处可微分, 所以 $\Delta z = A \Delta x + B \Delta y + o(\rho)$. 取 $\Delta y = 0, \Delta x \neq 0$, 有 $\rho = |\Delta x|$, 于是
$$f(x + \Delta x, y) - f(x,y) = A \cdot \Delta x + o(|\Delta x|).$$
因此
$$\lim_{\Delta x \to 0} \frac{f(x + \Delta x, y) - f(x,y)}{\Delta x} = \lim_{\Delta x \to 0} \left(A + \frac{o(|\Delta x|)}{\Delta x} \right) = A,$$
从而 $\dfrac{\partial z}{\partial x}$ 存在, 且 $\dfrac{\partial z}{\partial x} = A$. 同理, $\dfrac{\partial z}{\partial y} = B$.
即
$$\mathrm{d}z = A \Delta x + B \Delta y = \frac{\partial z}{\partial x} \Delta x + \frac{\partial z}{\partial y} \Delta y.$$

注 9.3.1　一元函数在某点的导数存在是可微分的充分必要条件. 但对于多元函数来说, 情形就不同了. 当二元函数的两个偏导数都存在时, 虽然能形式地写出 $\dfrac{\partial z}{\partial x} \Delta x + \dfrac{\partial z}{\partial y} \Delta y$, 但它与 Δz 之差并不一定是较 ρ 高阶的无穷小. 因此, 它不一定是函数的全微分. 换句话说, **偏导数存在只是全微分存在的必要条件而非充分条件**.

例如, 函数
$$f(x,y) = \begin{cases} \dfrac{2xy}{\sqrt{x^2+y^2}}, & x^2+y^2 \neq 0, \\ 0, & x^2+y^2 = 0 \end{cases}$$
在点 $(0,0)$ 处的两个偏导数都存在, 且 $f_x(0,0) = 0, f_y(0,0) = 0$. 则
$$\Delta z - [f_x(0,0) \cdot \Delta x + f_y(0,0) \cdot \Delta y] = \frac{2\Delta x \cdot \Delta y}{\sqrt{(\Delta x)^2 + (\Delta y)^2}}.$$

若点 $P'(\Delta x, \Delta y)$ 沿直线 $y = x$ 趋于 $(0,0)$，有

$$\lim_{\rho \to 0} \frac{\dfrac{2\Delta x \cdot \Delta y}{\sqrt{(\Delta x)^2 + (\Delta y)^2}}}{\rho} = \lim_{(\Delta x, \Delta y) \to (0,0)} \frac{2\Delta x \cdot \Delta y}{(\Delta x)^2 + (\Delta y)^2} = \lim_{\Delta x \to 0} \frac{2\Delta x \cdot \Delta x}{(\Delta x)^2 + (\Delta x)^2} = 1,$$

此极限不能随 $\rho \to 0$ 而趋于 0，这说明 $\rho \to 0$ 时，

$$\Delta z - [f_x(0,0) \cdot \Delta x + f_y(0,0) \cdot \Delta y]$$

不是较 ρ 高阶的无穷小．因此，函数 $f(x,y)$ 在点 $(0,0)$ 处是不可微分的．

上例说明，偏导数存在是可微分的必要条件而不是充分条件．但是，如果再假定函数的各个偏导数是连续的，可以证明函数是可微分的，即有下面的定理．

定理 9.3.2 (可微分的充分条件)　　如果函数 $z = f(x,y)$ 的偏导数 $\dfrac{\partial z}{\partial x}$, $\dfrac{\partial z}{\partial y}$ 在点 (x,y) 处连续，则函数 $z = f(x,y)$ 在点 (x,y) 处可微分．

*证明　　由题设知，函数 $z = f(x,y)$ 的偏导数 $f_x(x,y), f_y(x,y)$ 在点 $P(x,y)$ 处的某邻域 $U(P)$ 内存在，设点 $(x + \Delta x, y + \Delta y)$ 为这邻域内任一点，则函数的全增量为

$$\begin{aligned}\Delta z &= f(x + \Delta x, y + \Delta y) - f(x,y) \\ &= [f(x + \Delta x, y + \Delta y) - f(x, y + \Delta y)] + [f(x, y + \Delta y) - f(x,y)].\end{aligned}$$

由 Lagrange 中值定理，得

$$\Delta z = f_x(x + \theta_1 \Delta x, y + \Delta y)\Delta x + f_y(x, y + \theta_2 \Delta y)\Delta y,$$

其中 $0 < \theta_1, \theta_2 < 1$．

因为函数 $z = f(x,y)$ 的偏导数 $f_x(x,y), f_y(x,y)$ 在点 (x,y) 处连续，由连续性的定义，有

$$\begin{aligned}\Delta z &= [f_x(x,y) + \varepsilon_1]\Delta x + [f_y(x,y) + \varepsilon_2]\Delta y \\ &= f_x(x,y)\Delta x + f_y(x,y)\Delta y + \varepsilon_1 \Delta x + \varepsilon_2 \Delta y,\end{aligned}$$

其中 $\lim\limits_{\substack{\Delta x \to 0 \\ \Delta y \to 0}} \varepsilon_1 = 0$, $\lim\limits_{\substack{\Delta x \to 0 \\ \Delta y \to 0}} \varepsilon_2 = 0$．而 $\left|\dfrac{\varepsilon_1 \Delta x + \varepsilon_2 \Delta y}{\rho}\right| \leqslant |\varepsilon_1| + |\varepsilon_2|$，则有

$$\Delta z = f_x(x,y)\Delta x + f_y(x,y)\Delta y + o(\rho),$$

所以函数 $z = f(x,y)$ 在点 (x,y) 处可微分．

综上所述，二元函数 $z = f(x,y)$ 在点 (x,y) 处的极限、连续、偏导数、可微分之间的关系如下所示：($\nrightarrow$ 表示 "不一定")：

9.3 全微分

偏导数连续 ⇌ 可微分 ⇌ 连续 ⇌ 极限存在

偏导数存在

习惯上, 将自变量的增量 $\Delta x, \Delta y$ 分别记作 dx, dy, 并分别称为自变量 x, y 的微分.

如果函数 $z = f(x, y)$ 在区域 D 内各点处都可微分, 则称函数 $z = f(x, y)$ 是**可微分的函数**. 这样, 函数 $z = f(x, y)$ 的全微分就可写为

$$dz = \frac{\partial z}{\partial x}dx + \frac{\partial z}{\partial y}dy.$$

以上关于二元函数全微分的定义, 全微分存在的必要条件和充分条件, 以及全微分存在时的表达式等, 可以完全类似地推广到三元及三元以上的多元函数. 例如, 如果函数 $u = f(x, y, z)$ 的全微分存在, 那么有

$$du = \frac{\partial u}{\partial x}dx + \frac{\partial u}{\partial y}dy + \frac{\partial u}{\partial z}dz.$$

例 9.3.1 求函数 $z = \ln(1 + x^2 + y^2)$ 在点 $(1, 2)$ 处的全微分.

解 因为 $\dfrac{\partial z}{\partial x} = \dfrac{2x}{1+x^2+y^2}, \dfrac{\partial z}{\partial y} = \dfrac{2y}{1+x^2+y^2}$. 从而 $\dfrac{\partial z}{\partial x}\bigg|_{(1,2)} = \dfrac{1}{3}, \dfrac{\partial z}{\partial y}\bigg|_{(1,2)} = \dfrac{2}{3}$. 所以

$$dz|_{(1,2)} = \frac{1}{3}dx + \frac{2}{3}dy.$$

例 9.3.2 求函数 $z = e^{\frac{y}{x}}$ 的全微分.

解 因为 $\dfrac{\partial z}{\partial x} = -\dfrac{y}{x^2}e^{\frac{y}{x}}, \dfrac{\partial z}{\partial y} = \dfrac{1}{x}e^{\frac{y}{x}}$. 所以

$$dz = -\frac{y}{x^2}e^{\frac{y}{x}}dx + \frac{1}{x}e^{\frac{y}{x}}dy.$$

例 9.3.3 求函数 $u = x^{yz}$ 的全微分.

解 因为 $\dfrac{\partial u}{\partial x} = yzx^{yz-1}, \dfrac{\partial u}{\partial y} = zx^{yz}\ln x, \dfrac{\partial u}{\partial z} = yx^{yz}\ln x$. 所以

$$du = yzx^{yz-1}dx + (zx^{yz}\ln x)dy + (yx^{yz}\ln x)dz.$$

9.3.3 全微分在近似计算中的应用

若函数 $z = f(x, y)$ 在点 (x, y) 处可微分, 则其全增量

$$\Delta z = f(x + \Delta x, y + \Delta y) - f(x, y)$$

与全微分 $dz = f_x(x,y)\Delta x + f_y(x,y)\Delta y$ 之差是 $\rho = \sqrt{(\Delta x)^2 + (\Delta y)^2}$ 的高阶无穷小. 因此, 当 $|\Delta x|, |\Delta y|$ 都较小时, 全增量 Δz 可以近似地用全微分 dz 代替, 于是有
$$\Delta z \approx f_x(x,y)\Delta x + f_y(x,y)\Delta y$$
或
$$f(x+\Delta x, y+\Delta y) \approx f(x,y) + f_x(x,y)\Delta x + f_y(x,y)\Delta y. \tag{9.5}$$

例 9.3.4 求 $(0.98)^{2.03}$ 的近似值.

解 设 $f(x,y) = x^y$, 取 $x=1, y=2, \Delta x = -0.02, \Delta y = 0.03$, 则要计算的值就是函数 $f(x,y) = x^y$ 在 $x+\Delta x = 0.98, y+\Delta y = 2.03$ 处的函数值 $f(0.98, 2.03)$.

由式 (9.5), 得
$$f(0.98, 2.03) = f(1-0.02, 2+0.03)$$
$$\approx f(1,2) + f_x(1,2) \times (-0.02) + f_y(1,2) \times (0.03).$$
而
$$f(1,2) = 1, \quad f_x(1,2) = yx^{y-1}|_{(1,2)} = 2, \quad f_y(1,2) = x^y \ln x|_{(1,2)} = 0.$$
所以
$$(0.98)^{2.03} \approx 1 + 2 \times (-0.02) + 0 \times 0.03 = 0.96.$$

例 9.3.5 一圆柱形的封闭铁桶, 内半径为 5cm, 内高为 12cm, 壁厚均为 0.2cm, 计算制作这个铁桶所需材料的体积大约是多少?

解 这是求函数的全增量问题. 设圆柱体的半径为 r, 高为 h, 则体积为
$$V = \pi r^2 h.$$
因
$$\frac{\partial V}{\partial r} = 2\pi r h, \quad \frac{\partial V}{\partial h} = \pi r^2,$$
则
$$dV = \frac{\partial V}{\partial r}\Delta r + \frac{\partial V}{\partial h}\Delta h = 2\pi r h \Delta r + \pi r^2 \Delta h.$$
取 $r=5, h=12, \Delta r = 0.2, \Delta h = 0.4$, 得铁桶所需材料的体积
$$\Delta V \approx dV = \pi(2 \times 5 \times 12 \times 0.2 + 5^2 \times 0.4) = 34\pi \approx 106.8 \text{cm}^3,$$
即制作这个铁桶所需材料的体积大约为 106.8cm^3.

一般地, 对二元函数 $z = f(x,y)$, 如果自变量 x, y 的绝对误差分别为 δ_x, δ_y, 即
$$|\Delta x| \leqslant \delta_x, \quad |\Delta y| \leqslant \delta_y.$$
则 z 的误差
$$|\Delta z| \approx |dz| = \left|\frac{\partial z}{\partial x}\Delta x + \frac{\partial z}{\partial y}\Delta y\right|$$

9.3 全微分

$$\leqslant \left|\frac{\partial z}{\partial x}\right| \cdot |\Delta x| + \left|\frac{\partial z}{\partial y}\right| \cdot |\Delta y| \leqslant \left|\frac{\partial z}{\partial x}\right| \cdot \delta_x + \left|\frac{\partial z}{\partial y}\right| \cdot \delta_y.$$

从而得到 z 的绝对误差约为

$$\delta_z = \left|\frac{\partial z}{\partial x}\right| \cdot \delta_x + \left|\frac{\partial z}{\partial y}\right| \cdot \delta_y.$$

z 的相对误差约为

$$\frac{\delta_z}{|z|} = \left|\frac{\frac{\partial z}{\partial x}}{z}\right| \cdot \delta_x + \left|\frac{\frac{\partial z}{\partial y}}{z}\right| \cdot \delta_y.$$

例 9.3.6 由欧姆定律, 电流 I, 电压 U 及电阻 R 有关系式 $R = U/I$. 若测得 $U = 110\text{V}$, 测量的最大绝对误差为 2V, 测得 $I = 20\text{A}$, 测量的最大绝对误差为 0.5A. 问由此计算所得到的 R 的最大误差和最大相对误差分别是多少?

解 因为

$$\mathrm{d}R = \frac{\partial R}{\partial U}\mathrm{d}U + \frac{\partial R}{\partial I}\mathrm{d}I = \frac{1}{I}\mathrm{d}U - \frac{U}{I^2}\mathrm{d}I,$$

所以

$$|\Delta R| \approx |\mathrm{d}R| \leqslant \left|\frac{1}{I}\mathrm{d}U\right| + \left|-\frac{U}{I^2}\mathrm{d}I\right| \leqslant \frac{1}{|I_0|}\delta_V + \left|\frac{U_0}{I_0^2}\right|\delta_I,$$

其中 δ_I 和 δ_U 分别表示测量电流和电压的最大绝对误差.

将 $U_0 = 110$, $\delta_U = 2$, $I_0 = 20$, $\delta_I = 0.5$ 代入上式, 得

$$|\Delta R| \leqslant \frac{1}{20} \times 2 + \frac{110}{20^2} \times 0.5 = 0.2375 \approx 0.24(\Omega).$$

又

$$R_0 = \frac{U_0}{I_0} = \frac{110}{20} = 5.5(\Omega),$$

于是

$$\left|\frac{\Delta R}{R_0}\right| \leqslant \frac{0.24}{5.5} = 0.044 = 4.4\%,$$

即以 5.5 Ω 作为 R 的值时, 最大绝对误差为 0.24 Ω, 最大相对误差为 4.4%.

习 题 9.3

1. 求下列函数在给定点处的全微分:

   (1) $z = \mathrm{e}^{xy}$, 点 $(2, 1)$;
   (2) $u = \sqrt[z]{\dfrac{x}{y}}$, 点 $(1, 1, 1)$.

2. 求下列函数的全微分:

   (1) $z = 4xy^3 + 5x^2y^6$;
   (2) $z = \sin(x\cos y)$;
   (3) $u = x + \sin\dfrac{y}{2} + \mathrm{e}^{yz}$;
   (4) $u = x^y y^z z^x$.

3. 设函数
$$f(x,y) = \begin{cases} \dfrac{\sqrt{|xy|}}{x^2+y^2} \sin(x^2+y^2), & x^2+y^2 \neq 0, \\ 0, & x^2+y^2 = 0, \end{cases}$$
讨论函数 $f(x,y)$ 在点 $(0,0)$ 处的可微性.

4. 利用全微分计算下列各式的近似值:

(1) $(1.04)^{2.02}$; 　　　　　　　　　　(2) $\sqrt{(1.02)^3 + (1.97)^3}$;

(3) $\ln(\sqrt[3]{1.03} + \sqrt[4]{0.98} - 1)$; 　　　(4) $\sin 29° \tan 46°$.

5. 测得矩形盒子的边长分别为 75cm、60cm 及 40cm, 且可能的最大测量误差为 0.2cm. 试用全微分估计利用这些测量值计算盒子体积时可能带来的最大误差.

6. 利用单摆摆动测定重力加速度 g 的公式为
$$g = \frac{4\pi^2 l}{T^2}.$$
现测得单摆摆长 l 与振动周期 T 分别为 $l = (100 \pm 0.1)$cm, $T = (2 \pm 0.004)$s, 问由于测定 l 与 T 的误差而引起 g 的绝对误差和相对误差各为多少?

9.4 多元复合函数求导法及隐函数的求导公式

9.4.1 多元复合函数的求导法

现在将一元复合函数由外向内、逐层求导的 "链式法则", 推广到多元复合函数的情形. 多元复合函数的求导法则在多元函数微分学中也起着重要作用.

下面按照多元复合函数不同的复合情形, 分三种情形进行讨论.

情形 1　中间变量均为一元函数的情形

定理 9.4.1　设函数 $u = \varphi(t)$ 及 $v = \psi(t)$ 都在点 t 处可导, 函数 $z = f(u,v)$ 在对应点 (u,v) 处具有连续偏导数, 则复合函数 $z = f[\varphi(t), \psi(t)]$ 在点 t 处可导, 且有
$$\frac{\mathrm{d}z}{\mathrm{d}t} = \frac{\partial z}{\partial u} \cdot \frac{\mathrm{d}u}{\mathrm{d}t} + \frac{\partial z}{\partial v} \cdot \frac{\mathrm{d}v}{\mathrm{d}t} \tag{9.6}$$

证明　设 t 取得增量 Δt, u, v 相应地取得增量
$$\Delta u = \varphi(t + \Delta t) - \varphi(t), \quad \Delta v = \psi(t + \Delta t) - \psi(t).$$
函数 $z = f(u,v)$ 相应地获得全增量 Δz. 由于函数 $z = f(u,v)$ 在点 (u,v) 处有连续偏导数, 因此 $z = f(u,v)$ 在点 (u,v) 处可微分, 于是有
$$\Delta z = \frac{\partial z}{\partial u} \Delta u + \frac{\partial z}{\partial v} \Delta v + o(\rho),$$
其中 $\rho = \sqrt{(\Delta u)^2 + (\Delta v)^2}$.

9.4 多元复合函数求导法及隐函数的求导公式

将上式两边除以 Δt, 得

$$\frac{\Delta z}{\Delta t} = \frac{\partial z}{\partial u} \cdot \frac{\Delta u}{\Delta t} + \frac{\partial z}{\partial v} \cdot \frac{\Delta v}{\Delta t} + \frac{o(\rho)}{\Delta t}.$$

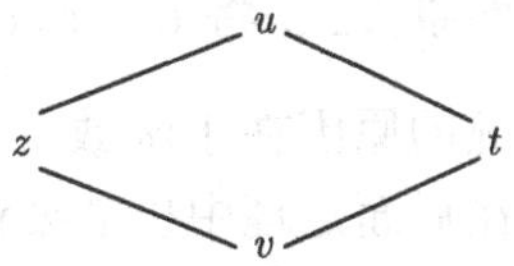

因为 $u = \varphi(t)$ 和 $v = \psi(t)$ 都在点 t 处可导, 所以当 $\Delta t \to 0$ 时, $\Delta u \to 0$, $\Delta v \to 0$, $\dfrac{\Delta u}{\Delta t} \to \dfrac{\mathrm{d}u}{\mathrm{d}t}$,

图 9.15

$$\frac{\Delta v}{\Delta t} \to \frac{\mathrm{d}v}{\mathrm{d}t}$$

且

$$\frac{o(\rho)}{\Delta t} = \frac{o(\rho)}{\rho} \cdot \frac{\rho}{\Delta t} = \frac{o(\rho)}{\rho} \cdot \sqrt{\left(\frac{\Delta u}{\Delta t}\right)^2 + \left(\frac{\Delta v}{\Delta t}\right)^2} \to 0.$$

当 $\Delta t < 0$ 时, 根号前取负, 所以

$$\frac{\mathrm{d}z}{\mathrm{d}t} = \lim_{\Delta t \to 0} \frac{\Delta z}{\Delta t} = \frac{\partial z}{\partial u} \cdot \frac{\mathrm{d}u}{\mathrm{d}t} + \frac{\partial z}{\partial v} \cdot \frac{\mathrm{d}v}{\mathrm{d}t}.$$

定理 9.4.1 可推广到中间变量多于两个的情形. 例如, 设 $z = f(u, v, w)$, $u = \varphi(t)$, $v = \psi(t)$, $w = \omega(t)$ 满足定理 9.4.1 相应的条件, 则复合函数 $z = f[\varphi(t), \psi(t), \omega(t)]$ 在点 t 处可导, 且

$$\frac{\mathrm{d}z}{\mathrm{d}t} = \frac{\partial z}{\partial u} \cdot \frac{\mathrm{d}u}{\mathrm{d}t} + \frac{\partial z}{\partial v} \cdot \frac{\mathrm{d}v}{\mathrm{d}t} + \frac{\partial z}{\partial w} \cdot \frac{\mathrm{d}w}{\mathrm{d}t}. \tag{9.7}$$

式 (9.6) 及式 (9.7) 中, 多元复合函数只有一个自变量 t, 称 $\dfrac{\mathrm{d}z}{\mathrm{d}t}$ 为**全导数**.

例 9.4.1 设 $z = \mathrm{e}^{u-2v}$, 而 $u = \sin t$, $v = t^3$, 求全导数 $\dfrac{\mathrm{d}z}{\mathrm{d}t}$.

解 $\dfrac{\mathrm{d}z}{\mathrm{d}t} = \dfrac{\partial z}{\partial u} \cdot \dfrac{\mathrm{d}u}{\mathrm{d}t} + \dfrac{\partial z}{\partial v} \cdot \dfrac{\mathrm{d}v}{\mathrm{d}t} = \mathrm{e}^{u-2v} \cdot 1 \cdot \cos t + \mathrm{e}^{u-2v} \cdot (-2) \cdot 3t^2 = \mathrm{e}^{\sin t - 2t^3}(\cos t - 6t^2)$.

注 9.4.1 在定理 9.3.1 中, 强调函数 $z = f(u, v)$ 具有连续偏导数, 如果只是偏导数存在, 结论不一定成立. 例如, 设

$$z = f(u, v) = \begin{cases} \dfrac{u^2 v}{u^2 + v^2}, & u^2 + v^2 \neq 0, \\ 0, & u^2 + v^2 = 0, \end{cases}$$

而 $u = x$, $v = x$. 显然

$$\left.\frac{\partial z}{\partial u}\right|_{(0,0)} = f_u(0,0) = 0, \quad \left.\frac{\partial z}{\partial v}\right|_{(0,0)} = f_v(0,0) = 0.$$

由式 (9.6) 有

$$\left.\frac{\mathrm{d}z}{\mathrm{d}x}\right|_{x=0} = \left.\frac{\partial z}{\partial u}\right|_{(0,0)} \cdot \left.\frac{\mathrm{d}u}{\mathrm{d}x}\right|_{x=0} + \left.\frac{\partial z}{\partial v}\right|_{(0,0)} \cdot \left.\frac{\mathrm{d}v}{\mathrm{d}x}\right|_{x=0} = 0.$$

而事实上，将 $u=x, v=x$ 代入后，$z=f(x,x)=\dfrac{x}{2}$，$\left.\dfrac{\mathrm{d}z}{\mathrm{d}x}\right|_{x=0}=\dfrac{1}{2}\neq 0$. 出现这种情况的原因在于函数 $z=f(u,v)$ 的偏导数在点 $(0,0)$ 处仅仅是存在而不连续. 因此在后面定理中也需要注意这个问题.

情形 2 中间变量均为多元函数的情况.

定理 9.4.2 设函数 $u=\varphi(x,y), v=\psi(x,y)$ 在点 (x,y) 处对 x,y 的偏导数都存在，函数 $z=f(u,v)$ 在对应点 (u,v) 处具有连续偏导数，则复合函数 $z=f[\varphi(x,y),\psi(x,y)]$ 在点 (x,y) 处的两个偏导数都存在，且

$$\frac{\partial z}{\partial x}=\frac{\partial z}{\partial u}\cdot\frac{\partial u}{\partial x}+\frac{\partial z}{\partial v}\cdot\frac{\partial v}{\partial x}, \tag{9.8}$$

$$\frac{\partial z}{\partial y}=\frac{\partial z}{\partial u}\cdot\frac{\partial u}{\partial y}+\frac{\partial z}{\partial v}\cdot\frac{\partial v}{\partial y}. \tag{9.9}$$

事实上，如图 9.16，这里求 $\dfrac{\partial z}{\partial x}$ 时，将 y 看成常量，因此中间变量 u,v 仍可看成一元函数而运用式 (9.6). 但由于复合函数 $z=f[\varphi(x,y),\psi(x,y)]$ 以及 $u=\varphi(x,y)$，$v=\psi(x,y)$ 都是 x,y 的二元函数，所以应把式 (9.6) 中的记号 d 改成记号 ∂，这样就得到了式 (9.8)，同理也可由式 (9.6) 得到式 (9.9).

特别地，设函数 $u=\varphi(x,y)$ 在点 (x,y) 处对 x,y 的偏导数都存在，函数 $z=f(u)$ 在对应点 u 处可导，则复合函数 $z=f[\varphi(x,y)]$ 在点 (x,y) 处对 x,y 的偏导数都存在，且

$$\frac{\partial z}{\partial x}=\frac{\mathrm{d}z}{\mathrm{d}u}\cdot\frac{\partial u}{\partial x}=f'(u)\frac{\partial u}{\partial x},$$

$$\frac{\partial z}{\partial y}=\frac{\mathrm{d}z}{\mathrm{d}u}\cdot\frac{\partial u}{\partial y}=f'(u)\frac{\partial u}{\partial y}.$$

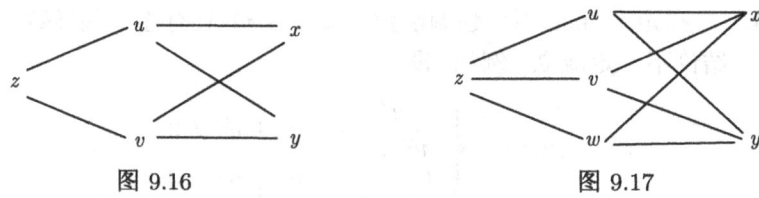

图 9.16　　　　　　图 9.17

类似地，如图 9.17，设函数 $z=f(u,v,w)$ 具有连续偏导数，而

$$u=\varphi(x,y),\quad v=\psi(x,y),\quad w=\omega(x,y)$$

都具有偏导数，则复合函数 $z=f[\varphi(x,y),\psi(x,y),\omega(x,y)]$ 对 x,y 的偏导数也存在，且

$$\frac{\partial z}{\partial x}=\frac{\partial z}{\partial u}\cdot\frac{\partial u}{\partial x}+\frac{\partial z}{\partial v}\cdot\frac{\partial v}{\partial x}+\frac{\partial z}{\partial w}\cdot\frac{\partial w}{\partial x},$$

9.4 多元复合函数求导法及隐函数的求导公式

$$\frac{\partial z}{\partial y} = \frac{\partial z}{\partial u} \cdot \frac{\partial u}{\partial y} + \frac{\partial z}{\partial v} \cdot \frac{\partial v}{\partial y} + \frac{\partial z}{\partial w} \cdot \frac{\partial w}{\partial y}.$$

例 9.4.2 设 $z = u^2 + v^2$, $u = x+y$, $v = x-y$. 求 $\dfrac{\partial z}{\partial x}, \dfrac{\partial z}{\partial y}$.

解 由式 (9.8)、式 (9.9) 得

$$\frac{\partial z}{\partial x} = \frac{\partial z}{\partial u} \cdot \frac{\partial u}{\partial x} + \frac{\partial z}{\partial v} \cdot \frac{\partial v}{\partial x} = 2u \cdot 1 + 2v \cdot 1 = 4x,$$

$$\frac{\partial z}{\partial y} = \frac{\partial z}{\partial u} \cdot \frac{\partial u}{\partial y} + \frac{\partial z}{\partial v} \cdot \frac{\partial v}{\partial y} = 2u \cdot 1 + 2v \cdot (-1) = 4y.$$

例 9.4.3 设 $z = f(e^{xy} + xy^2)$, 其中 $f(u)$ 可微分. 求 $\dfrac{\partial z}{\partial x}, \dfrac{\partial z}{\partial y}$.

解 令 $u = e^{xy} + xy^2$, 则 $z = f(u)$. 由复合函数的求导法则, 有

$$\frac{\partial z}{\partial x} = f'(u) \cdot \frac{\partial u}{\partial x} = (ye^{xy} + y^2)f'(u),$$

$$\frac{\partial z}{\partial y} = f'(u) \cdot \frac{\partial u}{\partial y} = (xe^{xy} + 2xy)f'(u).$$

例 9.4.4 设 $z = f\left(\dfrac{y}{x}, 2xy\right)$, 其中 f 具有连续偏导数. 求 $\dfrac{\partial z}{\partial x}, \dfrac{\partial z}{\partial y}$.

解 令 $u = \dfrac{y}{x}$, $v = 2xy$, 则 $z = f(u,v)$.

为使表达简便起见, 引入以下记号:

$$f'_1 = \frac{\partial f(u,v)}{\partial u} = f_u(u,v), \quad f'_2 = \frac{\partial f(u,v)}{\partial v} = f_v(u,v).$$

这里下标 1 表示对第一个中间变量 u 求偏导数, 下标 2 表示对第二个中间变量 v 求偏导数.

由式 (9.8)、式 (9.9), 得

$$\frac{\partial z}{\partial x} = \frac{\partial f}{\partial u} \cdot \frac{\partial u}{\partial x} + \frac{\partial f}{\partial v} \cdot \frac{\partial v}{\partial x} = f'_1 \cdot \left(-\frac{y}{x^2}\right) + f'_2 \cdot 2y = -\frac{y}{x^2}f'_1 + 2yf'_2,$$

$$\frac{\partial z}{\partial y} = \frac{\partial f}{\partial u} \cdot \frac{\partial u}{\partial y} + \frac{\partial f}{\partial v} \cdot \frac{\partial v}{\partial y} = f'_1 \cdot \left(\frac{1}{x}\right) + f'_2 \cdot 2x = \frac{1}{x}f'_1 + 2xf'_2.$$

例 9.4.5 设 $w = f(x+y+z, x^2+y^2+z^2)$, 其中 f 具有二阶连续偏导数. 求 $\dfrac{\partial w}{\partial x}$ 和 $\dfrac{\partial^2 w}{\partial x \partial z}$.

解 令 $u = x+y+z$, $v = x^2+y^2+z^2$, 则 $w = f(u,v)$. 引入以下记号:

$$f'_1 = \frac{\partial f(u,v)}{\partial u} = f_u(u,v), \quad f'_2 = f_v(u,v), \quad f''_{12} = f_{uv}(u,v), \quad f''_{22} = f_{vv}(u,v)$$

由定理 9.4.2, 有

$$\frac{\partial w}{\partial x} = \frac{\partial f}{\partial u} \cdot \frac{\partial u}{\partial x} + \frac{\partial f}{\partial v} \cdot \frac{\partial v}{\partial x} = f_1' + 2xf_2',$$

$$\frac{\partial^2 w}{\partial x \partial z} = \frac{\partial}{\partial z}(f_1' + 2xf_2') = \frac{\partial}{\partial z}(f_1') + 2x\frac{\partial}{\partial z}(f_2'),$$

这里 f_1' 与 f_2' 仍然是复合函数, 根据复合函数的求导法则, 有

$$\frac{\partial}{\partial z}(f_1') = \frac{\partial}{\partial u}(f_1') \cdot \frac{\partial u}{\partial z} + \frac{\partial}{\partial v}(f_1') \cdot \frac{\partial v}{\partial z} = f_{11}'' + 2zf_{12}'',$$

$$\frac{\partial}{\partial z}(f_2') = \frac{\partial}{\partial u}(f_2') \cdot \frac{\partial u}{\partial z} + \frac{\partial}{\partial v}(f_2') \cdot \frac{\partial v}{\partial z} = f_{21}'' + 2zf_{22}''.$$

因此

$$\frac{\partial^2 w}{\partial x \partial z} = f_{11}'' + 2zf_{12}'' + 2x(f_{21}'' + 2zf_{22}'') = f_{11}'' + 2(x+z)f_{12}'' + 4xzf_{22}''.$$

最后结果中利用了 $f_{12}'' = f_{21}''$, 因为 f 具有二阶连续偏导数, 故两者相等.

情形 3 中间变量既有一元函数, 也有多元函数的情形

(1) 设由 $z = f(u,v), u = \varphi(x,y), v = \psi(y)$ 复合而成二元函数 $z = f[\varphi(x,y), \psi(y)]$, 那么在定理 9.4.2 相应的条件下, z 对 x, y 的偏导数都存在, 且有

$$\frac{\partial z}{\partial x} = \frac{\partial z}{\partial u} \cdot \frac{\partial u}{\partial x},$$

$$\frac{\partial z}{\partial y} = \frac{\partial z}{\partial u} \cdot \frac{\partial u}{\partial y} + \frac{\partial z}{\partial v} \cdot \frac{\mathrm{d}v}{\mathrm{d}y}.$$

只需注意到 v 是与 x 无关的, 且对一元函数求导时, 将记号 ∂ 改成记号 d 即可.

(2) 若 $z = f[x, \varphi(x,y)]$ 是由 $z = f(x,v), v = \varphi(x,y)$ 复合而成的二元函数, 则

$$\frac{\partial z}{\partial x} = \frac{\partial f}{\partial x} + \frac{\partial f}{\partial v} \cdot \frac{\partial v}{\partial x},$$

$$\frac{\partial z}{\partial y} = \frac{\partial f}{\partial v} \cdot \frac{\partial v}{\partial y}.$$

这里要注意等式两端的 $\frac{\partial z}{\partial x}$ 与 $\frac{\partial f}{\partial x}$ 是不同的. 左端的 $\frac{\partial z}{\partial x}$ 是把复合函数中的 y 看作常数对 x 求偏导数, 而 $\frac{\partial f}{\partial x}$ 是在外层函数 $z = f(x,v)$ 中, 将 v 看作常数对 x 求偏导数.

例 9.4.6 设 $z = f(x, x^2 + y^2)$, 求 $\frac{\partial z}{\partial x}$ 和 $\frac{\partial z}{\partial y}$.

解 令 $v = x^2 + y^2$, 则 $z = f(x,v)$, 有

$$\frac{\partial z}{\partial x} = \frac{\partial f}{\partial x} + \frac{\partial f}{\partial v} \cdot \frac{\partial v}{\partial x} = \frac{\partial f}{\partial x} + 2x\frac{\partial f}{\partial v} = f'_1 + 2xf'_2,$$

$$\frac{\partial z}{\partial y} = \frac{\partial f}{\partial v} \cdot \frac{\partial v}{\partial y} = 2y\frac{\partial f}{\partial v} = 2yf'_2.$$

9.4.2 全微分的形式不变性

设函数 $z = f(u,v)$ 具有连续偏导数, 则有全微分

$$\mathrm{d}z = \frac{\partial z}{\partial u}\mathrm{d}u + \frac{\partial z}{\partial v}\mathrm{d}v.$$

如果 u, v 又是 x, y 的函数 $u = \varphi(x,y), v = \psi(x,y)$, 且这两个函数也具有连续偏导数, 则复合函数 $z = f[\varphi(x,y), \psi(x,y)]$ 的全微分为

$$\mathrm{d}z = \frac{\partial z}{\partial x}\mathrm{d}x + \frac{\partial z}{\partial y}\mathrm{d}y,$$

其中 $\dfrac{\partial z}{\partial x}, \dfrac{\partial z}{\partial y}$ 分别由式 (9.8)、式 (9.9) 给出. 将式 (9.8)、式 (9.9) 代入上式, 得

$$\begin{aligned}\mathrm{d}z &= \left(\frac{\partial z}{\partial u} \cdot \frac{\partial u}{\partial x} + \frac{\partial z}{\partial v} \cdot \frac{\partial v}{\partial x}\right)\mathrm{d}x + \left(\frac{\partial z}{\partial u} \cdot \frac{\partial u}{\partial y} + \frac{\partial z}{\partial v} \cdot \frac{\partial v}{\partial y}\right)\mathrm{d}y \\ &= \frac{\partial z}{\partial u}\left(\frac{\partial u}{\partial x}\mathrm{d}x + \frac{\partial u}{\partial y}\mathrm{d}y\right) + \frac{\partial z}{\partial v}\left(\frac{\partial v}{\partial x}\mathrm{d}x + \frac{\partial v}{\partial y}\mathrm{d}y\right) \\ &= \frac{\partial z}{\partial u}\mathrm{d}u + \frac{\partial z}{\partial v}\mathrm{d}v.\end{aligned}$$

因此, 无论 u, v 是自变量或中间变量, 函数 $z = f(u,v)$ 的全微分形式不变. 这个性质叫做一阶**全微分形式不变性**.

例 9.4.7 利用全微分形式不变性求解例 9.4.4.

解 令 $u = \dfrac{y}{x}, v = 2xy$, 则 $z = f(u,v)$.

$$\begin{aligned}\mathrm{d}z &= f'_1 \cdot \mathrm{d}\left(\frac{y}{x}\right) + f'_2 \cdot \mathrm{d}(2xy) \\ &= f'_1 \cdot \left(-\frac{y}{x^2}\mathrm{d}x + \frac{1}{x}\mathrm{d}y\right) + f'_2 \cdot (2y\mathrm{d}x + 2x\mathrm{d}y) \\ &= \left(2yf'_2 - \frac{y}{x^2}f'_1\right)\mathrm{d}x + \left(\frac{1}{x}f'_1 + 2xf'_2\right)\mathrm{d}y.\end{aligned}$$

因此

$$\frac{\partial z}{\partial x} = 2yf'_2 - \frac{y}{x^2}f'_1, \quad \frac{\partial z}{\partial y} = \frac{1}{x}f'_1 + 2xf'_2.$$

9.4.3 隐函数的求导公式

1. 一个方程的情形

在一元函数微分学中, 基于以下两点假设:

(1) 假定方程 $F(x,y) = 0$ 能够确定 y 是 x 的函数;

(2) 该函数是可导的.

然后再用复合函数求导法求得由方程 $F(x,y) = 0$ 确定的函数 $y = y(x)$ 的导数. 但事实上, 并非任何一个方程 $F(x,y) = 0$ 都能确定 y 是 x 的函数, 并且该函数是可导的. 因此, 这里需要解决隐函数的存在性问题, 同时在隐函数存在的条件下, 给出其求导公式.

下面的定理给出了隐函数的存在性和可微性的充分条件.

定理 9.4.3 (隐函数存在定理 1) 设函数 $F(x,y)$ 在点 $P(x_0, y_0)$ 的某一邻域内具有连续偏导数, 且 $F(x_0, y_0) = 0$, $F_y(x_0, y_0) \neq 0$, 则方程 $F(x,y) = 0$ 在点 $P(x_0, y_0)$ 的某一邻域内能唯一确定一个单值连续且有连续导数的函数 $y = y(x)$, 它满足条件 $y_0 = y(x_0)$, 并有

$$\frac{dy}{dx} = -\frac{F_x}{F_y}. \tag{9.10}$$

式 (9.10) 就是隐函数的求导公式.

下面在隐函数存在的条件下仅对式 (9.10) 给出推导.

将方程 $F(x,y) = 0$ 所确定的函数 $y = y(x)$ 代入该方程, 得

$$F[x, y(x)] \equiv 0.$$

在上式两端对 x 求导, 左端利用多元复合函数的求导法, 有

$$F_x + F_y \cdot \frac{dy}{dx} = 0.$$

由于 F_y 连续, 且 $F_y(x_0, y_0) \neq 0$, 所以存在点 $P(x_0, y_0)$ 的某一邻域, 在这个邻域内 $F_y \neq 0$, 因此

$$\frac{dy}{dx} = -\frac{F_x}{F_y}.$$

如果 $F(x,y)$ 的二阶偏导数也都连续, 可以把等式 (9.10) 的两端看做 x 的复合函数而再一次求导, 即

$$\frac{d^2 y}{dx^2} = \frac{\partial}{\partial x}\left(-\frac{F_x}{F_y}\right) + \frac{\partial}{\partial y}\left(-\frac{F_x}{F_y}\right)\frac{dy}{dx}$$

$$= -\frac{F_{xx} F_y - F_x F_{yx}}{F_y^2} - \frac{F_{xy} F_y - F_x F_{yy}}{F_y^2}\left(-\frac{F_x}{F_y}\right)$$

$$= -\frac{F_{xx}F_y^2 - 2F_{xy}F_xF_y + F_{yy}F_x^2}{F_y^3}.$$

例 9.4.8 验证在点 $(0,1)$ 的某邻域内，由方程 $\mathrm{e}^{xy} = x+y$ 可唯一确定一隐函数 $y = y(x)$，并求 $\left.\dfrac{\mathrm{d}^2 y}{\mathrm{d}x^2}\right|_{x=0}$.

解 令 $F(x,y) = \mathrm{e}^{xy} - x - y$，则 $F_x = y\mathrm{e}^{xy} - 1$，$F_y = x\mathrm{e}^{xy} - 1$. 因 F_x, F_y 在整个 xOy 面上都连续，且 $F(0,1) = 0, F_y(0,1) = -1 \neq 0$. 由隐函数存在定理 1，在点 $(0,1)$ 的某邻域内，由方程 $\mathrm{e}^{xy} = x+y$ 可唯一确定一隐函数 $y = y(x)$. 由式 (9.10) 有

$$\frac{\mathrm{d}y}{\mathrm{d}x} = -\frac{F_x}{F_y} = \frac{1 - y\mathrm{e}^{xy}}{x\mathrm{e}^{xy} - 1}, \quad \left.\frac{\mathrm{d}y}{\mathrm{d}x}\right|_{x=0} = \left.\frac{1 - y\mathrm{e}^{xy}}{x\mathrm{e}^{xy} - 1}\right|_{\substack{x=0\\y=1}} = 0.$$

$$\left.\frac{\mathrm{d}^2 y}{\mathrm{d}x^2}\right|_{x=0}$$
$$= \left.\frac{\mathrm{d}}{\mathrm{d}x}\left(\frac{\mathrm{d}y}{\mathrm{d}x}\right)\right|_{x=0} = \left.\frac{\mathrm{d}}{\mathrm{d}x}\left(\frac{1 - y\mathrm{e}^{xy}}{x\mathrm{e}^{xy} - 1}\right)\right|_{\substack{x=0\\y=1}}$$
$$= \left.\frac{-\left[\dfrac{\mathrm{d}y}{\mathrm{d}x}\mathrm{e}^{xy} + y\mathrm{e}^{xy}\left(y + x\dfrac{\mathrm{d}y}{\mathrm{d}x}\right)\right](x\mathrm{e}^{xy} - 1) - (1 - y\mathrm{e}^{xy})\left[\mathrm{e}^{xy} + x\mathrm{e}^{xy}\left(y + x\dfrac{\mathrm{d}y}{\mathrm{d}x}\right)\right]}{(x\mathrm{e}^{xy} - 1)^2}\right|_{\substack{x=0\\y=1}}$$
$$= \left.\frac{-\mathrm{e}^{xy}\left(\dfrac{\mathrm{d}y}{\mathrm{d}x} + y^2 + xy\dfrac{\mathrm{d}y}{\mathrm{d}x}\right)(x\mathrm{e}^{xy} - 1) - (1 - y\mathrm{e}^{xy})\mathrm{e}^{xy}\left(1 + xy + x^2\dfrac{\mathrm{d}y}{\mathrm{d}x}\right)}{(x\mathrm{e}^{xy} - 1)^2}\right|_{\substack{x=0\\y=1}}$$
$$= 1.$$

事实上，要求 $\left.\dfrac{\mathrm{d}^2 y}{\mathrm{d}x^2}\right|_{x=0}$，也可用上册中介绍的方程两边同时对 x 求导的方法来求.

方程 $\mathrm{e}^{xy} = x+y$ 两边同时对 x 求导，得

$$\mathrm{e}^{xy}\left(y + x\frac{\mathrm{d}y}{\mathrm{d}x}\right) = 1 + \frac{\mathrm{d}y}{\mathrm{d}x}. \tag{9.11}$$

将 $x = 0, y = 1$ 代入式 (9.11)，得

$$\left.\frac{\mathrm{d}y}{\mathrm{d}x}\right|_{x=0} = 0.$$

再对式 (9.11) 两边同时对 x 求导，得

$$\mathrm{e}^{xy}\left(y + x\frac{\mathrm{d}y}{\mathrm{d}x}\right)^2 + \mathrm{e}^{xy}\left(2\frac{\mathrm{d}y}{\mathrm{d}x} + x\frac{\mathrm{d}^2 y}{\mathrm{d}x^2}\right) = \frac{\mathrm{d}^2 y}{\mathrm{d}x^2}.$$

将 $x=0, y=1, \dfrac{dy}{dx}\Big|_{x=0}=0$，代入上式，得

$$\dfrac{d^2 y}{dx^2}\Big|_{x=0} = 1.$$

由上面的讨论可知，一个二元方程可以确定一个一元隐函数，那么一个三元方程 $F(x,y,z)=0$ 就可能确定一个二元隐函数. 因此，与定理 9.4.3 类似，有以下定理.

定理 9.4.4(隐函数存在定理 2) 设函数 $F(x,y,z)$ 在点 $P(x_0,y_0,z_0)$ 的某一邻域内有连续的偏导数，且 $F(x_0,y_0,z_0)=0$, $F_z(x_0,y_0,z_0)\neq 0$. 则方程 $F(x,y,z)=0$ 在点 $P(x_0,y_0,z_0)$ 的某一邻域内能唯一确定一个连续且具有连续偏导数的函数 $z=z(x,y)$，它满足条件 $z_0=z(x_0,y_0)$，并有

$$\dfrac{\partial z}{\partial x}=-\dfrac{F_x}{F_z},\quad \dfrac{\partial z}{\partial y}=-\dfrac{F_y}{F_z}. \tag{9.12}$$

下面在隐函数存在的条件下仅对式 (9.12) 给出推导.

将方程 $F(x,y,z)=0$ 所确定的隐函数 $z=z(x,y)$ 代入该方程，得

$$F[x,y,z(x,y)]\equiv 0.$$

在上式两端对 x 求导，左端利用多元复合函数的求导法，有

$$F_x\cdot 1+F_y\cdot 0+F_z\dfrac{\partial z}{\partial x}=0.$$

由于 F_z 连续，且 $F_z(x_0,y_0,z_0)\neq 0$. 所以存在点 $P(x_0,y_0,z_0)$ 的某一邻域，在这个邻域内 $F_z\neq 0$. 因此

$$\dfrac{\partial z}{\partial x}=-\dfrac{F_x}{F_z}.$$

同理可得

$$\dfrac{\partial z}{\partial y}=-\dfrac{F_y}{F_z}.$$

例 9.4.9 设函数 $z=z(x,y)$ 由方程 $z^3-3xyz=a^3$ 所确定，求 $\dfrac{\partial z}{\partial x}, \dfrac{\partial z}{\partial y}, \dfrac{\partial^2 z}{\partial x^2}$.

解 令 $F(x,y,z)=z^3-3xyz-a^3$，则

$$F_x=-3yz,\quad F_y=-3xz,\quad F_z=3z^2-3xy.$$

由式 (9.12)，有

$$\dfrac{\partial z}{\partial x}=-\dfrac{F_x}{F_z}=\dfrac{yz}{z^2-xy},\quad \dfrac{\partial z}{\partial y}=-\dfrac{F_y}{F_z}=\dfrac{xz}{z^2-xy}.$$

利用 $\dfrac{\partial z}{\partial x}$ 再对 x 求偏导数, 得

$$\frac{\partial^2 z}{\partial x^2} = \frac{\partial}{\partial x}\left(\frac{yz}{z^2-xy}\right) = \frac{y\dfrac{\partial z}{\partial x}(z^2-xy) - yz\left(2z\dfrac{\partial z}{\partial x}-y\right)}{(z^2-xy)^2}$$

$$= \frac{(-xy^2-yz^2)\dfrac{\partial z}{\partial x}+y^2z}{(z^2-xy)^2} = \frac{-2xy^3z}{(z^2-xy)^3}.$$

例 9.4.10 求由方程 $x+y+z = \mathrm{e}^{-(x+y+z)}$ 所确定的隐函数 $z=z(x,y)$ 的偏导数 $\dfrac{\partial z}{\partial x}, \dfrac{\partial z}{\partial y}$.

解法一（公式法） 设 $F(x,y,z) = x+y+z - \mathrm{e}^{-(x+y+z)}$, 则

$$F_x = 1+\mathrm{e}^{-(x+y+z)}, \quad F_y = 1+\mathrm{e}^{-(x+y+z)}, \quad F_z = 1+\mathrm{e}^{-(x+y+z)}.$$

于是

$$\frac{\partial z}{\partial x} = -\frac{F_x}{F_z} = -1, \quad \frac{\partial z}{\partial y} = -\frac{F_y}{F_z} = -1.$$

解法二（求导法） 方程 $x+y+z = \mathrm{e}^{-(x+y+z)}$ 的两端同时对自变量 x（此时的 y 看成常数）求偏导, 得

$$1+\frac{\partial z}{\partial x} = -\mathrm{e}^{-(x+y+z)}\left(1+\frac{\partial z}{\partial x}\right).$$

于是

$$\frac{\partial z}{\partial x} = -1.$$

类似地, 方程 $x+y+z = \mathrm{e}^{-(x+y+z)}$ 的两端同时对自变量 y 求偏导, 得

$$1+\frac{\partial z}{\partial y} = -\mathrm{e}^{-(x+y+z)}\left(1+\frac{\partial z}{\partial y}\right).$$

于是有

$$\frac{\partial z}{\partial y} = -1.$$

解法三（微分法） 方程 $x+y+z = \mathrm{e}^{-(x+y+z)}$ 两边微分, 得

$$\mathrm{d}x+\mathrm{d}y+\mathrm{d}z = -\mathrm{e}^{-(x+y+z)}\mathrm{d}(x+y+z),$$

即

$$\mathrm{d}x+\mathrm{d}y+\mathrm{d}z = -\mathrm{e}^{-(x+y+z)}(\mathrm{d}x+\mathrm{d}y+\mathrm{d}z).$$

整理得 $\mathrm{d}z = -\mathrm{d}x-\mathrm{d}y$, 从而

$$\frac{\partial z}{\partial x} = -1, \quad \frac{\partial z}{\partial y} = -1.$$

*2. **方程组的情形**

下面将隐函数存在定理加以推广. 不仅增加方程中变量的个数, 而且还增加方程的个数. 考虑方程组

$$\begin{cases} F(x,y,u,v) = 0, \\ G(x,y,u,v) = 0, \end{cases} \tag{9.13}$$

在此方程组中有四个变量, 一般只有两个变量是独立的, 因此方程组就有可能确定两个二元隐函数, 如

$$\begin{cases} u = u(x,y), \\ v = v(x,y). \end{cases} \tag{9.14}$$

此时, 可以由函数 F, G 的性质来确定由方程组 (9.13) 所确定的两个二元函数 (9.14) 的存在性以及它们的性质. 因此, 有下面的定理.

定理 9.4.5(隐函数存在定理 3)   设函数 $F(x,y,u,v), G(x,y,u,v)$ 满足以下条件:

(1) 在点 $P(x_0, y_0, u_0, v_0)$ 的某一邻域内具有连续偏导数;

(2) $F(x_0, y_0, u_0, v_0) = 0, G(x_0, y_0, u_0, v_0) = 0$;

(3) 由 F, G 的偏导数构成的行列式,

$$J|_P = \frac{\partial(F,G)}{\partial(u,v)}\bigg|_P = \begin{vmatrix} F_u & F_v \\ G_u & G_v \end{vmatrix}_P \neq 0.$$

称此行列式为 F、G 的**雅可比 (Jacobi) 行列式**.

则方程组 (9.13) 在点 $P(x_0, y_0, u_0, v_0)$ 的某一邻域内可唯一确定一组满足条件 $u_0 = u(x_0, y_0), v_0 = v(x_0, y_0)$ 的单值连续函数 $u = u(x,y), v = v(x,y)$, 且有

$$\frac{\partial u}{\partial x} = -\frac{1}{J}\frac{\partial(F,G)}{\partial(x,v)} = -\frac{\begin{vmatrix} F_x & F_v \\ G_x & G_v \end{vmatrix}}{\begin{vmatrix} F_u & F_v \\ G_u & G_v \end{vmatrix}}, \quad \frac{\partial v}{\partial x} = -\frac{1}{J}\frac{\partial(F,G)}{\partial(u,x)} = -\frac{\begin{vmatrix} F_u & F_x \\ G_u & G_x \end{vmatrix}}{\begin{vmatrix} F_u & F_v \\ G_u & G_v \end{vmatrix}},$$

$$\frac{\partial u}{\partial y} = -\frac{1}{J}\frac{\partial(F,G)}{\partial(y,v)} = -\frac{\begin{vmatrix} F_y & F_v \\ G_y & G_v \end{vmatrix}}{\begin{vmatrix} F_u & F_v \\ G_u & G_v \end{vmatrix}}, \quad \frac{\partial v}{\partial y} = -\frac{1}{J}\frac{\partial(F,G)}{\partial(u,y)} = -\frac{\begin{vmatrix} F_u & F_y \\ G_u & G_y \end{vmatrix}}{\begin{vmatrix} F_u & F_v \\ G_u & G_v \end{vmatrix}}.$$

与前面一样, 下面在隐函数存在的条件下, 仅对偏导数公式做一推导.

9.4 多元复合函数求导法及隐函数的求导公式

由题意, 有恒等式组

$$\begin{cases} F[x,y,u(x,y),v(x,y)] \equiv 0, \\ G[x,y,u(x,y),v(x,y)] \equiv 0, \end{cases}$$

将恒等式组中各等式两边同时对 x 求导, 应用复合函数求导法则, 得

$$\begin{cases} F_x + F_u \cdot \dfrac{\partial u}{\partial x} + F_v \cdot \dfrac{\partial v}{\partial x} = 0, \\ G_x + G_u \cdot \dfrac{\partial u}{\partial x} + G_v \cdot \dfrac{\partial v}{\partial x} = 0. \end{cases}$$

这是关于 $\dfrac{\partial u}{\partial x}, \dfrac{\partial v}{\partial x}$ 的方程组, 由定理条件可知, 在点 P 的某邻域内, 因行列式 $J = \begin{vmatrix} F_u & F_v \\ G_u & G_v \end{vmatrix} \neq 0$, 由方程组解得

$$\dfrac{\partial u}{\partial x} = -\dfrac{1}{J}\dfrac{\partial(F,G)}{\partial(x,v)}, \quad \dfrac{\partial v}{\partial x} = -\dfrac{1}{J}\dfrac{\partial(F,G)}{\partial(u,x)}.$$

同理, 可得

$$\dfrac{\partial u}{\partial y} = -\dfrac{1}{J}\dfrac{\partial(F,G)}{\partial(y,v)}, \quad \dfrac{\partial v}{\partial y} = -\dfrac{1}{J}\dfrac{\partial(F,G)}{\partial(u,y)}.$$

例 9.4.11 设函数 $u = u(x,y)$, $v = v(x,y)$ 由方程组

$$\begin{cases} x = \mathrm{e}^u + u\sin v, \\ y = \mathrm{e}^u - u\cos v. \end{cases}$$

所确定. 求 $\dfrac{\partial u}{\partial x}, \dfrac{\partial v}{\partial x}, \dfrac{\partial u}{\partial y}, \dfrac{\partial v}{\partial y}$.

解 (法一) 直接利用定理 9.4.5 的公式, 令

$$F(x,y,u,v) = \mathrm{e}^u + u\sin v - x, \quad G(x,y,u,v) = \mathrm{e}^u - u\cos v - y. \text{ 则}$$

$$J = \dfrac{\partial(F,G)}{\partial(u,v)} = \begin{vmatrix} F_u & F_v \\ G_u & G_v \end{vmatrix} = \begin{vmatrix} \mathrm{e}^u + \sin v & u\cos v \\ \mathrm{e}^u - \cos v & u\sin v \end{vmatrix} = u\mathrm{e}^u(\sin v - \cos v) + u$$

且

$$\dfrac{\partial(F,G)}{\partial(x,v)} = \begin{vmatrix} F_x & F_v \\ G_x & G_v \end{vmatrix} = \begin{vmatrix} -1 & u\cos v \\ 0 & u\sin v \end{vmatrix} = -u\sin v,$$

$$\dfrac{\partial(F,G)}{\partial(y,v)} = \begin{vmatrix} F_y & F_v \\ G_y & G_v \end{vmatrix} = \begin{vmatrix} 0 & u\cos v \\ -1 & u\sin v \end{vmatrix} = u\cos v.$$

所以

$$\frac{\partial u}{\partial x} = -\frac{1}{J}\frac{\partial(F,G)}{\partial(x,v)} = \frac{\sin v}{e^u(\sin v - \cos v) + 1},$$

$$\frac{\partial u}{\partial y} = -\frac{1}{J}\frac{\partial(F,G)}{\partial(y,x)} = \frac{-\cos v}{e^u(\sin v - \cos v) + 1}.$$

类似地

$$\frac{\partial(F,G)}{\partial(u,x)} = \begin{vmatrix} F_u & F_x \\ G_u & G_x \end{vmatrix} = \begin{vmatrix} e^u + \sin v & -1 \\ e^u - \cos v & 0 \end{vmatrix} = e^u - \cos v,$$

$$\frac{\partial(F,G)}{\partial(u,y)} = \begin{vmatrix} F_u & F_y \\ G_u & G_y \end{vmatrix} = \begin{vmatrix} e^u + \sin v & 0 \\ e^u - \cos v & -1 \end{vmatrix} = -\sin v - e^u.$$

所以

$$\frac{\partial v}{\partial x} = -\frac{1}{J}\frac{\partial(F,G)}{\partial(u,x)} = \frac{\cos v - e^u}{u[e^u(\sin v - \cos v) + 1]},$$

$$\frac{\partial v}{\partial y} = -\frac{1}{J}\frac{\partial(F,G)}{\partial(u,y)} = \frac{\sin v + e^u}{u[e^u(\sin v - \cos v) + 1]}.$$

(法二) 将方程组的每个方程两边同时对 x 求偏导数, 得

$$\begin{cases} 1 = e^u\dfrac{\partial u}{\partial x} + \dfrac{\partial u}{\partial x}\sin v + u\cos v\dfrac{\partial v}{\partial x}, \\ 0 = e^u\dfrac{\partial u}{\partial x} - \dfrac{\partial u}{\partial x}\cos v + u\sin v\dfrac{\partial v}{\partial x}. \end{cases}$$

解这个关于 $\dfrac{\partial u}{\partial x}$ 和 $\dfrac{\partial v}{\partial x}$ 的方程组可得

$$\frac{\partial u}{\partial x} = \frac{\sin v}{e^u(\sin v - \cos v) + 1}, \quad \frac{\partial v}{\partial x} = \frac{\cos v - e^u}{u[e^u(\sin v - \cos v) + 1]}.$$

同理, 将方程组的每个方程两边同时对 y 求偏导数, 得

$$\begin{cases} 0 = e^u\dfrac{\partial u}{\partial y} + \dfrac{\partial u}{\partial y}\sin v + u\cos v\dfrac{\partial v}{\partial y}, \\ 1 = e^u\dfrac{\partial u}{\partial y} - \dfrac{\partial u}{\partial y}\cos v + u\sin v\dfrac{\partial v}{\partial y}. \end{cases}$$

解这个关于 $\dfrac{\partial u}{\partial y}$ 和 $\dfrac{\partial v}{\partial y}$ 的方程组可得

$$\frac{\partial u}{\partial y} = \frac{-\cos v}{e^u(\sin v - \cos v) + 1}, \quad \frac{\partial v}{\partial y} = \frac{\sin v + e^u}{u[e^u(\sin v - \cos v) + 1]}.$$

9.4 多元复合函数求导法及隐函数的求导公式

(法三) 可用一阶全微分形式不变性求解, 有时可能会更为简捷. 对方程组每个方程的两边同时微分得

$$\begin{cases} \mathrm{d}x = \mathrm{e}^u \mathrm{d}u + \sin v \mathrm{d}u + u\cos v \mathrm{d}v, \\ \mathrm{d}y = \mathrm{e}^u \mathrm{d}u - \cos v \mathrm{d}u + u\sin v \mathrm{d}v, \end{cases}$$

即

$$\begin{cases} (\mathrm{e}^u + \sin v)\mathrm{d}u + u\cos v \mathrm{d}v = \mathrm{d}x, \\ (\mathrm{e}^u - \cos v)\mathrm{d}u + u\sin v \mathrm{d}v = \mathrm{d}y, \end{cases}$$

解这个关于 $\mathrm{d}u$ 和 $\mathrm{d}v$ 的方程组可得

$$\mathrm{d}u = \frac{\sin v}{\mathrm{e}^u(\sin v - \cos v) + 1}\mathrm{d}x - \frac{\cos v}{\mathrm{e}^u(\sin v - \cos v) + 1}\mathrm{d}y,$$

$$\mathrm{d}v = \frac{\cos v - \mathrm{e}^u}{u[\mathrm{e}^u(\sin v - \cos v) + 1]}\mathrm{d}x + \frac{\sin v + \mathrm{e}^u}{u[\mathrm{e}^u(\sin v - \cos v) + 1]}\mathrm{d}y.$$

所以

$$\frac{\partial u}{\partial x} = \frac{\sin v}{\mathrm{e}^u(\sin v - \cos v) + 1}, \quad \frac{\partial u}{\partial y} = \frac{-\cos v}{\mathrm{e}^u(\sin v - \cos v) + 1},$$

$$\frac{\partial v}{\partial x} = \frac{\cos v - \mathrm{e}^u}{u[\mathrm{e}^u(\sin v - \cos v) + 1]}, \quad \frac{\partial v}{\partial y} = \frac{\sin v + \mathrm{e}^u}{u[\mathrm{e}^u(\sin v - \cos v) + 1]}.$$

例 9.4.12 设函数 $x = x(u,v)$, $y = y(u,v)$ 在点 (u,v) 的某一邻域内有连续偏导数, 且

$$J = \frac{\partial(x,y)}{\partial(u,v)} = \begin{vmatrix} x_u & x_v \\ y_u & y_v \end{vmatrix} \neq 0.$$

(1) 证明方程组 $\begin{cases} x = x(u,v), \\ y = y(u,v) \end{cases}$ 在点 (x,y,u,v) 的某一邻域内唯一确定有连续一阶偏导数的反函数 $u = u(x,y)$, $v = v(x,y)$.

(2) 证明:

$$\frac{\partial(u,v)}{\partial(x,y)} \cdot \frac{\partial(x,y)}{\partial(u,v)} = 1.$$

证明 (1) 将方程组写为如下形式:

$$\begin{cases} F(x,y,u,v) = x - x(u,v) = 0, \\ G(x,y,u,v) = y - y(u,v) = 0. \end{cases}$$

因为

$$\frac{\partial(F,G)}{\partial(u,v)} = \begin{vmatrix} -\dfrac{\partial x}{\partial u} & -\dfrac{\partial x}{\partial v} \\ -\dfrac{\partial y}{\partial u} & -\dfrac{\partial y}{\partial v} \end{vmatrix} = \frac{\partial(x,y)}{\partial(u,v)} = J \neq 0,$$

由定理 9.4.5 知结论成立.

(2) 因为

$$\frac{\partial u}{\partial x} = -\frac{1}{J}\frac{\partial(F,G)}{\partial(x,v)} = -\frac{1}{J}\begin{vmatrix} F_x & F_v \\ G_x & G_v \end{vmatrix} = -\frac{1}{J}\begin{vmatrix} 1 & -\frac{\partial x}{\partial v} \\ 0 & -\frac{\partial y}{\partial v} \end{vmatrix} = \frac{1}{J}\frac{\partial y}{\partial v},$$

$$\frac{\partial u}{\partial y} = -\frac{1}{J}\frac{\partial(F,G)}{\partial(y,v)} = -\frac{1}{J}\begin{vmatrix} F_y & F_v \\ G_y & G_v \end{vmatrix} = -\frac{1}{J}\begin{vmatrix} 0 & -\frac{\partial x}{\partial v} \\ 1 & -\frac{\partial y}{\partial v} \end{vmatrix} = -\frac{1}{J}\frac{\partial x}{\partial v}.$$

同理可得

$$\frac{\partial v}{\partial x} = -\frac{1}{J}\frac{\partial y}{\partial u}, \quad \frac{\partial v}{\partial y} = \frac{1}{J}\frac{\partial x}{\partial u},$$

从而

$$\frac{\partial(u,v)}{\partial(x,y)} = \begin{vmatrix} u_x & u_y \\ v_x & v_y \end{vmatrix} = \begin{vmatrix} \frac{1}{J}\frac{\partial y}{\partial v} & -\frac{1}{J}\frac{\partial x}{\partial v} \\ -\frac{1}{J}\frac{\partial y}{\partial u} & \frac{1}{J}\frac{\partial x}{\partial u} \end{vmatrix}$$

$$= \frac{1}{J^2}\left(\frac{\partial x}{\partial u}\cdot\frac{\partial y}{\partial v} - \frac{\partial x}{\partial v}\cdot\frac{\partial y}{\partial u}\right) = \frac{1}{J^2}J = \frac{1}{J}.$$

所以

$$\frac{\partial(u,v)}{\partial(x,y)}\cdot\frac{\partial(x,y)}{\partial(u,v)} = 1.$$

习 题 9.4

1. 求下列函数的全导数或偏导数:

(1) 设 $z = uv + \sin t, u = e^t, v = \cos t.$ 求 $\dfrac{\mathrm{d}z}{\mathrm{d}t}$;

(2) 设 $z = e^u \sin v, u = xy, v = x + y.$ 求 $\dfrac{\partial z}{\partial x}, \dfrac{\partial z}{\partial y}$;

(3) 设 $u = e^{x^2+y^2+z^2}, z = x^2 \sin y,$ 求 $\dfrac{\partial u}{\partial x}, \dfrac{\partial u}{\partial y}.$

2. 设函数 $u = u(x,y)$ 可微, 在极坐标变换 $x = r\cos\theta, y = r\sin\theta$ 下, 证明:

$$\left(\frac{\partial u}{\partial x}\right)^2 + \left(\frac{\partial u}{\partial y}\right)^2 = \left(\frac{\partial u}{\partial r}\right)^2 + \frac{1}{r^2}\left(\frac{\partial u}{\partial \theta}\right)^2.$$

3. 设函数 $y = y(x)$ 由方程 $e^{x+y} = xy$ 确定, 证明: $\dfrac{\mathrm{d}^2 y}{\mathrm{d}x^2} = -\dfrac{y[(x-1)^2 + (y-1)^2]}{x^2(y-1)^3}.$

4. 求下列函数指定的一阶或二阶偏导数 (其中 f 有二阶连续的偏导数):

(1) 设 $z = xy + u$, $u = f(x,y)$. 求 $\dfrac{\partial z}{\partial x}$, $\dfrac{\partial^2 z}{\partial x^2}$, $\dfrac{\partial^2 z}{\partial x \partial y}$;

(2) 设 $z = f(e^{xy}, x^2 - y^2)$, 求 $\dfrac{\partial z}{\partial x}$, $\dfrac{\partial^2 z}{\partial x \partial y}$;

(3) 设 $z = f\left(x^2 y, \dfrac{y}{x}\right)$, 求 $\dfrac{\partial z}{\partial x}$, $\dfrac{\partial^2 z}{\partial x \partial y}$;

(4) 设 $w = f(x+y+z, xyz)$, 求 $\dfrac{\partial w}{\partial x}$, $\dfrac{\partial^2 w}{\partial x \partial z}$.

5. 利用一阶全微分形式不变性, 求下列函数的全微分:

(1) $z = \ln \dfrac{xy}{x+y}$;   (2) $u = \dfrac{x}{x^2 + y^2 + z^2}$.

6. 设函数 $z = z(x,y)$ 由方程 $e^{-xy} - 2z + e^z = 0$ 所确定, 求 $\dfrac{\partial z}{\partial x}$, $\dfrac{\partial z}{\partial y}$.

7. 求下列方程确定的隐函数的导数或偏导数:

(1) $\sin(x+y) + e^x = x^2 + y^2$, 求 $\dfrac{dy}{dx}$;

(2) $xy - e^x + e^y = 0$, 求 $\dfrac{dy}{dx}$;

(3) $z^3 - 2xyz = a^3$, 求 $\dfrac{\partial z}{\partial x}$, $\dfrac{\partial z}{\partial y}$;

(4) $z = f(x+y+z, xyz)$, 求 $\dfrac{\partial z}{\partial x}$, $\dfrac{\partial z}{\partial y}$, $\dfrac{\partial y}{\partial z}$;

(5) $x^2 + y^2 + z^2 - 4z = 0$, 求 $\dfrac{\partial z}{\partial x}$, $\dfrac{\partial^2 z}{\partial x^2}$;

(6) $x + y + z = e^z$, 求 $\dfrac{\partial^2 z}{\partial x^2}$, $\dfrac{\partial^2 z}{\partial x \partial y}$, $\dfrac{\partial^2 z}{\partial y^2}$.

8. 设函数 $z = z(x,y)$ 由方程 $F(x-y, y-z, z-x) = 0$ 所确定, 其中 F 具有连续偏导数, 且 $F_2' - F_3' \neq 0$, 求证: $\dfrac{\partial z}{\partial x} + \dfrac{\partial z}{\partial y} = 1$.

9. 设 $u = f(x,y,z) = xyz$, 而 $z = z(x,y)$ 是由方程 $x^3 + y^3 + z^3 - 3xyz = 0$ 所确定, 求 $\dfrac{\partial u}{\partial x}$.

10. 设 $u = f(x,y,z)$, $y = \sin x$, $z = z(x,y)$ 由方程 $\varphi(x^2, e^y, z) = 0$ 确定, 其中 f, φ 具有一阶连续的偏导数, 且 $\dfrac{\partial \varphi}{\partial z} \neq 0$, 求 $\dfrac{du}{dx}$.

*11. 求由下列方程组所确定的函数的偏导数:

(1) 设 $\begin{cases} u^2 + v^2 - x^2 - y = 0, \\ -u + v - xy + 1 = 0, \end{cases}$ 求 $\dfrac{\partial x}{\partial u}$, $\dfrac{\partial y}{\partial u}$;

(2) 设 $\begin{cases} xu - yv = 0, \\ yu + xv = 1, \end{cases}$ 求 $\dfrac{\partial u}{\partial x}$, $\dfrac{\partial u}{\partial y}$, $\dfrac{\partial v}{\partial x}$, $\dfrac{\partial v}{\partial y}$.

*12. 设 $u = u(x,y)$, $v = v(x,y)$ 由方程组 $\begin{cases} x = u^2 + v, \\ y = u + v^2 \end{cases}$ 确定, 求 $\dfrac{\partial u}{\partial x}$, $\dfrac{\partial u}{\partial y}$, $\dfrac{\partial v}{\partial x}$, $\dfrac{\partial v}{\partial y}$.

9.5 多元函数微分学的几何应用

9.5.1 空间曲线的切线与法平面

与平面曲线的切线类似，下面讨论空间曲线的切线.

设 Γ 是空间中的一条曲线，M_0 是 Γ 上的一点，对 Γ 上任意一异于 M_0 的点 M，过点 M_0 和 M 的直线 M_0M 称为曲线 Γ 的**割线**. 当动点 M 沿曲线 Γ 趋于定点 M_0 时，割线 M_0M 绕 M_0 点转动，转到极限位置 M_0T，则称直线 M_0T 为曲线 Γ 在点 M_0 处的**切线**，过点 M_0 且与切线 M_0T 垂直的平面称为曲线 Γ 在点 M_0 的**法平面**.

设空间曲线 Γ 的参数方程为

$$\begin{cases} x = \varphi(t), \\ y = \psi(t), \quad t \in [\alpha, \beta], \\ z = \omega(t), \end{cases}$$

其中 $\varphi(t)$, $\psi(t)$, $\omega(t)$ 均在 $[\alpha, \beta]$ 上可导.

设点 $M_0(x_0, y_0, z_0)$ 是曲线 Γ 上对应于参数 $t = t_0$ 的点，且 $\varphi'^2(t_0) + \psi'^2(t_0) + \omega'^2(t_0) \neq 0$. 而动点 $M(x, y, z)$ 对应于参数 $t = t_0 + \Delta t$，则

$$\overrightarrow{M_0M} = (x - x_0, y - y_0, z - z_0) = (\Delta x, \Delta y, \Delta z).$$

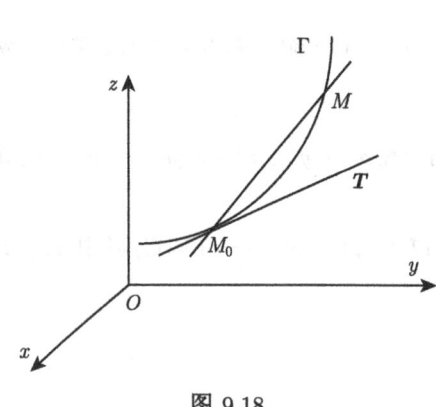

图 9.18

当 $\Delta t \neq 0$ 时，$\left(\dfrac{\Delta x}{\Delta t}, \dfrac{\Delta y}{\Delta t}, \dfrac{\Delta z}{\Delta t}\right)$ 也是割线 M_0M 的方向向量. 当点 M 沿曲线 Γ 趋于点 M_0，即 $\Delta t \to 0$ 时，割线 M_0M 的方向向量的极限就为曲线 Γ 在点 M_0 处的切线 (图 9.18) 的方向向量，称为**切向量**，记为 $\boldsymbol{T}$，即

$$\boldsymbol{T} = (\varphi'(t_0), \psi'(t_0), \omega'(t_0)).$$

因此，曲线 Γ 在点 M_0 处的切线方程为

$$\frac{x - x_0}{\varphi'(t_0)} = \frac{y - y_0}{\psi'(t_0)} = \frac{z - z_0}{\omega'(t_0)}. \tag{9.15}$$

曲线 Γ 在点 M_0 处的法平面方程为

$$\varphi'(t_0)(x - x_0) + \psi'(t_0)(y - y_0) + \omega'(t_0)(z - z_0) = 0. \tag{9.16}$$

例 9.5.1 求曲线 $x = (t+1)^2, y = t, z = (t+1)^3$ 在点 $(1, 0, 1)$ 处的切线方程及法平面方程.

解 因 $x'(t) = 2(t+1), y'(t) = 1, z'(t) = 3(t+1)^2$, 而点 $(1, 0, 1)$ 所对应的参数 $t = 0$, 故
$$\boldsymbol{T} = (x'(0), y'(0), z'(0)) = (2, 1, 3).$$
于是, 该曲线在点 $(1, 0, 1)$ 处的切线方程为
$$\frac{x-1}{2} = \frac{y}{1} = \frac{z-1}{3}.$$
法平面的方程为 $2(x-1) + y + 3(z-1) = 0$, 即 $2x + y + 3z = 5$.

特别地, 设空间曲线 Γ 的方程为
$$\begin{cases} y = \varphi(x), \\ z = \psi(x), \end{cases}$$
其中 $\varphi(x), \psi(x)$ 均可导.

设点 $M_0(x_0, y_0, z_0)$ 是曲线 Γ 上对应于 $x = x_0$ 的点, 取 x 为参数, 则曲线的参数方程为
$$\begin{cases} x = x, \\ y = \varphi(x), \\ z = \psi(x). \end{cases}$$
由前面的讨论, 曲线在点 M_0 的切向量为 $\boldsymbol{T} = (1, \varphi'(x_0), \psi'(x_0))$, 切线方程为
$$\frac{x - x_0}{1} = \frac{y - y_0}{\varphi'(x_0)} = \frac{z - z_0}{\psi'(x_0)},$$
法平面方程为
$$(x - x_0) + \varphi'(x_0)(y - y_0) + \psi'(x_0)(z - z_0) = 0.$$

例 9.5.2 求曲线 $y^2 = 2mx, z^2 = m - x$, 在点 (x_0, y_0, z_0) 处的切线方程及法平面方程.

解 因为 $y' = \dfrac{m}{y}, z' = -\dfrac{1}{2z}$, 故取切向量 $\boldsymbol{T} = \left(1, \dfrac{m}{y_0}, -\dfrac{1}{2z_0}\right)$, 则在点 (x_0, y_0, z_0) 处的切线方程为
$$\frac{x - x_0}{1} = \frac{y - y_0}{\dfrac{m}{y_0}} = \frac{z - z_0}{-\dfrac{1}{2z_0}}.$$
法平面方程为
$$(x - x_0) + \frac{m}{y_0}(y - y_0) - \frac{1}{2z_0}(z - z_0) = 0.$$

对一般情形, 设空间曲线 Γ 的方程为

$$\begin{cases} F(x,y,z) = 0, \\ G(x,y,z) = 0. \end{cases}$$

其中 $F(x,y,z), G(x,y,z)$ 均具有一阶连续偏导数.

设点 $M_0(x_0,y_0,z_0)$ 是曲线 Γ 上的一点, 在点 M_0 处雅可比行列式

$$m = \left.\frac{\partial(F,G)}{\partial(y,z)}\right|_{M_0}, \quad n = \left.\frac{\partial(F,G)}{\partial(z,x)}\right|_{M_0}, \quad p = \left.\frac{\partial(F,G)}{\partial(x,y)}\right|_{M_0}$$

不全为零. 此处用 $\left.\dfrac{\partial(F,G)}{\partial(y,z)}\right|_{M_0}$ 表示雅可比行列式 $\begin{vmatrix} F_y & F_z \\ G_y & G_z \end{vmatrix}$ 在点 M_0 处的值, 后两个类似.

不妨设 $m = \dfrac{\partial(F,G)}{\partial(y,z)} \neq 0$, 由隐函数存在定理, 所给方程组在 M_0 的某一个邻域内唯一确定一对单值且有连续一阶导数的函数 $y = y(x)$ 和 $z = z(x)$, 且有

$$y'(x_0) = -\frac{\left.\frac{\partial(F,G)}{\partial(x,z)}\right|_{M_0}}{\left.\frac{\partial(F,G)}{\partial(y,z)}\right|_{M_0}} = \frac{\left.\frac{\partial(F,G)}{\partial(z,x)}\right|_{M_0}}{\left.\frac{\partial(F,G)}{\partial(y,z)}\right|_{M_0}} = \frac{n}{m},$$

$$z'(x_0) = -\frac{\left.\frac{\partial(F,G)}{\partial(y,x)}\right|_{M_0}}{\left.\frac{\partial(F,G)}{\partial(y,z)}\right|_{M_0}} = \frac{\left.\frac{\partial(F,G)}{\partial(x,y)}\right|_{M_0}}{\left.\frac{\partial(F,G)}{\partial(y,z)}\right|_{M_0}} = \frac{p}{m}.$$

这样, 可将曲线的方程看成参数方程

$$\begin{cases} x = x, \\ y = y(x), \\ z = z(x), \end{cases}$$

则曲线在 M_0 处的切向量为

$$\boldsymbol{T} = (1, y'(x_0), z'(x_0)) = \left(1, \frac{n}{m}, \frac{p}{m}\right).$$

一般地, 取切向量 $\boldsymbol{T} = (m,n,p)$, 可得切线方程为

$$\frac{x-x_0}{m} = \frac{y-y_0}{n} = \frac{z-z_0}{p}, \tag{9.17}$$

法平面方程为

$$m(x-x_0) + n(y-y_0) + p(z-z_0) = 0. \tag{9.18}$$

例 9.5.3 设空间曲线 Γ 的方程为
$$\begin{cases} x^2 + y^2 + z^2 = a^2, \\ x^2 + y^2 = ax, \end{cases}$$
求在空间曲线 Γ 上点 $(0, 0, a)$ 处的切线方程及法平面方程.

解 令 $F(x, y, z) = x^2 + y^2 + z^2 - a^2$, $G(x, y, z) = x^2 + y^2 - ax$. 在 $M_0(0, 0, a)$ 点处, 有
$$m = \left.\frac{\partial(F, G)}{\partial(y, z)}\right|_{M_0} = -4yz|_{M_0} = 0,$$
$$n = \left.\frac{\partial(F, G)}{\partial(z, x)}\right|_{M_0} = (4xz - 2az)|_{M_0} = -2a^2,$$
$$p = \left.\frac{\partial(F, G)}{\partial(x, y)}\right|_{M_0} = 2ay|_{M_0} = 0.$$
取切向量 $\boldsymbol{T} = (0, -2a^2, 0)$, 得切线方程为
$$\frac{x}{0} = \frac{y}{-2a^2} = \frac{z-a}{0},$$
法平面方程为 $-2a^2 y = 0$, 即 $y = 0$.

9.5.2 曲面的切平面与法线

设曲面 Σ 的方程为 $F(x, y, z) = 0$, 点 $M_0(x_0, y_0, z_0)$ 是曲面 Σ 上的一点, 函数 $F(x, y, z)$ 的一阶偏导数在该点连续且不同时为零.

在曲面 Σ 上, 过点 M_0 任意作一曲线 Γ. 设曲线 Γ 的参数方程为
$$\begin{cases} x = \varphi(t), \\ y = \psi(t), \\ z = \omega(t), \end{cases}$$
点 $M_0(x_0, y_0, z_0)$ 对应参数 $t = t_0$, 并且 $\varphi'(t_0), \psi'(t_0), \omega'(t_0)$ 不全为零, 则该曲线在 M_0 点的切线向量为
$$\boldsymbol{T} = (\varphi'(t_0), \psi'(t_0), \omega'(t_0)).$$
因为曲线 Γ 在曲面 Σ 上, 有
$$F[\varphi(t), \psi(t), \omega(t)] \equiv 0.$$
在恒等式两边同时对 t 求导, 得
$$F_x(x, y, z)\varphi'(t) + F_y(x, y, z)\psi'(t) + F_z(x, y, z)\omega'(t) = 0.$$

因此，在点 $M_0(x_0, y_0, z_0)$ 处，有

$$F_x(x_0,y_0,z_0)\varphi'(t_0) + F_y(x_0,y_0,z_0)\psi'(t_0) + F_z(x_0,y_0,z_0)\omega'(t_0) = 0.$$

记 $\boldsymbol{n} = (F_x(x_0,y_0,z_0), F_y(x_0,y_0,z_0), F_z(x_0,y_0,z_0))$，$\boldsymbol{T} = (\varphi'(t_0), \psi'(t_0), \omega'(t_0))$，则上式可写成

$$\boldsymbol{n} \cdot \boldsymbol{T} = 0.$$

由曲线 Γ 的任意性，上式说明：曲面 Σ 上过 M_0 的任意一条曲线 Γ 在 M_0 点处的切向量都与 $\boldsymbol{n}$ 垂直，也就是说这些切向量都在同一个平面上，称这个平面为曲面 Σ 在点 M_0 处的**切平面**，切平面的法向量为 $\boldsymbol{n}$(图 9.19)．过点 M_0 垂直于切平面的直线称为曲面 Σ 在点 M_0 处的**法线**．由此可得曲面 Σ 在点 M_0 处的切平面方程

$$F_x(x_0,y_0,z_0)(x-x_0) + F_y(x_0,y_0,z_0)(y-y_0) + F_z(x_0,y_0,z_0)(z-z_0) = 0, \quad (9.19)$$

法线方程为

$$\frac{x-x_0}{F_x(x_0,y_0,z_0)} = \frac{y-y_0}{F_y(x_0,y_0,z_0)} = \frac{z-z_0}{F_z(x_0,y_0,z_0)}. \quad (9.20)$$

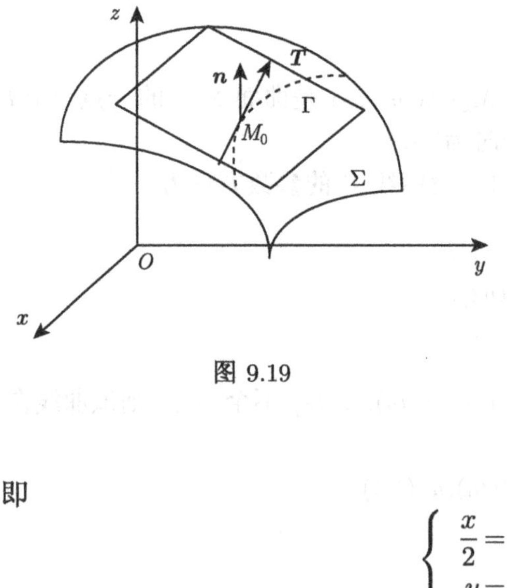

例 9.5.4 求曲面 $\mathrm{e}^x + xy + z = 3$ 在点 $(0,1,2)$ 处的切平面和法线方程．

解 令 $F(x,y,z) = \mathrm{e}^x + xy + z - 3$，则

$$F_x = \mathrm{e}^x + y, \quad F_y = x, \quad F_z = 1.$$

于是，在点 $(0,1,2)$ 处曲面的法向量 $\boldsymbol{n} = (2,0,1)$，则切平面方程为

$$2x + z - 2 = 0,$$

图 9.19

法线方程为

$$\frac{x}{2} = \frac{y-1}{0} = \frac{z-2}{1},$$

即

$$\begin{cases} \dfrac{x}{2} = \dfrac{z-2}{1}, \\ y = 1. \end{cases}$$

特别地，设曲面 Σ 的方程为 $z = f(x,y)$，点 $M_0(x_0,y_0,z_0)$ 是曲面 Σ 上的一点，其中 $z_0 = f(x_0,y_0)$，函数 $f(x,y)$ 在点 (x_0,y_0) 处有连续的偏导数．此时，可令

$$F(x,y,z) = f(x,y) - z = 0,$$

曲面 Σ 在点 $M_0(x_0, y_0, z_0)$ 处的法向量为

$$\boldsymbol{n} = (f_x(x_0, y_0), f_y(x_0, y_0), -1),$$

则切平面方程为

$$f_x(x_0, y_0)(x - x_0) + f_y(x_0, y_0)(y - y_0) - (z - z_0) = 0,$$

即

$$z - z_0 = f_x(x_0, y_0)(x - x_0) + f_y(x_0, y_0)(y - y_0). \tag{9.21}$$

法线方程为

$$\frac{x - x_0}{f_x(x_0, y_0)} = \frac{y - y_0}{f_y(x_0, y_0)} = \frac{z - z_0}{-1}. \tag{9.22}$$

由式 (9.21) 可知，右端刚好是函数 $z = f(x, y)$ 在点 (x_0, y_0) 的全微分，而左端是切平面上点的竖坐标的增量．因此，函数 $z = f(x, y)$ 在点 (x_0, y_0) 的全微分，在几何上表示曲面 Σ 在点 $M_0(x_0, y_0, z_0)$ 处的切平面上相应的竖坐标增量．

若用 α, β, γ 表示曲面的法向量的方向角，并假定法向量的方向是**向上的**，即它与 z 轴的正向所成的角 γ 是一锐角，则法向量的**方向余弦**为

$$\cos\alpha = \frac{-f_x}{\sqrt{1 + f_x^2 + f_y^2}}, \quad \cos\beta = \frac{-f_y}{\sqrt{1 + f_x^2 + f_y^2}}, \quad \cos\gamma = \frac{1}{\sqrt{1 + f_x^2 + f_y^2}}.$$

例 9.5.5 求椭圆抛物面 $z = x^2 + 3y^2 - 1$ 在点 $(1, 1, 3)$ 处的切平面和法线方程．

解 由 $f(x, y) = x^2 + 3y^2 - 1$，得

$$f_x = 2x, \quad f_y = 6y.$$

在点 $(1, 1, 3)$ 处曲面的法向量 $\boldsymbol{n} = (2, 6, -1)$．因此，切平面方程为

$$2(x - 1) + 6(y - 1) - (z - 3) = 0,$$

即

$$2x + 6y - z - 5 = 0.$$

法线方程为

$$\frac{x - 1}{2} = \frac{y - 1}{6} = \frac{z - 3}{-1}.$$

习 题 9.5

1. 求下列曲线在指定点处的切线和法平面方程:

(1) $x=t$, $y=t^2$, $z=t^3$, 在点 $(1,1,1)$ 处;

(2) $x=\int_0^t e^u \cos u\, du$, $y=2\sin t+\cos t$, $z=1+e^{3t}$, 在对应 $t=0$ 点处;

(3) $\begin{cases} x^2+y^2+z^2=6, \\ x+y+z=0 \end{cases}$ 在点 $(1,-2,1)$ 处;

(4) $\begin{cases} x^2+z^2=10, \\ y^2+z^2=10 \end{cases}$ 在点 $(1,1,3)$ 处.

2. 求曲线 $y=-x^2$, $z=x^3$ 上一点, 使曲线在该点处的切线平行于平面 $x+2y+z=4$.

3. 求下列曲面在指定点处的切平面和法线方程:

(1) $z-e^z+2xy=3$, 在点 $(1,2,0)$ 处;

(2) $x^2+y^2+z^2=14$, 在点 $(1,2,3)$ 处;

(3) $z=x^2+y^2-1$, 在点 $(2,1,4)$ 处.

4. 求曲面 $x^2+2y^2+3z^2=21$ 平行于平面 $x+4y+6z=0$ 的切平面方程.

5. 求曲面 $x^2+y^2+z^2-xy-3=0$ 上同时垂直于平面 $z=0$ 与 $x+y+1=0$ 的切平面方程.

6. 试证曲面 $\sqrt{x}+\sqrt{y}+\sqrt{z}=\sqrt{a}\,(a>0)$ 上任何点的切平面在各坐标轴上的截距之和等于 a.

9.6 方向导数与梯度

9.6.1 方向导数

在偏导数的定义中介绍了, 偏导数是函数沿坐标轴方向的变化率. 但实际问题中, 有时需要讨论函数沿某一方向或任意指定方向的变化率, 例如热空气要向冷的地方流动吗? 气象学中确定大气温度、气压沿着某一方向的变化率. 下面来讨论函数沿任一指定方向的变化率问题.

如图 9.20, 设 l 是 xOy 平面上以 $P_0(x_0,y_0)$ 为始点的一条射线, $e_l=(\cos\alpha,\cos\beta)$ 是与 l 同方向的单位向量. 射线 l 的参数方程为

$$\begin{cases} x=x_0+t\cos\alpha, \\ y=y_0+t\cos\beta \end{cases} (t\geqslant 0).$$

在射线上任取一点 P, 一般变化率是函数增量与自变量增量之比的极限. 因此, 沿方向 l 的变化率应当是比值 $\dfrac{f(P)-f(P_0)}{|PP_0|}$, 当 P 趋于 P_0 时的极限 (其中 $|PP_0|$ 是两点间的距离).

9.6 方向导数与梯度

定义 9.6.1 设 $z = f(x, y)$ 在点 $P_0(x_0, y_0)$ 的某邻域 $U(P_0)$ 内有定义，$P(x_0 + t\cos\alpha, y_0 + t\cos\beta)$ 为 l 上另一点，且 $P \in U(P_0)$. 如果函数的增量 $f(x_0 + t\cos\alpha, y_0 + t\cos\beta) - f(x_0, y_0)$ 与 P 点到 P_0 点的距离 $|PP_0| = t$ 的比值

$$\frac{f(x_0 + t\cos\alpha, y_0 + t\cos\beta) - f(x_0, y_0)}{t},$$

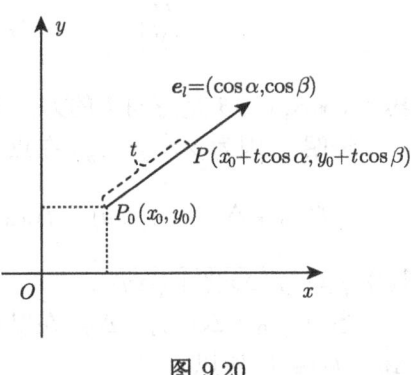

图 9.20

当 P 沿 l 趋于 P_0 (即 $t \to 0^+$) 时的极限存在，则称此极限值为函数 $f(x, y)$ 在点 P_0 沿方向 l 的**方向导数**，记作

$$\left.\frac{\partial f}{\partial l}\right|_{(x_0, y_0)} \text{ 或 } \frac{\partial f(x_0, y_0)}{\partial l},$$

即

$$\left.\frac{\partial f}{\partial l}\right|_{(x_0, y_0)} = \lim_{t \to 0^+} \frac{f(x_0 + t\cos\alpha, y_0 + t\cos\beta) - f(x_0, y_0)}{t}.$$

由方向导数的定义可知，方向导数 $\left.\dfrac{\partial f}{\partial l}\right|_{(x_0, y_0)}$ 是函数 $f(x, y)$ 在点 $P_0(x_0, y_0)$ 处沿方向 l 的变化率. 若函数 $f(x, y)$ 在点 $P_0(x_0, y_0)$ 处的偏导数存在，取 $e_1 = (1, 0)$，则

$$\left.\frac{\partial f}{\partial e_1}\right|_{(x_0, y_0)} = \lim_{t \to 0^+} \frac{f(x_0 + t, y_0) - f(x_0, y_0)}{t} = f_x(x_0, y_0);$$

若取 $e_2 = (-1, 0)$，则

$$\left.\frac{\partial f}{\partial e_2}\right|_{(x_0, y_0)} = \lim_{t \to 0^+} \frac{f(x_0 - t, y_0) - f(x_0, y_0)}{t} = -f_x(x_0, y_0).$$

同理，函数 $f(x, y)$ 在点 $P_0(x_0, y_0)$ 处沿 y 轴正方向的方向导数为 $f_y(x_0, y_0)$，沿 y 轴负方向的方向导数为 $-f_y(x_0, y_0)$.

反之，不成立. 例如，函数 $z = \sqrt{x^2 + y^2}$ 在点 $(0, 0)$ 处沿 x 轴正方向的方向导数为 $\left.\dfrac{\partial f}{\partial e_1}\right|_{(0,0)} = 1$，沿 x 轴负向的方向导数为 $\left.\dfrac{\partial f}{\partial e_2}\right|_{(0,0)} = -1$，但该函数在 $(0, 0)$ 点处偏导数不存在.

以下定理给出了方向导数的存在性及其计算公式.

定理 9.6.1 设函数 $z = f(x, y)$ 在点 $P_0(x_0, y_0)$ 可微分，则函数在该点沿任一方向 l 的方向导数存在，且

$$\left.\frac{\partial f}{\partial l}\right|_{(x_0,y_0)} = f_x(x_0,y_0)\cos\alpha + f_y(x_0,y_0)\cos\beta,$$

其中 $\cos\alpha, \cos\beta$ 是方向 l 的方向余弦.

证明 因为 $z = f(x,y)$ 在点 $P_0(x_0,y_0)$ 可微分, 所以

$$f(x_0+\Delta x, y_0+\Delta y) - f(x_0,y_0) = f_x(x_0,y_0)\Delta x + f_y(x_0,y_0)\Delta y + o(\rho),$$

其中 $\rho = \sqrt{(\Delta x)^2 + (\Delta y)^2}$.

当点 $(x_0+\Delta x, y_0+\Delta y)$ 在以点 (x_0,y_0) 为始点的射线 l 上, 则取 $\Delta x = t\cos\alpha$, $\Delta y = t\cos\beta$. 所以

$$\begin{aligned}
&\lim_{t\to 0^+} \frac{f(x_0+t\cos\alpha, y_0+t\cos\beta) - f(x_0,y_0)}{t} \\
&= \lim_{t\to 0^+} \frac{f_x(x_0,y_0)t\cos\alpha + f_y(x_0,y_0)t\cos\beta + o(t)}{t} \\
&= \lim_{t\to 0^+} \left(f_x(x_0,y_0)\cos\alpha + f_y(x_0,y_0)\cos\beta + \frac{o(t)}{t}\right) \\
&= f_x(x_0,y_0)\cos\alpha + f_y(x_0,y_0)\cos\beta,
\end{aligned}$$

即 $z = f(x,y)$ 在点 $P_0(x_0,y_0)$ 沿 l 方向的方向导数存在, 且

$$\left.\frac{\partial f}{\partial l}\right|_{(x_0,y_0)} = f_x(x_0,y_0)\cos\alpha + f_y(x_0,y_0)\cos\beta.$$

方向导数的定义和计算公式可以推广到三元及三元以上的函数. 例如, 设三元函数 $u = f(x,y,z)$, 它在空间一点 $P_0(x_0,y_0,z_0)$ 沿方向 $e_l = (\cos\alpha, \cos\beta, \cos\gamma)$ 的方向导数定义为

$$\left.\frac{\partial f}{\partial l}\right|_{(x_0,y_0,z_0)} = \lim_{t\to 0^+} \frac{f(x_0+t\cos\alpha, y_0+t\cos\beta, z_0+t\cos\gamma) - f(x_0,y_0,z_0)}{t}.$$

其中 $\cos\alpha, \cos\beta, \cos\gamma$ 是方向 l 的方向余弦.

若函数 $u = f(x,y,z)$ 在点 $P_0(x_0,y_0,z_0)$ 可微分, 则函数在该点沿方向 $e_l = (\cos\alpha, \cos\beta, \cos\gamma)$ 的方向导数为

$$\left.\frac{\partial f}{\partial l}\right|_{(x_0,y_0,z_0)} = f_x(x_0,y_0,z_0)\cos\alpha + f_y(x_0,y_0,z_0)\cos\beta + f_z(x_0,y_0,z_0)\cos\gamma.$$

例 9.6.1 求 $f(x,y) = \ln(x+y)$ 在点 $(1,2)$ 处, 沿从点 $(1,2)$ 到点 $(2, 2+\sqrt{3})$ 的方向导数.

解 因 $f_x(x,y) = f_y(x,y) = \dfrac{1}{x+y}$, 则 $f_x(1,2) = f_y(1,2) = \dfrac{1}{3}$. 又 $l = (1,\sqrt{3})$,

$\cos\alpha = \dfrac{1}{2}$, $\cos\beta = \dfrac{\sqrt{3}}{2}$, 即 $e_l = \left(\dfrac{1}{2}, \dfrac{\sqrt{3}}{2}\right)$. 所以

$$\left.\dfrac{\partial f}{\partial l}\right|_{(1,2)} = \dfrac{1}{3}\cdot\dfrac{1}{2} + \dfrac{1}{3}\cdot\dfrac{\sqrt{3}}{2} = \dfrac{1+\sqrt{3}}{6}.$$

例 9.6.2 求函数 $f(x,y,z) = x^2 + y^2 + z^2$ 在点 $(1,0,-1)$ 沿方向 $l = (1,2,3)$ 的方向导数.

解 因为 $f_x = 2x$, $f_y = 2y$, $f_z = 2z$, 则 $f_x(1,0,-1) = 2$, $f_y(1,0,-1) = 0$, $f_z(1,0,-1) = -2$. 又由 $l = (1,2,3)$, 有

$$\cos\alpha = \dfrac{1}{\sqrt{14}}, \quad \cos\beta = \dfrac{2}{\sqrt{14}}, \quad \cos\gamma = \dfrac{3}{\sqrt{14}}.$$

因此

$$\left.\dfrac{\partial f}{\partial l}\right|_{(1,0,-1)} = 2\cdot\dfrac{1}{\sqrt{14}} + 0\cdot\dfrac{2}{\sqrt{14}} + (-2)\cdot\dfrac{3}{\sqrt{14}} = -\dfrac{4}{\sqrt{14}}.$$

*9.6.2 梯度

函数在某一点沿某个方向的方向导数就是函数在该点沿这个方向的变化率. 方向不同变化率一般也是不同的. 那么沿哪个方向的变化率最大呢?

二元函数 $z = f(x,y)$ 在点 $P_0(x_0, y_0)$ 沿方向 l 的方向导数可以表示为两个向量的数量积的形式, 即

$$\begin{aligned}
\left.\dfrac{\partial f}{\partial l}\right|_{(x_0,y_0)} &= f_x(x_0,y_0)\cos\alpha + f_y(x_0,y_0)\cos\beta \\
&= (f_x(x_0,y_0), f_y(x_0,y_0))\cdot(\cos\alpha, \cos\beta) \\
&= (f_x(x_0,y_0), f_y(x_0,y_0))\cdot e_l \\
&= |(f_x(x_0,y_0), f_y(x_0,y_0))|\cos\theta.
\end{aligned}$$

其中 $e_l = (\cos\alpha, \cos\beta)$ 是与 l 同方向的单位向量, θ 为向量 $(f_x(x_0,y_0), f_y(x_0,y_0))$ 与 e_l 方向的夹角.

显然, 当 $\theta = 0$ 时, 方向导数的值最大, 即 l 与向量 $(f_x(x_0,y_0), f_y(x_0,y_0))$ 的方向一致时, 方向导数的值最大.

定义 9.6.2 设函数 $z = f(x,y)$ 在平面区域 D 内可微分, 则对每一点 $P_0(x_0, y_0) \in D$, 称向量 $(f_x(x_0,y_0), f_y(x_0,y_0))$ 为函数 $f(x,y)$ 在点 $P_0(x_0,y_0)$ 的**梯度**, 记作 $\mathbf{grad}f(x_0,y_0)$ 或 $\nabla f(x_0,y_0)$, 即

$$\mathbf{grad}f(x_0,y_0) = \nabla f(x_0,y_0) = f_x(x_0,y_0)\boldsymbol{i} + f_y(x_0,y_0)\boldsymbol{j},$$

其中 $\nabla = \dfrac{\partial}{\partial x}\boldsymbol{i} + \dfrac{\partial}{\partial y}\boldsymbol{j}$ 称为 (二维的)**向量微分算子**或 **Nabla 算子**.

此外, 设 $\boldsymbol{e}_l = (\cos\alpha, \cos\beta)$ 是与 $\boldsymbol{l}$ 同方向的单位向量, 则

$$\left.\dfrac{\partial f}{\partial l}\right|_{(x_0,y_0)} = \mathbf{grad}\, f(x_0, y_0) \cdot \boldsymbol{e}_l = |\mathbf{grad}\, f(x_0, y_0)| \cos\theta,$$

其中 θ 为 $\mathbf{grad}\, f(x_0, y_0)$ 与 $\boldsymbol{l}$ 方向的夹角. 由此可知

(1) 当 $\theta = 0$, 即当 $\boldsymbol{l}$ 与梯度 $\mathbf{grad}\, f(x_0, y_0)$ 方向一致时, 函数 $f(x, y)$ 增加最快. 此时, 函数沿这个方向的方向导数达到最大值, 这个最大值就是梯度 $\mathbf{grad}\, f(x_0, y_0)$ 的模, 即

$$\left.\dfrac{\partial f}{\partial l}\right|_{(x_0,y_0)} = |\mathbf{grad}\, f(x_0, y_0)|.$$

(2) 当 $\theta = \pi$, 即当 $\boldsymbol{l}$ 与梯度 $\mathbf{grad}\, f(x_0, y_0)$ 方向相反时, 函数 $f(x, y)$ 减少最快. 此时, 函数沿这个方向的方向导数达到最小值, 即

$$\left.\dfrac{\partial f}{\partial l}\right|_{(x_0,y_0)} = -|\mathbf{grad}\, f(x_0, y_0)|.$$

(3) 当 $\theta = \dfrac{\pi}{2}$, 即当 $\boldsymbol{l}$ 与梯度 $\mathbf{grad}\, f(x_0, y_0)$ 方向正交时, 函数的变化率为零. 即

$$\left.\dfrac{\partial f}{\partial l}\right|_{(x_0,y_0)} = 0.$$

以上关于梯度的概念可以类似的推广到三元函数的情形.

设三元函数 $u = f(x, y, z)$ 在空间区域 Ω 内可微分, 对于每一点 $P_0(x_0, y_0, z_0) \in \Omega$, 称向量 $(f_x(x_0, y_0, z_0), f_y(x_0, y_0, z_0), f_z(x_0, y_0, z_0))$ 为函数 $f(x, y, z)$ 在点 $P_0(x_0, y_0, z_0)$ 的**梯度**, 记作 $\mathbf{grad}\, f(x_0, y_0, z_0)$ 或 $\nabla f(x_0, y_0, z_0)$, 即

$$\mathbf{grad}\, f(x_0, y_0, z_0) = \nabla f(x_0, y_0, z_0) = f_x(x_0, y_0, z_0)\boldsymbol{i} + f_y(x_0, y_0, z_0)\boldsymbol{j} + f_z(x_0, y_0, z_0)\boldsymbol{k}.$$

其中 $\nabla = \dfrac{\partial}{\partial x}\boldsymbol{i} + \dfrac{\partial}{\partial y}\boldsymbol{j} + \dfrac{\partial}{\partial z}\boldsymbol{k}$ 称为 (三维的)**向量微分算子**或 **Nabla 算子**.

同理, 设 $\boldsymbol{e}_l = (\cos\alpha, \cos\beta, \cos\gamma)$ 是与 $\boldsymbol{l}$ 同方向的单位向量, 则

$$\left.\dfrac{\partial f}{\partial l}\right|_{(x_0,y_0,z_0)} = \mathbf{grad}\, f(x_0, y_0, z_0) \cdot \boldsymbol{e}_l.$$

例 9.6.3 求函数 $f(x, y) = \ln(x^2 + xy + y^2)$ 在点 $(1, -1)$ 处的梯度.

解 因为 $f(x, y) = \ln(x^2 + xy + y^2)$, 则 $f_x(x, y) = \dfrac{2x + y}{x^2 + xy + y^2}$, $f_y(x, y) =$

$\dfrac{2y+x}{x^2+xy+y^2}$. 于是 $f_x(1,-1)=1$, $f_y(1,-1)=-1$. 所以 $f(x,y)=\ln(x^2+xy+y^2)$ 在点 $(1,-1)$ 处的梯度为

$$\mathbf{grad}f(1,-1) = \boldsymbol{i}-\boldsymbol{j}.$$

例 9.6.4 求函数 $f(x,y) = x^2 - xy + y^2$ 在点 $(1,1)$ 处的最大方向导数.

解 因为 $f_x(x,y) = 2x-y$, $f_y(x,y) = 2y-x$, 则 $f_x(1,1) = 1$, $f_y(1,1) = 1$. 所以 $f(x,y) = x^2 - xy + y^2$ 在点 $(1,1)$ 处的梯度为

$$\mathbf{grad}f(1,1) = \boldsymbol{i}+\boldsymbol{j},$$

因此 $f(x,y) = x^2 - xy + y^2$ 在点 $(1,1)$ 处的最大方向导数为

$$|\mathbf{grad}f(1,1)| = \sqrt{1^2+1^2} = \sqrt{2}.$$

例 9.6.5 求函数 $f(x,y,z) = xy^2 + yz^3$ 的梯度, 并求在点 $(1,3,0)$ 沿方向 $\boldsymbol{l} = \boldsymbol{i}+2\boldsymbol{j}-\boldsymbol{k}$ 的方向导数.

解 因为 $f_x(x,y,z) = y^2$, $f_y(x,y,z) = 2xy+z^3$, $f_z(x,y,z) = 3yz^2$, 则函数 $f(x,y,z) = xy^2 + yz^3$ 的梯度为

$$\mathbf{grad}f(x,y,z) = y^2\boldsymbol{i} + (2xy+z^3)\boldsymbol{j} + (3yz^2)\boldsymbol{k}.$$

在点 $(1,3,0)$ 处有

$$f_x(1,3,0) = 9, \quad f_y(1,3,0) = 6, \quad f_z(1,3,0) = 0,$$

$$\mathbf{grad}f(1,3,0) = (9,6,0), \quad \boldsymbol{e}_l = \left(\dfrac{1}{\sqrt{6}}, \dfrac{2}{\sqrt{6}}, -\dfrac{1}{\sqrt{6}}\right),$$

所以函数 $f(x,y,z) = xy^2 + yz^3$ 在点 $(1,3,0)$ 沿方向 $\boldsymbol{l} = \boldsymbol{i}+2\boldsymbol{j}-\boldsymbol{k}$ 的方向导数为

$$\left.\dfrac{\partial f}{\partial l}\right|_{(1,3,0)} = \mathbf{grad}f(1,3,0) \cdot \boldsymbol{e}_l = (9,6,0) \cdot \left(\dfrac{1}{\sqrt{6}}, \dfrac{2}{\sqrt{6}}, -\dfrac{1}{\sqrt{6}}\right) = \dfrac{7\sqrt{6}}{2}.$$

一般地, 二元函数 $z = f(x,y)$ 在几何上表示一个曲面, 该曲面被平面 $z = C$ (C 为常数) 所截得的曲线 L 的方程为

$$\begin{cases} z = f(x,y), \\ z = C, \end{cases}$$

该曲线 L 在 xOy 平面上的投影是一条平面曲线 L^*, 它在 xOy 平面直角坐标系上的方程为

$$f(x,y) = C.$$

对于曲线 L^* 上的一切点,已给函数的函数值均是 C,因此称平面曲线 L^* 是函数 $z = f(x,y)$ 的**等值线**.

若 f_x, f_y 不同时为零,则等值线 $f(x,y) = C$ 上任一点 $P_0(x_0, y_0)$ 处法线的斜率为

$$-\frac{1}{\dfrac{\mathrm{d}y}{\mathrm{d}x}}\bigg|_{(x_0,y_0)} = -\frac{1}{\left(\dfrac{f_x}{f_y}\right)}\bigg|_{(x_0,y_0)} = \frac{f_y}{f_x}\bigg|_{(x_0,y_0)}.$$

因此,在点 $P_0(x_0, y_0)$ 处的法线的方向为 $(f_x(x_0,y_0), f_y(x_0,y_0))$,单位法向量为

$$\boldsymbol{n} = \frac{1}{\sqrt{f_x^2(x_0,y_0) + f_y^2(x_0,y_0)}}(f_x(x_0,y_0), f_y(x_0,y_0)) = \frac{\mathbf{grad}f(x_0,y_0)}{|\mathbf{grad}f(x_0,y_0)|}.$$

这说明,函数 $z = f(x,y)$ 在点 $P_0(x_0, y_0)$ 的梯度 $\mathbf{grad}f(x_0,y_0)$ 方向就是等值线 $f(x,y) = C$ 在点 $P_0(x_0, y_0)$ 的法线方向 $\boldsymbol{n}$,而梯度的模 $|\mathbf{grad}f(x_0,y_0)|$ 就是沿这个法线方向的方向导数 $\dfrac{\partial f}{\partial n}\bigg|_{(x_0,y_0)}$,即

$$\mathbf{grad}f(x_0,y_0) = \frac{\partial f}{\partial n}\bigg|_{(x_0,y_0)} \cdot \boldsymbol{n}.$$

对于三元函数 $u = f(x,y,z)$,曲面 $f(x,y,z) = C$ 称为函数 $u = f(x,y,z)$ 的**等值面**,则 $u = f(x,y,z)$ 在点 $P_0(x_0,y_0,z_0)$ 的梯度 $\mathbf{grad}f(x_0,y_0,z_0)$ 方向就是等值面 $f(x,y,z) = C$ 在点 $P_0(x_0,y_0,z_0)$ 的法线方向 $\boldsymbol{n}$,而梯度的模 $|\mathbf{grad}f(x_0,y_0,z_0)|$ 就是函数沿这个法线方向的方向导数 $\dfrac{\partial f}{\partial n}\bigg|_{(x_0,y_0,z_0)}$.

例 9.6.6 设函数 $f(x,y) = x^3 + \dfrac{1}{3}y^3$,求

(1) $f(x,y)$ 在点 $(1,2)$ 处增加最快的方向以及 $f(x,y)$ 沿这个方向的方向导数;

(2) $f(x,y)$ 在点 $(1,2)$ 处减少最快的方向以及 $f(x,y)$ 沿这个方向的方向导数;

(3) $f(x,y)$ 在点 $(1,2)$ 处的变化率为零的方向.

解 因为 $f_x(x,y) = 3x^2$, $f_y(x,y) = y^2$,则

(1) $f(x,y)$ 在点 $(1,2)$ 处沿 $\mathbf{grad}f(1,2)$ 的方向增加最快,

$$\mathbf{grad}f(1,2) = 3\boldsymbol{i} + 4\boldsymbol{j},$$

故所求方向可取为

$$\boldsymbol{n} = \frac{\mathbf{grad}f(1,2)}{|\mathbf{grad}f(1,2)|} = \frac{3}{5}\boldsymbol{i} + \frac{4}{5}\boldsymbol{j},$$

沿这个方向的方向导数为
$$\left.\frac{\partial f}{\partial n}\right|_{(1,2)} = |\mathbf{grad} f(1,2)| = 5.$$

(2) $f(x,y)$ 在点 $(1,2)$ 处沿 $-\mathbf{grad} f(1,2)$ 的方向减少最快,这方向可取为
$$\boldsymbol{n}_1 = -\boldsymbol{n} = -\frac{3}{5}\boldsymbol{i} - \frac{4}{5}\boldsymbol{j},$$

沿这个方向的方向导数为
$$\left.\frac{\partial f}{\partial n_1}\right|_{(1,2)} = -|\mathbf{grad} f(1,2)| = -5.$$

(3) $f(x,y)$ 在点 $(1,2)$ 处沿垂直于 $\mathbf{grad} f(1,2)$ 的方向变化率为零,这个方向是
$$\boldsymbol{n}_2 = -\frac{4}{5}\boldsymbol{i} + \frac{3}{5}\boldsymbol{j}, \quad \boldsymbol{n}_3 = \frac{4}{5}\boldsymbol{i} - \frac{3}{5}\boldsymbol{j}.$$

注 9.6.1 利用场的概念,可以认为向量函数 $\mathbf{grad} f(M)$ 确定了一个向量场——**梯度场**,它是由数量场 $f(M)$ 产生的.通常称函数为这个向量场的**势**,而这个向量场也称为**势场**.同时应注意,**任意一个向量场不一定是势场**,因为它不一定是某个数量函数的梯度场.

习 题 9.6

1. 求函数 $z = xe^{2y}$ 在点 $P(1,0)$ 处沿从点 $P(1,0)$ 到点 $Q(2,-1)$ 的方向的方向导数.
2. 求函数 $f(x,y) = x^2 - xy + y^2$ 在点 $(1,1)$ 处沿与 x 轴方向夹角为 α 的方向射线 l 的方向导数,并问在什么样的方向上此方向导数有 (1) 最大值? (2) 最小值? (3) 等于零?
3. 求函数 $u = \ln(x + \sqrt{y^2 + z^2})$ 在点 $A(1,0,1)$ 处沿点 $A(1,0,1)$ 指向点 $B(3,-2,2)$ 的方向的方向导数.
4. 求函数 $f(x,y,z) = xy + yz + zx$ 在点 $(1,1,2)$ 处沿方向 l 的方向导数,其中 l 的方向角分别为 $60°, 45°, 60°$.

*5. (1) 求 $\mathbf{grad}\dfrac{1}{x^2+y^2}$;

(2) 设 $f(x,y,z) = x^2 + y^2 + z^2$,求 $\mathbf{grad} f(1,-1,2)$.

*6. 求函数 $u = f(x,y,z) = x^2 + 2y^2 + 3z^2 + 3x - 2y$ 在点 $(1,1,2)$ 处的梯度,并求在哪些点处的梯度为零?

*7. 问函数 $u = f(x,y,z) = xy^2 + z^3 - xyz$ 在点 $P_0(1,1,1)$ 处沿哪个方向的方向导数最大?最大值是多少?

*8. 试求数量场 $\dfrac{m}{r}$ 所产生的梯度场,其中常数 $m > 0$,$r = \sqrt{x^2+y^2+z^2}$ 为原点 O 与点 $M(x,y,z)$ 间的距离.

*9. 设 u, v 可微，α, β 为常数. 证明:
(1) $\mathbf{grad}(\alpha u \pm \beta v) = \alpha \mathbf{grad} u \pm \beta \mathbf{grad} v$;
(2) $\mathbf{grad}(u \cdot v) = u \mathbf{grad} v + v \mathbf{grad} u$;
(3) $\mathbf{grad} f(u) = f'(u) \mathbf{grad} u$.

*10. 设 $f(u)$ 为可微函数，$u = |\boldsymbol{u}|$，$\boldsymbol{u} = x\boldsymbol{i} + y\boldsymbol{j} + z\boldsymbol{k}$. 求 $\mathbf{grad} f(u)$.

9.7 多元函数的极值及其求法

9.7.1 多元函数的极值及最值

在实际问题中，经常会碰到大量的最优化问题，这些最优化问题有相当一部分可以归结为多元函数的极值问题. 如在工程上如何使得用料最省等, 而解决这样的问题都将涉及多元函数的极值概念及其求法.

在一元函数中，利用函数的导数可以解决极值问题. 下面以二元函数为例，来讨论多元函数的极值问题，其结果可以推广到多元函数.

定义 9.7.1 设函数 $z = f(x, y)$ 在点 $P_0(x_0, y_0)$ 的某邻域 $U(P_0)$ 内有定义，如果对去心邻域 $\overset{\circ}{U}(P_0)$ 内任意一点 $P(x, y)$，均有 $f(x, y) < f(x_0, y_0)$(或 $f(x, y) > f(x_0, y_0)$)，则称点 $P_0(x_0, y_0)$ 为函数 $z = f(x, y)$ 的一个**极大值点**(或**极小值点**)，$f(x_0, y_0)$ 称为**极大值**(或**极小值**), 极大值点和极小值点统称为**极值点**, 极大值和极小值统称为**极值**.

类似地，读者可自行定义三元及三元以上函数的极大值和极小值.

如函数 $z = x^2 + 2y^2$ 在 $(0,0)$ 点有极小值 0，函数 $z = -\sqrt{x^2 + y^2}$ 在 $(0,0)$ 点有极大值 0，而函数 $z = xy$ 在 $(0,0)$ 点没有极值.

多元函数的极值问题，一般可以利用偏导数来解决.

定理 9.7.1 (必要条件) 设函数 $z = f(x, y)$ 在点 $P_0(x_0, y_0)$ 处偏导数存在且取得极值，则 $f_x(x_0, y_0) = 0$，$f_y(x_0, y_0) = 0$.

证明 (仅就极大值进行证明) 设函数 $z = f(x, y)$ 在点 $P_0(x_0, y_0)$ 处取得极大值. 由极大值的定义，对于 $P_0(x_0, y_0)$ 点的某去心邻域内任意一点 $P(x, y)$，都有

$$f(x, y) < f(x_0, y_0).$$

特别地，在该邻域内取 $y = y_0$，而 $x \neq x_0$ 的点，有 $f(x, y_0) < f(x_0, y_0)$. 即一元函数 $z = f(x, y_0)$ 在点 $x = x_0$ 处取得极大值，由一元函数极值存在的必要条件，得

$$f_x(x_0, y_0) = 0.$$

同理可证 $f_y(x_0, y_0) = 0$.

9.7 多元函数的极值及其求法

仿照一元函数,使 $f_x(x_0, y_0) = 0$, $f_y(x_0, y_0) = 0$ 同时成立的点 (x_0, y_0) 称为函数 $z = f(x, y)$ 的**驻点**. 类似地,可将此结论推广到三元及三元以上函数的情况,对多元函数 $u = f(P)$ 若在点 P_0 处存在一阶偏导数,并且在 P_0 点处取得极值,则 $u = f(P)$ 在点 P_0 处的一阶偏导数均为零, $\left.\dfrac{\partial f(P)}{\partial x_i}\right|_{P=P_0} = 0 (i = 1, 2, \cdots, n)$, 即在该点梯度为零, $\nabla f(P_0) = 0$. 称梯度为零的点为**驻点**.

同时, 定理 9.7.1 也说明**具有偏导数的函数的极值点必是驻点, 但驻点却不一定是极值点**. 例如, 点 $(0,0)$ 是函数 $z = xy$ 的驻点,但不是极值点. 要看驻点是否是极值点,下面介绍极值存在的充分条件.

定理 9.7.2 (充分条件) 设函数 $z = f(x, y)$ 在点 $P_0(x_0, y_0)$ 的某邻域内具有二阶连续偏导数,且 $f_x(x_0, y_0) = 0$, $f_y(x_0, y_0) = 0$. 记

$$A = f_{xx}(x_0, y_0), \quad B = f_{xy}(x_0, y_0), \quad C = f_{yy}(x_0, y_0).$$

则

(1) 当 $B^2 - AC < 0$ 时, 点 $P_0(x_0, y_0)$ 是函数的极值点. 当 $A < 0$ 时, 点 $P_0(x_0, y_0)$ 是极大值点; 当 $A > 0$ 时, 点 $P_0(x_0, y_0)$ 是极小值点;

(2) 当 $B^2 - AC > 0$ 时, 点 $P_0(x_0, y_0)$ 不是函数的极值点;

(3) 当 $B^2 - AC = 0$ 时, 点 $P_0(x_0, y_0)$ 有可能是函数的极值点, 也可能不是函数的极值点, 需另作讨论.

定理的证明见下一节.

利用定理 9.7.1 和定理 9.7.2, 将具有二阶连续偏导数的函数 $z = f(x, y)$ 极值的求法步骤归纳如下:

第一步 求偏导数, 解方程组

$$\begin{cases} f_x(x, y) = 0, \\ f_y(x, y) = 0 \end{cases}$$

得驻点;

第二步 求出驻点处的二阶偏导数值 A, B 和 C;

第三步 确定 $B^2 - AC$ 的符号, 利用定理 9.7.2 判定极值存在与否, 是极大值还是极小值?

例 9.7.1 求函数 $f(x, y) = e^x(x^2 - 2y^2)$ 的极值.

解 (1) 求驻点: 由

$$\begin{cases} f_x(x, y) = e^x(x^2 - 2y^2) + 2xe^x = 0, \\ f_y(x, y) = -4ye^x = 0 \end{cases}$$

得到两个驻点 $(0,0)$，$(-2,0)$．

(2) 再求 $f(x,y)$ 的二阶偏导数

$$f_{xx}(x,y) = \mathrm{e}^x(x^2-2y^2+4x+2), \quad f_{xy}(x,y) = -4y\mathrm{e}^x, \quad f_{yy}(x,y) = -4\mathrm{e}^x.$$

(3) 讨论驻点是否为极值点

驻点	A	B	C	B^2-AC 的符号	结论
$(0,0)$	2	0	-4	+	$f(0,0)$ 不是极值
$(-2,0)$	$-2\mathrm{e}^{-2}$	0	$-4\mathrm{e}^{-2}$	$-$	$f(-2,0)=4\mathrm{e}^{-2}$ 是极大值

例 9.7.2 设函数 $z=z(x,y)$ 由方程 $x^2+y^2+z^2-4z=0$ 所确定，求 $z=z(x,y)$ 的极值．

解 令 $F(x,y,z)=x^2+y^2+z^2-4z$，则 $F_x=2x, F_y=2y, F_z=2z-4$．所以

$$\frac{\partial z}{\partial x} = -\frac{F_x}{F_z} = \frac{x}{2-z}, \quad \frac{\partial z}{\partial y} = -\frac{F_y}{F_z} = \frac{y}{2-z}.$$

由

$$\begin{cases} \dfrac{\partial z}{\partial x} = \dfrac{x}{2-z} = 0, \\ \dfrac{\partial z}{\partial y} = \dfrac{y}{2-z} = 0, \\ F(x,y,z) = x^2+y^2+z^2-4z = 0 \end{cases}$$

得驻点 $(0,0,0)$ 和 $(0,0,4)$．

$$\frac{\partial^2 z}{\partial x^2} = \frac{\partial}{\partial x}\left(\frac{x}{2-z}\right) = \frac{(2-z)+x\frac{\partial z}{\partial x}}{(2-z)^2}, \quad \frac{\partial^2 z}{\partial x \partial y} = \frac{\partial}{\partial y}\left(\frac{x}{2-z}\right) = \frac{x\frac{\partial z}{\partial y}}{(2-z)^2},$$

$$\frac{\partial^2 z}{\partial y^2} = \frac{\partial}{\partial y}\left(\frac{y}{2-z}\right) = \frac{(2-z)+y\frac{\partial z}{\partial y}}{(2-z)^2}$$

在点 $(0,0,0)$ 处，有

$$A = \left.\frac{\partial^2 z}{\partial x^2}\right|_{(0,0,0)} = \left.\frac{(2-z)+x\frac{\partial z}{\partial x}}{(2-z)^2}\right|_{(0,0,0)} = \frac{1}{2}, \quad B = \left.\frac{\partial^2 z}{\partial x \partial y}\right|_{(0,0,0)} = \left.\frac{x\frac{\partial z}{\partial y}}{(2-z)^2}\right|_{(0,0,0)} = 0,$$

$$C = \left.\frac{\partial^2 z}{\partial y^2}\right|_{(0,0,0)} = \left.\frac{(2-z)+y\frac{\partial z}{\partial y}}{(2-z)^2}\right|_{(0,0,0)} = \frac{1}{2}.$$

9.7 多元函数的极值及其求法

因为 $B^2 - AC = -\dfrac{1}{4} < 0$, 且 $A = \dfrac{1}{2} > 0$. 所以 $z = z(x,y)$ 的极小值为 $z = 0$.

在点 $(0,0,4)$ 处类似地判别, 函数有极大值为 $z = 4$.

与一元函数相似, 多元函数的最值也是整体概念, 而极值是局部概念, 两者是有区别的. 同样可以利用函数的极值来求函数的最大值和最小值. 设函数 $f(x,y)$ 在有界闭区域 D 上连续, 则 $f(x,y)$ 在区域 D 上必有最大值和最小值. 最大值 (最小值) 可能在区域 D 的内部取得, 也可能在区域 D 的边界上取得, 在 D 的内部取得时, 最大值 (最小值) 一定是极大值 (极小值). 因此, 假定函数 $f(x,y)$ 在有界闭区域 D 内可微且只有有限个驻点时, 求其最值的步骤如下:

(1) 求出函数 $f(x,y)$ 在区域 D 内的可能极值点 (驻点、一阶偏导不存在的点) 及其函数值, 即求方程组

$$\begin{cases} f_x(x,y) = 0, \\ f_y(x,y) = 0, \end{cases}$$

在 D 内的一切实数解, 并计算出 $f(x,y)$ 在这些实数解处的函数值;

(2) 求出 $f(x,y)$ 在区域 D 的边界上的最值 (通常区域 D 的边界是由一条或几条平面曲线围成, 故求 $f(x,y)$ 在 D 的边界上的最值往往较困难.)

(3) 将 (1) 和 (2) 中求得的函数值进行比较, 其中最大的就是最大值, 最小的就是最小值.

在实际问题中, 区域 D 不一定是闭区域, 也不一定是有界的, 则无法利用连续函数在有界闭区域上的性质来判定函数是否有最值. 但根据实际问题的性质, 若知道函数 $f(x,y)$ 在区域 D 上一定存在最大值 (或最小值), 并且可以判断这个最值一定在区域 D 的内部取得, 且函数在 D 的内部只有一个驻点, 则可以肯定在该驻点处的函数值就是函数 $f(x,y)$ 在区域 D 上的最大值 (或最小值).

例 9.7.3 求函数 $f(x,y) = \sqrt{4 - x^2 - y^2}$ 在区域 $D = \{(x,y) | x^2 + y^2 \leqslant 1\}$ 上的最大值.

解 解方程组

$$\begin{cases} f_x(x,y) = \dfrac{-x}{\sqrt{4 - x^2 - y^2}} = 0, \\ f_y(x,y) = \dfrac{-y}{\sqrt{4 - x^2 - y^2}} = 0 \end{cases}$$

得区域 D 内唯一驻点 $(0,0)$, 且 $f(0,0) = 2$. 显然, 在圆周 $x^2 + y^2 = 1$ 上恒有

$$f(x,y) = \sqrt{4 - x^2 - y^2} = \sqrt{4 - 1} = \sqrt{3} < 2 = f(0,0).$$

因此, 所求函数的最大值为 $f(0,0) = 2$.

例 9.7.4 如何将正数 a 分成三个正数之和,且使得这三个正数的乘积为最大?

解 设其中两个正数分别为 x, y,则第三个数是 $z = a - x - y$. 要使得这三个正数的乘积为最大,即求函数

$$S = xy(a - x - y)$$

在区域 $D = \{(x, y) | x + y < a, 0 < x, y < a\}$ 内的最大值.

由

$$\begin{cases} S_x = y(a - x - y) - xy = 0, \\ S_y = x(a - x - y) - xy = 0, \end{cases}$$

得 $x = y = \dfrac{a}{3}$,此时 $z = a - x - y = \dfrac{a}{3}$.

由实际问题可知,使这三个正数的乘积为最大值一定在 $D = \{(x, y) | x + y < a, 0 < x, y < a\}$ 内取得,且在区域 D 内只有一个驻点 $\left(\dfrac{a}{3}, \dfrac{a}{3}\right)$. 因此,当 $x = y = z = \dfrac{a}{3}$ 时,这三个正数的乘积最大.

例 9.7.5 某厂家生产的一种产品同时在两个市场销售,售价分别为 p_1 和 p_2,销售量分别为 q_1 和 q_2,需求函数分别为

$$q_1 = 24 - 0.2p_1, \quad q_2 = 10 - 0.05p_2,$$

总成本函数为

$$C = 35 + 40(q_1 + q_2).$$

试问:厂家如何确定两个市场的售价,才能使获得的总利润最大,最大总利润是多少?

解 总收益函数为

$$R = p_1 q_1 + p_2 q_2 = 24p_1 - 0.2p_1^2 + 10p_2 - 0.05p_2^2,$$

于是总利润函数为

$$L = R - C = 32p_1 - 0.2p_1^2 + 12p_2 - 0.05p_2^2 - 1395.$$

求二元函数 $L(p_1, p_2)$ 的最大值. 解方程组

$$\begin{cases} \dfrac{\partial L}{\partial p_1} = 32 - 0.4p_1 = 0, \\ \dfrac{\partial L}{\partial p_2} = 12 - 0.1p_2 = 0 \end{cases}$$

得唯一驻点 $(80, 120)$.

由实际问题可知,所求利润的最大值在唯一驻点 $(80, 120)$ 处取得,所以当价格 $p_1 = 80$, $p_2 = 120$ 时,厂家所获得的总利润最大,最大总利润 $L_{\max} = 605$.

9.7.2 条件极值

上面所讨论的极值问题,对于函数的自变量除了定义域的限制以外,并无其他条件的限制,所以有时候称为**无条件极值**,简称为**极值**. 但在实际问题中,有时会遇到除定义域的限制外,还有其他附加条件的限制. 如自变量 x 与 y 之间除了限制在函数的定义域内以外,还要满足一定的附加条件,如 $\varphi(x, y) = 0$(称此为**约束条件或约束方程**),此时所求的极值称为**条件极值**.

在约束条件 $\varphi(x, y) = 0$ 下,求函数 $z = f(x, y)$(通常称为**目标函数**) 的极值的方法有两种方法:**代入法和拉格朗日乘数法**.

代入法的基本思想是:将条件极值转化为无条件极值来处理,即若能从约束方程 $\varphi(x, y) = 0$ 中解出 $y = \psi(x)$,将其代入目标函数 $z = f(x, y)$ 中,可得 $z = f(x, \psi(x))$. 从而原问题变成了讨论一元函数 $z = f(x, \psi(x))$ 的极值问题. 如例 9.7.4 可以看成是求函数 $f(x, y, z) = xyz$ 在区域 $\{(x, y, z) | 0 < x, y, z < a\}$ 内满足约束条件 $x + y + z = a$ 的条件极值问题. 可由 $x + y + z = a$ 解出 $z = a - x - y$,代入 $f(x, y, z) = xyz$,再求 $f(x, y, a - x - y) = xy(a - x - y)$ 在区域 $\{(x, y) | 0 < x, y < a\}$ 内的极值.

当约束条件比较简单时,条件极值问题可化为无条件极值来求解. 但是,一般的条件极值问题是不容易转化成无条件极值问题的,特别是对多于两个自变量的多元函数. 下面来探讨另一种直接求条件极值的方法 ——**拉格朗日乘数法**.

寻求目标函数 $z = f(x, y)$ 在附加条件 $\varphi(x, y) = 0$ 下取得极值的必要条件.

假设在点 (x_0, y_0) 处的某一邻域内,$f(x, y)$ 与 $\varphi(x, y)$ 均有连续的一阶偏导数,且 $\varphi_y(x_0, y_0) \neq 0$. 由隐函数存在定理 9.4.3 知,由方程 $\varphi(x, y) = 0$ 可确定一个具有连续导数的函数 $y = \psi(x)$,且其导数为

$$\frac{\mathrm{d}y}{\mathrm{d}x}\bigg|_{x=x_0} = -\frac{\varphi_x(x_0, y_0)}{\varphi_y(x_0, y_0)}.$$

将函数 $y = \psi(x)$ 代入函数 $z = f(x, y)$ 中,得到一元函数 $z = f(x, \psi(x))$. 从而函数 $z = f(x, y)$ 在 (x_0, y_0) 处在附加条件 $\varphi(x, y) = 0$ 下取得极值,等同于函数 $z = f(x, \psi(x))$ 在 $x = x_0$ 处取得极值. 由一元函数极值存在的必要条件,可得

$$\frac{\mathrm{d}z}{\mathrm{d}x}\bigg|_{x=x_0} = f_x(x_0, y_0) + f_y(x_0, y_0) \cdot \frac{\mathrm{d}y}{\mathrm{d}x}\bigg|_{x=x_0} = 0,$$

即
$$f_x(x_0, y_0) - f_y(x_0, y_0) \cdot \frac{\varphi_x(x_0, y_0)}{\varphi_y(x_0, y_0)} = 0.$$

令 $\dfrac{f_y(x_0, y_0)}{\varphi_y(x_0, y_0)} = -\lambda$,从而可得函数 $z = f(x, y)$ 在约束条件 $\varphi(x, y) = 0$ 下,在 (x_0, y_0) 处取得极值的必要条件为

$$\begin{cases} f_x(x_0, y_0) + \lambda \varphi_x(x_0, y_0) = 0, \\ f_y(x_0, y_0) + \lambda \varphi_y(x_0, y_0) = 0, \\ \varphi(x_0, y_0) = 0. \end{cases} \quad (9.23)$$

为了方便,作辅助函数
$$L(x, y, \lambda) = f(x, y) + \lambda \varphi(x, y),$$
其中 λ 为待定系数.

令
$$\begin{cases} L_x = f_x(x, y) + \lambda \varphi_x(x, y) = 0, \\ L_y = f_y(x, y) + \lambda \varphi_y(x, y) = 0, \\ L_\lambda = \varphi(x, y) = 0, \end{cases} \quad (9.24)$$

由方程组 (9.24) 解出 x, y. 这样得到的点 (x_0, y_0) 就是函数 $z = f(x, y)$ 在附加条件 $\varphi(x, y) = 0$ 下的可能极值点. 称函数 $L(x, y, \lambda)$ 为**拉格朗日函数**,参数 λ 为**拉格朗日乘数**. 这种求极值的方法称为**拉格朗日乘数法**.

至于如何确定所求的点是否是极值点,在实际问题中往往可根据问题本身的性质来确定.

拉格朗日乘数法也可以推广到多个自变量,多个约束条件的情形. 例如,求函数 $u = f(x, y, z)$ 在条件 $\varphi(x, y, z) = 0$, $\psi(x, y, z) = 0$ 下的极值. 作拉格朗日函数

$$L(x, y, z, \lambda, \mu) = f(x, y, z) + \lambda \varphi(x, y, z) + \mu \psi(x, y, z),$$

其中 λ, μ 均为待定系数.

求 L 对 x, y, z, λ, μ 的偏导数,令

$$\begin{cases} L_x = f_x(x, y, z) + \lambda \varphi_x(x, y, z) + \mu \psi_x(x, y, z) = 0, \\ L_y = f_y(x, y, z) + \lambda \varphi_y(x, y, z) + \mu \psi_y(x, y, z) = 0, \\ L_z = f_z(x, y, z) + \lambda \varphi_z(x, y, z) + \mu \psi_z(x, y, z) = 0, \\ L_\lambda = \varphi(x, y, z) = 0, \\ L_\mu = \psi(x, y, z) = 0, \end{cases}$$

由这个方程组解出的点 (x_0, y_0, z_0) 就是函数 $u = f(x, y, z)$ 在条件 $\varphi(x, y, z) = 0$, $\psi(x, y, z) = 0$ 下的可能极值点.

例 9.7.6. 旋转抛物面 $z = x^2 + y^2$ 被平面 $x + y + z = 1$ 截得一椭圆, 求此椭圆上的点到原点的最长距离和最短距离.

解 设椭圆上的点 P 的坐标为 (x, y, z), 则它到原点的距离为
$$d = \sqrt{x^2 + y^2 + z^2}.$$

为了运算方便, 将目标函数改为 $d^2 = x^2 + y^2 + z^2$, 它与 $d = \sqrt{x^2 + y^2 + z^2}$ 同时取得最大(小)值. 又因为点 P 既在抛物面 $z = x^2 + y^2$ 上, 又在平面 $x + y + z = 1$ 上, 则所求问题为求函数 $d^2 = x^2 + y^2 + z^2$ 在约束条件
$$\varphi(x, y, z) = x^2 + y^2 - z = 0, \quad \psi(x, y, z) = x + y + z - 1 = 0$$
下的最值.

作拉格朗日函数
$$L(x, y, z, \lambda, \mu) = x^2 + y^2 + z^2 + \lambda(x^2 + y^2 - z) + \mu(x + y + z - 1),$$
由方程组
$$\begin{cases} L_x = 2x + 2\lambda x + \mu = 0, \\ L_y = 2y + 2\lambda y + \mu = 0, \\ L_z = 2z - \lambda + \mu = 0, \\ L_\lambda = x^2 + y^2 - z = 0, \\ L_\mu = x + y + z - 1 = 0, \end{cases}$$
得到两个可能的极值点
$$\left(\frac{-1 + \sqrt{3}}{2}, \frac{-1 + \sqrt{3}}{2}, 2 - \sqrt{3} \right) \quad \text{和} \quad \left(\frac{-1 - \sqrt{3}}{2}, \frac{-1 - \sqrt{3}}{2}, 2 + \sqrt{3} \right).$$

由几何意义知, 椭圆上的点到原点的最长距离和最短距离一定存在. 当 $x = y = \frac{-1 + \sqrt{3}}{2}$, $z = 2 - \sqrt{3}$ 时, $d = \sqrt{9 - 5\sqrt{3}}$; 当 $x = y = \frac{-1 - \sqrt{3}}{2}$, $z = 2 + \sqrt{3}$ 时, $d = \sqrt{9 + 5\sqrt{3}}$. 因此, 椭圆上的点到原点的最短距离为 $d = \sqrt{9 - 5\sqrt{3}}$, 最长距离为 $d = \sqrt{9 + 5\sqrt{3}}$.

习 题 9.7

1. 求函数 $f(x, y) = x^3 - y^3 + 3x^2 + 3y^2 - 9x$ 的极值.

2. 求函数 $f(x,y) = x^2 - 2xy + 2y$ 在矩形区域 $D = \{(x,y) | 0 \leqslant x \leqslant 3, 0 \leqslant y \leqslant 2\}$ 上的最大值和最小值.

3. 求二元函数 $z = x^2 y(4 - x - y)$ 在直线 $x + y = 6$, x 轴和 y 轴所围成的闭区域 D 上的最大值和最小值.

4. 求函数 $f(x,y) = \dfrac{x+y}{x^2+y^2+1}$ 的最大值和最小值.

5. 某厂要用铁板做成一个体积为 $2\mathrm{m}^3$ 的有盖长方体水箱. 问当长、宽、高取怎样的尺寸时, 才能使用料最省?

6. 求函数 $u = xyz$ 在约束条件 $\dfrac{1}{x} + \dfrac{1}{y} + \dfrac{1}{z} = \dfrac{1}{a}(x > 0, y > 0, z > 0, a > 0)$ 下的极值.

7. 求表面积为 a^2 而体积最大的长方体的体积.

8. 设销售收入 R(单位: 万元) 与花费在两种广告宣传的费用 x, y(单位: 万元) 之间的关系为

$$R = \frac{200x}{x+5} + \frac{100y}{10+y},$$

利润相当于销售收入的五分之一, 并要扣除广告费用. 已知广告费用总预算金额是 25 万元, 试问如何分配两种广告费用, 才能使获得的利润最大?

*9.8 二元函数的泰勒公式

9.8.1 二元函数的泰勒公式

在上册中学习过, 如果函数 $f(x)$ 在点 x_0 的某个邻域内具有直到 $n+1$ 阶导数, 则在此邻域内, 一元函数的 n 阶泰勒公式为

$$f(x) = f(x_0) + f'(x_0)(x-x_0) + \cdots + \frac{f^{(n)}(x_0)}{n!}(x-x_0)^n + \frac{f^{(n)}(x_0+\theta(x-x_0))}{(n+1)!}(x-x_0)^{n+1},$$

其中 $0 < \theta < 1$.

利用上述公式, 可以用 n 次多项式近似表达函数 $f(x)$. 若 $f^{(n+1)}(x)$ 有界, 则当 $x \to x_0$ 时, 余项 $\dfrac{f^{(n+1)}(x_0+\theta(x-x_0))}{(n+1)!}(x-x_0)^{n+1}$ 是比 $(x-x_0)^n$ 高阶的无穷小. 对于多元函数来讲, 无论是为了理论或是实际计算的需要, 都有必要考虑用含多个变量的多项式来近似表达一个给定的多元函数, 并能具体地算出其误差. 下面给出二元函数的泰勒公式.

定理 9.8.1 设 $z = f(x,y)$ 在点 (x_0, y_0) 的某一邻域内具有直到 $n+1$ 阶的连续偏导数, (x_0+h, y_0+k) 为该邻域内一点, 则

$$f(x_0+h, y_0+k) = f(x_0, y_0) + \left(h\frac{\partial}{\partial x} + k\frac{\partial}{\partial y}\right) f(x_0, y_0) +$$

*9.8 二元函数的泰勒公式

$$\frac{1}{2!}\left(h\frac{\partial}{\partial x}+k\frac{\partial}{\partial y}\right)^2 f(x_0,y_0)+\cdots+\frac{1}{n!}\left(h\frac{\partial}{\partial x}+k\frac{\partial}{\partial y}\right)^n f(x_0,y_0)+$$

$$\frac{1}{(n+1)!}\left(h\frac{\partial}{\partial x}+k\frac{\partial}{\partial y}\right)^{n+1} f(x_0+\theta h, y_0+\theta k), \tag{9.25}$$

其中 $0<\theta<1$, $\left(h\dfrac{\partial}{\partial x}+k\dfrac{\partial}{\partial y}\right)f(x_0,y_0)$ 表示 $hf_x(x_0,y_0)+kf_y(x_0,y_0)$, $\left(h\dfrac{\partial}{\partial x}+k\dfrac{\partial}{\partial y}\right)^2 f(x_0,y_0)$ 表示 $h^2 f_{xx}(x_0,y_0)+2hk f_{xy}(x_0,y_0)+k^2 f_{yy}(x_0,y_0)$. 一般地, $\left(h\dfrac{\partial}{\partial x}+k\dfrac{\partial}{\partial y}\right)^n f(x_0,y_0)$ 表示 $\displaystyle\sum_{p=0}^n C_n^p h^p k^{n-p}\dfrac{\partial^n f}{\partial x^p \partial y^{n-p}}\bigg|_{(x_0,y_0)}$.

证明 作辅助函数 $\Phi(t)=f(x_0+ht, y_0+kt)(0\leqslant t\leqslant 1)$, 则

$$\Phi'(t)=\left(h\frac{\partial}{\partial x}+k\frac{\partial}{\partial y}\right)f(x_0+ht,y_0+kt),$$

$$\Phi''(t)=\left(h\frac{\partial}{\partial x}+k\frac{\partial}{\partial y}\right)^2 f(x_0+ht,y_0+kt),$$

$$\cdots\cdots$$

$$\Phi^{(n)}(t)=\left(h\frac{\partial}{\partial x}+k\frac{\partial}{\partial y}\right)^n f(x_0+ht,y_0+kt).$$

显然 $\Phi(0)=f(x_0,y_0)$, $\Phi(1)=f(x_0+h,y_0+k)$.

利用一元函数的麦克劳林公式,得

$$\Phi(1)=\Phi(0)+\Phi'(0)+\cdots+\frac{1}{n!}\Phi^{(n)}(0)+\frac{1}{(n+1)!}\Phi^{(n+1)}(\theta),$$

则

$$f(x_0+h,y_0+k)=\Phi(1)$$
$$=\Phi(0)+\Phi'(0)+\cdots+\frac{1}{n!}\Phi^{(n)}(0)+\frac{1}{(n+1)!}\Phi^{(n+1)}(\theta).$$

将上述函数值和导数值代入上式,即可得证.

称式 (9.25) 为二元函数 $z=f(x,y)$ 在点 (x_0,y_0) 的 n 阶泰勒公式, 其中余项

$$R_n=\frac{1}{(n+1)!}\left(h\frac{\partial}{\partial x}+k\frac{\partial}{\partial y}\right)^{n+1} f(x_0+\theta h, y_0+\theta k)\ (0<\theta<1)$$

称为拉格朗日余项.

特别地, 当 $n=0$ 时, 公式成为

$$f(x_0+h,y_0+k)=f(x_0,y_0)+hf_x(x_0+\theta h,y_0+\theta k)+kf_y(x_0+\theta h,y_0+\theta k),$$

这就是二元函数的拉格朗日中值公式, 由此可得如下推论.

推论 9.8.1 如果二元函数 $z = f(x, y)$ 的偏导数 $f_x(x, y)$ 和 $f_y(x, y)$ 在某区域内都恒为零, 则二元函数 $z = f(x, y)$ 在该区域内为一常数.

当 $x_0 = 0, y_0 = 0$ 时, 泰勒公式 (9.25) 成为

$$f(x, y) = f(0, 0) + \left(x\frac{\partial}{\partial x} + y\frac{\partial}{\partial y}\right)f(0, 0)$$

$$+ \frac{1}{2!}\left(x\frac{\partial}{\partial x} + y\frac{\partial}{\partial y}\right)^2 f(0, 0) + \cdots + \frac{1}{n!}\left(x\frac{\partial}{\partial x} + y\frac{\partial}{\partial y}\right)^n f(0, 0)$$

$$+ \frac{1}{(n+1)!}\left(x\frac{\partial}{\partial x} + y\frac{\partial}{\partial y}\right)^{n+1} f(\theta h, \theta k), \tag{9.26}$$

其中 $0 < \theta < 1$. 称式 (9.26) 为 n **阶麦克劳林公式**.

例 9.8.1 求函数 $f(x, y) = \mathrm{e}^x \ln(1 + y)$ 的三阶麦克劳林公式.

解 $f_x(x, y) = \mathrm{e}^x \ln(1 + y)$, $f_y(x, y) = \dfrac{\mathrm{e}^x}{1 + y}$,

$$f_{xx}(x, y) = \mathrm{e}^x \ln(1 + y), \quad f_{xy}(x, y) = \frac{\mathrm{e}^x}{1 + y}, \quad f_{yy}(x, y) = -\frac{\mathrm{e}^x}{(1 + y)^2},$$

$$f_{xxx}(x, y) = \mathrm{e}^x \ln(1 + y), \quad f_{xxy}(x, y) = \frac{\mathrm{e}^x}{1 + y}, \quad f_{xyy}(x, y) = -\frac{\mathrm{e}^x}{(1 + y)^2},$$

$$f_{x^3 y}(\theta x, \theta y) = \frac{\mathrm{e}^{\theta x}}{1 + \theta y}, \quad f_{x^2 y^2}(\theta x, \theta y) = -\frac{\mathrm{e}^{\theta x}}{(1 + \theta y)^2}, \quad f_{xy^3}(\theta x, \theta y) = \frac{2\mathrm{e}^{\theta x}}{(1 + \theta y)^3},$$

$$f_{y^4}(\theta x, \theta y) = -\frac{6\mathrm{e}^{\theta x}}{(1 + \theta y)^4},$$

所以

$$\left(x\frac{\partial}{\partial x} + y\frac{\partial}{\partial y}\right)f(0, 0) = y, \quad \left(x\frac{\partial}{\partial x} + y\frac{\partial}{\partial y}\right)^2 f(0, 0) = 2xy - y^2,$$

$$\left(x\frac{\partial}{\partial x} + y\frac{\partial}{\partial y}\right)^3 f(0, 0) = 3x^2 y - 3xy^2 + 2y^3.$$

又因为 $f(0, 0) = 0$, 于是有

$$\mathrm{e}^x \ln(1 + y) = y + \frac{1}{2!}(2xy - y^2) + \frac{1}{3!}(3x^2 y - 3xy^2 + 2y^3) + R_3,$$

其中 $R_3 = \dfrac{\mathrm{e}^{\theta x}}{4!}\left[x^4 \ln(1 + \theta y) + \dfrac{4x^3 y}{1 + \theta y} - \dfrac{6x^2 y^2}{(1 + \theta y)^2} + \dfrac{8xy^3}{(1 + \theta y)^3} - \dfrac{6y^4}{(1 + \theta y)^4}\right]$ $(0 < \theta < 1)$.

9.8.2 极值充分条件的证明

现在来证明定理 9.7.2.

设函数 $z = f(x, y)$ 在点 $P_0(x_0, y_0)$ 的某邻域 $U(P_0)$ 内具有二阶连续偏导数, 且 $f_x(x_0, y_0) = 0$, $f_y(x_0, y_0) = 0$.

由二元函数的泰勒公式 (9.26), 对任一 $P(x_0 + h, y_0 + k) \in U(P_0)$, 有

$$\Delta f = f(x_0+h, y_0+k) - f(x_0, y_0)$$
$$= \frac{1}{2}[h^2 f_{xx}(x_0+\theta h, y_0+\theta k) + 2hk f_{xy}(x_0+\theta h, y_0+\theta k) + k^2 f_{yy}(x_0+\theta h, y_0+\theta k)],$$

其中 $0 < \theta < 1$.

(1) $B^2 - AC < 0$, 即 $f_{xx}(x_0, y_0) f_{yy}(x_0, y_0) - [f_{xy}(x_0, y_0)]^2 > 0$. 因为 $f(x, y)$ 的二阶偏导数在 $U(P_0)$ 内连续, 所以存在 P_0 的邻域 $U_1(P_0) \subset U(P_0)$, 使得对任一 $(x_0 + \theta h, y_0 + \theta k) \in U_1(P_0)$, 有

$$f_{xx}(x_0 + \theta h, y_0 + \theta k) f_{yy}(x_0 + \theta h, y_0 + \theta k) - [f_{xy}(x_0 + \theta h, y_0 + \theta k)]^2 > 0,$$

且 $f_{xx}(x_0+\theta h, y_0+\theta k)$ 与 $f_{xx}(x_0, y_0)$ 同号. 下面为了书写方便, 把 $f_{xx}(x, y)$, $f_{xy}(x, y)$, $f_{yy}(x, y)$ 在 $(x_0 + \theta h, y_0 + \theta k)$ 处的值记为 f_{xx}, f_{xy}, f_{yy}, 于是

$$\Delta f = \frac{1}{2f_{xx}}[(hf_{xx} + kf_{xy})^2 + k^2(f_{xx}f_{yy} - f_{xy}^2)].$$

当 h, k 不同时为零时, 上式右端方括号内的值为正, 所以 Δf 与 $f_{xx}(= A)$ 同号. 当 $A > 0$ 时, $f(x_0, y_0)$ 为极小值; 当 $A < 0$ 时, $f(x_0, y_0)$ 为极大值.

(2) $B^2 - AC > 0$, 即 $f_{xx}(x_0, y_0) f_{yy}(x_0, y_0) - [f_{xy}(x_0, y_0)]^2 < 0$. 此时分两种情况:

$1°$ $f_{xx}(x_0, y_0) = f_{yy}(x_0, y_0) = 0$, 此时 $[f_{xy}(x_0, y_0)]^2 \neq 0$.

当 $k = h$ 时,

$$\Delta f = \frac{h^2}{2}[f_{xx}(x_0 + \theta_1 h, y_0 + \theta_1 h) + 2f_{xy}(x_0 + \theta_1 h, y_0 + \theta_1 h) + f_{yy}(x_0 + \theta_1 h, y_0 + \theta_1 h)];$$

当 $k = -h$ 时,

$$\Delta f = \frac{h^2}{2}[f_{xx}(x_0 + \theta_2 h, y_0 + \theta_2 h) - 2f_{xy}(x_0 + \theta_2 h, y_0 + \theta_2 h) + f_{yy}(x_0 + \theta_2 h, y_0 + \theta_2 h)],$$

其中 $0 < \theta_1, \theta_2 < 1$.

当 $h \to 0$ 时, 以上两式方括号内的极限分别是 $2f_{xy}(x_0, y_0) \neq 0$ 和 $-2f_{xy}(x_0, y_0) \neq 0$, 这说明当 h 充分接近于零时, Δf 有不同符号的值, 所以 $f(x_0, y_0)$ 不是极值.

$2°$ $f_{xx}(x_0, y_0)$, $f_{yy}(x_0, y_0)$ 中至少有一个不为零,假设 $f_{xx}(x_0, y_0) \neq 0$.

当 $k = 0$ 时,$\Delta f = \dfrac{h^2}{2} f_{xx}(x_0 + \theta h, y_0)$,当 h 充分接近于零时,Δf 与 $f_{xx}(x_0, y_0)$ 同号.

当 $h = -f_{xy}(x_0, y_0) \cdot s$, $k = f_{xx}(x_0, y_0) \cdot s$ 时,

$$\Delta f = \frac{s^2}{2}\{[f_{xy}(x_0, y_0)]^2 f_{xx}(x_0 + \theta h, y_0 + \theta k)$$
$$- 2 f_{xy}(x_0, y_0) f_{xx}(x_0, y_0) f_{xy}(x_0 + \theta h, y_0 + \theta k)$$
$$+ [f_{xx}(x_0, y_0)]^2 f_{yy}(x_0 + \theta h, y_0 + \theta k)\},$$

当 $s \to 0$ 时,花括号内极限值为

$$f_{xx}(x_0, y_0)\{f_{xx}(x_0, y_0) f_{yy}(x_0, y_0) - [f_{xy}(x_0, y_0)]^2\}$$

与 $f_{xx}(x_0, y_0)$ 异号,即当 s 充分接近于零时,Δf 有不同符号的值,所以 $f(x_0, y_0)$ 不是极值.

(3) $B^2 - AC = 0$,通过两个例子说明其不确定性. $f(x, y) = x^4 + y^4$ 与 $g(x, y) = x^2 + y^3$ 的驻点都是 $(0, 0)$,在该驻点处都满足 $B^2 - AC = 0$,但 $(0, 0)$ 点是 $f(x, y)$ 的极小值点,而 $g(x, y)$ 在 $(0, 0)$ 点没有极值.

习 题 9.8

1. 求函数 $f(x, y) = \ln(1 + x + y)$ 的三阶麦克劳林公式.
2. 利用函数 $f(x, y) = x^y$ 的三阶泰勒公式,计算 $1.1^{1.02}$ 的近似值.

总 习 题 9

1. 求函数 $z = \ln \dfrac{4}{x^2 + y^2} + \arcsin \dfrac{1}{x^2 + y^2}$ 的定义域.
2. 求函数 $z = \sqrt{(x^2 + y^2 - a^2)(2a^2 - x^2 - y^2)} \, (a > 0)$ 的定义域.
3. 已知函数 $f(x + y, x - y) = \dfrac{x^2 - y^2}{x^2 + y^2}$,求 $f(x, y)$.
4. 求下列函数的极限:

(1) $\lim\limits_{(x,y) \to (0,0)} (x^2 + y^2) \sin \dfrac{1}{x^2 + y^2}$;

(2) $\lim\limits_{(x,y) \to (0,0)} \dfrac{\sin(x^2 y)}{x^2 + y^2}$;

(3) $\lim\limits_{\substack{x \to \infty \\ y \to \infty}} \dfrac{x + y}{x^2 + y^2}$;

(4) $\lim\limits_{(x,y) \to (0,1)} \dfrac{xy^3 + 2x^4}{x^2 + y^4}$;

(5) $\lim\limits_{(x,y) \to (0,0)} \dfrac{\sqrt{xy + 1} - 1}{xy}$;

(6) $\lim\limits_{\substack{x \to \infty \\ y \to a}} \left(1 + \dfrac{1}{x}\right)^{\frac{x^2}{x+y}}$;

总习题 9

(7) $\lim\limits_{(x,y)\to(0,1)}\left[\ln(y-x)+\dfrac{y}{\sqrt{1-x^2}}\right].$

5. 证明下列极限不存在：

(1) $\lim\limits_{(x,y)\to(0,0)}\dfrac{x^3y}{x^6+y^2}$；

(2) $\lim\limits_{(x,y)\to(0,0)}(1+xy)^{\frac{1}{x+y}}.$

6. 设函数
$$f(x,y)=\begin{cases}\dfrac{x^3+y^3}{x^2+y^2},& x^2+y^2\neq 0,\\ 0,& x^2+y^2=0\end{cases}$$
讨论在点 $(0,0)$ 处函数的连续性.

7. 在"充分非必要"、"必要非充分"、"充要"、"既不充分又不必要" 四者中选择一个正确的填入下列空格中：

(1) $f(x,y)$ 在点 (x,y) 可微是 $f(x,y)$ 在该点连续的（　　）条件;

(2) $z=f(x,y)$ 在点 (x,y) 的偏导数 $\dfrac{\partial z}{\partial x},\dfrac{\partial z}{\partial y}$ 存在是 $f(x,y)$ 在该点可微分的（　　）条件;

(3) $f(x,y)$ 点 (x,y) 连续是 $f(x,y)$ 在该点的偏导数存在的（　　）条件;

(4) $z=f(x,y)$ 在点 (x,y) 连续且偏导数 $\dfrac{\partial z}{\partial x},\dfrac{\partial z}{\partial y}$ 存在是 $f(x,y)$ 在该点可微分的（　　）条件;

(5) $z=f(x,y)$ 的偏导数 $\dfrac{\partial z}{\partial x},\dfrac{\partial z}{\partial y}$ 在点 (x,y) 存在且连续是 $f(x,y)$ 在该点可微分的（　　）条件;

(6) $z=f(x,y)$ 的两个二阶混合偏导数 $\dfrac{\partial^2 z}{\partial x\partial y},\dfrac{\partial^2 z}{\partial y\partial x}$ 在区域 D 内连续是这两个混合偏导数在 D 内相等的（　　）条件.

8. 验证下列各题：

(1) 函数 $z=\mathrm{e}^{-\left(\frac{1}{x}+\frac{1}{y}\right)}$ 满足 $x^2\dfrac{\partial z}{\partial x}+y^2\dfrac{\partial z}{\partial y}=2z$；

(2) 函数 $u=\sqrt{x^2+y^2+z^2}$ 满足 $\dfrac{\partial^2 u}{\partial x^2}+\dfrac{\partial^2 u}{\partial y^2}+\dfrac{\partial^2 u}{\partial z^2}=\dfrac{2}{u}$；

(3) 设 $z=f(x,y)$ 二次可微，且 $x=\mathrm{e}^u\cos v,y=\mathrm{e}^u\sin v$，试证：
$$\dfrac{\partial^2 z}{\partial x^2}+\dfrac{\partial^2 z}{\partial y^2}=\mathrm{e}^{-2u}\left(\dfrac{\partial^2 z}{\partial u^2}+\dfrac{\partial^2 z}{\partial v^2}\right).$$

(4) 设
$$u(x,y)=\varphi(x+y)+\varphi(x-y)+\int_{x-y}^{x+y}\psi(t)\mathrm{d}t,$$
其中函数 φ 具有二阶导数，ψ 具有一阶导数. 试证：$\dfrac{\partial^2 u}{\partial x^2}=\dfrac{\partial^2 u}{\partial y^2}.$

9. 求函数 $u=\arccos\dfrac{z}{\sqrt{x^2+y^2}}$ 的全微分.

10. 设 $f(u,v)$ 是二元可微函数，$z=f\left(\dfrac{y}{x},\dfrac{x}{y}\right)$，求 $x\dfrac{\partial z}{\partial x}-y\dfrac{\partial z}{\partial y}.$

11. (1) 已知 $z = z(x,y)$ 由方程 $z = e^{2x-3z} + 2y$ 确定, 求 $3\dfrac{\partial z}{\partial x} + \dfrac{\partial z}{\partial y}$.

(2) 设 $f(u,v)$ 是二元可微函数, $z = f(x^y, y^x)$, 求 $\dfrac{\partial z}{\partial x}$.

12. 设有三元方程 $xy - z\ln y + e^{xz} = 1$, 根据隐函数存在定理, 存在点 $(0,1,1)$ 的一个邻域, 在此邻域内该方程 (   ).

(A) 只能确定一个具有连续偏导数的隐函数 $z = z(x,y)$;

(B) 可确定两个具有连续偏导数的隐函数 $y = y(x,z)$ 和 $z = z(x,y)$;

(C) 可确定两个具有连续偏导数的隐函数 $x = x(y,z)$ 和 $z = z(x,y)$;

(D) 可确定两个具有连续偏导数的隐函数 $x = x(y,z)$ 和 $y = y(x,z)$.

13. (1) 设函数 $z = f(x,y)$ 由方程 $F\left(\dfrac{y}{x}, \dfrac{z}{x}\right) = 0$ 确定, 其中 F 为可微函数, 且 $F_2' \neq 0$, 求 $x\dfrac{\partial z}{\partial x} + y\dfrac{\partial z}{\partial y}$.

(2) 设 $z = f(x^2 - y^2, e^{xy})$, 其中 f 具有二阶连续偏导数, 求 $\dfrac{\partial z}{\partial x}, \dfrac{\partial z}{\partial y}, \dfrac{\partial^2 z}{\partial x \partial y}$.

(3) 设 $z = f\left(xy, \dfrac{x}{y}\right) + g\left(\dfrac{y}{x}\right)$, 其中 f 具有二阶连续偏导数, g 具有二阶连续导数, 求 $\dfrac{\partial^2 z}{\partial x \partial y}$.

(4) 设函数 $z = f(x+y, x-y, xy)$, 其中 f 具有二阶连续偏导数, 求 $\mathrm{d}z$ 与 $\dfrac{\partial^2 z}{\partial x \partial y}$.

14. (1) 设函数 $z = z(x,y)$ 具有二阶连续偏导数, 试求常数 a, 使得变换 $u = x - 2y$, $v = x + ay$ 可把方程
$$6\dfrac{\partial^2 z}{\partial x^2} + \dfrac{\partial^2 z}{\partial x \partial y} - \dfrac{\partial^2 z}{\partial y^2} = 0$$
化简为 $\dfrac{\partial^2 u}{\partial u \partial v} = 0$.

(2) 设函数 $u = f(x,y)$ 具有二阶连续偏导数, 且满足等式 $4\dfrac{\partial^2 u}{\partial x^2} + 12\dfrac{\partial^2 u}{\partial x \partial y} + 5\dfrac{\partial^2 u}{\partial y^2} = 0$, 试确定 a, b 的值, 使等式在变换 $\xi = x + ay, \eta = x + by$ 下化简为 $\dfrac{\partial^2 u}{\partial \xi \partial \eta} = 0$.

*15. (1) 设 $\begin{cases} x + y + z = 0, \\ x^2 + y^2 + z^2 = 1, \end{cases}$ 求 $\dfrac{\mathrm{d}x}{\mathrm{d}z}, \dfrac{\mathrm{d}y}{\mathrm{d}z}$.

(2) 设 $\begin{cases} x + y + z + z^2 = 0, \\ x + y^2 + z + z^3 = 0, \end{cases}$ 求 $\dfrac{\mathrm{d}z}{\mathrm{d}x}, \dfrac{\mathrm{d}y}{\mathrm{d}x}$.

16. 求曲面 $z = x^2 + y^2$ 平行于平面 $2x + 4y - z = 0$ 的切平面方程.

17. 在曲面 $z = xy$ 上求一点, 使该点的法线垂直于平面 $x + 3y + z + 9 = 0$, 并写出该法线的方程.

18. (1) 设函数 $u(x,y,z) = 1 + \dfrac{x^2}{6} + \dfrac{y^2}{12} + \dfrac{z^2}{18}$, 单位向量 $e_l = \left(\dfrac{1}{\sqrt{3}}, \dfrac{1}{\sqrt{3}}, \dfrac{1}{\sqrt{3}}\right)$, 求 $\left.\dfrac{\partial u}{\partial l}\right|_{(1,2,3)}$;

总习题 9

(2) 设向量 n 为曲面 $2x^2 + 3y^2 + z^2 = 6$ 在点 $P(1,1,1)$ 处的指向外侧的法向量, 求函数 $u = \dfrac{1}{z}(6x^2 + 8y^2)^{\frac{1}{2}}$ 在点 $P(1,1,1)$ 处沿方向 n 的方向导数;

(3) 求函数 $f(x,y) = \arctan\dfrac{x}{y}$ 在点 $(0,1)$ 处的梯度.

19. (1) 求二元函数 $f(x,y) = x^2(2+y^2) + y\ln y$ 的极值;

(2) 设 $z = f(x,y)$ 是由 $x^2 - 6xy + 10y^2 - 2yz - z^2 + 18 = 0$ 确定的函数, 求 $z = f(x,y)$ 的极值点和极值.

20. (1) 已知函数 $f(x,y)$ 在点 $(0,0)$ 的某个邻域内连续, 且 $\lim\limits_{(x,y)\to(0,0)} \dfrac{f(x,y) - xy}{x^2 + y^2} = 1$, 则 (   ).

(A) 点 $(0,0)$ 不是 $f(x,y)$ 的极值点;

(B) 点 $(0,0)$ 是 $f(x,y)$ 的极大值点;

(C) 点 $(0,0)$ 是 $f(x,y)$ 的极小值点;

(D) 根据所给条件无法判断点 $(0,0)$ 是否为 $f(x,y)$ 的极值点.

(2) 设函数 $f(x)$ 具有二阶连续导数, 且 $f(x) > 0$, $f'(x) = 0$, 则函数 $z = f(x)\ln f(y)$ 在点 $(0,0)$ 处取得极小值的一个充分条件是 (   ).

(A) $f(0) > 1, \quad f''(0) > 0$; (B) $f(0) > 1, \quad f''(0) < 0$;

(C) $f(0) < 1, \quad f''(0) > 0$; (D) $f(0) < 1, \quad f''(0) < 0$.

(3) 设函数 $f(x), g(x)$ 均具有二阶连续导数, 且 $f(0) > 0, g(0) < 0$ 且 $f'(x) = g'(x) = 0$, 则函数 $z = f(x)g(x)$ 在点 $(0,0)$ 处取得极小值的一个充分条件是 (   ).

(A) $f''(0) < 0, \quad g''(0) > 0$; (B) $f''(0) < 0, \quad g''(0) < 0$;

(C) $f''(0) > 0, \quad g''(0) > 0$; (D) $f''(0) > 0, \quad g''(0) < 0$.

21. (1) 求函数 $f(x,y) = x^2 + 2y^2 - x^2y^2$ 在区域 $D = \{(x,y) \mid x^2 + y^2 \leqslant 4, y \geqslant 0\}$ 上的最大值和最小值.

(2) 求函数 $u = x^2 + y^2 + z^2$ 存在约束条件 $z = x^2 + y^2$ 和 $x + y + z = 4$ 下的最大值和最小值.

(3) 已知曲线 $C: \begin{cases} x^2 + y^2 - 2z^2 = 0, \\ x + y + 3z = 5, \end{cases}$ 求曲线 C 距离 xOy 面的最远点和最近点.

第10章 重积分

微分与积分是高等数学研究的两个主要方面. 我们已经将一元函数的微分学推广到了多元函数的微分学. 在建立了一元函数的定积分之后, 我们已经能够解决很多几何或者物理学上的问题, 例如可以求出一般平面图形的面积, 截面面积已知的立体体积, 旋转体的体积, 均匀薄片的质量, 质心, 转动惯量等. 但是对于可变密度的薄片的质量, 质心, 转动惯量, 一般立体的体积等问题, 一元函数的定积分就无能为力了. 但这些又是实际生活中经常遇到的问题, 不能不加以研究和解决. 很自然的想法是, 能否把一元函数定积分的概念加以延伸、推广, 使之适合我们前面提出的问题, 这就是本章所要介绍的重积分.

10.1 二重积分的概念与性质

我们先来回顾一下定积分的概念. 如果 $f(x)$ 是定义在闭区间 $[a,b]$ 上的有界函数, 那么 $\int_a^b f(x)\mathrm{d}x$ 按下列定义给出:

$$\int_a^b f(x)\mathrm{d}x = \lim_{\lambda \to 0} \sum_{i=1}^n f(\xi_i)\Delta x_i,$$

其中 $x_0 = a < x_1 < x_2 < \cdots < x_n < b$ 为区间 $[a,b]$ 的任意一个分割, $\Delta x_i = x_i - x_{i-1}$ 表示第 i 个小区间 $[x_{i-1}, x_i]$ 的长度, ξ_i 为区间 $[x_{i-1}, x_i]$ 上任意一点, λ 表示 n 个小区间长度之最大值.

我们将用类似的方法把定积分推广到二元函数的情形.

10.1.1 引例

1. 曲顶柱体的体积

设 $z = f(x,y)$ 是定义在 xOy 平面上一有界闭区域 D 上的连续函数且 $f(x,y) \geqslant 0$. 函数 $z = f(x,y)$ 在空间直角坐标系中表示一张曲面 Σ. 以曲面 Σ 为顶, 区域 D 为底, 区域 D 的边界曲线为准线, 母线平行于 z 轴的柱面为侧面的立体, 称为**曲顶柱体**(图 10.1). 下面讨论如何求该曲顶柱体的体积 V.

如果 $f(x,y) = c$(常数), 这时曲顶柱体退化为以 D 为底, 高为 c 的平顶柱体, 可以用

10.1 二重积分的概念与性质

$$\text{体积} = \text{底面积} \times \text{高}$$

来求其体积. 但如果高度对应的函数 $f(x,y)$ 是可变的情况, 就不能再用上面的公式了. 与求曲边梯形面积类似, 可采用分割区域 D 的方法, 把曲顶柱体分成许多个小的曲顶柱体, 使得每个小的曲顶柱体的高度近似为一个常数. 再利用平顶柱体的体积之和取极限的方式得到所求曲顶柱体的体积. 具体的说, 我们按照以下四个步骤进行.

(1) **分割** 用任意的曲线网格把区域 D 分成 n 个小闭区域: $\Delta\sigma_1, \Delta\sigma_2, \cdots, \Delta\sigma_n$, 同时用 $\Delta\sigma_i$ 表示第 i 个小闭区域的面积. 以每个小闭区域 $\Delta\sigma_i(i=1,2,\cdots,n)$ 的边界为准线, 分别作母线平行于 z 轴的柱面, 从而将整个曲顶柱体分割为 n 个小曲顶柱体, 它们的体积分别记为 $\Delta V_1, \Delta V_2, \cdots, \Delta V_n$.

(2) **近似** 记 λ 为所有小闭区域 $\Delta\sigma_i(i=1,2,\cdots,n)$ 的直径的最大值. 当 λ 很小的时候, 因为 $f(x,y)$ 是连续函数, 所以在 $\Delta\sigma_i$ 上, 函数值 $f(x,y)$ 变化很小. 任取 $(\xi_i, \eta_i) \in \Delta\sigma_i$ 可以得到以 $\Delta\sigma_i$ 为底, $f(\xi_i, \eta_i)$ 为高的平顶柱体 (图 10.2). 显然, 这时有近似关系

$$\Delta V_i \approx f(\xi_i, \eta_i) \Delta\sigma_i.$$

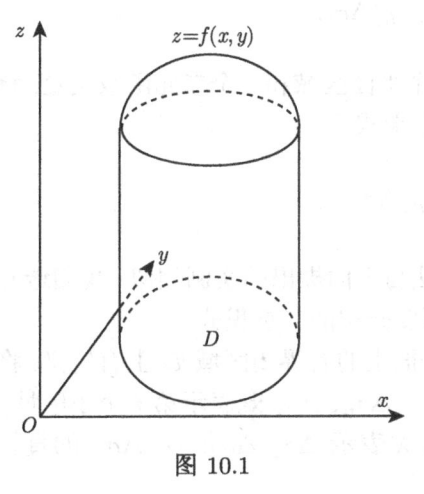
图 10.1

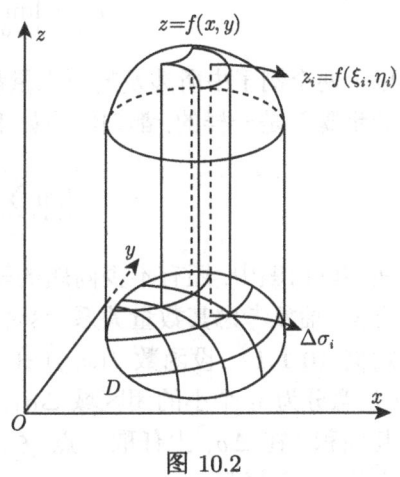
图 10.2

(3) **求和** 根据 (2) 的结果, 曲顶柱体的体积可以近似地表示为

$$V = \sum_{i=1}^{n} \Delta V_i \approx \sum_{i=1}^{n} f(\xi_i, \eta_i) \Delta\sigma_i.$$

(4) **取极限** 很明显, 只要 λ 越来越小, 则 (3) 中的近似就越来越精确. 因此, 当 $\lambda \to 0$ 时, (3) 中右端和式的极限就是曲顶柱体的体积 V, 即

$$V = \lim_{\lambda \to 0} \sum_{i=1}^{n} f(\xi_i, \eta_i) \Delta\sigma_i.$$

2. 平面薄片的质量

设有一平面薄片, 所占的平面区域为 D, 其面积为 σ, 面密度为连续函数 $\rho(x,y)$. 计算该平面薄片的质量.

如果平面薄片是均匀的, 即其密度为常数 ρ_0, 此时质量 $m=\rho_0\sigma$. 对于质量分布不是均匀的情况, 可以采取分割, 近似, 求和, 取极限的办法来解决.

由于面密度 $\rho(x,y)$ 的连续性, 即在区域 D 的很小一个局部上, 可以把 $\rho(x,y)$ 近似地看成不变的. 因此, 可以将平面薄片任意分成 n 个小块 $\Delta\sigma_1, \Delta\sigma_2, \cdots, \Delta\sigma_n$, 同时用它们表示这些小块的面积. 然后在 $\Delta\sigma_i$ 上任取一点 (ξ_i, η_i), 于是每一小块 $\Delta\sigma_i$ 可以近似地看成有均匀密度 $\rho(\xi_i, \eta_i)$, $(\xi_i, \eta_i) \in \Delta\sigma_i$, $i=1,2,\cdots,n$. 于是, 平面薄片的质量 m 可以近似的表示为

$$m \approx \sum_{i=1}^{n} \rho(\xi_i, \eta_i)\Delta\sigma_i.$$

仍令 λ 为 n 个小块的直径的最大者, 则当 $\lambda \to 0$ 时, 上述和式的极限就是平面薄片的质量

$$m = \lim_{\lambda \to 0} \sum_{i=1}^{n} \rho(\xi_i, \eta_i)\Delta\sigma_i.$$

以上两个例子中所涉及的所求量都由一个平面区域和一个二元函数决定, 解决问题的步骤都是一样的, 都归结为如下的极限形式

$$\lim_{\lambda \to 0} \sum_{i=1}^{n} f(\xi_i, \eta_i)\Delta\sigma_i.$$

在实际问题中, 还有不少问题的解决办法与上面提出的实例相似. 我们避开其实际意义, 抽象考虑其数量关系, 这便是下面要介绍的二重积分.

定义 10.1.1 设函数 $f(x,y)$ 在 xOy 平面上的有界闭区域 D 上有定义. 将区域 D 任意分为 n 个小的闭区域 $\Delta\sigma_1, \Delta\sigma_2, \cdots, \Delta\sigma_n$, $\Delta\sigma_i$ 既表示第 i 个小区域, 也表示其面积. 在 $\Delta\sigma_i$ 上任取一点 (ξ_i, η_i). 以 λ 表示 $\Delta\sigma_1, \Delta\sigma_2, \cdots, \Delta\sigma_n$ 的直径中的最大值. 如果极限

$$\lim_{\lambda \to 0} \sum_{i=1}^{n} f(\xi_i, \eta_i)\Delta\sigma_i$$

存在, 则称函数 $f(x,y)$ 在区域 D 上是**可积的**, 并称此极限值为函数 $f(x,y)$ 在区域 D 上的**二重积分**, 记为 $\iint\limits_{D} f(x,y)\mathrm{d}\sigma$, 即

$$\iint\limits_{D} f(x,y)\mathrm{d}\sigma = \lim_{\lambda \to 0} \sum_{i=1}^{n} f(\xi_i, \eta_i)\Delta\sigma_i.$$

称 $f(x,y)$ 为**被积函数**，$f(x,y)\mathrm{d}\sigma$ 为**被积表达式**，$\mathrm{d}\sigma$ 为**面积元素**，D 为**积分区域**，x,y 为**积分变量**，$\sum_{i=1}^{n} f(\xi_i, \eta_i)\Delta\sigma_i$ 为**积分和**.

由二重积分的定义，引例中所述曲顶柱体的体积可以表示为 $V = \iint\limits_{D} f(x,y)\mathrm{d}\sigma$，这就是二重积分的几何意义. 特别地，当 $f(x,y) = 1$ 时，$\iint\limits_{D} f(x,y)\mathrm{d}\sigma = \sigma$，也就是区域 D 的面积. 它也表示以区域 D 为底，高为 1 的平顶柱体的体积. 分布在有界闭区域 D 上且面密度为 $\rho(x,y)$ 的平面薄片的质量 $m = \iint\limits_{D} \rho(x,y)\mathrm{d}\sigma$.

我们不加证明的引入下面的二重积分的存在性定理.

定理 10.1.1 如果函数 $f(x,y)$ 是定义在有界闭区域 D 上的有界函数且除了有限个点或有限条光滑曲线外，函数在 D 上是连续的，那么函数 $f(x,y)$ 在区域 D 上是可积的. 特别地，如果函数 $f(x,y)$ 在有界闭区域 D 上是连续的，则 $f(x,y)$ 在 D 上是可积的.

根据这个定理，大多数的初等函数，只要它们是有界的，都是可积的. 比如函数

$$f(x,y) = \mathrm{e}^{\cos(xy)} - y^3 \sin(x^2 y)$$

在任何有界闭区域上都是可积的. 而函数

$$f(x,y) = \frac{x^2 y - 2x}{y - x^2}$$

在任何与曲线 $y = x^2$ 相交的闭区域上都是不可积的.

在二重积分的定义中，对区域 D 的分割是任意的. 如果在直角坐标系中用平行于坐标轴的直线网来分割区域 D，则除了含边界点的一些小区域外，其余的小区域都为矩形区域，其面积可表示为 $\Delta\sigma_i = \Delta x_i \Delta y_i$. 于是面积元素为 $\mathrm{d}\sigma = \mathrm{d}x\mathrm{d}y$，所以二重积分 $\iint\limits_{D} f(x,y)\mathrm{d}\sigma$ 也可写成

$$\iint\limits_{D} f(x,y)\mathrm{d}x\mathrm{d}y,$$

其中 $\mathrm{d}x\mathrm{d}y$ 叫做**直角坐标系中的面积元素**.

10.1.2 二重积分的性质

根据二重积分的定义不难看出，它与定积分有类似的性质. 以下设 $f(x,y)$ 和 $g(x,y)$ 都是定义在有界闭区域 D 上的可积函数.

性质 10.1.1(线性性质)　设 λ, μ 为任意常数,则

$$\iint\limits_{D} [\lambda f(x,y) + \mu g(x,y)] \mathrm{d}\sigma = \lambda \iint\limits_{D} f(x,y) \mathrm{d}\sigma + \mu \iint\limits_{D} g(x,y) \mathrm{d}\sigma.$$

性质 10.1.2 (二重积分对区域的可加性)　如果闭区域 D 被分为互不重叠的有限个部分闭区域的并集,则任意可积函数在 D 上的二重积分等于它在各个部分闭区域上的二重积分之和. 特别地,当 D 分为两个闭区域 D_1 与 D_2 时,有

$$\iint\limits_{D} f(x,y) \mathrm{d}\sigma = \iint\limits_{D_1} f(x,y) \mathrm{d}\sigma + \iint\limits_{D_2} f(x,y) \mathrm{d}\sigma.$$

性质 10.1.3　设在 D 上,$f(x,y) = 1$. 记 σ 为区域 D 的面积,则

$$\iint\limits_{D} 1 \cdot \mathrm{d}\sigma = \sigma.$$

这一性质也提供了一种计算平面区域面积的方法.

性质 10.1.4(不等式性质)　如果在 D 上,$f(x,y) \geqslant 0$,则

$$\iint\limits_{D} f(x,y) \mathrm{d}\sigma \geqslant 0.$$

推论 10.1.1　如果在 D 上,$f(x,y) \leqslant g(x,y)$,则

$$\iint\limits_{D} f(x,y) \mathrm{d}\sigma \leqslant \iint\limits_{D} g(x,y) \mathrm{d}\sigma.$$

在 D 上,由 $-|f(x,y)| \leqslant f(x,y) \leqslant |f(x,y)|$,则

$$\left| \iint\limits_{D} f(x,y) \mathrm{d}\sigma \right| \leqslant \iint\limits_{D} |f(x,y)| \mathrm{d}\sigma.$$

性质 10.1.5(积分估值不等式)　如果在 D 上,$m \leqslant f(x,y) \leqslant M$,其中 M 与 m 分别是函数 $f(x,y)$ 在有界闭区域 D 上的最大值和最小值,而 σ 是区域 D 的面积,则

$$m\sigma \leqslant \iint\limits_{D} f(x,y) \mathrm{d}\sigma \leqslant M\sigma.$$

这一性质在几何上表明:任何一个可求体积的曲顶柱体的体积在含于它的最大平顶柱体的体积与包含它的最小的平顶柱体的体积之间.

10.1 二重积分的概念与性质

性质 10.1.6(二重积分的中值定理) 设函数 $f(x,y)$ 在有界闭区域 D 上连续, 则在区域 D 上至少存在一点 (ξ,η), 使得

$$\iint\limits_D f(x,y)\mathrm{d}\sigma = f(\xi,\eta)\sigma,$$

其中 σ 为区域 D 的面积.

证明 因为函数 $f(x,y)$ 在有界闭区域 D 上连续, 根据有界闭区域 D 上连续函数的最值定理, $f(x,y)$ 在 D 上存在最大值 M 和最小值 m. 由性质 10.1.5, 有

$$m\sigma \leqslant \iint\limits_D f(x,y)\mathrm{d}\sigma \leqslant M\sigma,$$

即

$$m \leqslant \frac{1}{\sigma}\iint\limits_D f(x,y)\mathrm{d}\sigma \leqslant M.$$

这说明, 确定值 $\dfrac{1}{\sigma}\iint\limits_D f(x,y)\mathrm{d}\sigma$ 介于函数 $f(x,y)$ 在 D 上的最小值 m 与最大值 M 之间. 根据有界闭区域 D 上连续函数的介值定理, 在区域 D 上至少存在一点 (ξ,η), 使得

$$\frac{1}{\sigma}\iint\limits_D f(x,y)\mathrm{d}\sigma = f(\xi,\eta),$$

即

$$\iint\limits_D f(x,y)\mathrm{d}\sigma = f(\xi,\eta)\sigma.$$

这一性质表明: 如果曲顶柱体的顶部是一连续曲面, 则存在一个与曲顶柱体同底等体积的平顶柱体, 它的高等于 $f(x,y)$ 在某一点 $(\xi,\eta)\in D$ 的值 $f(\xi,\eta)$.

性质 10.1.1 至性质 10.1.4 可以由二重积分的定义直接证明. 性质 10.1.5 是性质 10.1.4 的直接结果.

例 10.1.1 比较二重积分 $\iint\limits_D (x+y)^2 \mathrm{d}x\mathrm{d}y$ 与 $\iint\limits_D (x+y)^3 \mathrm{d}x\mathrm{d}y$ 的大小, 其中区域 D 是由圆周 $(x-2)^2+(y-1)^2=2$ 所围成的闭区域.

解 注意到被积函数的形式, 很容易想到去考虑 $x+y$ 在圆域上的最小值与数值 1 的大小比较. 因直线 $x+y=1$ 是 $(x-2)^2+(y-1)^2=2$ 在点 $(1,0)$ 的切线, 区域 D 位于直线 $x+y=1$ 的上方 (图 10.3). 因此, 除切点 $(1,0)$ 外, 闭区域 D 上的所有点 (x,y) 都满足 $x+y>1$, 所以在 D 上总有

$$(x+y)^2 \leqslant (x+y)^3.$$

于是由推论 10.1.1, 得

$$\iint\limits_{D}(x+y)^2\mathrm{d}x\mathrm{d}y \leqslant \iint\limits_{D}(x+y)^3\mathrm{d}x\mathrm{d}y.$$

事实上, 由于 $x+y=1$ 只在 $(1,0)$ 点成立, 上式可以取严格的不等号 "<".

例 10.1.2 设 $I_i = \iint\limits_{D_i}\mathrm{e}^{-(x^2+y^2)}\mathrm{d}x\mathrm{d}y, i=1,2$, 其中 $D_1 = \{(x,y)|x^2+y^2\leqslant r^2\}, D_2 = \{(x,y)||x|\leqslant r,|y|\leqslant r\}$. 试比较 I_1, I_2 的大小.

解 因被积函数 $f(x,y) = \mathrm{e}^{-(x^2+y^2)}$ 在闭区域 D_1, D_2(图 10.4) 上都连续且 $f(x,y) > 0$. 又因 $D_1 \subset D_2$, 由二重积分的几何意义, 有 $I_1 < I_2$.

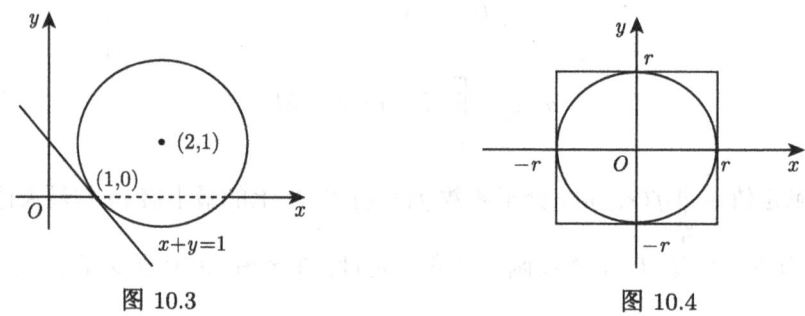

图 10.3 　　　　　　　　　图 10.4

例 10.1.3 估计二重积分 $\iint\limits_{D}\dfrac{1}{1+\cos^2 x+\sin^2 y}\mathrm{d}x\mathrm{d}y$ 的值, 其中 D 为方形区域 $\{(x,y)|0\leqslant x\leqslant \pi, 0\leqslant y\leqslant \pi\}$.

解 因为被积函数 $f(x,y) = \dfrac{1}{1+\cos^2 x+\sin^2 y}$ 在闭区域 D 上连续, 在闭区域 D 上, 有 $\dfrac{1}{3}\leqslant f(x,y)\leqslant 1$. 又由于闭区域 D 是正方形, 它的面积为 π^2, 所以由性质 10.1.5 可得

$$\frac{1}{3}\pi^2 \leqslant \iint\limits_{D}\frac{1}{1+\cos^2 x+\sin^2 y}\mathrm{d}x\mathrm{d}y \leqslant \pi^2.$$

习 题 10.1

1. 利用二重积分的定义证明:

$$\iint\limits_{D}\mathrm{d}\sigma = \sigma.$$

2. 设函数 $f(x,y)$ 在有界闭区域 D 上连续, 且 $f(x,y) \geqslant 0$. 如果

$$\iint\limits_{D}f(x,y)\mathrm{d}\sigma = 0,$$

证明: 在区域 D 上 $f(x,y) \equiv 0$.

3. 根据二重积分的几何意义确定 $\iint\limits_D (a - \sqrt{x^2+y^2})\mathrm{d}\sigma$ 的值, 其中 D 是圆盘 $x^2+y^2 \leqslant a^2$.

4. 应用积分估值定理估计下列二重积分的值:

(1) $\iint\limits_D (x^2+y^2+1)\mathrm{d}\sigma$, 其中 $D = \{(x,y) \mid x^2+y^2 \leqslant 1\}$;

(2) $\iint\limits_D \sin^2 x \sin^2 y \mathrm{d}\sigma$, 其中 $D = \{(x,y) \mid 0 \leqslant x \leqslant \pi, 0 \leqslant y \leqslant \pi\}$;

(3) $\iint\limits_D (x^2+4y^2+9)\mathrm{d}x\mathrm{d}y$, 其中 $D = \{(x,y) \mid x^2+y^2 \leqslant 4\}$.

5. 设 $f(x,y), g(x,y)$ 在有界闭区域 D 上均可积. 证明:
$$\left[\iint\limits_D f(x,y)g(x,y)\mathrm{d}\sigma\right]^2 \leqslant \iint\limits_D f^2(x,y)\mathrm{d}\sigma \iint\limits_D g^2(x,y)\mathrm{d}\sigma.$$

6. 设平面区域 D 由直线 $x=0, y=0, x+y=\dfrac{1}{2}, x+y=1$ 围成. 记
$$I_1 = \iint\limits_D \ln^3(x+y)\mathrm{d}\sigma, \quad I_2 = \iint\limits_D (x+y)^3\mathrm{d}\sigma, \quad I_3 = \iint\limits_D \sin^3(x+y)\mathrm{d}\sigma,$$
试比较 I_1, I_2, I_3 的大小.

7. 记 $I_i = \iint\limits_{D_i} |xy|\mathrm{d}\sigma, \ i=1,2,3$, 试比较 I_1, I_2, I_3 的大小, 其中 $D_1 = \{(x,y) \mid x^2+y^2 \leqslant 1\}$, $D_2 = \{(x,y) \mid |x|+|y| \leqslant 1\}$, $D_3 = \{(x,y) \mid x^2+y^2 \leqslant 2\}$.

8. 设 $g(x)$ 有连续的导函数, $g(0)=0, g'(0)=1, f(x,y)$ 在点 $(0,0)$ 的某邻域内连续. 利用积分中值定理计算
$$\lim_{r \to 0^+} \frac{1}{g(r^2)} \iint\limits_{x^2+y^2 \leqslant r^2} f(x,y)\mathrm{d}\sigma.$$

10.2 二重积分的计算

利用二重积分的定义来计算二重积分显然是不实际的. 下面介绍二重积分的计算方法.

10.2.1 利用直角坐标计算二重积分

在具体讨论二重积分的计算之前, 首先介绍一下 X— 型区域和 Y— 型区域的概念.

如果用平行于 y 轴的直线穿过区域 D 时, 该直线与区域 D 的边界曲线最多只有两个交点, 则称区域 D 为 X－型区域(图 10.5(a)), 它可以表示为
$$\varphi_1(x) \leqslant y \leqslant \varphi_2(x), \ a \leqslant x \leqslant b;$$

如果用平行于 x 轴的直线穿过区域 D 时, 该直线与区域 D 的边界曲线最多只有两个交点, 则称区域 D 为 **Y-型区域**(图 10.5(b)), 它可以表示为

$$\psi_1(y) \leqslant x \leqslant \psi_2(y), \quad c \leqslant y \leqslant d.$$

设区域 D 为 X-型区域, 即 $\varphi_1(x) \leqslant y \leqslant \varphi_2(x), a \leqslant x \leqslant b$, 且 $f(x,y) \geqslant 0$, $(x,y) \in D$. 由二重积分的几何意义, 二重积分 $\iint\limits_{D} f(x,y)\mathrm{d}\sigma$ 的值等于以区域 D 为底, 以曲面 $z = f(x,y)$ 为顶的曲顶柱体 (图 10.6) 的体积.

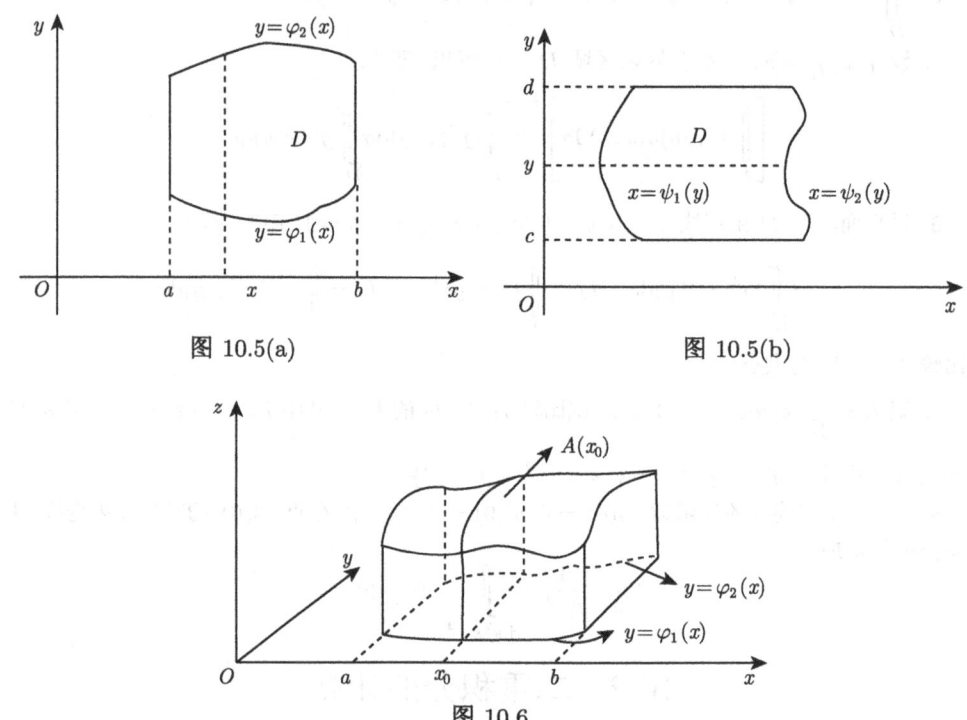

图 10.5(a)　　　　图 10.5(b)

图 10.6

在区间 $[a,b]$ 上任取一点 x_0, 以过点 x_0 且平行于 yOz 面的平面 $x = x_0$ 去截曲顶柱体, 截得的截面是以区间 $[\varphi_1(x_0), \varphi_2(x_0)]$ 为底, 曲线 $z = f(x_0, y)$ 为曲边的曲边梯形, 其面积为

$$A(x_0) = \int_{\varphi_1(x_0)}^{\varphi_2(x_0)} f(x_0, y)\mathrm{d}y.$$

一般地, 过区间 $[a,b]$ 上任意一点 x 且平行于 yOz 面的平面截曲顶柱体所得截面的面积为

$$A(x) = \int_{\varphi_1(x)}^{\varphi_2(x)} f(x,y)\mathrm{d}y.$$

利用计算平行截面面积为已知的立体体积的方法,该曲顶柱体的体积为

$$V = \int_a^b A(x)\mathrm{d}x = \int_a^b \left[\int_{\varphi_1(x)}^{\varphi_2(x)} f(x,y)\mathrm{d}y \right]\mathrm{d}x,$$

即

$$\iint_D f(x,y)\mathrm{d}\sigma = \int_a^b \left[\int_{\varphi_1(x)}^{\varphi_2(x)} f(x,y)\mathrm{d}y \right]\mathrm{d}x.$$

上述积分是一个先对 y, 后对 x 的二次积分, 即先把 x 看作常数, $f(x,y)$ 只看作 y 的函数, 对 $f(x,y)$ 计算从 $\varphi_1(x)$ 到 $\varphi_2(x)$ 的定积分, 然后把所得的结果 (是 x 的函数) 再对 x 从 a 到 b 计算定积分.

这个先对 y 后对 x 的二次积分也常记作

$$\iint_D f(x,y)\mathrm{d}\sigma = \int_a^b \mathrm{d}x \int_{\varphi_1(x)}^{\varphi_2(x)} f(x,y)\mathrm{d}y. \tag{10.1}$$

在上述讨论中, 我们假定了 $f(x,y) \geqslant 0$. 但实际上这个限制是不必要的.

若积分区域 D 为 Y -型区域

$$\psi_1(y) \leqslant x \leqslant \psi_2(y), c \leqslant y \leqslant d,$$

则由同样的讨论可以得到

$$\iint_D f(x,y)\mathrm{d}\sigma = \int_c^d \mathrm{d}y \int_{\psi_1(y)}^{\psi_2(y)} f(x,y)\mathrm{d}x. \tag{10.2}$$

式 (10.2) 是一个先对 x, 后对 y 的二次积分.

如果积分区域 D 既是 X -型区域又是 Y -型区域, 即 D 既可以表示为 $\varphi_1(x) \leqslant y \leqslant \varphi_2(x), a \leqslant x \leqslant b$, 也可以表示为 $\psi_1(y) \leqslant x \leqslant \psi_2(y), c \leqslant y \leqslant d$(图 10.7), 那么有

$$\iint_D f(x,y)\mathrm{d}\sigma = \int_a^b \mathrm{d}x \int_{\varphi_1(x)}^{\varphi_2(x)} f(x,y)\mathrm{d}y$$

或

$$\iint_D f(x,y)\mathrm{d}\sigma = \int_c^d \mathrm{d}y \int_{\psi_1(y)}^{\psi_2(y)} f(x,y)\mathrm{d}x.$$

如果积分区域 D 既不是 X -型区域, 又不是 Y -型区域, 可添加直线将其分成若干个 X -型区域或 Y -型区域来处理 (图 10.8).

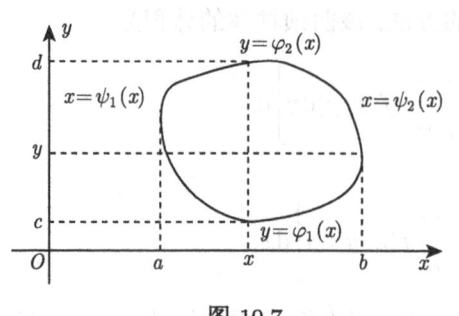
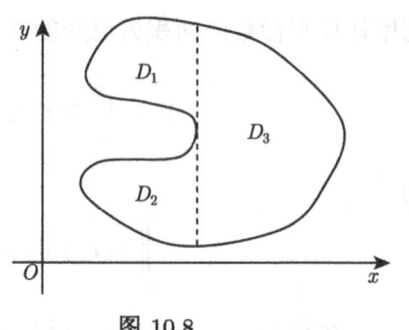

图 10.7　　　　　　　　　图 10.8

例 10.2.1　计算二重积分 $\iint\limits_{D}(x^3+3x^2y+y^3)\mathrm{d}\sigma$，其中 D 是矩形闭区域 $\{(x,y)|0\leqslant x\leqslant 1,0\leqslant y\leqslant 1\}$.

解　积分区域 D(图 10.9)

图 10.9

$$\iint\limits_{D}(x^3+3x^2y+y^3)\mathrm{d}x\mathrm{d}y$$
$$=\int_0^1\mathrm{d}x\int_0^1(x^3+3x^2y+y^3)\mathrm{d}y$$
$$=\int_0^1\left[x^3y+\frac{3}{2}x^2y^2+\frac{1}{4}y^4\right]_0^1\mathrm{d}x$$
$$=\int_0^1\left(x^3+\frac{3}{2}x^2+\frac{1}{4}\right)\mathrm{d}x=\left(\frac{1}{4}x^4+\frac{1}{2}x^3+\frac{1}{4}x\right)\Big|_0^1=1.$$

一般地，设区域 $D=\{(x,y)|a\leqslant x\leqslant b,c\leqslant y\leqslant d\}$，则

$$\iint\limits_{D}f(x,y)\mathrm{d}\sigma=\int_a^b\mathrm{d}x\int_c^d f(x,y)\mathrm{d}y$$

或

$$\iint\limits_{D}f(x,y)\mathrm{d}\sigma=\int_c^d\mathrm{d}y\int_a^b f(x,y)\mathrm{d}x.$$

例 10.2.2　计算二重积分 $\iint\limits_{D}\dfrac{x^2}{y^2}\mathrm{d}\sigma$，其中区域 D 由 $y=\dfrac{1}{x},y=x,x=2$ 围成.

解 (法一)　区域 D 为 X -型区域，可以表示为 $D=\left\{(x,y)\Big|\dfrac{1}{x}\leqslant y\leqslant x,1\leqslant x\leqslant 2\right\}$. 所以

10.2 二重积分的计算

$$\iint\limits_{D} \frac{x^2}{y^2}\mathrm{d}\sigma = \int_1^2 \mathrm{d}x \int_{\frac{1}{x}}^{x} \frac{x^2}{y^2}\mathrm{d}y = -\int_1^2 \left.\frac{x^2}{y}\right|_{\frac{1}{x}}^{x} \mathrm{d}x$$

$$= \int_1^2 (x^3 - x)\,\mathrm{d}x = \frac{9}{4}.$$

(法二) 区域 D 也为 Y —型区域 (图 10.10),所以

$$\iint\limits_{D} \frac{x^2}{y^2}\mathrm{d}\sigma = \int_{\frac{1}{2}}^{1} \mathrm{d}y \int_{1/y}^{2} \frac{x^2}{y^2}\mathrm{d}x + \int_1^2 \mathrm{d}y \int_y^2 \frac{x^2}{y^2}\mathrm{d}x$$

$$= \int_{\frac{1}{2}}^{1} \frac{1}{3y^2}\left(8 - \frac{1}{y^3}\right)\mathrm{d}y + \int_1^2 \frac{1}{3y^2}\left(8 - \frac{1}{y^3}\right)\mathrm{d}y = \frac{9}{4}.$$

例 10.2.3 设 D 是由直线 $y = x, y = x+2, y = 2$ 以及 $y = 6$ 围成的闭区域,计算二重积分 $\iint\limits_{D}(x^2 + y^2)\mathrm{d}\sigma$.

解 区域 D 为 Y 型区域,且 $D = \{(x,y)|y-2 \leqslant x \leqslant y, 2 \leqslant y \leqslant 6\}$(图 10.11). 因此

$$\iint\limits_{D}(x^2+y^2)\mathrm{d}\sigma = \int_2^6 \mathrm{d}y \int_{y-2}^{y}(x^2+y^2)\mathrm{d}x$$

$$= \int_2^6 \left.\left(\frac{x^3}{3} + xy^2\right)\right|_{y-2}^{y} \mathrm{d}y$$

$$= \int_2^6 \left(\frac{y^3}{3} + 2y^2 - \frac{(y-2)^3}{3}\right)\mathrm{d}y$$

$$= \left.\left(\frac{y^4}{12} + \frac{2}{3}y^3 - \frac{(y-2)^4}{12}\right)\right|_2^6 = 224.$$

对例 10.2.3 也可以考虑先对 y 再对 x 积分,但这时区域需要分成三个子区域,计算就要复杂得多.

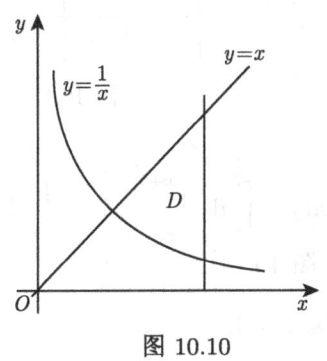

图 10.10

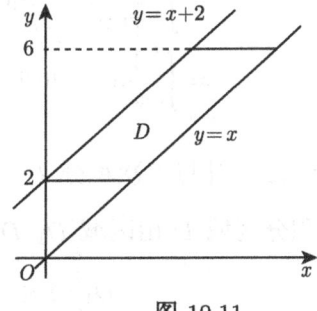

图 10.11

例 10.2.4 计算二重积分 $\iint\limits_{D} \dfrac{\sin y}{y} d\sigma$, 其中 D 是由直线 $y = x$ 和抛物线 $x = y^2$ 所围成的区域.

解 因为函数 $\dfrac{\sin y}{y}$ 的原函数不是初等函数, 所以不能先对变量 y 积分 (图 10.12). 因此, 只能先对变量 x 积分, 然后对变量 y 积分. 这时有

$$\iint\limits_{D} \dfrac{\sin y}{y} d\sigma = \int_0^1 dy \int_{y^2}^{y} \dfrac{\sin y}{y} dx$$

$$= \int_0^1 (1-y)\sin y\, dy$$

$$= [y\cos y - \sin y - \cos y]_0^1 = 1 - \sin 1.$$

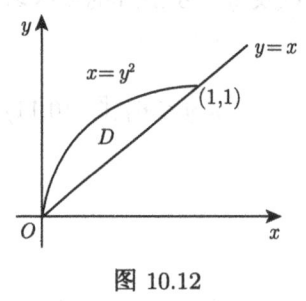

图 10.12

上述几个例子说明, 在化二重积分为二次积分时, 为了计算简便, 需要选择恰当的积分次序. 这时, 既要考虑积分区域 D 的形状, 又要考虑被积函数 $f(x, y)$ 的特点.

例 10.2.5 计算二重积分 $\iint\limits_{D} \dfrac{e^{xy}}{x^x - 1} d\sigma$, 其中区域 D 由 $y = \ln x, y = 0, x = 2$ 围成.

解 如图 10.13 所示, 根据被积函数的特点, 选择先对 y 后对 x 的积分次序.

$$\iint\limits_{D} \dfrac{e^{xy}}{x^x - 1} d\sigma = \int_1^2 dx \int_0^{\ln x} \dfrac{e^{xy}}{x^x - 1} dy$$

$$= \int_1^2 \left(\dfrac{1}{x(x^x - 1)} e^{xy} \right) \Big|_0^{\ln x} dx$$

$$= \int_1^2 \dfrac{1}{x(x^x - 1)} (e^{x\ln x} - 1) dx$$

$$= \int_1^2 \dfrac{1}{x} dx = \ln 2.$$

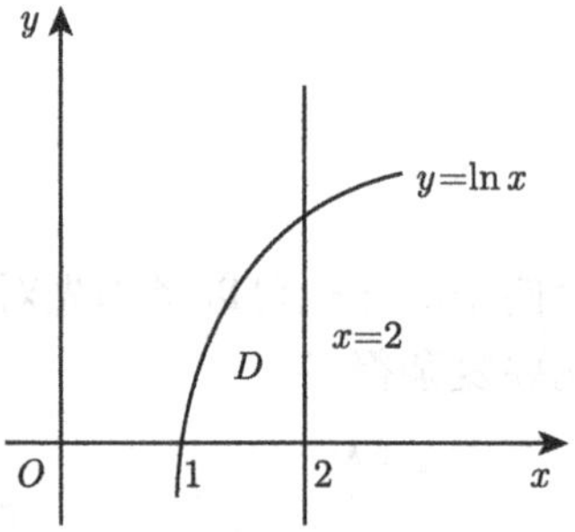

图 10.13

例 10.2.6 计算二次积分 $I = \int_0^1 dx \int_1^{x+1} y\, dy + \int_1^2 dx \int_x^{x+1} y\, dy + \int_2^3 dx \int_x^3 y\, dy$.

解 积分区域 D 由区域 D_1, D_2, D_3 构成 (图 10.14),

$$D_1: 1 \leqslant y \leqslant x+1, 0 \leqslant x \leqslant 1;$$

$$D_2: x \leqslant y \leqslant x+1, 1 \leqslant x \leqslant 2;$$

10.2 二重积分的计算

$$D_3: x \leqslant y \leqslant 3, 2 \leqslant x \leqslant 3.$$

同时, 积分区域 D 是 Y 型区域, 改变二次积分的积分次序, 有

$$I = \int_1^3 \mathrm{d}y \int_{y-1}^y y\mathrm{d}x = \int_1^3 y\mathrm{d}y = 4.$$

例 10.2.7 计算二次积分 $\int_0^1 \mathrm{d}x \int_x^1 \mathrm{e}^{-y^2}\mathrm{d}y$.

解 因为 e^{-y^2} 的原函数不能由初等函数表示出来, 因此先对变量 y 积分是不行的. 可以考虑改变积分的次序. 积分区域 D(图 10.15) 为

$$D = \{(x,y)|\ 0 \leqslant x \leqslant y,\ 0 \leqslant y \leqslant 1\}.$$

改变积分次序, 有

$$\int_0^1 \mathrm{d}x \int_x^1 \mathrm{e}^{-y^2}\mathrm{d}y = \int_0^1 \mathrm{d}y \int_0^y \mathrm{e}^{-y^2}\mathrm{d}x = \int_0^1 \left(x\mathrm{e}^{-y^2}\right)\Big|_0^y \mathrm{d}y$$
$$= \int_0^1 y\mathrm{e}^{-y^2}\mathrm{d}y = -\frac{1}{2}\mathrm{e}^{-y^2}\Big|_0^1 = \frac{1}{2}\left(1 - \mathrm{e}^{-1}\right).$$

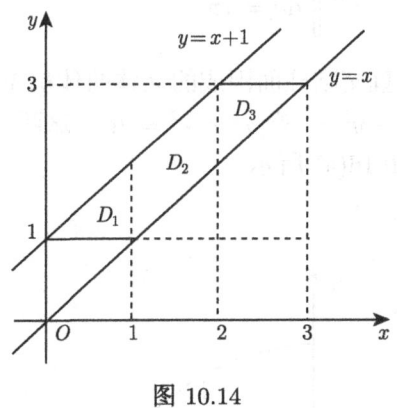

图 10.14

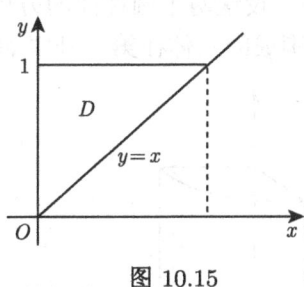

图 10.15

在定积分中我们知道, 如果 $f(x)$ 是定义在对称区间 $[-a, a]$ 上的可积函数且 $f(x)$ 为奇函数时, $\int_{-a}^a f(x)\mathrm{d}x = 0$; $f(x)$ 为偶函数时, $\int_{-a}^a f(x)\mathrm{d}x = 2\int_0^a f(x)\mathrm{d}x$. 利用二重积分化二次积分计算可以证明, 二重积分有如下结论.

(1) 当积分区域 D 关于 y 轴对称时, 如果 $f(-x, y) = -f(x, y)$, 即对固定的 y, 函数 $f(x, y)$ 关于变量 x 是奇函数, 则 $\iint\limits_D f(x,y)\mathrm{d}\sigma = 0$; 如果 $f(-x, y) = f(x, y)$, 即

对固定的 y, 函数 $f(x,y)$ 关于变量 x 是偶函数, 则 $\iint\limits_{D} f(x,y)\mathrm{d}\sigma = 2\iint\limits_{D_1} f(x,y)\mathrm{d}\sigma$, 其中 $D_1 = \{(x,y)|(x,y) \in D, x \geqslant 0\}$.

(2) 当积分区域 D 关于 x 轴对称时, 如果 $f(x,-y) = -f(x,y)$, 即对固定的 x, 函数 $f(x,y)$ 关于变量 y 是奇函数, 则 $\iint\limits_{D} f(x,y)\mathrm{d}\sigma = 0$; 如果 $f(x,-y) = f(x,y)$, 即对固定的 x, 函数 $f(x,y)$ 关于变量 y 是偶函数, 则 $\iint\limits_{D} f(x,y)\mathrm{d}\sigma = 2\iint\limits_{D_1} f(x,y)\mathrm{d}\sigma$, 其中 $D_1 = \{(x,y)|(x,y) \in D, y \geqslant 0\}$.

例 10.2.8 计算二重积分 $\iint\limits_{D} (xy+3x+3y+7)\mathrm{d}\sigma$, 其中 $D = \{(x,y)|x^2+y^2 \leqslant 1\}$.

解 记 $f_1(x,y) = xy + 3x$, $f_2(x,y) = 3y$. 因积分区域 D 既关于 y 轴对称, 也关于 x 轴对称, 且

$$f_1(-x,y) = -f_1(x,y), \quad f_2(x,-y) = -f_2(x,y).$$

于是

$$\iint\limits_{D} f_1(x,y)\mathrm{d}\sigma = 0, \quad \iint\limits_{D} f_2(x,y)\mathrm{d}\sigma = 0,$$

因此

$$\iint\limits_{D} (xy + 3x + 4y + 7) \mathrm{d}\sigma = 7\iint\limits_{D} \mathrm{d}\sigma = 7\pi.$$

例 10.2.9 求底圆半径都为 R 的两个直交圆柱面围成的立体的体积 V.

解 设这两个圆柱面的方程分别为 $x^2 + y^2 = R^2, x^2 + z^2 = R^2$. 这两个直交圆柱面围成的立体在第一卦限的图形如图 10.16(a) 所示.

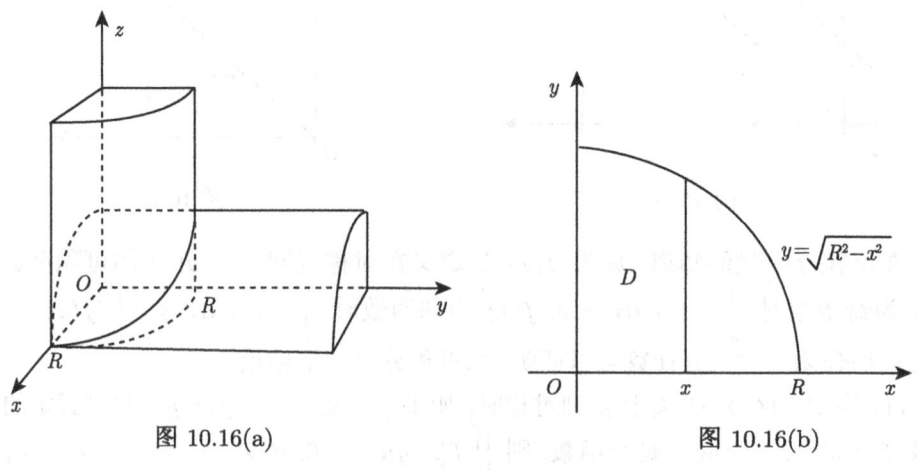

图 10.16(a)   图 10.16(b)

10.2 二重积分的计算

根据立体关于坐标面的对称性,只要算出它在第一卦限部分的体积 V_1,然后再乘以 8 就行了. 第一卦限部分是以区域 $D = \{(x,y) | 0 \leqslant y \leqslant \sqrt{R^2 - x^2}, 0 \leqslant x \leqslant R\}$ 为底(如图 10.16(b)),以 $z = \sqrt{R^2 - x^2}$ 为顶的曲顶柱体,于是

$$V = 8 \iint_D \sqrt{R^2 - x^2} d\sigma = 8 \int_0^R dx \int_0^{\sqrt{R^2-x^2}} \sqrt{R^2 - x^2} dy$$

$$= 8 \int_0^R (R^2 - x^2) dx = \frac{16}{3} R^3.$$

10.2.2 利用极坐标计算二重积分

有些积分区域 D 的边界曲线用极坐标方程来表示比较方便,这时我们就可以考虑利用极坐标来计算二重积分 $\iint_D f(x, y) d\sigma$.

根据二重积分的定义,有

$$\iint_D f(x, y) d\sigma = \lim_{\lambda \to 0} \sum_{i=1}^n f(\xi_i, \eta_i) \Delta \sigma_i.$$

下面我们来研究这个和式的极限在极坐标系中的形式.

以从极点 O 出发的一族射线及以极点为中心的一族同心圆构成的曲线网将区域 D 分为 n 个小闭区域(如图 10.17),除包含区域 D 的边界曲线的小区域外,内部的一些小区域的面积为

$$\Delta \sigma_i = \frac{1}{2}(\rho_i + \Delta \rho_i)^2 \Delta \theta_i - \frac{1}{2}\rho_i^2 \Delta \theta_i$$

$$= \frac{1}{2}(2\rho_i + \Delta \rho_i) \Delta \rho_i \cdot \Delta \theta_i$$

$$= \frac{\rho_i + (\rho_i + \Delta \rho_i)}{2} \cdot \Delta \rho_i \cdot \Delta \theta_i$$

$$= \bar{\rho}_i \Delta \rho_i \Delta \theta_i,$$

其中 $\bar{\rho}_i = \rho_i + \frac{1}{2}\Delta \rho_i$ 为相邻两圆弧的半径的平均值.

在 $\Delta \sigma_i$ 内取一点 $(\bar{\rho}_i, \bar{\theta}_i)$,设其直角坐标为 (ξ_i, η_i),则有

$$\xi_i = \bar{\rho}_i \cos \bar{\theta}_i, \quad \eta_i = \bar{\rho}_i \sin \bar{\theta}_i.$$

于是

$$\lim_{\lambda \to 0} \sum_{i=1}^n f(\xi_i, \eta_i) \Delta \sigma_i = \lim_{\lambda \to 0} \sum_{i=1}^n f(\bar{\rho}_i \cos \bar{\theta}_i, \bar{\rho}_i \sin \bar{\theta}_i) \bar{\rho}_i \Delta \rho_i \Delta \theta_i,$$

因此
$$\iint\limits_D f(x,y)\mathrm{d}\sigma = \iint\limits_D f(\rho\cos\theta,\rho\sin\theta)\rho\mathrm{d}\rho\mathrm{d}\theta. \tag{10.3}$$

称式 (10.3) 为二重积分由直角坐标系变换成极坐标系的变换公式, 称 $\rho\mathrm{d}\rho\mathrm{d}\theta$ 为极坐标系下的面积元素.

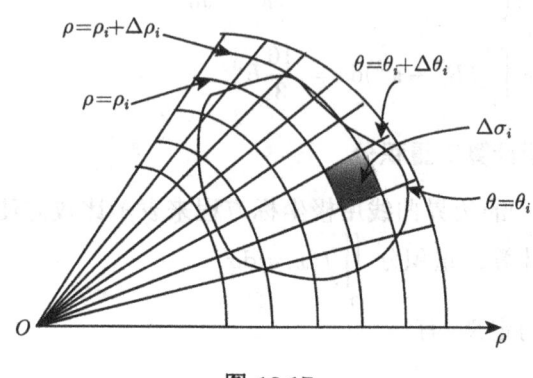

图 10.17

极坐标系下二重积分的计算, 同样化为二次积分来计算. 根据区域 D 的不同, 分以下两种情形来讨论.

情形一 极点在积分区域 D 外 (如图 10.18), 区域 D 可表示为
$$\varphi_1(\theta) \leqslant \rho \leqslant \varphi_2(\theta), \quad \alpha \leqslant \theta \leqslant \beta.$$
则
$$\iint\limits_D f(\rho\cos\theta,\rho\sin\theta)\rho\mathrm{d}\rho\mathrm{d}\theta = \int_\alpha^\beta \mathrm{d}\theta \int_{\varphi_1(\theta)}^{\varphi_2(\theta)} f(\rho\cos\theta,\rho\sin\theta)\rho\mathrm{d}\rho. \tag{10.4}$$

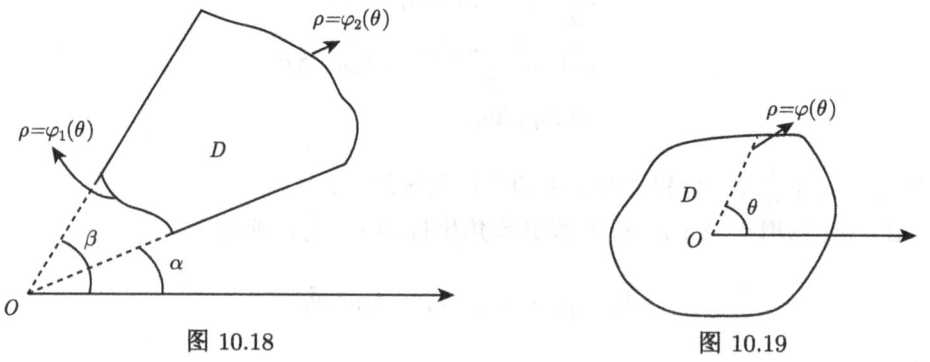

图 10.18　　　　　　　　　图 10.19

特别地, 当 $\varphi_1(\theta) = 0$ $(\alpha \leqslant \theta \leqslant \beta)$, 即极点在积分区域 D 的边界上时, 若记 $\varphi(\theta) = \varphi_2(\theta)$, 则区域 D 可表示为

10.2 二重积分的计算

$$0 \leqslant \rho \leqslant \varphi(\theta), \quad \alpha \leqslant \theta \leqslant \beta.$$

则

$$\iint\limits_{D} f(\rho\cos\theta, \rho\sin\theta)\rho \mathrm{d}\rho \mathrm{d}\theta = \int_{\alpha}^{\beta} \mathrm{d}\theta \int_{0}^{\varphi(\theta)} f(\rho\cos\theta, \rho\sin\theta)\rho \mathrm{d}\rho \tag{10.5}$$

情形二 极点在积分区域 D 的内部 (如图 10.19), $D: 0 \leqslant r \leqslant \varphi(\theta), 0 \leqslant \theta \leqslant 2\pi$.

则

$$\iint\limits_{D} f(\rho\cos\theta, \rho\sin\theta)\rho \mathrm{d}\rho \mathrm{d}\theta = \int_{0}^{2\pi} \mathrm{d}\theta \int_{0}^{\varphi(\theta)} f(\rho\cos\theta, \rho\sin\theta)\rho \mathrm{d}\rho. \tag{10.6}$$

例 10.2.10 计算二重积分 $\iint\limits_{D} \mathrm{e}^{-x^2-y^2} \mathrm{d}\sigma$, 其中 D 是圆域 $x^2+y^2 \leqslant a^2$.

解 在极坐标系中, 区域 D (如图 10.20) 可表示为

$$0 \leqslant \rho \leqslant a, \quad 0 \leqslant \theta \leqslant 2\pi.$$

则

$$\iint\limits_{D} \mathrm{e}^{-x^2-y^2} \mathrm{d}\sigma = \iint\limits_{D} \mathrm{e}^{-\rho^2} \rho \mathrm{d}\rho \mathrm{d}\theta = \int_{0}^{2\pi} \mathrm{d}\theta \int_{0}^{a} \rho \mathrm{e}^{-\rho^2} \mathrm{d}\rho$$
$$= \int_{0}^{2\pi} \left[-\frac{1}{2}\mathrm{e}^{-\rho^2}\right]_{0}^{a} \mathrm{d}\theta = \pi(1-\mathrm{e}^{-a^2}).$$

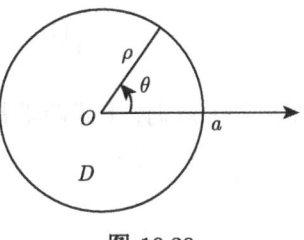

图 10.20

下面利用例 10.2.10 的结果来计算概率统计中常用的一个广义积分

$$\int_{0}^{+\infty} \mathrm{e}^{-x^2} \mathrm{d}x.$$

因为 e^{-x^2} 的原函数不是初等函数, 所以该广义积分不能直接积分出来. 由广义积分的定义

$$\int_{0}^{+\infty} \mathrm{e}^{-x^2} \mathrm{d}x = \lim_{a \to +\infty} \int_{0}^{a} \mathrm{e}^{-x^2} \mathrm{d}x.$$

作区域

$$D = \{(x,y) | 0 \leqslant x \leqslant a, 0 \leqslant y \leqslant a\},$$
$$D_1 = \{(x,y) | x^2+y^2 \leqslant a^2, x \geqslant 0, y \geqslant 0\},$$
$$D_2 = \{(x,y) | x^2+y^2 \leqslant 2a^2, x \geqslant 0, y \geqslant 0\}.$$

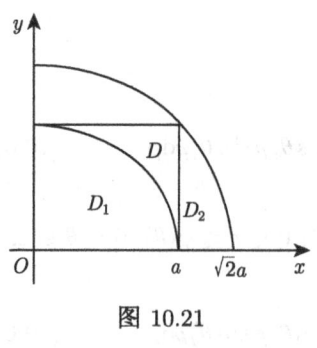

图 10.21

显然，$D_1 \subset D \subset D_2$ (图 10.21). 由于 $\mathrm{e}^{-x^2-y^2} > 0$, 则

$$\iint\limits_{D_1} \mathrm{e}^{-x^2-y^2}\mathrm{d}\sigma \leqslant \iint\limits_{D} \mathrm{e}^{-x^2-y^2}\mathrm{d}\sigma \leqslant \iint\limits_{D_2} \mathrm{e}^{-x^2-y^2}\mathrm{d}\sigma.$$

因为

$$\iint\limits_{D} \mathrm{e}^{-x^2-y^2}\mathrm{d}\sigma = \int_0^a \mathrm{e}^{-x^2}\mathrm{d}x \cdot \int_0^a \mathrm{e}^{-y^2}\mathrm{d}y = \left(\int_0^a \mathrm{e}^{-x^2}\mathrm{d}x\right)^2,$$

由例 10.2.10 有

$$\iint\limits_{D_1} \mathrm{e}^{-x^2-y^2}\mathrm{d}\sigma = \frac{\pi}{4}(1-\mathrm{e}^{-a^2}),$$

$$\iint\limits_{D_2} \mathrm{e}^{-x^2-y^2}\mathrm{d}\sigma = \frac{\pi}{4}(1-\mathrm{e}^{-2a^2}).$$

于是上面的不等式可写成

$$\frac{\pi}{4}(1-\mathrm{e}^{-a^2}) \leqslant \left(\int_0^a \mathrm{e}^{-x^2}\mathrm{d}x\right)^2 \leqslant \frac{\pi}{4}(1-\mathrm{e}^{-2a^2}).$$

当 $a \to +\infty$ 时，上式两端都趋于极限 $\frac{\pi}{4}$，因此

$$\int_0^{+\infty} \mathrm{e}^{-x^2}\mathrm{d}x = \frac{\sqrt{\pi}}{2}.$$

由二重积分的性质 10.1.3 知，闭区域 D 的面积 σ 可表示为

$$\sigma = \iint\limits_{D} \mathrm{d}x\mathrm{d}y.$$

在极坐标系下，若极点在积分区域 D 的边界上，区域 D: $0 \leqslant \rho \leqslant \varphi(\theta), \alpha \leqslant \theta \leqslant \beta$. 则

$$\sigma = \int_\alpha^\beta \mathrm{d}\theta \int_0^{\varphi(\theta)} \rho\mathrm{d}\rho = \frac{1}{2}\int_\alpha^\beta [\varphi(\theta)]^2 \mathrm{d}\theta.$$

例 10.2.11 计算 $I = \iint\limits_{D} \arctan\frac{y}{x}\mathrm{d}x\mathrm{d}y$，其中 D 是由圆周 $x^2+y^2=1, x^2+y^2=4$ 及直线 $y=0, y=x$ 所围而成的在第一象限内的闭区域.

解 如图 10.22 所示，在极坐标系中，闭区域 D 可表示为

$$1 \leqslant \rho \leqslant 2, \quad 0 \leqslant \theta \leqslant \frac{\pi}{4},$$

因此

$$I = \iint\limits_{D} \arctan\frac{\rho\sin\theta}{\rho\cos\theta} \cdot \rho \mathrm{d}\rho\mathrm{d}\theta = \int_0^{\frac{\pi}{4}} \theta \mathrm{d}\theta \int_1^2 \rho \mathrm{d}\rho = \frac{3\pi^2}{64}.$$

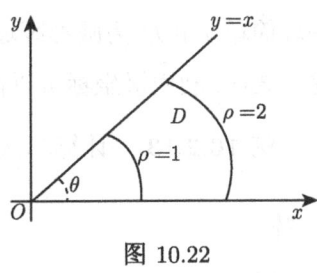

图 10.22

例 10.2.12 求由球面 $x^2 + y^2 + z^2 = 4a^2$ 和圆柱面 $x^2 + y^2 = 2ax(a > 0)$ 所围且含于圆柱面内的立体的体积 V(图 10.23).

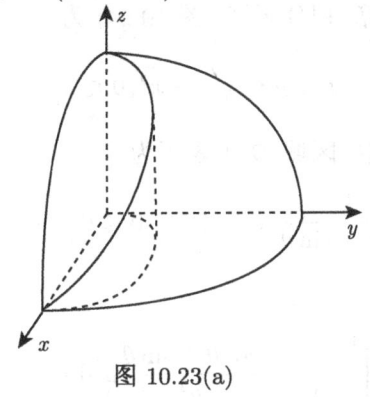

图 10.23(a)

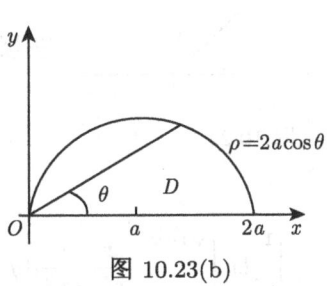

图 10.23(b)

解 根据立体关于坐标面的对称性, 只要算出它在第一卦限部分的体积 V_1, 然后再乘以 4 就行了. 第一卦限部分是以区域 $D = \{(x,y) \mid x^2 + y^2 \leqslant 2ax, y \geqslant 0\}$ 为底, 以 $z = \sqrt{4a^2 - x^2 - y^2}$ 为顶的曲顶柱体, 因此

$$V = 4\iint\limits_{D} \sqrt{4a^2 - x^2 - y^2}\mathrm{d}x\mathrm{d}y.$$

在极坐标系中, 闭区域 D 可表示为

$$0 \leqslant \rho \leqslant 2a\cos\theta, \quad 0 \leqslant \theta \leqslant \frac{\pi}{2}.$$

于是

$$V = 4\iint\limits_{D} \sqrt{4a^2 - x^2 - y^2}\mathrm{d}x\mathrm{d}y$$

$$= 4\iint\limits_{D} \sqrt{4a^2 - \rho^2}\rho\mathrm{d}\rho\mathrm{d}\theta = 4\int_0^{\frac{\pi}{2}} \mathrm{d}\theta \int_0^{2a\cos\theta} \sqrt{4a^2 - \rho^2}\rho\mathrm{d}\rho$$

$$= \frac{32}{3}a^3 \int_0^{\frac{\pi}{2}} (1 - \sin^3\theta)\mathrm{d}\theta = \frac{32}{3}a^3\left(\frac{\pi}{2} - \frac{2}{3}\right).$$

从上面例子看到, 在计算二重积分时, 若区域 D 的边界曲线方程在极坐标系

中较简单 (如 D 为圆形区域或角形区域) 或被积函数是 $f(x^2+y^2), f\left(\dfrac{x}{y}\right), f\left(\dfrac{y}{x}\right)$ 等形式时,利用极坐标可以简化二重积分的计算.

例 10.2.13 计算二次积分 $\displaystyle\int_0^1 \mathrm{d}x \int_{1-x}^{\sqrt{1-x^2}} \dfrac{x+y}{x^2+y^2}\mathrm{d}y$.

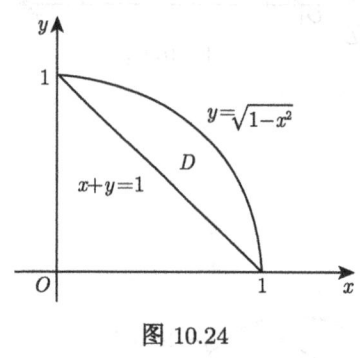

图 10.24

解 由于被积函数不易求出原函数,而积分区域与圆域有关,故可将其转化为极坐标系下的二重积分来计算. 积分区域 (图 10.24) 为

$$D: 1-x \leqslant y \leqslant \sqrt{1-x^2}, 0 \leqslant x \leqslant 1.$$

在极坐标系中,区域 D 可表示为

$$\dfrac{1}{\cos\theta+\sin\theta} \leqslant \rho \leqslant 1, \quad 0 \leqslant \theta \leqslant \dfrac{\pi}{2}.$$

因此

$$\int_0^1 \mathrm{d}x \int_{1-x}^{\sqrt{1-x^2}} \dfrac{x+y}{x^2+y^2}\mathrm{d}y = \int_0^{\frac{\pi}{2}} \mathrm{d}\theta \int_{\frac{1}{\cos\theta+\sin\theta}}^1 \dfrac{\cos\theta+\sin\theta}{\rho^2}\rho^2\mathrm{d}\rho$$
$$= 2 - \dfrac{\pi}{2}.$$

例 10.2.14 计算二重积分 $I = \iint\limits_{D} \dfrac{1+xy}{1+x^2+y^2}\mathrm{d}x\mathrm{d}y$, 其中区域

$$D = \{(x,y) | x^2+y^2 \leqslant 1, x \geqslant 0\}.$$

解 因为区域 D 关于 x 轴对称,若令 $f(x,y) = \dfrac{xy}{1+x^2+y^2}$,在区域 D 上,有 $f(x,-y) = -f(x,y)$. 因此

$$\iint\limits_{D} \dfrac{xy}{1+x^2+y^2}\mathrm{d}x\mathrm{d}y = 0.$$

又在极坐标系下,区域 D 可以表示为

$$D = \left\{(x,y) | 0 \leqslant \rho \leqslant 1, -\dfrac{\pi}{2} \leqslant \theta \leqslant \dfrac{\pi}{2}\right\},$$

于是

$$I = \iint\limits_{D} \dfrac{1+xy}{1+x^2+y^2}\mathrm{d}x\mathrm{d}y = \iint\limits_{D} \dfrac{1}{1+x^2+y^2}\mathrm{d}x\mathrm{d}y$$

$$= \int_{-\frac{\pi}{2}}^{\frac{\pi}{2}} \mathrm{d}\theta \int_0^1 \frac{1}{1+\rho^2} \rho \mathrm{d}\rho = \frac{1}{2}\pi \ln 2.$$

习 题 10.2

1. 将下列二重积分 $\iint\limits_D f(x,y) d\sigma$ 化为累次积分，其中区域 D 为

(1) 由直线 $y=0$, $x=0$ 以及 $x+y=1$ 围成的区域；

(2) 由曲线 $y=x^2$ 和 $x=y^2$ 围成的区域；

(3) 由 $x^2+y^2=1$ 围成的区域；

(4) 由 $x=3, y=x$ 以及 $xy=1$ 围成的区域.

2. 交换下列二重积分的积分顺序：

(1) $\int_0^2 \mathrm{d}x \int_x^{2x} f(x,y)\mathrm{d}y$；

(2) $\int_0^1 \mathrm{d}x \int_{x^3}^{x^2} f(x,y)\mathrm{d}y$；

(3) $\int_1^2 \mathrm{d}x \int_{2-x}^{\sqrt{2x-x^2}} f(x,y)\mathrm{d}y$；

(4) $\int_0^1 \mathrm{d}y \int_{-\sqrt{1-y^2}}^{1-y} f(x,y)\mathrm{d}x$；

(5) $\int_0^1 \mathrm{d}x \int_0^x f(x,y)\mathrm{d}y + \int_1^2 \mathrm{d}x \int_0^{2-x} f(x,y)\mathrm{d}y$.

3. 计算下列二重积分：

(1) $\iint\limits_D (x^2+y^2)\mathrm{d}\sigma$，其中 $D=\{(x,y)|0\leqslant x\leqslant 1, 0\leqslant y\leqslant 1\}$；

(2) $\iint\limits_D e^{\frac{x}{y}}\mathrm{d}\sigma$，其中区域 D 由抛物线 $y^2=x$，直线 $x=0, y=1$ 所围成；

(3) $\iint\limits_D x^2\mathrm{d}\sigma$，其中区域 D 由直线 $x=3y, y=3x$ 及 $x+y=8$ 围成；

(4) $\int_{\frac{1}{4}}^{\frac{1}{2}} \mathrm{d}y \int_{\frac{1}{2}}^{\sqrt{y}} e^{\frac{y}{x}}\mathrm{d}x + \int_{\frac{1}{2}}^1 \mathrm{d}y \int_y^{\sqrt{y}} e^{\frac{y}{x}}\mathrm{d}x$.

4. 利用对称性计算下列二重积分：

(1) $\iint\limits_D x^3 y^5 \mathrm{d}\sigma$，其中 $D=\{(x,y) \mid x^2+y^2 \leqslant a^2\}$；

(2) $\iint\limits_D x^2 y \mathrm{d}\sigma$，其中 $D=\{(x,y) \mid x^2+y^2 \leqslant 1, y\geqslant 0\}$；

(3) $\iint\limits_D (x^2 - 2\sin x + 3y + 4)\mathrm{d}\sigma$，其中 $D=\{(x,y) \mid x^2+y^2\leqslant a^2, a>0\}$；

(4) $\iint\limits_D |xy|\mathrm{d}\sigma$，其中 $D=\{(x,y) \mid x^2+y^2\leqslant a^2, a>0\}$.

5. 设区域 $D = \{(x,y)| a \leqslant x \leqslant b, c \leqslant y \leqslant d\}$，函数 $f(x)$ 和 $g(y)$ 分别在区间 $[a,b]$ 和 $[c,d]$ 上连续. 证明：
$$\iint_D f(x)g(y)\mathrm{d}\sigma = \int_a^b f(x)\mathrm{d}x \int_c^d g(y)\mathrm{d}y.$$

6. 如果函数 $f(x,y)$ 在区域 D 上连续，其中区域 D 是由直线 $y=x, y=a$ 及 $x=b$ ($b>a$) 所围成的闭区域，试证：
$$\int_a^b \mathrm{d}x \int_a^x f(x,y)\mathrm{d}y = \int_a^b \mathrm{d}y \int_y^b f(x,y)\mathrm{d}x.$$

7. 设 $f(x,y)$ 连续，且 $f(x,y) = xy + \iint_D f(x,y)\mathrm{d}\sigma$，其中 D 是由 $y=0, y=x^2, x=1$ 围成的区域，求 $f(x,y)$ 的表达式.

8. 把下列积分化为极坐标下的二次积分：

(1) $\int_0^1 \mathrm{d}x \int_0^1 f(x,y)\mathrm{d}y$；

(2) $\int_0^1 \mathrm{d}x \int_{1-x}^{\sqrt{1-x^2}} f(x,y)\mathrm{d}y$；

(3) $\int_0^2 \mathrm{d}x \int_x^{\sqrt{3}x} f(\sqrt{x^2+y^2})\mathrm{d}y$；

(4) $\int_0^1 \mathrm{d}x \int_0^{x^2} f(x,y)\mathrm{d}y$.

9. 利用极坐标计算下列二重积分：

(1) $\iint_{x^2+y^2 \leqslant a^2} \sqrt{x^2+y^2}\mathrm{d}\sigma$；

(2) $\iint_{\pi^2 \leqslant x^2+y^2 \leqslant 4\pi^2} \sin\sqrt{x^2+y^2}\mathrm{d}\sigma$；

(3) $\int_0^a \mathrm{d}x \int_{-x}^{-a+\sqrt{a^2-x^2}} \dfrac{1}{\sqrt{x^2+y^2}\sqrt{4a^2-(x^2+y^2)}}\mathrm{d}y$；

(4) $\iint_D |x^2+y^2-4|\mathrm{d}\sigma$，其中 D 是圆周 $x^2+y^2=9$ 围成的闭区域.

10. 计算下列二重积分：

(1) $\iint_D \sqrt{a^2-x^2-y^2}\mathrm{d}\sigma$，其中 D 是由圆周 $x^2+y^2=ax$ ($a>0$) 围成的闭区域；

(2) $\iint_D (y^2+3x-6y+9)\mathrm{d}\sigma$，其中 D 是由圆周 $x^2+y^2=a^2$ ($a>0$) 围成的闭区域.

11. 计算 $\iint_D \sqrt{x^2+y^2}\mathrm{d}\sigma$，其中 $D = \{(x,y)|\ 0 \leqslant y \leqslant x,\ x^2+y^2 \leqslant 2x\}$.

12. 求曲面 $z = x^2 + 2y^2$ 与 $z = 6 - 2x^2 - y^2$ 围成的空间区域的体积.

13. 求以平面上以 $x^2+y^2 = ax$ ($a>0$) 围成的区域为底，曲面 $z = x^2+y^2$ 为顶部的曲顶柱体的体积.

14. 求旋转抛物面 $z = 1-(x^2+y^2)$ 与 xOy 坐标平面所围的立体的体积 V.

15. 设一块平面薄片所占的区域 D 由三条直线 $y=x, x+y=2, y=0$ 围成，其面密度为 $\rho(x,y) = x^2+y^2$. 求该平面薄片的质量.

10.3 三重积分

10.3.1 三重积分的概念

我们首先考虑一个空间物体的质量问题. 设 Ω 是一个空间立体 (即三维空间中的一个有界闭区域), 其密度函数为 $\mu(x,y,z)$, 如何计算这个物体的质量呢? 如果物体的密度为常数, 而且物体的体积 V 可以算出, 自然可以采用

$$\text{质量} = \text{密度} \times \text{体积}$$

的公式来求得. 然而, 如果密度函数 $\mu(x,y,z)$ 不是常数, 情况就要复杂一些了. 我们沿用二重积分的思路, 将空间闭区域 Ω 分成 n 个内部不相交的小闭区域 Δv_1, $\Delta v_2, \cdots, \Delta v_n$. 同时以 $\Delta v_i (i=1,2,\cdots,n)$ 表示第 i 个小闭区域的体积. 在第 i 个小闭区域 Δv_i 上任意取一点 (ξ_i, η_i, ζ_i), 因密度函数 $\mu(x,y,z)$ 是连续函数, 那么 $\mu(\xi_i, \eta_i, \zeta_i)$ 可以作为 Δv_i 上其他各点的密度的近似值, 这样我们就可以求得第 i 个小空间立体质量的近似值

$$\Delta m_i \approx \mu(\xi_i, \eta_i, \zeta_i) \Delta v_i.$$

因此, 整个物体 Ω 的质量的近似值可以表示为

$$m = \sum_{i=1}^{n} \Delta m_i \approx \sum_{i=1}^{n} \mu(\xi_i, \eta_i, \zeta_i) \Delta v_i.$$

记 λ_k 为 Δv_k 中任意两点距离之最大值, 并记 $\lambda = \max\{\lambda_1, \lambda_2, \cdots, \lambda_n\}$. 当 $\lambda \to 0$ 时, 即分割越来越细密的时候, 则有

$$m = \lim_{\lambda \to 0} \sum_{i=1}^{n} \mu(\xi_i, \eta_i, \zeta_i) \Delta v_i.$$

在实际生活和工程技术问题中, 还有很多量的计算可以归结到上面这种和式的极限问题.

定义 10.3.1 设函数 $f(x,y,z)$ 在空间有界闭区域 Ω 上有定义, 将有界闭区域 Ω 任意分成 n 个小闭区域 $\Delta v_1, \Delta v_2, \cdots, \Delta v_n$, 其中 $\Delta v_i (i=1,2,\cdots,n)$ 表示第 i 个小空间闭区域, 也表示它的体积. 用 λ 表示这 n 个小闭区域的直径的最大值. 对任意的 $(\xi_i, \eta_i, \zeta_i) \in \Delta v_i$, 如果

$$\lim_{\lambda \to 0} \sum_{i=1}^{n} f(\xi_i, \eta_i, \zeta_i) \Delta v_i$$

存在, 则称函数 $f(x,y,z)$ 在有界闭区域 Ω 上**可积**, 称此极限值为函数 $f(x,y,z)$ 在有界闭区域 Ω 上的**三重积分**, 记为 $\iiint\limits_{\Omega} f(x,y,z) \mathrm{d}v$, 即

$$\iiint_\Omega f(x,y,z)\mathrm{d}v = \lim_{\lambda \to 0} \sum_{i=1}^n f(\xi_i, \eta_i, \zeta_i)\Delta v_i,$$

其中 $f(x,y,z)$ 称为**被积函数**, x,y,z 称为**积分变量**, Ω 称为**积分区域**, $\mathrm{d}v$ 称为**体积元素**, $f(x,y,z)\mathrm{d}v$ 称为**被积表达式**.

因此, 空间物体的质量等于它的体密度在其所占闭区域 Ω 上的三重积分, 即

$$m = \iiint_\Omega \mu(x,y,z)\mathrm{d}v.$$

当 $f(x,y,z) \equiv 1$ 时, $\iiint_\Omega \mathrm{d}v$ 表示具有均匀密度 $\mu(x,y,z) = 1$ 的物体的质量, 同时这个数值等于闭区域 Ω 的体积.

在三重积分的定义中, 对闭区域 Ω 的分割是任意的. 在空间直角坐标系中, 如果用平行于坐标面的平面来划分 Ω, 则除了含边界点的一些小区域外, 其余小闭区域都是小长方体区域. 因此, 体积元素 $\mathrm{d}v = \mathrm{d}x\mathrm{d}y\mathrm{d}z$, 所以三重积分也记作

$$\iiint_\Omega f(x,y,z)\mathrm{d}v = \iiint_\Omega f(x,y,z)\mathrm{d}x\mathrm{d}y\mathrm{d}z.$$

其中 $\mathrm{d}x\mathrm{d}y\mathrm{d}z$ 称为**直角坐标系中的体积元素**.

类似于二重积分, 当函数 $f(x,y,z)$ 在空间有界闭区域 Ω 上连续时, 极限 $\lim_{\lambda \to 0} \sum_{i=1}^n f(\xi_i, \eta_i, \zeta_i)\Delta v_i$ 是存在的, 因此 $f(x,y,z)$ 在 Ω 上的三重积分是存在的. 以后总假定 $f(x,y,z)$ 在闭区域 Ω 上是连续的.

三重积分的性质与二重积分的性质类似, 这里就不再重复了.

10.3.2 三重积分的计算

类似于二重积分, 三重积分也可以化为三次积分进行计算. 我们分别就直角坐标, 柱面坐标, 球面坐标下的情况进行讨论.

1. 利用直角坐标计算三重积分

如果用平行于 z 轴的直线穿过空间闭区域 Ω 的内部, 该直线与闭区域 Ω 的边界曲面 Σ 至多只有两个交点. 将空间区域 Ω 投影到 xOy 平面上, 其投影为一个闭区域, 记为 D_{xy}. 以 D_{xy} 的边界曲线为准线作出母线平行于 z 轴的柱面, 这个柱面与曲面 Σ 的交线把曲面 Σ 分为上、下两个部分, 它们的方程分别为

$$\Sigma_1 : z = z_1(x,y), \quad \Sigma_2 : z = z_2(x,y),$$

10.3 三重积分

其中 $z_1(x,y), z_2(x,y)$ 都是定义在平面区域 D_{xy} 上的连续函数, 且 $z_1(x,y) \leqslant z_2(x,y)$. 于是闭区域 Ω 是以 $z=z_1(x,y)$ 为下底, $z=z_2(x,y)$ 为上底的空间图形, 可以把它表示为

$$\Omega = \{(x,y,z)|\, z_1(x,y) \leqslant z \leqslant z_2(x,y),\ (x,y) \in D_{xy}\}.$$

把 x,y 暂时固定, 则 $f(x,y,z)$ 是变量 z 的函数, 先计算

$$F(x,y) = \int_{z_1(x,y)}^{z_2(x,y)} f(x,y,z)\mathrm{d}z,$$

然后计算 $F(x,y)$ 在 D_{xy} 上的二重积分, 即

$$\iiint_\Omega f(x,y,z)\mathrm{d}v = \iint_{D_{xy}} \left[\int_{z_1(x,y)}^{z_2(x,y)} f(x,y,z)\mathrm{d}z\right]\mathrm{d}x\mathrm{d}y.$$

上式通常记为

$$\iiint_\Omega f(x,y,z)\mathrm{d}v = \iint_{D_{xy}} \mathrm{d}x\mathrm{d}y \int_{z_1(x,y)}^{z_2(x,y)} f(x,y,z)\mathrm{d}z.$$

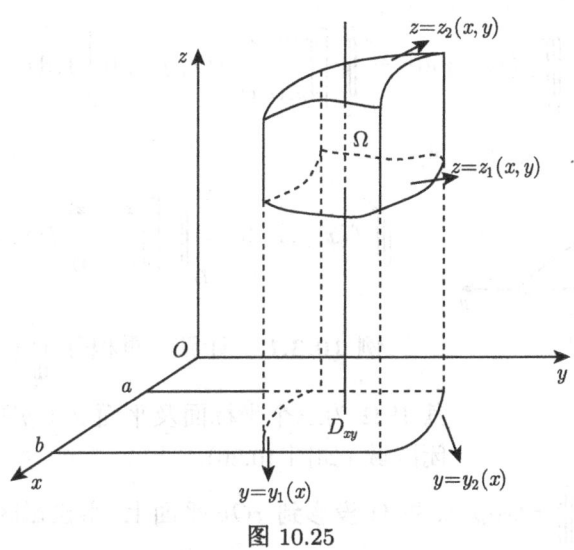

图 10.25

如图 10.25, 如果区域 D_{xy} 是 X 型区域, 即它由不等式

$$y_1(x) \leqslant y \leqslant y_2(x), \quad a \leqslant x \leqslant b$$

确定, 则

$$\iiint_\Omega f(x,y,z)\mathrm{d}v = \int_a^b \mathrm{d}x \int_{y_1(x)}^{y_2(x)} \mathrm{d}y \int_{z_1(x,y)}^{z_2(x,y)} f(x,y,z)\mathrm{d}z. \tag{10.7}$$

这就将三重积分化成了先对 z、次对 y、后对 x 的三次积分.

如果区域 D_{xy} 是一个 Y 型区域, 即它由不等式

$$x_1(y) \leqslant x \leqslant x_2(y), \quad c \leqslant y \leqslant d$$

确定, 则

$$\iiint_{\Omega} f(x,y,z) \mathrm{d}v = \int_c^d \mathrm{d}y \int_{x_1(y)}^{x_2(y)} \mathrm{d}x \int_{z_1(x,y)}^{z_2(x,y)} f(x,y,z) \mathrm{d}z. \tag{10.8}$$

将三重积分化成了先对 z、次对 x、后对 y 的三次积分.

如果用平行于 y 轴或 x 轴的直线穿过空间闭区域 Ω 的内部, 该直线与区域 Ω 的边界曲面 Σ 仍然至多只有两个交点. 将闭区域 Ω 投影到 zOx 或 yOz 平面上, 这样便可把三重积分化成其他次序的三次积分. 即闭区域 Ω 可以表示为

$$\Omega = \{(x,y,z) \mid y_1(z,x) \leqslant y \leqslant y_2(z,x), (z,x) \in D_{zx}\}$$

或

$$\Omega = \{(x,y,z) \mid x_1(y,z) \leqslant x \leqslant x_2(y,z), (y,z) \in D_{yz}\}.$$

则相应地有

$$\iiint_{\Omega} f(x,y,z) \mathrm{d}v = \iint_{D_{zx}} \left[\int_{y_1(z,x)}^{y_2(z,x)} f(x,y,z) \mathrm{d}y \right] \mathrm{d}z \mathrm{d}x$$

或

$$\iiint_{\Omega} f(x,y,z) \mathrm{d}v = \iint_{D_{yz}} \left[\int_{x_1(y,z)}^{x_2(y,z)} f(x,y,z) \mathrm{d}x \right] \mathrm{d}y \mathrm{d}z.$$

例 10.3.1 计算三重积分 $\iiint_{\Omega} (x+y+z) \mathrm{d}x\mathrm{d}y\mathrm{d}z$, 其中 Ω 为三个坐标面及平面 $x+y+z=1$ 所围成的闭区域 (如图 10.26).

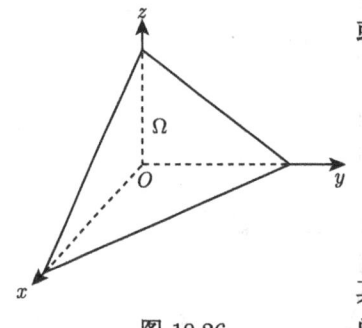

图 10.26

解 先计算 $\iiint_{\Omega} x \mathrm{d}x\mathrm{d}y\mathrm{d}z$, 将 Ω 投影到 xOy 平面上, 得投影区域为

$$D_{xy} = \{(x,y) \mid 0 \leqslant y \leqslant 1-x, 0 \leqslant x \leqslant 1\}.$$

在 D_{xy} 内任取一点, 过此点作平行于 z 轴的直线, 该直线介于平面 $z=0$ 与平面 $z=1-x-y$ 之间, 于是

$$\iiint_{\Omega} x \mathrm{d}x\mathrm{d}y\mathrm{d}z = \int_0^1 \mathrm{d}x \int_0^{1-x} \mathrm{d}y \int_0^{1-x-y} x \mathrm{d}z$$

$$= \int_0^1 x \mathrm{d}x \int_0^{1-x} (1-x-y)\mathrm{d}y$$
$$= \frac{1}{2}\int_0^1 (x - 2x^2 + x^3)\mathrm{d}x = \frac{1}{24}.$$

由对称性有
$$\iiint\limits_{\Omega} y\mathrm{d}x\mathrm{d}y\mathrm{d}z = \iiint\limits_{\Omega} z\mathrm{d}x\mathrm{d}y\mathrm{d}z = \iiint\limits_{\Omega} x\mathrm{d}x\mathrm{d}y\mathrm{d}z = \frac{1}{24},$$

因此
$$\iiint\limits_{\Omega} (x+y+z)\mathrm{d}x\mathrm{d}y\mathrm{d}z = \frac{1}{8}.$$

有时，计算三重积分也可以化为先计算一个二重积分，再计算一个定积分，即有下述计算公式. 设空间闭区域
$$\Omega = \{(x,y,z) \,|\, (x,y) \in D_z, c_1 \leqslant z \leqslant c_2\},$$

其中 D_z 是竖坐标为 z 的平面去截闭区域 Ω 所得到的一个平面闭区域 (图 10.27)，则有
$$\iiint\limits_{\Omega} f(x,y,z)\mathrm{d}v = \int_{c_1}^{c_2} \mathrm{d}z \iint\limits_{D_z} f(x,y,z)\mathrm{d}x\mathrm{d}y. \tag{10.9}$$

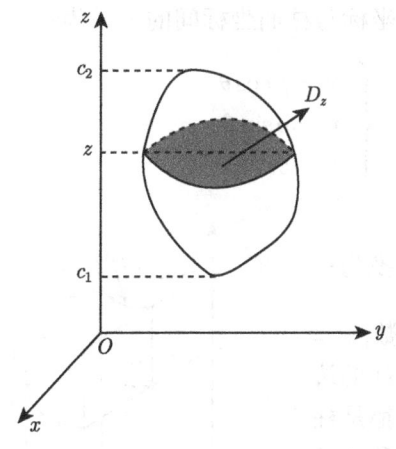

图 10.27

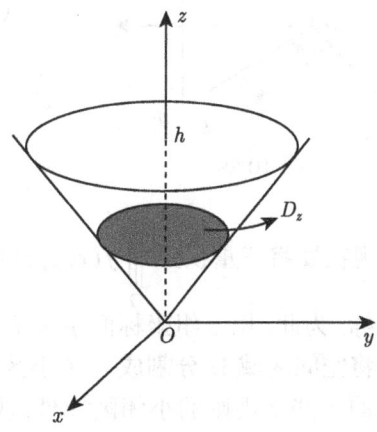

图 10.28

例 10.3.2 计算三重积分 $\iiint\limits_{\Omega} z\mathrm{d}v$，其中 Ω 是由平面 $z = h$ 与锥面 $z = \frac{h}{R}\sqrt{x^2+y^2}(R>0, h>0)$ 围成的闭区域.

解 由于被积函数只含变量 z,我们考虑先对变量 x,y 积分. 区域 Ω(如图 10.28) 可以表示为

$$\Omega = \{(x,y,z) \mid (x,y) \in D_z, \ 0 \leqslant z \leqslant h\},$$

其中 $D_z = \left\{(x,y) \mid x^2 + y^2 \leqslant \dfrac{R^2}{h^2} z^2 \right\}$. 因此

$$\iiint\limits_{\Omega} z \mathrm{d}v = \int_0^h z \mathrm{d}z \iint\limits_{D_z} \mathrm{d}x \mathrm{d}y = \pi \int_0^h \frac{R^2}{h^2} z^3 \mathrm{d}z = \frac{1}{4}\pi R^2 h^2.$$

2. 利用柱面坐标计算三重积分

设 $M(x,y,z)$ 是空间中的一点,并设点 M 在 xOy 面上的投影点 P 的极坐标为 (ρ,θ),则这样的三个数 ρ,θ,z 称为点 M 的**柱面坐标**(图 10.29). ρ,θ,z 的变化范围分别为

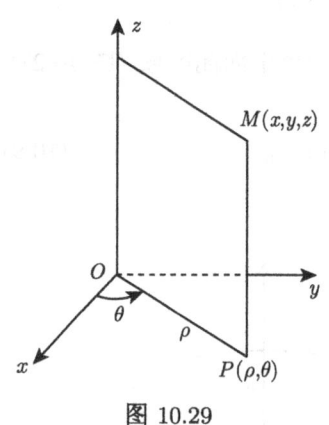

图 10.29

$$0 \leqslant \rho < +\infty, \ 0 \leqslant \theta \leqslant 2\pi, \ -\infty < z < +\infty.$$

柱面坐标的坐标面分别为:
$\rho = $ 常数,是以 z 轴为对称轴的圆柱面;
$\theta = $ 常数,是过 z 轴的半平面;
$z = $ 常数,是平行于 xOy 面的平面;
点 M 的直角坐标与柱面坐标间的关系为:

$$\begin{cases} x = \rho\cos\theta, \\ y = \rho\sin\theta, \\ z = z. \end{cases}$$

现在要将三重积分 $\iiint\limits_{\Omega} f(x,y,z)\mathrm{d}v$ 中的变量换为柱面坐标. 为此,用三组坐标面 $\rho = $ 常数,$\theta = $ 常数,$z = $ 常数将空间区域 Ω 分割成 n 个小区域,除了含 Ω 的边界点的一些不规则的小闭区域外,其余小区域都是柱体. 现考虑由 ρ,θ,z 各取得微小增量 $\mathrm{d}\rho,\mathrm{d}\theta,\mathrm{d}z$ 所成的柱体(图 10.30),其体积近似为 $\rho\mathrm{d}\rho\mathrm{d}\theta\mathrm{d}z$,即体积元素为

$$\mathrm{d}v = \rho\mathrm{d}\rho\mathrm{d}\theta\mathrm{d}z,$$

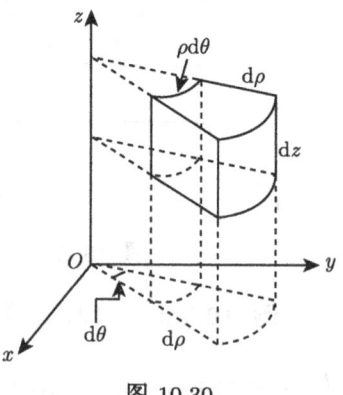

图 10.30

10.3 三重积分

称其为柱面坐标系中的体积元素. 因此

$$\iiint_\Omega f(x,y,z)\mathrm{d}x\mathrm{d}y\mathrm{d}z$$
$$= \iiint_\Omega f(\rho\cos\theta, \rho\sin\theta, z)\rho\mathrm{d}\rho\mathrm{d}\theta\mathrm{d}z. \tag{10.10}$$

柱面坐标下三重积分的计算仍然是把它化成三次积分来计算,如果用平行于 z 轴的直线穿过空间区域 Ω 的内部,该直线与空间区域 Ω 的边界曲面 Σ 至多只有两个交点. 将空间闭区域 Ω 投影到 xOy 平面上,其投影区域为 D_{xy}. 在区域 D_{xy} 内任取一点作 z 轴的平行直线,将其穿入和穿出的曲面方程用柱面坐标 ρ, θ, z 表示,设其方程分别为 $z = z_1(\rho, \theta), z = z_2(\rho, \theta)(z_1(\rho, \theta) \leqslant z_2(\rho, \theta))$. 同时将空间区域 Ω 在 xOy 面上的投影区域 D_{xy} 用极坐标变量 ρ, θ 表示,若

$$D_{xy} = \{(\rho, \theta) | \varphi_1(\theta) \leqslant \rho \leqslant \varphi_2(\theta), \alpha \leqslant \theta \leqslant \beta\},$$

则有

$$\iiint_\Omega f(\rho\cos\theta, \rho\sin\theta, z)\rho\mathrm{d}\rho\mathrm{d}\theta\mathrm{d}z$$
$$= \int_\alpha^\beta \mathrm{d}\theta \int_{\varphi_1(\theta)}^{\varphi_2(\theta)} \rho\mathrm{d}\rho \int_{z_1(\rho,\theta)}^{z_2(\rho,\theta)} f(\rho\cos\theta, \rho\sin\theta, z)\mathrm{d}z, \tag{10.11}$$

这样便在柱面坐标下将三重积分化成了先对 z,再对 ρ,最后对 θ 的三次积分.

例 10.3.3 计算三重积分 $\iiint_\Omega z\mathrm{d}x\mathrm{d}y\mathrm{d}z$,其中空间区域 Ω 由曲面 $z = \sqrt{2-x^2-y^2}$ 和 $z = x^2 + y^2$ 围成.

解 区域 Ω(图 10.31) 在 xOy 平面上的投影为 $D_{xy} = \{(x,y) \mid x^2 + y^2 \leqslant 1\}$. 在区域 D_{xy} 内任取一点作 z 轴的平行直线,它由曲面 $z = x^2 + y^2$ 穿入区域 Ω 并从 $z = \sqrt{2-x^2-y^2}$ 穿出. 因此,区域 Ω 用柱坐标表示为

$$\rho^2 \leqslant z \leqslant \sqrt{2-\rho^2}, \ 0 \leqslant \rho \leqslant 1, \ 0 \leqslant \theta \leqslant 2\pi.$$

于是

$$\iiint_\Omega z\mathrm{d}x\mathrm{d}y\mathrm{d}z = \int_0^{2\pi} \mathrm{d}\theta \int_0^1 \rho\mathrm{d}\rho \int_{\rho^2}^{\sqrt{2-\rho^2}} z\mathrm{d}z$$
$$= \pi \int_0^1 \rho(2 - \rho^2 - \rho^4)\mathrm{d}\rho = \frac{7}{12}\pi.$$

例 10.3.4 计算三重积分 $\iiint\limits_{\Omega} z\sqrt{x^2+y^2}\mathrm{d}x\mathrm{d}y\mathrm{d}z$, 其中空间区域 Ω 由柱面 $x^2+y^2=2x$ 以及平面 $z=0, z=a\,(a>0)$ 围成的圆柱体.

解 如图 10.32 所示, 在柱面坐标下, 圆柱体区域 Ω 可以表示为

$$\Omega = \left\{(\rho,\theta,z)\ \Big|\ 0\leqslant \rho\leqslant 2\cos\theta, -\frac{\pi}{2}\leqslant\theta\leqslant\frac{\pi}{2}, 0\leqslant z\leqslant a\right\}.$$

因此

$$\iiint\limits_{\Omega} z\sqrt{x^2+y^2}\mathrm{d}x\mathrm{d}y\mathrm{d}z = \int_{-\frac{\pi}{2}}^{\frac{\pi}{2}}\mathrm{d}\theta\int_{0}^{2\cos\theta}\rho^2\mathrm{d}\rho\int_{0}^{a}z\mathrm{d}z$$

$$= \frac{8}{3}a^2\int_{0}^{\frac{\pi}{2}}\cos^3\theta\mathrm{d}\theta = \frac{16}{9}a^2.$$

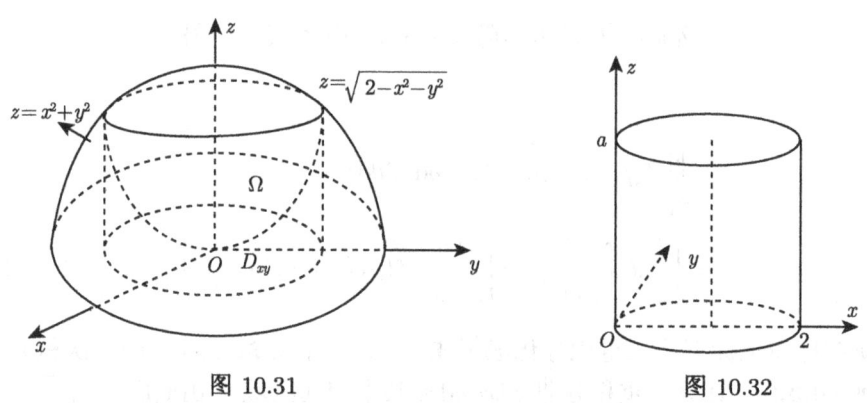

图 10.31   图 10.32

一般地, 当积分区域 Ω 是由圆柱面、圆锥面、旋转抛物面、平面等围成, 被积函数由柱面坐标表示比较简单时, 或被积函数含 x^2+y^2 时, 可考虑用柱面坐标来计算三重积分.

3. 利用球面坐标计算三重积分

设 $M(x,y,z)$ 为空间中一点, 点 P 是点 M 在 xOy 面上的投影点 (图 10.33). 设点 M 到原点 O 的距离为 r, $\overrightarrow{OM}$ 与 z 轴正向的夹角为 φ, 将 x 轴的正半轴按逆时针方向转到有向线段 $\overrightarrow{OP}$ 的角为 θ. 称 r,φ,θ 为点 M 的**球面坐标**, 这里 r,φ,θ 的变化范围为

$$0\leqslant r<+\infty,\quad 0\leqslant\varphi\leqslant\pi,\quad 0\leqslant\theta\leqslant 2\pi.$$

球面坐标的坐标面:

$r=$ 常数, 是以原点为球心的球面;

10.3 三重积分

$\varphi =$ 常数, 是以原点为顶点, z 轴为轴的圆锥面;
$\theta =$ 常数, 是过 z 轴的半平面.

点 M 的直角坐标与球面坐标的关系:

$$\begin{cases} x = r\sin\varphi\cos\theta, \\ y = r\sin\varphi\sin\theta, \\ z = r\cos\varphi. \end{cases}$$

现在要将三重积分 $\iiint\limits_{\Omega} f(x,y,z)\mathrm{d}v$ 中的变量换为球面坐标的 r,φ,θ. 为此, 用三组坐标面 $r=$ 常数, $\varphi=$ 常数, $\theta=$ 常数将空间闭区域 Ω 分割成 n 个小区域. 考虑由 r,φ,θ 各取得微小增量 $\mathrm{d}r,\mathrm{d}\varphi,\mathrm{d}\theta$ 所成的立体 (图 10.34), 其体积近似为 $r^2\sin\varphi \mathrm{d}r\mathrm{d}\varphi\mathrm{d}\theta$, 即体积元素为

$$\mathrm{d}v = r^2\sin\varphi \mathrm{d}r\mathrm{d}\varphi\mathrm{d}\theta,$$

称其为**球面坐标系中的体积元素**. 因此

$$\iiint\limits_{\Omega} f(x,y,z)\mathrm{d}v = \iiint\limits_{\Omega} F(r,\varphi,\theta)r^2\sin\varphi \mathrm{d}r\mathrm{d}\phi\mathrm{d}\theta, \tag{10.12}$$

其中 $F(r,\varphi,\theta) = f(r\sin\varphi\cos\theta, r\sin\varphi\sin\theta, r\cos\varphi)$.

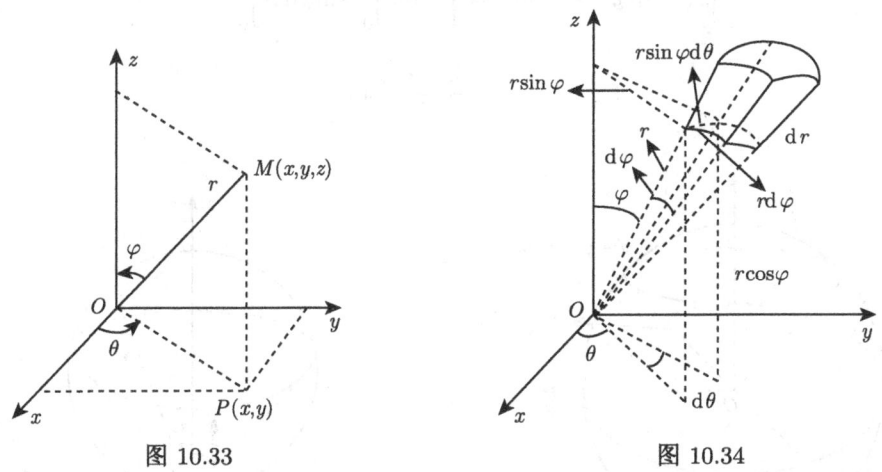

图 10.33　　　　　图 10.34

利用球面坐标计算三次积分仍然是化成三次积分来计算, 一般是化成先对 r, 再对 φ, 最后对 θ 的三次积分. 其积分限要由 r,φ,θ 在积分区域 Ω 中的变化情况来确定.

若积分区域 Ω 的边界曲面是一个包围原点在内的闭曲面, 其球面坐标方程为 $r = r(\varphi,\theta)$, 则

$$I = \iiint\limits_{\Omega} F(r,\varphi,\theta) r^2 \sin\varphi \mathrm{d}r\mathrm{d}\varphi\mathrm{d}\theta$$
$$= \int_0^{2\pi} \mathrm{d}\theta \int_0^{\pi} \sin\varphi \mathrm{d}\varphi \int_0^{r(\varphi,\theta)} F(r,\varphi,\theta) r^2 \mathrm{d}r.$$

特别地,当积分区域 Ω 为球面 $r=a$ 所围成时,有
$$I = \int_0^{2\pi} \mathrm{d}\theta \int_0^{\pi} \sin\varphi \mathrm{d}\varphi \int_0^{a} F(r,\varphi,\theta) r^2 \mathrm{d}r.$$

例 10.3.5 计算三重积分 $\iiint\limits_{\Omega}(x^2+y^2+z^2)\mathrm{d}v$,其中空间区域 Ω 是由锥面 $z=\sqrt{x^2+y^2}$ 及球面 $x^2+y^2+z^2=a^2$ 围成.

解 在球面坐标系中,锥面 $z=\sqrt{x^2+y^2}$ 和球面 $x^2+y^2+z^2=a^2$ 对应的方程分别为 $\varphi=\dfrac{\pi}{4}, r=a$. 区域 Ω(如图 10.35) 可以表示为
$$0 \leqslant r \leqslant a, \quad 0 \leqslant \varphi \leqslant \frac{\pi}{4}, \quad 0 \leqslant \theta \leqslant 2\pi.$$

因此
$$\iiint\limits_{\Omega}(x^2+y^2+z^2)\mathrm{d}v = \int_0^{2\pi}\mathrm{d}\theta \int_0^{\frac{\pi}{4}} \sin\varphi\mathrm{d}\varphi \int_0^a r^4 \mathrm{d}r$$
$$= \frac{2-\sqrt{2}}{5}\pi a^5.$$

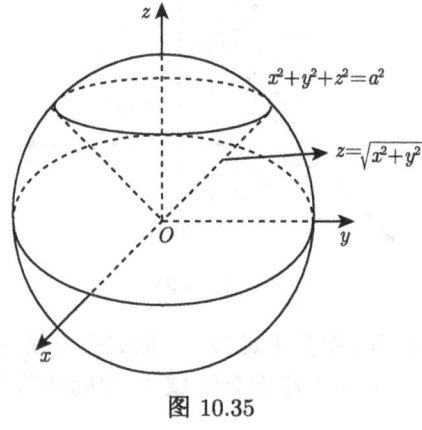

图 10.35

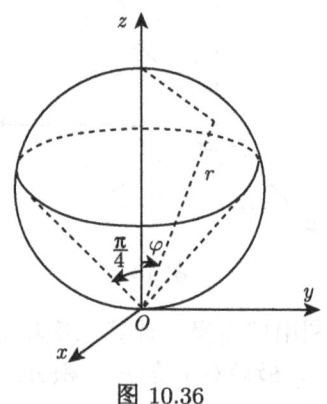

图 10.36

例 10.3.6 求球面 $x^2+y^2+z^2=2az(a>0)$ 与锥面 $x^2+y^2=z^2$ 围成 (含有 z 轴) 的立体的体积.

解 在球面坐标下 (如图 10.36), 区域 Ω 可以表示为

$$0 \leqslant r \leqslant 2a\cos\varphi, \quad 0 \leqslant \varphi \leqslant \frac{\pi}{4}, \quad 0 \leqslant \theta \leqslant 2\pi.$$

所以

$$V = \iiint\limits_{\Omega} dv = \int_0^{2\pi} d\theta \int_0^{\frac{\pi}{4}} \sin\varphi d\varphi \int_0^{2a\cos\varphi} r^2 dr = \pi a^3.$$

一般地, 当积分区域 Ω 是由球面、圆锥面等曲面围成, 被积函数由球面坐标表示比较简单时, 或被积函数含 $x^2 + y^2 + z^2$, 可考虑用球面坐标来计算三重积分.

习 题 10.3

1. 把三重积分 $I = \iiint\limits_{\Omega} f(x,y,z) dv$ 为三次积分, 其中积分区域 Ω 分别为:

(1) 由双曲面 $z = xy$ 及平面 $x + y = 1, z = 0$ 围成;

(2) 由旋转曲面 $z = x^2 + y^2$ 与平面 $z = 1$ 围成;

(3) 由曲面 $z = x^2 + y^2, y = x^2$ 与 $y = 1, z = 0$ 围成;

(4) 由平面 $x + y + z = 1, x + y = 1, x = 0, y = 0, z = 1$ 围成.

2. 在直角坐标下计算下列三重积分:

(1) $\iiint\limits_{\Omega} xyz dv$, 其中 $\Omega = \{(x,y,z) | 1 \leqslant x \leqslant 2, -1 \leqslant y \leqslant 1, 0 \leqslant z \leqslant 1\}$;

(2) $\iiint\limits_{\Omega} z dv$, 其中 Ω 由 $x^2 + y^2 = 4, z = x^2 + y^2$ 及 $z = 0$ 围成;

(3) $\iiint\limits_{\Omega} z^2 dv$, 其中 Ω 为椭球体 $\frac{x^2}{a^2} + \frac{y^2}{b^2} + \frac{z^2}{c^2} \leqslant 1$;

(4) $\iiint\limits_{\Omega} xy^2 z^3 dv$, 其中 Ω 是由 $z = xy, y = x, x = 1$ 及 $z = 0$ 围成的区域;

(5) $\iiint\limits_{\Omega} \frac{1}{(1+x+y+z)^3} dv$, 其中 Ω 是由 $x + y + z = 1, x = 0, y = 0, z = 0$ 围成的区域.

3. 设可积函数 $f(x,y,z) = f_1(x) \cdot f_2(y) \cdot f_3(z)$, 区域 $\Omega = \{(x,y,z) \mid a \leqslant x \leqslant b, c \leqslant y \leqslant d, m \leqslant z \leqslant n\}$. 证明:

$$\iiint\limits_{\Omega} f(x,y,z) dv = \int_a^b f_1(x) dx \int_c^d f_2(y) dy \int_m^n f_3(z) dz.$$

4. 利用柱面坐标计算下列三重积分:

(1) $\iiint\limits_{\Omega} \sqrt{x^2 + y^2} dv$, 其中 Ω 是由 $x^2 + y^2 = z^2, z = 1$ 围成的闭区域;

(2) $\iiint\limits_{\Omega} z\mathrm{d}v$, 其中 Ω 是由 $z = x^2 + y^2$ 与平面 $z = 2$ 围成的闭区域;

(3) $\iiint\limits_{\Omega} z\mathrm{d}v$, 其中区域 Ω 由锥面 $z = \dfrac{h}{R}\sqrt{x^2+y^2}$ 与平面 $z = h\ (R > 0, h > 0)$ 围成;

(4) $\iiint\limits_{\Omega} (x^2+y^2)\mathrm{d}v$, 其中区域 Ω 由 $x^2+y^2 = 2z$ 及 $z = 2$ 围成.

5. 利用球面坐标计算下列三重积分:

(1) $\iiint\limits_{\Omega} (x^2+y^2+z^2)\mathrm{d}v$, 其中 Ω 由球面 $x^2+y^2+z^2 = 1$ 围成的闭区域;

(2) $\iiint\limits_{\Omega} \sqrt{x^2+y^2+z^2}\mathrm{d}v$, 其中 Ω 是由 $x^2+y^2+z^2 = z$ 围成的闭区域.

6. 选择适当的坐标计算下列各题:

(1) 计算由 $z = 6 - x^2 - y^2$ 与 $z = \sqrt{x^2+y^2}$ 围成的空间立体的体积;

(2) 计算由 $z = \sqrt{5 - x^2 - y^2}$ 与 $x^2 + y^2 = 4z$ 围成的立体的体积;

(3) 计算 $\iiint\limits_{\Omega} (x^2+y^2)\mathrm{d}v$, 其中区域 Ω 是由曲线 $\begin{cases} y^2 = 2z, \\ x = 0 \end{cases}$ 围绕 z 轴旋转一周而成的曲面与平面 $z = 1, z = 2$ 围成的空间立体.

7. 设函数 $f(t)$ 有连续的导函数, 且 $f(0) = 0$. 求

$$\lim_{t \to 0+} \frac{1}{\pi t^4} \iiint\limits_{x^2+y^2+z^2 \leqslant t^2} f\left(\sqrt{x^2+y^2+z^2}\right)\mathrm{d}v.$$

10.4 重积分的应用

在本节, 我们讨论重积分的部分应用. 求立体的体积和求物体的质量的问题在讲重积分的定义时已经讨论过就不再赘述了. 本节主要讨论空间曲面的面积、物体的质心、转动惯量等.

10.4.1 空间曲面的面积

设曲面 Σ 的方程为

$$z = f(x,y),$$

D_{xy} 为曲面 Σ 在 xOy 面上的投影区域, 函数 $f(x,y)$ 在 D_{xy} 上具有连续偏导数 $f_x(x,y)$ 和 $f_y(x,y)$, 现在要计算曲面 Σ 的面积.

在空间曲面 Σ 上任取一点 $M(x,y,z)$, 在该点作曲面 Σ 的切平面. 在点 M 处 x, y 的增量分别为 $\mathrm{d}x, \mathrm{d}y$. 相应于这两个增量的小曲面的面积为 ΔS, 对应的切平面上一小块的面积作为曲面的**面积微元**$\mathrm{d}S$(如图 10.37). $\mathrm{d}S$ 和 ΔS 在 xOy 平面上的投影均为 $\mathrm{d}\sigma$. 设曲面在点 M 处切平面的法向量 $\boldsymbol{n}$ 的方向朝上, 则它与 z 轴所

成的夹角 γ 为锐角. 由于过点 M 的切平面与 xOy 平面所成的二面角等于 γ, 因此
$$\mathrm{d}\sigma = \cos\gamma \mathrm{d}S.$$

如果法向量 $\boldsymbol{n}$ 的方向朝下, 则有 $\mathrm{d}\sigma = -\cos\gamma \mathrm{d}S$. 于是, $\mathrm{d}\sigma = |\cos\gamma|\mathrm{d}S$. 因为 $\boldsymbol{n} = \pm(-f_x, -f_y, 1)$, 所以
$$\cos\gamma = \pm\frac{1}{\sqrt{1+f_x^2(x,y)+f_y^2(x,y)}}.$$

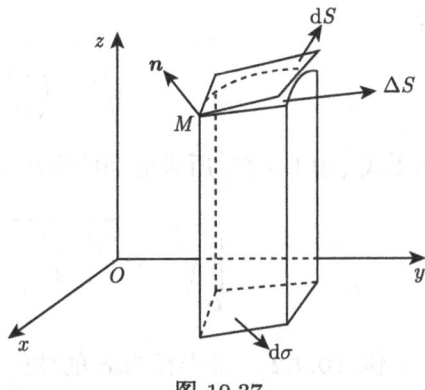

图 10.37

因此
$$\mathrm{d}S = \sqrt{1+f_x^2(x,y)+f_y^2(x,y)}\mathrm{d}\sigma,$$

这就是曲面 Σ 的面积元素. 以它为被积表达式在闭区域 D_{xy} 上积分, 得
$$S = \iint\limits_D \sqrt{1+f_x^2(x,y)+f_y^2(x,y)}\mathrm{d}\sigma.$$

上式也可以写成
$$S = \iint\limits_{D_{xy}} \sqrt{1+\left(\frac{\partial z}{\partial x}\right)^2+\left(\frac{\partial z}{\partial y}\right)^2}\mathrm{d}x\mathrm{d}y, \tag{10.13}$$

这就是曲面面积的计算公式.

设曲面 Σ 的方程为 $x = g(y,z)$ 或 $y = h(x,z)$, 可分别将曲面投影到 yOz 面上 (投影区域记为 D_{yz}) 或 zOx 面上 (投影区域记为 D_{zx}), 类似地可得曲面面积的计算公式
$$S = \iint\limits_{D_{yz}} \sqrt{1+\left(\frac{\partial x}{\partial y}\right)^2+\left(\frac{\partial x}{\partial z}\right)^2}\mathrm{d}y\mathrm{d}z \tag{10.14}$$

或
$$S = \iint\limits_{D_{zx}} \sqrt{1+\left(\frac{\partial y}{\partial x}\right)^2+\left(\frac{\partial y}{\partial z}\right)^2}\mathrm{d}z\mathrm{d}x. \tag{10.15}$$

例 10.4.1 求锥面 $z = \sqrt{x^2+y^2}$ 介于平面 $z = 0$ 和 $z = a(a > 0)$ 之间的面积.

解 介于平面 $z = 0$ 和 $z = a$ 之间的锥面 $z = \sqrt{x^2+y^2}$ 在 xOy 面上的投影区域为 $D = \{(x,y)\,|\,x^2+y^2 \leqslant a^2\}$.

由
$$\frac{\partial z}{\partial x} = \frac{x}{\sqrt{x^2+y^2}}, \frac{\partial z}{\partial y} = \frac{y}{\sqrt{x^2+y^2}},$$

得
$$\sqrt{1+\left(\frac{\partial z}{\partial x}\right)^2+\left(\frac{\partial z}{\partial y}\right)^2} = \sqrt{2}.$$

利用式 (10.13) 得,所求曲面的面积为

$$A = \iint\limits_{D} \sqrt{1+\left(\frac{\partial z}{\partial x}\right)^2+\left(\frac{\partial z}{\partial y}\right)^2}\mathrm{d}x\mathrm{d}y = \iint\limits_{D} \sqrt{2}\mathrm{d}\sigma = \sqrt{2}\pi a^2.$$

例 10.4.2 求半径为 a 的球的表面积.

解 根据对称性,只要计算上半球面面积的 2 倍即可. 上半球面方程为 $z = \sqrt{a^2-x^2-y^2}$,它在 xOy 面上的投影区域为 $D = \{(x,y) \,|\, x^2+y^2 \leqslant a^2\}$.

由
$$\frac{\partial z}{\partial x} = \frac{-x}{\sqrt{a^2-x^2-y^2}}, \frac{\partial z}{\partial y} = \frac{-y}{\sqrt{a^2-x^2-y^2}},$$

得
$$\sqrt{1+\left(\frac{\partial z}{\partial x}\right)^2+\left(\frac{\partial z}{\partial y}\right)^2} = \frac{a}{\sqrt{a^2-x^2-y^2}}.$$

因为被积函数在区域 D 上是无界的,所以不能直接应用曲面面积公式. 先取积分区域 $D_1 = \{(x,y) \,|\, x^2+y^2 \leqslant b^2\}$ $(0 < b < a)$,算出相应于 D_1 的球面面积 A_1 后,令 $b \to a$,取 A_1 的极限就得上半球面的面积.

$$A_1 = \iint\limits_{D_1} \frac{a}{\sqrt{a^2-x^2-y^2}}\mathrm{d}x\mathrm{d}y = \int_0^{2\pi}\mathrm{d}\theta\int_0^b \frac{a\rho}{\sqrt{a^2-\rho^2}}\mathrm{d}\rho$$
$$= 2\pi a\int_0^b \frac{\rho}{\sqrt{a^2-\rho^2}}\mathrm{d}\rho = 2\pi a(a-\sqrt{a^2-b^2}),$$

所以
$$\lim_{b \to a^-} A_1 = \lim_{b \to a^-} 2\pi a(a-\sqrt{a^2-b^2}) = 2\pi a^2.$$

从而球面面积为
$$A = 2A_1 = 4\pi a^2.$$

10.4.2 质心

类似于一维质量系的质点中心问题, 我们考虑平面质点系的质心. 如果在 xOy 面上分布着 n 个质量分别为 $m_1, m_2, \cdots, m_n$ 的质点构成的质量系, 它们的坐标分别为 $(x_1, y_1), (x_2, y_2), \cdots, (x_n, y_n)$. 那么我们称和式

$$\sum_{i=1}^n x_i m_i$$

为这个质量系沿 x 方向的静矩. 这个质量系的沿 x 方向的质心或者说平衡点的坐标为

$$\bar{x} = \frac{\sum_{i=1}^n x_i m_i}{\sum_{i=1}^n m_i}.$$

同样地, 我们称和式

$$\sum_{i=1}^n y_i m_i$$

为这个质量系沿 y 方向的静矩. 这个质量系的沿 y 方向的质心或者说平衡点的坐标为

$$\bar{y} = \frac{\sum_{i=1}^n y_i m_i}{\sum_{i=1}^n m_i}.$$

因此, 平面质量系的质心的坐标为

$$(\bar{x}, \bar{y}) = \left(\frac{\sum_{i=1}^n x_i m_i}{\sum_{i=1}^n m_i}, \frac{\sum_{i=1}^n y_i m_i}{\sum_{i=1}^n m_i} \right).$$

设有一平面薄片, 其密度为 $\rho(x, y)$, 它占有平面区域 D, 假定 $\rho(x, y)$ 是连续函数. 下面讨论该平面薄片的质心.

在平面区域 D 上任意取直径相当小的一小块区域 $d\sigma$, 同时也用它表示这块区域的面积. 由于 $d\sigma$ 的直径相当小, 可以视其为一个质点, 在 $d\sigma$ 上任意取一点 (x, y), 由于 $\rho(x, y)$ 是连续的, 所以 $d\sigma$ 上分布的质量可以用 $\rho(x, y)d\sigma$ 来近似, 且可以把这部分质量视为集中在点 (x, y) 上. 因此相应的沿 x 方向与沿 y 方向的静矩分别为

$$dM_y = x\rho(x, y)d\sigma, \quad dM_x = y\rho(x, y)d\sigma,$$

对这两个静矩微元在平面区域 D 上积分, 便得到薄片沿 x 方向与沿 y 方向的静矩分别为

$$M_y = \iint_D x\rho(x,y)\mathrm{d}\sigma, \quad M_x = \iint_D y\rho(x,y)\mathrm{d}\sigma.$$

根据二重积分的物理意义, 平面薄片的质量为 $M = \iint_D \rho(x,y)\mathrm{d}\sigma$, 所以薄片的质心坐标为

$$\bar{x} = \frac{M_y}{M} = \frac{\iint_D x\rho(x,y)\mathrm{d}\sigma}{\iint_D \rho(x,y)\mathrm{d}\sigma}, \quad \bar{y} = \frac{M_x}{M} = \frac{\iint_D y\rho(x,y)\mathrm{d}\sigma}{\iint_D \rho(x,y)\mathrm{d}\sigma}. \tag{10.16}$$

特别地, 当平面薄片是均匀薄片, 即 $\rho(x,y)$ 为常数时, 薄片的质心坐标为

$$\bar{x} = \frac{1}{\sigma}\iint_D x\mathrm{d}\sigma, \bar{y} = \frac{1}{\sigma}\iint_D y\mathrm{d}\sigma, \tag{10.17}$$

其中 σ 为平面薄片的面积.

例 10.4.3 计算二重积分 $\iint_D (2x+3y+5)\mathrm{d}\sigma$, 其中区域 $D = \{(x,y)|x^2+y^2 \leqslant a^2\}$.

解 对均匀平面薄片, 若它占有 xOy 面的区域 D, 则质心坐标 $\bar{x} = 0, \bar{y} = 0$. 由式 (10.17), 得

$$\iint_D (2x+3y+5)\mathrm{d}\sigma = (2\bar{x}+3\bar{y}+5)\sigma = 5\sigma = 5\pi a^2.$$

类似地, 占有空间有界闭区域 Ω, 在点 (x,y,z) 处的密度为 $\rho(x,y,z)$(设 $\rho(x,y,z)$ 在 Ω 上连续) 的物体, 其质心坐标为

$$\bar{x} = \frac{1}{M}\iiint_\Omega x\rho(x,y,z)\mathrm{d}v, \quad \bar{y} = \frac{1}{M}\iiint_\Omega y\rho(x,y,z)\mathrm{d}v, \quad \bar{z} = \frac{1}{M}\iiint_\Omega z\rho(x,y,z)\mathrm{d}v, \tag{10.18}$$

其中 $M = \iiint_\Omega \rho(x,y,z)\mathrm{d}v$ 是物体的质量.

如果物体是均匀的, 即 $\rho(x,y,z)$ 为常数, 则物体的质心坐标为

$$\bar{x} = \frac{1}{V}\iiint_\Omega x\mathrm{d}v, \bar{y} = \frac{1}{V}\iiint_\Omega y\mathrm{d}v, \bar{z} = \frac{1}{V}\iiint_\Omega z\mathrm{d}v, \tag{10.19}$$

其中 V 是立体的体积.

例 10.4.4 计算 $\iiint\limits_{\Omega}(2x-3y+4z+6)\mathrm{d}v$,其中 Ω 是球体 $x^2+y^2+(z-1)^2 \leqslant 1$.

解 对均匀物体,若它占有空间区域 Ω: $x^2+y^2+(z-1)^2 \leqslant 1$. 则质心坐标 $\bar{x}=0, \bar{y}=0, \bar{z}=1$. 由式 (10.19),有

$$\iiint\limits_{\Omega}x\mathrm{d}v=\bar{x}V, \quad \iiint\limits_{\Omega}y\mathrm{d}v=\bar{y}V, \quad \iiint\limits_{\Omega}z\mathrm{d}v=\bar{z}V,$$

因此

$$\iiint\limits_{\Omega}(2x-3y+4z+6)\mathrm{d}v=(2\times 0-3\times 0+4\times 1+6)\times \frac{4}{3}\pi=\frac{40}{3}\pi.$$

10.4.3 转动惯量

设在 xOy 面上有 n 个质点,它们的质量分别为 $m_1,m_2,\cdots,m_n$,分别位于点 $(x_1,y_1),(x_2,y_2),\cdots,(x_n,y_n)$ 处,它们组成了一个质量系. 由力学知识知道,这个质量系关于 x 轴和 y 轴的转动惯量分别为

$$I_x=\sum_{i=1}^{n}y_i^2 m_i, \quad I_y=\sum_{i=1}^{n}x_i^2 m_i.$$

对于具有连续质量分布密度的平面薄片,如果它占有平面区域 D,其密度为 $\rho(x,y)$,类似于质心坐标的讨论,容易得到它关于 x 轴和 y 轴的转动惯量分别为

$$I_x=\iint\limits_{D}y^2\rho(x,y)\mathrm{d}\sigma, \quad I_y=\iint\limits_{D}x^2\rho(x,y)\mathrm{d}\sigma.$$

类似地,对于占有空间区域 Ω,具有连续的质量分布密度 $\rho(x,y,z)$ 的物体,它关于 x 轴,y 轴以及 z 轴的转动惯量分别为

$$I_x=\iiint\limits_{\Omega}(y^2+z^2)\rho(x,y,z)\mathrm{d}v,$$

$$I_y=\iiint\limits_{\Omega}(z^2+x^2)\rho(x,y,z)\mathrm{d}v,$$

$$I_z=\iiint\limits_{\Omega}(x^2+y^2)\rho(x,y,z)\mathrm{d}v.$$

例 10.4.5 计算密度为常数 μ,半径为 a,高为 h 的均匀圆柱体对中轴的转动惯量.

解 不妨把直角坐标系的原点取在圆柱体的中心，z 轴与圆柱体的中轴重合. 此时圆柱体占有的空间区域可以表示为

$$\Omega: x^2 + y^2 \leqslant a^2, \quad -\frac{h}{2} \leqslant z \leqslant \frac{h}{2}.$$

圆柱体对中轴的转动惯量为

$$I_z = \iiint\limits_{\Omega} \mu(x^2 + y^2) \mathrm{d}v$$

$$= \mu \int_0^{2\pi} \mathrm{d}\theta \int_0^a \rho^3 \mathrm{d}\rho \int_{-\frac{h}{2}}^{\frac{h}{2}} \mathrm{d}z = \frac{1}{2}\mu\pi h a^4.$$

注意到该圆柱体的质量为 $M = \mu\pi a^2 h$，因此，圆柱体对中轴的转动惯量为

$$I_z = \frac{1}{2} M a^2.$$

习 题 10.4

1. 求曲面 $z = x^2 + y^2$ 与 $z = 2 - \sqrt{x^2 + y^2}$ 所围立体的表面积 S.
2. 求圆柱面 $x^2 + z^2 = a^2$ 被圆柱面 $x^2 + y^2 = a^2$ 所割部分的面积.
3. 求两圆周 $x^2 + (y - 2a)^2 = 4a^2$，$x^2 + (y - a)^2 = a^2$ $(a > 0)$ 围成的均匀薄片的质心.
4. 求曲面 $\dfrac{x^2}{a^2} + \dfrac{y^2}{b^2} = \dfrac{z^2}{c^2}$ 与平面 $z = c$ 所围成的均匀物体的质心.
5. 求质量为 m 的均匀椭圆柱体 $\dfrac{x^2}{a^2} + \dfrac{y^2}{b^2} \leqslant 1, 0 \leqslant z \leqslant h$ 对各坐标轴的转动惯量.

总 习 题 10

1. 选择题.

(1) 设 $f(x), g(x)$ 分别是连续的奇函数和偶函数，$D = \{(x,y) | 0 \leqslant x \leqslant 1, -\sqrt{x} \leqslant y \leqslant \sqrt{x}\}$，则有 (　　).

(A) $\iint\limits_{D} f(y)g(x)\mathrm{d}\sigma = 0;$ \qquad (B) $\iint\limits_{D} f(x)g(y)\mathrm{d}\sigma = 0;$

(C) $\iint\limits_{D} [f(x) + g(y)]\mathrm{d}\sigma = 0;$ \qquad (D) $\iint\limits_{D} [f(y) + g(x)]\mathrm{d}\sigma = 0.$

(2) 设 $D = \{(x,y) \mid x^2 + y^2 \leqslant 1, y > 0\}$，$D_1 = \{(x,y) \mid x^2 + y^2 \leqslant 1, x \geqslant 0, y \geqslant 0\}$，则 (　　).

(A) $\iint\limits_{D} x\mathrm{d}\sigma = 2\iint\limits_{D_1} x\mathrm{d}\sigma;$ \qquad (B) $\iint\limits_{D} xy\mathrm{d}\sigma = 2\iint\limits_{D_1} xy\mathrm{d}\sigma;$

总习题 10

(C) $\iint\limits_{D} |x|\mathrm{d}\sigma = 2\iint\limits_{D_1} |x|\mathrm{d}\sigma$;   (D) $\iint\limits_{D} (x+y)\mathrm{d}\sigma = 2\iint\limits_{D_1} (x+y)\mathrm{d}\sigma$.

(3) 积分 $\int_0^2 \mathrm{d}x \int_x^2 \mathrm{e}^{-y^2}\mathrm{d}y$ 的值等于 (   ).

(A) $\frac{1}{2}\left(1-\mathrm{e}^{-3}\right)$;   (B) $\frac{1}{2}\left(1-\mathrm{e}^{-4}\right)$;   (C) $\left(1-\mathrm{e}^{-3}\right)$;   (D) $\left(1-\mathrm{e}^{-4}\right)$.

(4) 设 $f(x)$ 为连续函数, $F(t) = \int_1^t \mathrm{d}y \int_y^t f(x)\mathrm{d}x$, 则 $F'(2) = $ (   ).

(A) $2f(2)$;   (B) $f(2)$;   (C) $-f(2)$;   (D) 0.

(5) 下列各式中, (   ) 是 $\int_0^{\frac{\pi}{2}} \mathrm{d}\theta \int_0^{\cos\theta} f(\rho\cos\theta, \rho\sin\theta)\rho\mathrm{d}\rho$ 的直角坐标表示形式.

(A) $\int_0^1 \mathrm{d}y \int_0^{\sqrt{y-y^2}} f(x,y)\mathrm{d}x$;   (B) $\int_0^1 \mathrm{d}y \int_0^{\sqrt{1-y^2}} f(x,y)\mathrm{d}x$;

(C) $\int_0^1 \mathrm{d}x \int_0^1 f(x,y)\mathrm{d}x$;   (D) $\int_0^1 \mathrm{d}x \int_0^{\sqrt{x-x^2}} f(x,y)\mathrm{d}y$.

2. 把 $\iint\limits_{D} f(x,y)\mathrm{d}\sigma$ 化成累次积分, 其中 D 是由 $y^2-x^2=1, x=2, x=-2$ 围成的区域.

3. 利用积分中值定理证明:

$$\lim_{r\to 0} \frac{1}{\pi r^2} \iint\limits_{D} \mathrm{e}^{x^2+y^2}\cos(x+y)\mathrm{d}\sigma = 1,$$

其中 D 是以原点为圆心, 半径为 r 的圆区域.

4. 交换下列积分的积分次序:

(1) $\int_0^4 \mathrm{d}x \int_{3x^2}^{12x} f(x,y)\mathrm{d}y$;   (2) $\int_{\frac{a}{2}}^a \mathrm{d}x \int_0^{\sqrt{2ax-x^2}} f(x,y)\mathrm{d}y$;

(3) $\int_0^{\pi} \mathrm{d}x \int_0^{\sin x} f(x,y)\mathrm{d}y$;   (4) $\int_0^{\frac{R\sqrt{2}}{2}} \mathrm{d}x \int_0^x f(x,y)\mathrm{d}y + \int_{\frac{R\sqrt{2}}{2}}^R \mathrm{d}x \int_0^{\sqrt{R^2-x^2}} f(x,y)\mathrm{d}y$.

5. 计算 $\int_0^{\mathrm{e}} \mathrm{d}y \int_1^2 \frac{\ln x}{\mathrm{e}^x}\mathrm{d}x + \int_{\mathrm{e}}^{\mathrm{e}^2} \mathrm{d}y \int_{\ln y}^2 \frac{\ln x}{\mathrm{e}^x}\mathrm{d}x$.

6. 计算 $\iint\limits_{D} \mathrm{e}^{-x^2}\mathrm{d}\sigma$, 其中 D 是以 $O(0,0), A(1,1), B(1,0)$ 为顶点的三角形闭区域.

7. 设 $f(x,y)$ 为连续函数. 求极限:

$$\lim_{t\to 0^+} \frac{1}{\pi t^2} \iint\limits_{x^2+y^2 \leqslant t^2} f(x,y)\mathrm{d}\sigma.$$

8. 计算 $\iint\limits_{D} \frac{1}{\sqrt{a^2-x^2-y^2}}\mathrm{d}\sigma$, 其中 D 是以原点为圆心, 半径为 a 的圆在第一象限的部分.

9. 计算下列累次积分:

(1) $\int_0^2 dx \int_0^1 (x^2 + 2y) dy$;

(2) $\int_1^2 dx \int_{\frac{1}{x}}^x \frac{x^2}{y^2} dy$;

(3) $\int_{-\frac{\pi}{2}}^{\frac{\pi}{2}} d\theta \int_0^{3\cos\theta} \rho^2 \sin^2\theta d\rho$;

(4) $\int_0^1 dx \int_0^{\sqrt{1-x^2}} \sqrt{1-x^2-y^2} dy$.

10. 改变三重累次积分 $\int_{-1}^1 dx \int_{x^2}^1 dy \int_0^{1-y} dz$ 的积分次序并求值:

(1) 先对 y 积分, 再对 z, x 积分;

(2) 先对 x 积分, 在对 z, y 积分.

11. 计算 $\iiint_\Omega \sqrt{x^2+y^2+z^2} dv$, 其中 Ω 为球体 $x^2+y^2+(z-1)^2 \leqslant 1$.

12. 求抛物线 $y=x^2$ 及直线 $y=1$ 所围成的均匀薄片 (面密度为常数 μ) 对于直线 $y=-1$ 的转动惯量.

13. 求密度为 1 的空间立体 $\Omega: \sqrt{x^2+y^2} \leqslant z \leqslant 1$ 绕直线 $x=y=z$ 的转动惯量.

第11章 曲线积分与曲面积分

定积分研究的是定义在区间上的函数的积分问题,重积分则讨论了定义在平面区域或者空间区域上的函数积分问题. 重积分是一元函数定积分概念向多元函数情况的推广. 本章的目的是研究定义在曲线上或者曲面上的多元函数的积分问题, 它也是上述积分的推广. 定义在曲线和曲面上的积分分两类, 一类与曲线和曲面的定向没有关系, 称为第一类曲线积分和曲面积分; 而另一类则与曲线与曲面的定向有关, 称为第二类曲线积分和曲面积分. 这两类积分都有很强的几何或者物理背景.

11.1 第一类曲线积分

11.1.1 第一类曲线积分的定义

下面利用曲线型构件的质量来引入第一类曲线积分的概念.

把一段具有密度函数为 $\rho(x)$ 的直线型构件 L 放置在 x 轴上, 它占据了闭区间 $[a,b]$. 由定积分的物理应用知道, 该直线型构件的质量可以用定积分来表示

$$m = \int_a^b \rho(x) \mathrm{d}x.$$

这是求质量问题的一种比较特殊的情况. 更一般地, 如果构件为曲线型构件 L, 它的质量又该如何解决呢? 如图 11.1, 考虑把曲线型构件 L 放置在 xOy 平面上, 它的两个端点分别记为 A 和 B, 其线密度为定义在曲线 L 上的连续函数 $\rho(x,y)$. 如果该构件是均匀的, 即密度是常数, 则其质量为密度与曲线弧的弧长之积. 如果该构件不是均匀的, 就需要另外的方法来处理. 回顾定积分和重积分的定义, 我们自然想到采用分割, 近似, 求和, 取极限四个步骤来进行.

1. 分割 在曲线 L 上从 A 到 B 依次任意插入 $n-1$ 个分点:
$$A = M_0, \quad M_1, \quad M_2, \quad \cdots, \quad M_{n-1}, \quad M_n = B,$$
将曲线弧 $\overparen{AB}$ 任意分成 n 个首尾相连接的小弧段 $\overparen{M_{i-1}M_i}, (i=1,2,\cdots,n)$. 记第 i 个小弧段 $\overparen{M_{i-1}M_i}$ 的弧长为 $\Delta s_i (i=1,2,\cdots,n)$.

2. 近似 因为 $\rho(x,y)$ 是定义在 L 上的连续函数, 所以当 Δs_i 很小时, 小弧段 $\overparen{M_{i-1}M_i}$ 上任意一点 (ξ_i, η_i) 处的线密度 $\rho(\xi_i, \eta_i)$ 可以作为小弧段 $\overparen{M_{i-1}M_i}$ 上任意一点处线密度的近似值, 从而小弧段 $\overparen{M_{i-1}M_i}$ 的质量可以近似表示为

$$\Delta m_i \approx \rho(\xi_i, \eta_i) \Delta s_i \quad (i=1,2,\cdots,n).$$

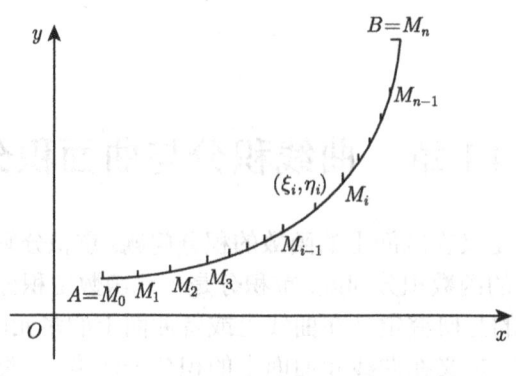

图 11.1

3. 求和 将 n 段小弧段质量的近似值加起来便得到曲线型构件质量的近似值, 即

$$m = \sum_{i=1}^{n} \Delta m_i \approx \sum_{i=1}^{n} \rho(\xi_i, \eta_i) \Delta s_i.$$

4. 取极限 其近似程度随小弧段分得越多, 近似程度越高. 则该曲线型构件的质量为

$$m = \lim_{\lambda \to 0} \sum_{i=1}^{n} \rho(\xi_i, \eta_i) \Delta s_i,$$

其中 $\lambda = \max\{\Delta s_1, \Delta s_2, \cdots, \Delta s_n\}$.

这类和式的极限在研究其他问题时也会遇到 (如求非均匀曲线弧的重心、转动惯量等). 避开它的实际意义, 抽象考虑其数量关系, 这就是下面要介绍的第一类曲线积分.

定义 11.1.1 设 $L = \overset{\frown}{AB}$ 是 xOy 平面上的一条分段光滑曲线弧, $f(x,y)$ 是定义在 L 上的有界函数. 在曲线弧 L 上从 A 到 B 依次任意插入 $n-1$ 个分点

$$A = M_0, M_1, M_2, \cdots, M_{n-1}, M_n = B,$$

将曲线弧 $L = \overset{\frown}{AB}$ 任意分成 n 段小弧段 $\overset{\frown}{M_{i-1}M_i}$ $(i = 1, 2, \cdots, n,)$. 记第 i 个小弧段 $\overset{\frown}{M_{i-1}M_i}$ 的弧长为 Δs_i, 在 $\overset{\frown}{M_{i-1}M_i}$ 上任取一点 $(\xi_i, \eta_i), i = 1, 2, \cdots, n$, 作和式 $\sum_{i=1}^{n} f(\xi_i, \eta_i) \Delta s_i$. 记 $\lambda = \max_{1 \leqslant i \leqslant n} \{\Delta s_i\}$, 如果极限

$$\lim_{\lambda \to 0} \sum_{i=1}^{n} f(\xi_i, \eta_i) \Delta s_i$$

存在, 则称此极限为函数 $f(x,y)$ 在曲线弧 L 上对弧长的曲线积分或**第一类曲线积**

分,记为 $\int_L f(x,y)\mathrm{d}s$ 或 $\int_{\widehat{AB}} f(x,y)\mathrm{d}s$,即

$$\int_L f(x,y)\mathrm{d}s = \lim_{\lambda \to 0} \sum_{i=1}^n f(\xi_i, \eta_i)\Delta s_i, \tag{11.1}$$

称 L 为**积分曲线弧**,$f(x,y)$ 为**被积函数**,$\mathrm{d}s$ 为**弧微分**.

由定义,曲线型构件 L 的质量可以表示为

$$m = \int_L \rho(x,y)\mathrm{d}s.$$

如果 L 是分段光滑闭曲线,则将 $f(x,y)$ 在曲线弧 L 上的第一类曲线积分记为 $\oint_L f(x,y)\mathrm{d}s$.

定义 11.1.1 可以推广到空间曲线弧 Γ 的情形,即函数 $f(x,y,z)$ 在空间曲线弧 Γ 上的第一类曲线积分定义为

$$\int_\Gamma f(x,y,z)\mathrm{d}s = \lim_{\lambda \to 0} \sum_{i=1}^n f(\xi_i, \eta_i, \zeta_i)\Delta s_i.$$

与定积分、重积分类似,如果函数 $f(x,y)$ 是定义在分段光滑曲线弧 L 上的连续函数,则 $\int_L f(x,y)\mathrm{d}s$ 存在. 在以后的叙述中总假定被积函数是连续函数.

从本质上说,第一类曲线积分的定义和定积分、重积分的定义是类似的,因此不难想象第一类曲线积分与定积分、重积分具有类似的性质. 下面列出部分第一类曲线积分的基本性质,读者可以自己模仿定积分和重积分的性质进行证明. 设 $f(x,y),g(x,y)$ 在曲线弧 L 上都是连续的,则

(1) $\int_L kf(x,y)\mathrm{d}s = k\int_L f(x,y)\mathrm{d}s$($k$ 为常数).

(2) $\int_L [f(x,y) \pm g(x,y)]\mathrm{d}s = \int_L f(x,y)\mathrm{d}s \pm \int_L g(x,y)\mathrm{d}s$.

(3) 设曲线弧 L 是由两段光滑曲线弧 L_1 和 L_2 连接而成的,则

$$\int_L f(x,y)\mathrm{d}s = \int_{L_1} f(x,y)\mathrm{d}s + \int_{L_2} f(x,y)\mathrm{d}s.$$

(4) 如果在曲线弧 L 上,$f(x,y) \equiv 1$,则 $\int_L \mathrm{d}s = s(L)$,这里 $s(L)$ 是曲线弧 L 的弧长.

11.1.2 第一类曲线积分的计算

设平面曲线弧 L 的参数方程为

$$\begin{cases} x = \varphi(t), \\ y = \psi(t) \end{cases} (\alpha \leqslant t \leqslant \beta),$$

其中 $\varphi(t)$, $\psi(t)$ 在区间 $[\alpha,\beta]$ 上具有连续的一阶导数且 $\varphi'^2(t)+\psi'^2(t)\neq 0$, 函数 $f(x,y)$ 为定义在 L 上的连续函数, 则

$$\int_L f(x,y)\mathrm{d}s = \int_\alpha^\beta f[\varphi(t),\psi(t)]\sqrt{\varphi'^2(t)+\psi'^2(t)}\mathrm{d}t \quad (\alpha<\beta). \tag{11.2}$$

特别地, 若曲线弧 L 由方程 $y=\varphi(x)(a\leqslant x\leqslant b)$ 给出, 且 $\varphi'(x)$ 在 $[a,b]$ 上连续, 则可把该情形视为以自变量 x 为参数的特殊情形, 即

$$L:\begin{cases} x=x, \\ y=\varphi(x) \end{cases} (a\leqslant x\leqslant b).$$

由式 (11.2), 有

$$\int_L f(x,y)\mathrm{d}s = \int_a^b f[x,\varphi(x)]\sqrt{1+\varphi'^2(x)}\mathrm{d}x \quad (a<b). \tag{11.3}$$

类似地, 若曲线弧 L 由方程 $x=\psi(y)(c\leqslant y\leqslant d)$ 给出, 且 $\psi'(y)$ 在 $[c,d]$ 上连续, 则可把 y 取为参数得其参数方程

$$L:\begin{cases} x=\psi(y), \\ y=y \end{cases} (c\leqslant y\leqslant d).$$

由式 (11.2), 有

$$\int_L f(x,y)\mathrm{d}s = \int_c^d f[\psi(y),y]\sqrt{1+\psi'^2(y)}\mathrm{d}y \quad (c<d). \tag{11.4}$$

当平面曲线弧 L 的方程为极坐标形式 $\rho=\varphi(\theta)$, $\theta\in[\alpha,\beta]$, 且 $\varphi(\theta)$ 有一阶连续的导数时, 由直角坐标与极坐标的转化公式

$$\begin{cases} x=\varphi(\theta)\cos\theta, \\ y=\varphi(\theta)\sin\theta \end{cases} \theta\in[\alpha,\beta],$$

可以得到计算公式

$$\int_L f(x,y)\mathrm{d}s = \int_\alpha^\beta f[\varphi(\theta)\cos\theta,\varphi(\theta)\sin\theta]\sqrt{\varphi^2(\theta)+\varphi'^2(\theta)}\,\mathrm{d}\theta. \tag{11.5}$$

对于空间曲线的情况, 有类似的结果.

设 $f(x,y,z)$ 为定义在空间光滑曲线弧

$$\Gamma:\begin{cases} x=\varphi(t), \\ y=\psi(t), \\ z=\omega(t) \end{cases} (\alpha\leqslant t\leqslant\beta)$$

上的连续函数, 则

$$\int_\Gamma f(x,y,z)\mathrm{d}s$$
$$=\int_\alpha^\beta f[\varphi(t),\psi(t),\omega(t)]\sqrt{\varphi'^2(t)+\psi'^2(t)+\omega'^2(t)}\mathrm{d}t \quad (\alpha<\beta). \qquad (11.6)$$

第一类曲线积分的一个显著特点是它不依赖于积分曲线的走向. 在计算第一类曲线积分的时候需要注意, 由于弧微分 $\mathrm{d}s \geqslant 0$, 所以在把它转化为定积分的时候, 积分下限一定要小于积分上限.

例 11.1.1 计算曲线积分 $\int_L \sqrt{x^2+y^2}\mathrm{d}s$, 其中 L 的方程为 $x^2+y^2=ax\,(a>0)$.

解 由于曲线 (如图 11.2) 的参数方程为

$$\begin{cases} x=\dfrac{a}{2}+\dfrac{a}{2}\cos t, \\ y=\dfrac{a}{2}\sin t \end{cases} (0\leqslant t\leqslant 2\pi),$$

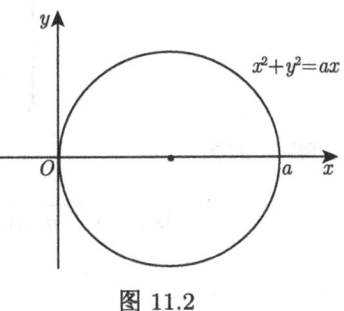

图 11.2

于是

$$\mathrm{d}s=\sqrt{x'^2(t)+y'^2(t)}\mathrm{d}t$$
$$=\sqrt{\left(-\dfrac{a}{2}\sin t\right)^2+\left(\dfrac{a}{2}\cos t\right)^2}\mathrm{d}t=\dfrac{a}{2}\mathrm{d}t.$$

由式 (11.2), 有

$$\int_L \sqrt{x^2+y^2}\mathrm{d}s=\int_0^{2\pi}\dfrac{a}{2}\sqrt{\dfrac{a^2(1+\cos t)}{2}}\mathrm{d}t$$
$$=\dfrac{a^2}{2}\int_0^{2\pi}\left|\cos\dfrac{t}{2}\right|\mathrm{d}t=2a^2\int_0^{\frac{\pi}{2}}\cos t\,\mathrm{d}t=2a^2.$$

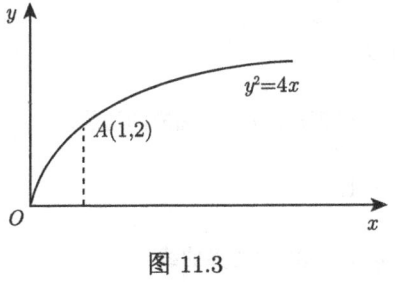

图 11.3

例 11.1.2 设 L 是曲线 $y^2=4x$ 上从 $O(0,0)$ 到 $A(1,2)$ 的一段弧 (图 11.3), 计算 $\int_L y\mathrm{d}s$.

解 因为

$$\mathrm{d}s=\sqrt{1+(x'(y))^2}\mathrm{d}y=\sqrt{1+\dfrac{y^2}{4}}\,\mathrm{d}y,$$

所以
$$\int_L y\mathrm{d}s = \int_0^2 y\sqrt{1+\frac{y^2}{4}}\,\mathrm{d}y$$
$$= \frac{4}{3}\left(1+\frac{y^2}{4}\right)^{\frac{3}{2}}\bigg|_0^2 = \frac{4}{3}(2\sqrt{2}-1).$$

例 11.1.3 计算曲线积分 $\int_\Gamma z\mathrm{d}s$, 其中 Γ 为圆柱螺旋线
$$\begin{cases} x = a\cos t, \\ y = a\sin t, \quad 0\leqslant t\leqslant 2\pi. \\ z = bt \end{cases}$$

解 因为
$$\mathrm{d}s = \sqrt{(-a\sin t)^2 + (a\cos t)^2 + b^2}\,\mathrm{d}t = \sqrt{a^2+b^2}\,\mathrm{d}t,$$
所以
$$\int_L z\mathrm{d}s = b\sqrt{a^2+b^2}\int_0^{2\pi} t\,\mathrm{d}t = 2b\pi^2\sqrt{a^2+b^2}.$$

例 11.1.4 计算曲线积分 $\int_\Gamma x^2\mathrm{d}s$, 其中曲线 Γ 为球面 $x^2+y^2+z^2=a^2$ 与平面 $x+y+z=0$ 的交线.

解 由对称性有
$$\int_\Gamma x^2\mathrm{d}s = \int_\Gamma y^2\mathrm{d}s = \int_\Gamma z^2\mathrm{d}s.$$
因此
$$\int_\Gamma x^2\mathrm{d}s = \frac{1}{3}\int_\Gamma (x^2+y^2+z^2)\mathrm{d}s$$
$$= \frac{a^2}{3}\int_\Gamma \mathrm{d}s = \frac{2}{3}\pi a^3.$$

习 题 11.1

1. 计算 $\int_L (xy+x^2 y)\mathrm{d}s$, 其中 L 是由 $x=0, y=0$ 和 $x+y=1$ 围成的边界.

2. 计算 $\oint_L (x^2+y^2)\mathrm{d}s$, 其中 L 为圆周 $x^2+y^2=1$.

3. 计算 $\int_L xy\mathrm{d}s$, 其中 L 为区域 $D: |x|+|y|\leqslant a\,(a>0)$ 的边界曲线.

4. 计算 $\oint_L e^{\sqrt{x^2+y^2}} ds$,其中 L 为圆周 $x^2+y^2=a^2$,直线 $y=x$ 及 x 轴在第一象限内围成的扇形的边界.

5. 计算 $\int_\Gamma \sqrt{2y^2+z^2} ds$,其中 Γ 是球面 $x^2+y^2+z^2=a^2$ 与平面 $y=x$ 的交线.

6. 计算 $\int_\Gamma x^2 yz ds$,其中 Γ 为折线段 $ABCD$,这里 A,B,C,D 依次为点 $(0,0,0),(0,0,2),(1,0,2),(1,3,2)$.

7. 计算 $\int_\Gamma \dfrac{1}{x^2+y^2+z^2} ds$,其中 Γ 为曲线 $x=e^t\cos t, y=e^t\sin t, z=e^t, t$ 从 0 到 2 的一段弧.

11.2 第二类曲线积分

11.2.1 第二类曲线积分的定义和性质

下面我们利用变力沿曲线做功这一物理问题来引入第二类曲线积分的概念.

设有一质点在力 $\boldsymbol{F}=(P(x,y),Q(x,y))$ 的作用下沿 xOy 平面上一光滑曲线 L 从点 A 移动到点 B,其中 $P(x,y), Q(x,y)$ 均为定义在曲线 L 上的连续函数. 如何计算在这个过程中力 $\boldsymbol{F}$ 所做的功?

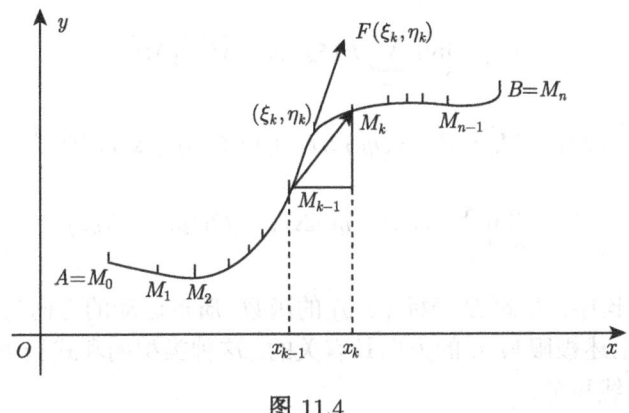

图 11.4

如果力 $\boldsymbol{F}$ 为常力,即在整个过程中 $\boldsymbol{F}$ 的大小和方向都不改变,曲线 L 为直线段 AB,则质点在力 $\boldsymbol{F}$ 的作用下从点 A 沿直线移动到点 B,所做的功为 $W=\boldsymbol{F}\cdot\overrightarrow{AB}$.

如果 $\boldsymbol{F}$ 不是常力且曲线 L 也不是直线段的时候,就需要用另外的办法来解决这个问题. 我们采用分割、近似、求和、取极限的办法.

1. 分割 在曲线 L 上从 A 至 B 依次任意插入 $n-1$ 个点:

$$M_1(x_1,y_1), M_2(x_2,y_2), \cdots, M_{n-1}(x_{n-1},y_{n-1}),$$

记 $A = M_0(x_0, y_0)$, $B = M_n(x_n, y_n)$. 将曲线弧 $\overset{\frown}{AB}$ 任意分成 n 个有向小弧 $\overset{\frown}{M_{k-1}M_k}(k=1,2,\cdots,n)$(图 11.4). 记第 k 个小弧段 $\overset{\frown}{M_{k-1}M_k}$ 的弧长为 Δs_k.

2. 近似 如果分点足够细密, 由于 $\boldsymbol{F} = (P(x,y), Q(x,y))$ 是连续的, 那么可以把每一个有向小弧段 $\overset{\frown}{M_{k-1}M_k}$ 上的力视为常力, 并且可以用有向线段 $\overrightarrow{M_{k-1}M_k} = \Delta x_k \boldsymbol{i} + \Delta y_k \boldsymbol{j}$ 来近似代替有向小弧段 $\overset{\frown}{M_{k-1}M_k}$, 其中 $\Delta x_k = x_k - x_{k-1}, \Delta y_k = y_k - y_{k-1}$. 在 $\overset{\frown}{M_{k-1}M_k}$ 上任意取一点 (ξ_k, η_k), 则在小弧段 $\overset{\frown}{M_{k-1}M_k}$ 上力 $\boldsymbol{F}$ 所做的功可以近似为

$$\Delta W_k \approx \boldsymbol{F}(\xi_k, \eta_k) \cdot \overrightarrow{M_{k-1}M_k}.$$

3. 求和 质点在力 $\boldsymbol{F} = (P(x,y), Q(x,y))$ 的作用下沿 xOy 平面上光滑曲线 L 从点 A 移动到点 B 所做的功可以近似表示为

$$W \approx \sum_{k=1}^{n} \boldsymbol{F}(\xi_k, \eta_k) \cdot \overrightarrow{M_{k-1}M_k}.$$

4. 取极限 记 $\lambda = \max\limits_{1 \leqslant i \leqslant n} \{\Delta s_i\}$, 当 $\lambda \to 0$ 时, 就认为 $\lim\limits_{\lambda \to 0} \sum_{k=1}^{n} \boldsymbol{F}(\xi_k, \eta_k) \cdot \overrightarrow{M_{k-1}M_k}$ 是质点在力 $\boldsymbol{F}$ 的作用下沿曲线 L 从 A 至 B 所做的功, 即

$$W = \lim_{\lambda \to 0} \sum_{k=1}^{n} \boldsymbol{F}(\xi_k, \eta_k) \cdot \overrightarrow{M_{k-1}M_k}.$$

注意到, $\boldsymbol{F}(\xi_k, \eta_k) \cdot \overrightarrow{M_{k-1}M_k} = P(\xi_k, \eta_k)\Delta x_k + Q(\xi_k, \eta_k)\Delta y_k$, 则有

$$W = \lim_{\lambda \to 0} \sum_{k=1}^{n} \left(P(\xi_k, \eta_k)\Delta x_k + Q(\xi_k, \eta_k)\Delta y_k \right).$$

在上述的讨论中, 力 $\boldsymbol{F}$ 是坐标 (x,y) 的函数, 质点运动的方向与有向曲线 L 的走向一致, 因此上述极限与 L 的方向是有关的. 这种类型的和式极限就是下面所要讨论的第二类曲线积分.

定义 11.2.1 设 L 是 xOy 面上的一条从点 A 至点 B 的有向光滑曲线弧, $P(x,y), Q(x,y)$ 是定义在 L 上的有界函数. 在曲线弧 L 上从 A 至 B 依次任意插入 $n-1$ 个分点:

$$M_1(x_1, y_1), M_2(x_2, y_2), \cdots, M_{n-1}(x_{n-1}, y_{n-1}),$$

记 $A = M_0(x_0, y_0)$, $B = M_n(x_n, y_n)$. 将曲线弧 $L = \overset{\frown}{AB}$ 任意分成 n 个有向小弧段 $\overset{\frown}{M_{i-1}M_i}(i=1,2,\cdots,n)$, $\overset{\frown}{M_{i-1}M_i}$ 的弧长记为 Δs_i. 记 $\Delta x_i = x_i - x_{i-1}, \Delta y_i =$

11.2 第二类曲线积分

$y_i - y_{i-1}$. 以 λ 表示 n 个小弧段弧长的最大值,在 $\overset{\frown}{M_{i-1}M_i}$ 上任取一点 (ξ_i, η_i),如果极限

$$\lim_{\lambda \to 0} \sum_{i=1}^{n} P(\xi_i, \eta_i) \Delta x_i$$

存在,则称此极限为函数 $P(x,y)$ 在有向曲线弧 L 上**对坐标 x 的曲线积分**,记为 $\int_L P(x,y)\mathrm{d}x$,即

$$\int_L P(x,y)\mathrm{d}x = \lim_{\lambda \to 0} \sum_{i=1}^{n} P(\xi_i, \eta_i) \Delta x_i.$$

如果极限

$$\lim_{\lambda \to 0} \sum_{i=1}^{n} Q(\xi_i, \eta_i) \Delta y_i$$

存在,则称此极限为函数 $Q(x,y)$ 在有向曲线弧 L 上**对坐标 y 的曲线积分**,记为 $\int_L Q(x,y)\mathrm{d}y$,即

$$\int_L Q(x,y)\mathrm{d}y = \lim_{\lambda \to 0} \sum_{i=1}^{n} Q(\xi_i, \eta_i) \Delta y_i,$$

称 $P(x,y), Q(x,y)$ 为**被积函数**,L 为积分曲线弧.

以上两个对坐标的曲线积分也称为**第二类曲线积分**.

在数学上可以单独讨论 $\int_L P(x,y)\mathrm{d}x, \int_L Q(x,y)\mathrm{d}y$ 中的任何一个,但在实际应用中这两个积分常常是结合在一起的,为了方便常把

$$\int_L P(x,y)\mathrm{d}x + \int_L Q(x,y)\mathrm{d}y$$

记为

$$\int_L P(x,y)\mathrm{d}x + Q(x,y)\mathrm{d}y,$$

或采用更为简洁的向量记法

$$\int_L \boldsymbol{F}(x,y) \cdot \mathrm{d}\boldsymbol{r},$$

其中 $\boldsymbol{F}(x,y) = (P(x,y), Q(x,y))$,$\mathrm{d}\boldsymbol{r} = (\mathrm{d}x, \mathrm{d}y)$.

当有向曲线弧 L 为闭曲线的时候,为了强调 L 为闭曲线,将其记为

$$\oint_L P(x,y)\mathrm{d}x + Q(x,y)\mathrm{d}y \text{ 或 } \oint_L \boldsymbol{F}(x,y) \cdot \mathrm{d}\boldsymbol{r}.$$

由第二类曲线积分的定义,质点在力 $\boldsymbol{F} = (P(x,y), Q(x,y))$ 的作用下沿 xOy 面上的光滑曲线 L 从点 A 移动到点 B 所做的功可表示为

$$W = \int_{\overset{\frown}{AB}} P(x,y)\mathrm{d}x + Q(x,y)\mathrm{d}y.$$

如果函数 $P(x,y), Q(x,y)$ 在有向光滑曲线弧 L 上连续, 则 $\int_L P(x,y)\mathrm{d}x$, $\int_L Q(x,y)\mathrm{d}y$ 都存在. 在以后的叙述中总是假定被积函数是连续函数.

定义 11.2.1 可以类似地推广到空间有向曲线弧 Γ 的情形, 即 $P(x,y,z), Q(x,y,z), R(x,y,z)$ 在有向曲线弧 Γ 上的第二类曲线积分定义为

$$\int_\Gamma P\mathrm{d}x + Q\mathrm{d}y + R\mathrm{d}z$$
$$= \lim_{\lambda \to 0} \sum_{i=1}^n [P(\xi_i, \eta_i, \zeta_i)\Delta x_i + Q(\xi_i, \eta_i, \zeta_i)\Delta y_i + R(\xi_i, \eta_i, \zeta_i)\Delta z_i].$$

空间有向曲线弧 Γ 上的第二类曲线积分也可简记为

$$\int_L \boldsymbol{F}(x,y,z) \cdot \mathrm{d}\boldsymbol{r},$$

其中 $\boldsymbol{F}(x,y,z) = (P(x,y,z), Q(x,y,z), R(x,y,z))$, $\mathrm{d}\boldsymbol{r} = (\mathrm{d}x, \mathrm{d}y, \mathrm{d}z)$.

类似于第一类曲线积分, 第二类曲线积分也有相应的性质:

(1) $\int_L k\boldsymbol{F}(x,y) \cdot \mathrm{d}\boldsymbol{r} = k\int_L \boldsymbol{F}(x,y) \cdot \mathrm{d}\boldsymbol{r}$ (k 为常数).

(2) $\int_L [\boldsymbol{F}_1(x,y) + \boldsymbol{F}_2(x,y)] \cdot \mathrm{d}\boldsymbol{r} = \int_L \boldsymbol{F}_1(x,y) \cdot \mathrm{d}\boldsymbol{r} + \int_L \boldsymbol{F}_2(x,y) \cdot \mathrm{d}\boldsymbol{r}$.

(3) 若有向曲线弧 L 可分成两段光滑的有向曲线弧 L_1 和 L_2, 即 $L = L_1 + L_2$, 则

$$\int_L \boldsymbol{F}(x,y) \cdot \mathrm{d}\boldsymbol{r} = \int_{L_1} \boldsymbol{F}(x,y) \cdot \mathrm{d}\boldsymbol{r} + \int_{L_2} \boldsymbol{F}(x,y) \cdot \mathrm{d}\boldsymbol{r}.$$

(4) 如果记 L^- 为 L 的反向曲线弧, 则

$$\int_{L^-} \boldsymbol{F}(x,y) \cdot \mathrm{d}\boldsymbol{r} = -\int_L \boldsymbol{F}(x,y) \cdot \mathrm{d}\boldsymbol{r}.$$

11.2.2 第二类曲线积分的计算

第二类曲线积分可以转化为定积分来计算.

定理 11.2.1 设 $P(x,y), Q(x,y)$ 为定义在有向曲线弧 L 上的连续函数, L 的参数方程为

$$\begin{cases} x = \varphi(t), \\ y = \psi(t), \end{cases}$$

当参数 t 从 α 单调地变到 β 时, 点 $M(x,y)$ 从 L 的起点 A 变动至终点 B, $\varphi(t), \psi(t)$ 在以 α 和 β 为端点的闭区间上具有连续的一阶导数且 $[\varphi'(t)]^2 + [\psi'(t)]^2 \neq 0$, 则积

分 $\int_L P(x,y)\mathrm{d}x + Q(x,y)\mathrm{d}y$ 存在, 且

$$\int_L P(x,y)\mathrm{d}x + Q(x,y)\mathrm{d}y \\ = \int_\alpha^\beta \{P[\varphi(t),\psi(t)]\varphi'(t) + Q[\varphi(t),\psi(t)]\psi'(t)\}\mathrm{d}t. \tag{11.7}$$

此定理我们不予以证明.

特别地, 若曲线弧 L 由方程 $y = \varphi(x)$ 给出, 当 x 从 a 单调地变到 b 时, 点 $M(x,y)$ 从 L 的起点 A 变动至终点 B, 且 $\varphi'(x)$ 在以 a 和 b 为端点的闭区间上连续, 则可把该情形视为特殊的参数方程

$$L: \begin{cases} x = x, \\ y = \varphi(x), \end{cases}$$

即以 x 作为参数, 由式 (11.7) 可得

$$\int_L P(x,y)\mathrm{d}x + Q(x,y)\mathrm{d}y \\ = \int_a^b \{P[x,\varphi(x)] + Q[x,\varphi(x)]\varphi'(x)\}\mathrm{d}x, \tag{11.8}$$

其中下限 a 对应于 L 的起点, 上限 b 对应于 L 的终点.

类似地, 如果曲线弧 L 由方程 $x = \psi(y)$ 给出, 且 $\psi'(y)$ 在以 c 和 d 为端点的闭区间上连续, 则有

$$\int_L P(x,y)\mathrm{d}x + Q(x,y)\mathrm{d}y \\ = \int_c^d \{P[\psi(y),y]\psi'(y) + Q[\psi(y),y)]\}\mathrm{d}y, \tag{11.9}$$

其中下限 c 对应于 L 的起点, 上限 d 对应于 L 的终点.

定理 11.2.1 可推广到空间有向曲线弧 Γ 的情形. 设空间有向曲线弧 Γ 由参数方程

$$\begin{cases} x = \varphi(t), \\ y = \psi(t), \\ z = \omega(t) \end{cases}$$

给出, $t = \alpha$ 对应于 Γ 的起点, $t = \beta$ 对应于 Γ 的终点, 则有

$$\int_L P(x,y,z)\mathrm{d}x + Q(x,y,z)\mathrm{d}y + R(x,y,z)\mathrm{d}z$$

$$= \int_\alpha^\beta \Big\{ P[\varphi(t),\psi(t),\omega(t)]\varphi'(t) + Q[\varphi(t),\psi(t),\omega(t)]\psi'(t)$$
$$+ R[\varphi(t),\psi(t),\omega(t)]\omega'(t) \Big\} \mathrm{d}t. \tag{11.10}$$

在计算第二类曲线积分时需要注意,当把它转化为定积分时,定积分的下限对应的是积分曲线弧起点的参数,上限对应的是积分曲线弧终点的参数. 因此, 上限不一定大于下限.

例 11.2.1 设曲线弧 L 的起点为 $A(1,1)$,终点为 $B(2,3)$. 在下列三种情况下计算

$$\int_L xy\mathrm{d}x + (y-x)\mathrm{d}y.$$

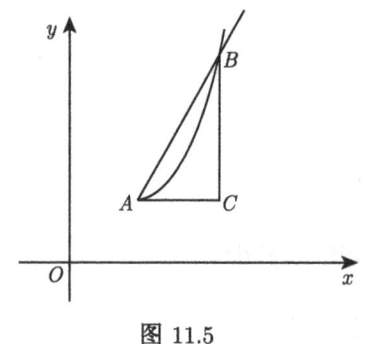

图 11.5

(1) L 是联结 A, B 的直线段;
(2) L 的方程为 $y = 2(x-1)^2 + 1$;
(3) L 为折线段 ACB, 其中 C 点坐标为 $(2,1)$.

解 如图 11.5 所示.
(1) 直线段 $\overline{AB}$ 的参数方程为

$$x = 1+t, \quad y = 1+2t, \quad t:0\to 1.$$

由式 (11.7), 得

$$\int_{\overline{AB}} xy\mathrm{d}x + (y-x)\mathrm{d}y = \int_0^1 [(1+t)(1+2t) + 2t]\,\mathrm{d}t$$
$$= \int_0^1 (1 + 5t + 2t^2)\mathrm{d}t = \frac{25}{6}.$$

(2) 直接利用式 (11.8), 有

$$\int_{\widehat{AB}} xy\mathrm{d}x + (y-x)\mathrm{d}y = \int_1^2 \big\{x\big[2(x-1)^2+1\big] + \big[2(x-1)^2+1-x\big]4(x-1)\big\}\,\mathrm{d}x$$
$$= \int_1^2 (10x^3 - 32x^2 + 35x - 12)\,\mathrm{d}x = \frac{10}{3}.$$

(3) 线段 $\overline{AC}$ 的方程为: $y=1, x:1\to 2$. 线段 $\overline{CB}$ 的方程为: $x=2, y:1\to 3$. 由性质 (3) 有

$$\int_{\overline{ADB}} xy\mathrm{d}x + (y-x)\mathrm{d}y = \int_{\overline{AC}} xy\mathrm{d}x + (y-x)\mathrm{d}y + \int_{\overline{CB}} xy\mathrm{d}x + (y-x)\mathrm{d}y$$

$$= \int_1^2 x\mathrm{d}x + \int_1^3 (y-2)\mathrm{d}y = \frac{3}{2}.$$

例 11.2.2 计算曲线积分 $\int_L 2xy\mathrm{d}x + x^2\mathrm{d}y$, 其中 L(图 11.6) 为:

(1) 抛物线 $y = x^2$ 上从点 $O(0,0)$ 到点 $B(1,1)$ 的一段弧;

(2) 抛物线 $x = y^2$ 上从点 $O(0,0)$ 到点 $B(1,1)$ 的一段弧;

(3) 有向折线段 $\overline{OAB}$, 其中 O, A, B 的坐标依次是 $(0,0)$、$(1,0)$ 和 $(1,1)$;

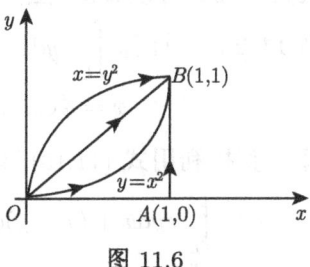

图 11.6

(4) 有向线段 $\overline{OB}$, 其中 O, B 的坐标依次是 $(0,0)$ 和 $(1,1)$.

解 (1) 视 x 为参数, 即 L 由方程 $y = x^2 (x \leqslant x \leqslant 1)$ 给出, 则由式 (11.8) 有

$$\int_L 2xy\mathrm{d}x + x^2\mathrm{d}y = \int_0^1 (2x \cdot x^2 + x^2 \cdot 2x)\mathrm{d}x$$
$$= 4\int_0^1 x^3 \mathrm{d}x = 1.$$

(2) 视 y 为参数, 即 L 由方程 $x = y^2 (0 \leqslant y \leqslant 1)$ 给出, 则由式 (11.9) 有

$$\int_L 2xy\mathrm{d}x + x^2\mathrm{d}y = \int_0^1 (2y^2 \cdot y \cdot 2y + y^4)\mathrm{d}y$$
$$= 5\int_0^1 y^4 \mathrm{d}y = 1.$$

(3) 因为线段 $\overline{OA}, \overline{AB}$ 分别由方程 $y = 0(0 \leqslant x \leqslant 1)$ 和 (y 由 0 变到 1) 给出, 因此

$$\int_L 2xy\mathrm{d}x + x^2\mathrm{d}y = \int_{\overline{OA}} 2xy\mathrm{d}x + x^2\mathrm{d}y + \int_{\overline{AB}} 2xy\mathrm{d}x + x^2\mathrm{d}y$$
$$= \int_0^1 (2x \cdot 0 + x^2 \cdot 0)\mathrm{d}x + \int_0^1 (2 \cdot 1 \cdot 0 + 1)\mathrm{d}y$$
$$= \int_0^1 \mathrm{d}y = 1.$$

(4) 因为 $\overline{OB}$ 由方程 $y = x(0 \leqslant x \leqslant 1)$ 给出, 因此

$$\int_L 2xy\mathrm{d}x + x^2\mathrm{d}y = \int_0^1 (2x\cdot x + x^2)\mathrm{d}x$$
$$=3\int_0^1 x^2\mathrm{d}x = 1.$$

从例 11.2.2 可以看出，虽然积分路径不同，但曲线积分的值可以相同．

例 11.2.3 计算 $\int_L xy\mathrm{d}x + (x-y)\mathrm{d}y + x^2\mathrm{d}z$，其中 L 为圆柱螺旋线：
$$x = a\cos t,\ y = a\sin t,\ z = bt,\ t:0\to\pi.$$

解 直接利用式 (11.10)，有
$$\int_L xy\mathrm{d}x + (x-y)\mathrm{d}y + x^2\mathrm{d}z$$
$$= \int_0^\pi (-a^3\cos t\sin^2 t + a^2\cos^2 t - a^2\sin t\cos t + a^2 b\cos^2 t)\,\mathrm{d}t$$
$$= \left(-\frac{1}{3}a^3\sin^3 t - \frac{1}{2}a^2\sin^2 t + \frac{1}{2}a^2(1+b)\left(t+\frac{1}{2}\sin 2t\right)\right)\bigg|_0^\pi$$
$$=\frac{1}{2}a^2(1+b)\pi.$$

例 11.2.4 设一质点在力 $\boldsymbol{F} = y\boldsymbol{i} - x\boldsymbol{j}$ 的作用下，从点 $A(a,0)$ 沿上半椭圆 $\dfrac{x^2}{a^2} + \dfrac{y^2}{b^2} = 1$ 移动到点 $B(-a,0)$，求力 $\boldsymbol{F}$ 所做的功 W．

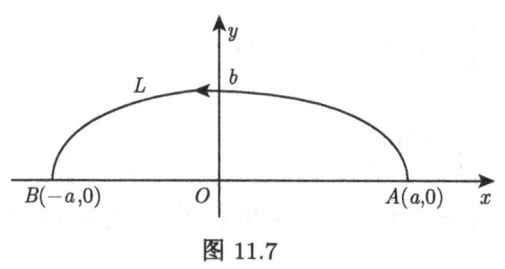

图 11.7

解 如图 11.7 所示，由于 L 的参数方程是
$$\begin{cases} x = a\cos t, \\ y = b\sin t, \end{cases}$$

当参数 t 由 0 变到 π 时，曲线弧 L 从点 $A(a,0)$ 沿上半椭圆移动到点 $B(-a,0)$，故由式 (11.7)，力 $\boldsymbol{F}$ 所作的功为

$$W = \int_L y\mathrm{d}x - x\mathrm{d}y = -ab\int_0^\pi \mathrm{d}t = -\pi ab.$$

11.2.3 两类曲线积分的联系

第一类与第二类曲线积分的定义是不同的．在物理学上，它们描述了不同的物理现象．但二者都是沿曲线弧的积分，它们之间又有密切的联系．在计算上，这两类曲线积分可以互相转化．我们现在讨论这种关系．

11.2 第二类曲线积分

设有向曲线弧 L 的起点为 A, 终点为 B. 它的参数方程为

$$\begin{cases} x = \varphi(t), \\ y = \psi(t), \end{cases}$$

其起点、终点对应的参数分别是 a, b. 为了讨论的方便, 不妨设 $a < b$, 如若不然, 作变量替换 $\tau = -t$, 则起点、终点对应的参数分别成为 $-a, -b$, 且 $-a < -b$. 于是只要以 t 作为参数讨论就可以了.

进一步假设 $\varphi(t), \psi(t)$ 在 $[a, b]$ 上具有连续的一阶导数, 且 $[\varphi'(t)]^2 + [\psi'(t)]^2 \neq 0$. $P(x,y), Q(x,y)$ 在曲线弧 L 上是连续的. 因此

$$\int_L P(x,y)\mathrm{d}x + Q(x,y)\mathrm{d}y = \int_a^b \{P[\varphi(t), \psi(t)]\varphi'(t) + Q[\varphi(t), \psi(t)]\psi'(t)\}\,\mathrm{d}t.$$

注意到 $\mathrm{d}s = \sqrt{[\varphi'(t)]^2 + [\psi'(t)]^2}\,\mathrm{d}t$, 于是

$$\int_L P(x,y)\mathrm{d}x + Q(x,y)\mathrm{d}y = \int_a^b \{P[\varphi(t), \psi(t)]\varphi'(t) + Q[\varphi(t), \psi(t)]\psi'(t)\}\frac{\mathrm{d}t}{\mathrm{d}s}\mathrm{d}s$$

$$= \int_a^b \{P[\varphi(t), \psi(t)]\cos\alpha + Q[\varphi(t), \psi(t)]\cos\beta\}\mathrm{d}s$$

$$= \int_L [P(x,y)\cos\alpha + Q(x,y)\cos\beta]\mathrm{d}s,$$

其中

$$(\cos\alpha, \cos\beta) = \left(\frac{\varphi'(t)}{\sqrt{[\varphi'(t)]^2 + [\psi'(t)]^2}}, \frac{\psi'(t)}{\sqrt{[\varphi'(t)]^2 + [\psi'(t)]^2}}\right)$$

为曲线弧 L 上点 (x, y) 处的单位切向量, 切向量的方向和曲线弧的方向一致. 这样我们就建立了第一类曲线积分和第二类曲线积分之间的联系, 即

$$\int_L P(x,y)\mathrm{d}x + Q(x,y)\mathrm{d}y = \int_L [P(x,y)\cos\alpha + Q(x,y)\cos\beta]\mathrm{d}s. \tag{11.11}$$

在空间曲线弧 Γ 上的曲线积分, 也有类似的结果

$$\int_\Gamma P(x,y,z)\mathrm{d}x + Q(x,y,z)\mathrm{d}y + R(x,y,z)\mathrm{d}z$$

$$= \int_\Gamma [P(x,y,z)\cos\alpha + Q(x,y,z)\cos\beta + R(x,y,z)\cos\gamma]\mathrm{d}s, \tag{11.12}$$

其中 $(\cos\alpha, \cos\beta, \cos\gamma)$ 为空间曲线弧 Γ 上点 (x, y, z) 处的单位切向量, 切向量的

方向与曲线弧 Γ 的方向一致.

例 11.2.5 把第二类曲线积分 $\int_L P(x,y)\mathrm{d}x + Q(x,y)\mathrm{d}y$ 转化为第一类曲线积分, 其中 L 为曲线 $y = x^2$ 从 $(0,0)$ 到 $(1,1)$ 的一段弧.

解 曲线弧 L 上任意一点 (x,y) 处的切线向量为 $\boldsymbol{T} = (1, 2x)$, 从而

$$\cos\alpha = \frac{1}{\sqrt{1+4x^2}}, \cos\beta = \frac{2x}{\sqrt{1+4x^2}}.$$

因为 $\cos\alpha > 0$, 切向量 $\boldsymbol{T}$ 的方向沿 x 增加的方向, 与曲线弧 L 的方向一致. 于是

$$\int_L P(x,y)\mathrm{d}x + Q(x,y)\mathrm{d}y = \int_L [P(x,y)\cos\alpha + Q(x,y)\cos\beta]\mathrm{d}s$$

$$= \int_L \frac{P(x,y) + 2xQ(x,y)}{\sqrt{1+4x^2}} \mathrm{d}s.$$

习 题 11.2

1. 计算 $\int_L (x+y)\mathrm{d}x + (y-x)\mathrm{d}y$, 其中 L 是抛物线 $y^2 = x$ 上从点 $A(1,1)$ 到 $B(4,2)$ 的一段弧.

2. 计算 $\int_L x\mathrm{d}y + y\mathrm{d}x$, 其中 L 是圆周 $x^2 + y^2 = a^2$ 上从 $A(a,0)$ 沿逆时针到 $B(0,a)$ 的一段弧.

3. 计算 $\int_L (-xy^2)\mathrm{d}x + x^2 y\mathrm{d}y$, 其中 L 为曲线弧 $x = \sqrt{\cos t}, y = \sqrt{\sin t}, 0 \leqslant t \leqslant \frac{\pi}{2}$, 沿 t 增大的方向.

4. 计算 $\int_L xy\mathrm{d}x + x^2\mathrm{d}y$, 其中曲线 L 的方程为 $y = 1 - |x|, x \in [-1,1]$, 从点 $A(-1,0)$ 到点 $B(1,0)$ 的一段弧.

5. 计算 $\int_L (xy-1)\mathrm{d}x + x^2 y\mathrm{d}y$, 其中 L 分别为由下列曲线从点 $(1,0)$ 到点 $(0,2)$ 的一段弧:

(1) 直线段 $2x + y - 2 = 0$;

(2) 椭圆弧段 $4x^2 + y^2 = 4$.

6. 计算 $\int_L (xy-1)\mathrm{d}x + \frac{2x^2 y}{\sqrt{4x+y^2}}\mathrm{d}y$, 其中 L 是曲线 $4x + y^2 = 4$ 上从 $A(1,0)$ 到 $B(0,2)$ 的一段弧.

7. 计算下列第二类曲线积分:

(1) $\oint_L x^2\mathrm{d}y - y^2\mathrm{d}x$, 其中 L 为椭圆 $\frac{x^2}{a^2} + \frac{y^2}{b^2} = 1$ 沿逆时针方向;

(2) $\int_L x\mathrm{d}y + y\mathrm{d}x$, 其中 L 为圆周 $x = a\cos t, y = a\sin t$ 上对应于 t 从 0 到 $\frac{\pi}{2}$ 的一段弧;

(3) $\int_L (x+y)\mathrm{d}x + (x-y)\mathrm{d}y$, 其中 L 为圆周 $x^2 + y^2 = a^2$ 沿逆时针方向;

(4) $\int_\Gamma (x^2 - yz)\mathrm{d}x + (y^2 - zx)\mathrm{d}y + (z^2 - xy)\mathrm{d}z$, 其中 Γ 为螺旋线 $x = \cos\varphi, y = \sin\varphi, z = \varphi$ 上由点 $(1,0,0)$ 到 $(1,0,2\pi)$ 的一段弧;

(5) 计算 $\oint_L \dfrac{(x+y)\mathrm{d}x - (x-y)\mathrm{d}y}{x^2 + y^2}$, 其中 L 为圆周 $x^2 + y^2 = a^2$ 沿逆时针方向;

(6) 计算 $\int_\Gamma y^2\mathrm{d}x + z^2\mathrm{d}y + x^2\mathrm{d}z$, 其中 Γ 为上半球面 $x^2 + y^2 + z^2 = a^2$, $z \geqslant 0$ 与柱面 $x^2 + y^2 = ax$ 的交线, 方向为从 z 轴向下看的逆时针方向.

8. 设有一质点在点 $M(x,y)$ 处受力 F 的作用, F 的大小与原点到 $M(x,y)$ 的距离成正比, 比例系数为 k, 方向从向径 $r = \overrightarrow{OM}$ 的方向按逆时针转 $\frac{\pi}{2}$. 试分别求当质点沿以下两条路径从点 $A(a,0)$ 移动到点 $B(0,a)$ 时, 力 F 所做的功.

(1) 圆周 $x^2 + y^2 = a^2$ 在第一象限的部分;

(2) 星形线 $x^{\frac{2}{3}} + y^{\frac{2}{3}} = a^{\frac{2}{3}}$ 在第一象限的部分.

9. 把下列第二类曲线积分转化为第一类曲线积分:

(1) $\int_L P\mathrm{d}x + Q\mathrm{d}y$, 其中曲线弧 L 为抛物线 $y = \sqrt{x}, 0 \leqslant x \leqslant 1$, 沿 x 增加的方向;

(2) $\int_\Gamma P\mathrm{d}x + Q\mathrm{d}y + R\mathrm{d}z$, 其中曲线弧 Γ 为 $x = t, y = t^2, z = t^3, 0 \leqslant t \leqslant 1$, 沿 t 增加的方向.

11.3 格林公式及其应用

11.3.1 格林 (Green) 公式

微积分基本公式建立了 $f(x)$ 在闭区间 $[a,b]$ 上的定积分与 $f(x)$ 的原函数 $F(x)$ 在区间 $[a,b]$ 的端点处的函数值之间的关系. 本节将建立平面区域 D 上的二重积分与区域 D 的边界曲线 L 上的曲线积分之间的联系.

对一平面区域 G, 如果区域 G 内的任一闭曲线 C 所围成的区域 $D \subset G$, 则称区域 G 为**单连通区域**(图 11.8), 否则称为**复连通区域**(图 11.8). 例如区域 $\{(x,y)|x^2 + y^2 \leqslant 1\}$ 和 $\{(x,y)|x > 0\}$ 都是单连通区域, 而环形区域 $\{(x,y)|1 \leqslant x^2 + y^2 \leqslant 4\}$ 是复连通区域. 单连通区域也称为 "无洞" 区域. 同时, 我们规定有界闭区域 D 的边界的正向是指沿区域 D 的边界行走时, 区域 D 始终在其左侧(图 11.9).

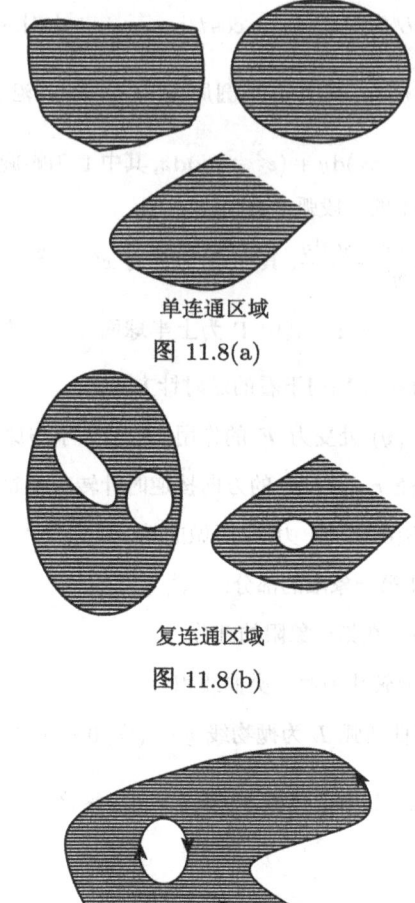

单连通区域
图 11.8(a)

复连通区域
图 11.8(b)

图 11.9

定理 11.3.1 设平面有界闭区域 D 由分段光滑闭曲线 L 围成, 函数 $P(x,y)$, $Q(x,y)$ 在闭区域 D 上具有连续的一阶偏导数, 则

$$\iint_D \left(\frac{\partial Q}{\partial x} - \frac{\partial P}{\partial y} \right) \mathrm{d}x\mathrm{d}y = \oint_L P\mathrm{d}x + Q\mathrm{d}y, \tag{11.13}$$

其中 L 为区域 D 边界的正向.

式 (11.13) 称为**格林公式**.

证明 若闭区域 D 既是 X-型区域, 又是 Y-型区域, 即用平行于坐标轴的直线穿过区域 D 时, 该直线与区域 D 的边界曲线至多有两个交点 (图 11.10). 此时,

11.3 格林公式及其应用

区域 D 既可以表为

$$\varphi_1(x) \leqslant y \leqslant \varphi_2(x), a \leqslant x \leqslant b,$$

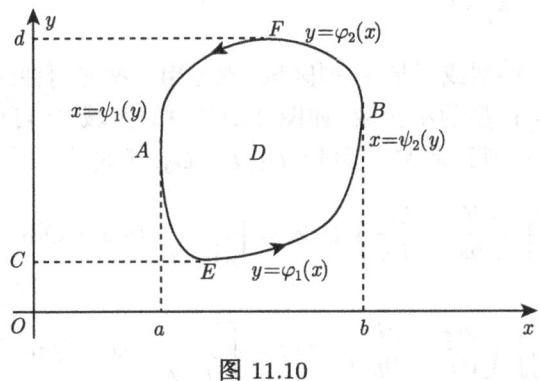

图 11.10

也可以表示为

$$\psi_1(y) \leqslant x \leqslant \psi_2(y), c \leqslant y \leqslant d.$$

因 $\dfrac{\partial P}{\partial y}$ 在区域 D 上连续，因此

$$\iint_D \frac{\partial P}{\partial y} \mathrm{d}x\mathrm{d}y = \int_a^b \mathrm{d}x \int_{\varphi_1(x)}^{\varphi_2(x)} \frac{\partial P}{\partial y} \mathrm{d}y$$

$$= \int_a^b [P(x,\varphi_2(x)) - P(x,\varphi_1(x))]\mathrm{d}x. \tag{11.14}$$

另一方面，由第二类曲线积分的性质及计算公式可得

$$\oint_L P(x,y)\mathrm{d}x = \int_{\overparen{AEB}} P(x,y)\mathrm{d}x + \int_{\overparen{BFA}} P(x,y)\mathrm{d}x$$

$$= \int_a^b P(x,\varphi_1(x))\mathrm{d}x + \int_b^a P(x,\varphi_2(x))\mathrm{d}x$$

$$= -\int_a^b [P(x,\varphi_2(x)) - P(x,\varphi_1(x))]\mathrm{d}x. \tag{11.15}$$

由式 (11.14) 和式 (11.15)，得

$$-\iint_D \frac{\partial P}{\partial y} \mathrm{d}x\mathrm{d}y = \oint_L P\mathrm{d}x.$$

同理可得

$$\iint_D \frac{\partial Q}{\partial x} \mathrm{d}x\mathrm{d}y = \oint_L Q\mathrm{d}y.$$

将以上两式相加,得到

$$\iint_D \left(\frac{\partial Q}{\partial x} - \frac{\partial P}{\partial y}\right) \mathrm{d}x\mathrm{d}y = \oint_L P\mathrm{d}x + Q\mathrm{d}y.$$

若区域 D 不是 X-型或不是 Y-型区域,则可用一些光滑曲线把区域 D 分成若干个既是 X-型又是 Y-型的小区域. 如图 11.11 中的区域 D 可用线段 AB 及 BC 将其分成三个既是 X-型又是 Y-型区域 D_1, D_2, D_3,于是

$$\iint_{D_1} \left(\frac{\partial Q}{\partial x} - \frac{\partial P}{\partial y}\right) \mathrm{d}x\mathrm{d}y = \oint_{\widehat{ABCGA}} P\mathrm{d}x + Q\mathrm{d}y,$$

$$\iint_{D_2} \left(\frac{\partial Q}{\partial x} - \frac{\partial P}{\partial y}\right) \mathrm{d}x\mathrm{d}y = \oint_{\widehat{AEBA}} P\mathrm{d}x + Q\mathrm{d}y,$$

$$\iint_{D_3} \left(\frac{\partial Q}{\partial x} - \frac{\partial P}{\partial y}\right) \mathrm{d}x\mathrm{d}y = \oint_{\widehat{BFCB}} P\mathrm{d}x + Q\mathrm{d}y,$$

以上三个式子相加,便得到

$$\iint_D \left(\frac{\partial Q}{\partial x} - \frac{\partial P}{\partial y}\right) \mathrm{d}x\mathrm{d}y = \oint_L P\mathrm{d}x + Q\mathrm{d}y.$$

需要注意的是,只要符合定理的条件,区域 D 可以是单连通,也可以是复连通.

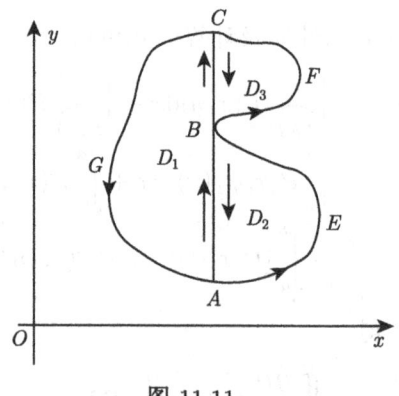

图 11.11

特别地,在格林公式 (11.13) 中,令 $P = -y$, $Q = x$,则有

$$A = \iint_D \mathrm{d}x\mathrm{d}y = \frac{1}{2}\oint_L x\mathrm{d}y - y\mathrm{d}x, \tag{11.16}$$

其中 A 为平面区域 D 的面积.

例 11.3.1 求星形线 $x^{\frac{2}{3}} + y^{\frac{2}{3}} = a^{\frac{2}{3}}(a > 0)$ 所围成图形的面积.

解 如图 11.12 所示, 星形线的参数方程为

$$\begin{cases} x = a\cos^3\theta, \\ y = a\sin^3\theta, \end{cases} 0 \leqslant \theta \leqslant 2\pi,$$

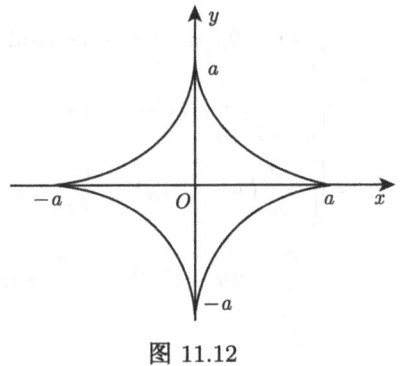

图 11.12

由式 (11.16) 有

$$\begin{aligned} A &= \frac{1}{2}\oint_L x\mathrm{d}y - y\mathrm{d}x \\ &= \frac{1}{2}\int_0^{2\pi} [a\cos^3\theta \cdot 3a\sin^2\theta\cos\theta - a\sin^3\theta(-3a\cos^2\theta\sin\theta)]\mathrm{d}\theta \\ &= \frac{3}{8}\pi a^2. \end{aligned}$$

例 11.3.2 计算 $\oint_L (x^2 - y)\mathrm{d}x + (x + y^2)\mathrm{d}y$, 其中 L 为圆周 $(x-a)^2 + y^2 = a^2$, 沿逆时针方向.

解 设区域 D 是由圆周 L 所围成, 令 $P(x,y) = x^2 - y, Q(x,y) = x + y^2$. 在区域 D 上, 有

$$\frac{\partial Q}{\partial x} - \frac{\partial P}{\partial y} = 2,$$

则由格林公式有

$$\oint_L (x^2 - y)\mathrm{d}x + (x + y^2)\mathrm{d}y = 2\iint_D \mathrm{d}x\mathrm{d}y = 2\pi a^2.$$

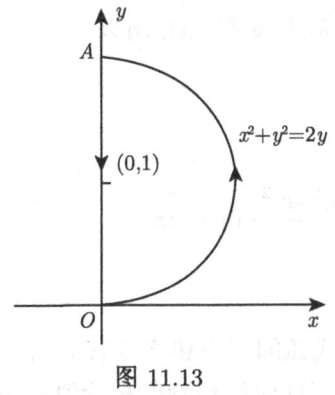

图 11.13

例 11.3.3 计算 $\int_L (x+2y)\mathrm{d}x + (x - \cos y)\mathrm{d}y$, 其中 L 为右半圆周 $x^2 + y^2 = 2y, x \geqslant 0$, 沿逆时针方向.

解 如图 11.13, 对曲线弧 L 添加有向直线段 $\overline{AO}$ 后构成右半圆区域 D 的正向边界, 这样在闭曲线 $L + \overline{AO}$ 上的第二类曲线积分就可利用格林公式来计算. 直线段 $\overline{AO}$ 的方程为 $x = 0$(y 从 2 变到 0), 因此

$$\int_L (x+2y)\mathrm{d}x + (x-\cos y)\mathrm{d}y$$
$$=\oint_{L+AO} (x+2y)\mathrm{d}x + (x-\cos y)\mathrm{d}y - \int_{AO} (x+2y)\mathrm{d}x + (x-\cos y)\mathrm{d}y$$
$$=\iint_D [\frac{\partial}{\partial x}(x-\cos y) - \frac{\partial}{\partial y}(x+2y)]\mathrm{d}x\mathrm{d}y + \int_2^0 \cos y\mathrm{d}y$$
$$=-\iint_D \mathrm{d}x\mathrm{d}y - \sin 2 = -\frac{\pi}{2} - \sin 2.$$

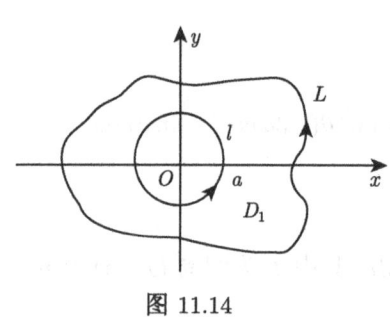

图 11.14

例 11.3.4 计算 $\oint_L \dfrac{x\mathrm{d}y - y\mathrm{d}x}{x^2+y^2}$,其中 L 是任一包含原点的闭区域 D 的正向边界曲线 (图 11.14).

解 令 $P(x,y) = \dfrac{-y}{x^2+y^2}$, $Q(x,y) = \dfrac{x}{x^2+y^2}$,则当 $(x,y) \neq (0,0)$ 时,有

$$\frac{\partial Q}{\partial x} = \frac{y^2 - x^2}{(x^2+y^2)^2} = \frac{\partial P}{\partial y}.$$

因为在点 $(0,0)$ 处, $P(x,y), Q(x,y)$ 不满足格林公式的条件,所以不能直接应用格林公式来计算. 为了避开 $(0,0)$ 点,选取适当 $a > 0$,作含于 D 内的圆周 $l: x^2+y^2 = a^2$,设 l 的方向为逆时针方向. 记 L 和 l 所围成的区域为 D_1,则区域 D_1 是一复连通区域. 对复连通区域 D_1 应用格林公式,得

$$\oint_L \frac{x\mathrm{d}y - y\mathrm{d}x}{x^2+y^2} - \oint_l \frac{x\mathrm{d}y - y\mathrm{d}x}{x^2+y^2} = \oint_{L+l^-} \frac{x\mathrm{d}y - y\mathrm{d}x}{x^2+y^2} = 0.$$

因为曲线 l 的参数方程为 $\begin{cases} x = a\cos t, \\ y = a\sin t \end{cases}$ (t 从 0 变到 2π),所以

$$\oint_L \frac{x\mathrm{d}y - y\mathrm{d}x}{x^2+y^2} = \oint_l \frac{x\mathrm{d}y - y\mathrm{d}x}{x^2+y^2}$$
$$= \int_0^{2\pi} \frac{a^2\cos^2 t + a^2\sin^2 t}{a^2}\mathrm{d}t = 2\pi.$$

11.3.2 平面上曲线积分与路径无关的条件

一般情况下,第二类曲线积分不但与积分曲线弧的起点和终点有关,而且还与积分所沿的路径有关. 在例 12.2.1 中,沿不同的积分路径,得到的积分值也不同. 但

在例 11.2.2 中的积分值只与起点和终点有关，即沿不同的路径却得到了相同的积分值. 那么, 函数 $P(x,y), Q(x,y)$ 应满足什么条件时, 第二类曲线积分 $\int_L P\mathrm{d}x + Q\mathrm{d}y$ 才与积分路径的选取无关, 而只取决于起点 A 和终点 B 呢? 接下来将研究这些条件. 先介绍曲线积分 $\int_L P\mathrm{d}x + Q\mathrm{d}y$ 与积分路径无关的概念.

定义 11.3.1 设 G 是一平面区域, 如果对 G 内任意两点 A, B 及 G 内从点 A 到点 B 的任意两条曲线弧 L_1 与 L_2(图 11.15), 有

$$\int_{L_1} P\mathrm{d}x + Q\mathrm{d}y = \int_{L_2} P\mathrm{d}x + Q\mathrm{d}y$$

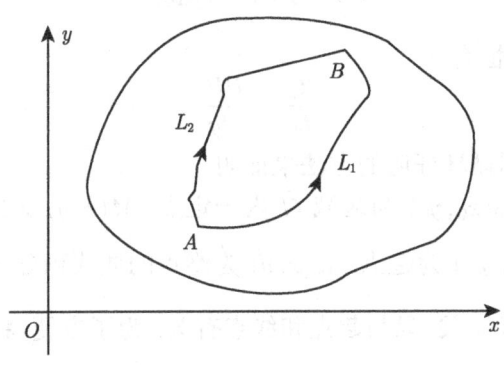

图 11.15

恒成立, 则称曲线积分 $\int_L P\mathrm{d}x + Q\mathrm{d}y$ **在区域 G 内与积分路径无关**, 否则称**与积分路径有关**.

由

$$\int_{L_1} P\mathrm{d}x + Q\mathrm{d}y = \int_{L_2} P\mathrm{d}x + Q\mathrm{d}y$$

得

$$\int_{L_1} P\mathrm{d}x + Q\mathrm{d}y - \int_{L_2} P\mathrm{d}x + Q\mathrm{d}y = 0,$$

即

$$\oint_{L_1+L_2^-} P\mathrm{d}x + Q\mathrm{d}y = 0.$$

这里 $L_1 + L_2^-$ 为一条有向闭曲线, 因此, 在区域 G 内曲线积分 $\int_L P\mathrm{d}x + Q\mathrm{d}y$ 与积分路径无关可得在区域 G 内沿闭曲线的曲线积分为零. 反之, 在区域 G 内沿任意闭曲线的曲线积分 $\int_L P\mathrm{d}x + Q\mathrm{d}y$ 为零, 也可推得在区域 G 内曲线积分

$\int_L P\mathrm{d}x + Q\mathrm{d}y$ 与积分路径无关. 因此, 在区域 G 内曲线积分 $\int_L P\mathrm{d}x + Q\mathrm{d}y$ 与积分路径无关等价于沿区域 G 内任意闭曲线 C 的曲线积分 $\oint_C P\mathrm{d}x + Q\mathrm{d}y = 0$.

下面的定理给出了平面上第二类曲线积分与积分路径无关的条件.

定理 11.3.2 设区域 G 是一单连通区域, 函数 $P(x,y)$, $Q(x,y)$ 在区域 G 内具有一阶连续的偏导数, 则以下条件是等价的:

(1) 曲线积分 $\int_L P\mathrm{d}x + Q\mathrm{d}y$ 在区域 G 内与积分路径无关;

(2) 在区域 G 内存在函数 $u(x,y)$, 使得
$$\mathrm{d}u = P\mathrm{d}x + Q\mathrm{d}y;$$

(3) 在区域 G 内恒有
$$\frac{\partial Q}{\partial x} = \frac{\partial P}{\partial y}.$$

证明 下面利用循环证明的方法来证明.

(1) $\Rightarrow$ (2) 设 $M_0(x_0, y_0)$ 为区域 G 内一定点, $M(x,y)$ 为区域 G 内任意一点. 由条件 (1), 以 $M_0(x_0, y_0)$ 为起点, $M(x,y)$ 为终点的曲线积分 $\int_{\overgroup{M_0 M}} P\mathrm{d}x + Q\mathrm{d}y$ 在区域 G 内与积分路径无关, 只与起点和终点有关. 为了方便, 将其记为

$$\int_{(x_0, y_0)}^{(x,y)} P\mathrm{d}x + Q\mathrm{d}y.$$

当点 $M(x,y)$ 在区域 G 内变动时, 该积分值是终点 $M(x,y)$ 的函数, 记为 $u(x,y)$, 即

$$u(x,y) = \int_{(x_0, y_0)}^{(x,y)} P\mathrm{d}x + Q\mathrm{d}y. \tag{11.17}$$

下面证明函数 $u(x,y)$ 的全微分就是 $P\mathrm{d}x + Q\mathrm{d}y$.

取 Δx 充分小, 使 $N(x + \Delta x, y) \in G$, 则函数 u 对于 x 的偏增量 (图 11.16)

$$u(x + \Delta x, y) - u(x,y) = \int_{(x_0, y_0)}^{(x+\Delta x, y)} P\mathrm{d}x + Q\mathrm{d}y - \int_{(x_0, y_0)}^{(x,y)} P\mathrm{d}x + Q\mathrm{d}y.$$

因为在区域 G 内曲线积分与积分路径无关, 可以取先从 M_0 到 M, 然后沿平行于 x 轴的直线段从 M 到 N 作为从 M_0 到 N 的积分路径, 这样便有

$$u(x + \Delta x, y) - u(x,y) = \int_{(x,y)}^{(x+\Delta x, y)} P\mathrm{d}x + Q\mathrm{d}y.$$

11.3 格林公式及其应用

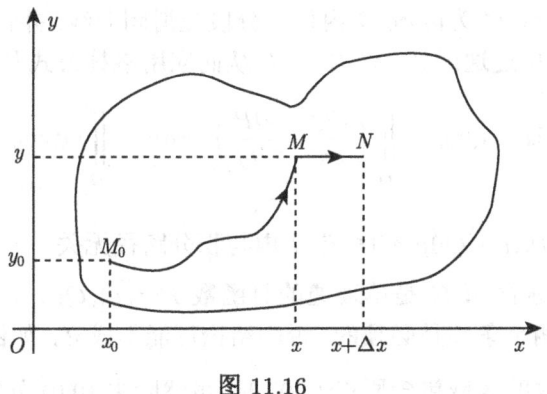

图 11.16

由于直线段 $\overline{MN}$ 的方程为：$y = y$，x 由 x 变到 $x + \Delta x$，所以

$$u(x + \Delta x, y) - u(x, y) = \int_x^{x+\Delta x} P(x, y)\mathrm{d}x.$$

对上式右端应用积分中值定理，得

$$\Delta u = P(x + \theta \Delta x, y)\Delta x \quad (0 < \theta < 1).$$

又因为 $P(x, y)$ 在区域 G 上连续，故有

$$\frac{\partial u}{\partial x} = \lim_{\Delta x \to 0} \frac{u(x + \Delta x, y) - u(x, y)}{\Delta x} = P(x, y),$$

同理可证 $\dfrac{\partial u}{\partial y} = Q(x, y)$. 于是有

$$\mathrm{d}u = P\mathrm{d}x + Q\mathrm{d}y.$$

(2)$\Rightarrow$(3)　假设在区域 G 内存在某一函数 $u(x, y)$，使得 $\mathrm{d}u = P(x, y)\mathrm{d}x + Q(x, y)\mathrm{d}y$，即 $\dfrac{\partial u}{\partial x} = P(x, y)$，$\dfrac{\partial u}{\partial y} = Q(x, y)$，因此

$$\frac{\partial P}{\partial y} = \frac{\partial^2 u}{\partial x \partial y}, \quad \frac{\partial Q}{\partial x} = \frac{\partial^2 u}{\partial y \partial x}.$$

因为 $P(x, y), Q(x, y)$ 在区域 G 内具有一阶连续的偏导数，所以

$$\frac{\partial^2 u}{\partial x \partial y} = \frac{\partial^2 u}{\partial y \partial x},$$

从而 $\dfrac{\partial Q}{\partial x} = \dfrac{\partial P}{\partial y}$ 在区域 G 内恒成立.

(3)⇒(1) 设曲线 C 为区域 G 内任一分段光滑闭曲线, 并记 C 所围成的区域为 D. 因区域 G 为单连通区域, 故 $D \subset G$, 从而应用格林公式及条件 (3), 有

$$\oint_C P\mathrm{d}x + Q\mathrm{d}y = \iint_D \left(\frac{\partial Q}{\partial x} - \frac{\partial P}{\partial y}\right) \mathrm{d}x\mathrm{d}y = \iint_D 0\mathrm{d}x\mathrm{d}y = 0,$$

因此, 曲线积分 $\int_L P\mathrm{d}x + Q\mathrm{d}y$ 在区域 G 内与积分路径无关.

定理 11.3.2 要求区域 G 是单连通的且函数 $P(x,y), Q(x,y)$ 在 G 内具有一阶连续的偏导数. 这两个条件是必须的, 否则结论可能不成立. 如例 11.3.4 中的积分路径 L, 当 L 所围成的区域包含原点 $(0,0)$ 时, 虽然除去 $(0,0)$ 外等式 $\dfrac{\partial Q}{\partial x} = \dfrac{\partial P}{\partial y}$ 恒成立, 但沿闭曲线 L 的曲线积分 $\oint_L P\mathrm{d}x + Q\mathrm{d}y = 2\pi \neq 0$. 这是因为区域 D 内含有破坏函数 P, Q 及 $\dfrac{\partial Q}{\partial x}, \dfrac{\partial P}{\partial y}$ 连续性条件的点 $(0,0)$, 通常称这种点为**奇点**.

若 $P(x,y), Q(x,y)$ 满足定理 11.3.2 的条件, 则由上述证明过程得到二元函数 $u(x,y)$ 的全微分 $\mathrm{d}u = P\mathrm{d}x + Q\mathrm{d}y$. 要求 $u(x,y)$, 由于式 (11.17) 中的积分与路径无关, 为了简化计算, 可以选择含于区域 G 内且平行于坐标轴的直线段连接成的折线段 $\overline{M_0AM}$ 或 $\overline{M_0BM}$ 作为积分路径 (图 11.17).

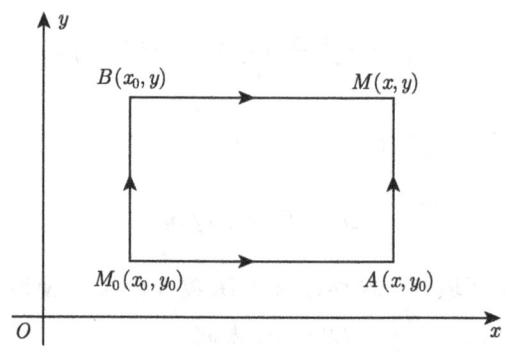

图 11.17

如果沿折线段 $\overline{M_0AM}$ 积分, 可得

$$u(x,y) = \int_{x_0}^x P(x,y_0)\mathrm{d}x + \int_{y_0}^y Q(x,y)\mathrm{d}y.$$

如果沿折线段 $\overline{M_0BM}$ 积分, 则有

$$u(x,y) = \int_{y_0}^y Q(x_0,y)\mathrm{d}y + \int_{x_0}^x P(x,y)\mathrm{d}x.$$

例 11.3.5 验证：在平面 xOy 内，$2xy\mathrm{d}x + x^2\mathrm{d}y$ 是某个函数的全微分，并求出一个这样的函数.

解 令 $P(x,y) = 2xy$, $Q(x,y) = x^2$，因为

$$\frac{\partial Q}{\partial x} = 2x = \frac{\partial P}{\partial y},$$

在整个 xOy 面内恒成立，因此在整个 xOy 面内，$2xy\mathrm{d}x + x^2\mathrm{d}y$ 是某个函数的全微分. 为了求一个这样的函数，取积分路径为经过 $O(0,0), A(x,0), B(x,y)$ 的折线段（图 11.18），则所求的函数为

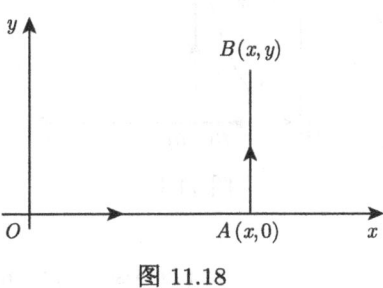

图 11.18

$$\begin{aligned}u(x,y) &= \int_{(0,0)}^{(x,y)} 2xy\mathrm{d}x + x^2\mathrm{d}y \\ &= \int_{\overline{OA}} 2xy\mathrm{d}x + x^2\mathrm{d}y + \int_{\overline{AB}} 2xy\mathrm{d}x + x^2\mathrm{d}y \\ &= 0 + x^2\int_0^y \mathrm{d}y = x^2y.\end{aligned}$$

要求一个这样的函数，也可用不定积分的方法来完成. 由定理 11.3.2，存在函数 $u(x,y)$，使得 $\mathrm{d}u = P\mathrm{d}x + Q\mathrm{d}y$. 因为 $\dfrac{\partial u}{\partial x} = P(x,y)$，所以

$$u(x,y) = \int P(x,y)\mathrm{d}x = \int 2xy\mathrm{d}x = x^2y + \varphi(y).$$

对得到的 $u(x,y)$ 关于变量 y 求偏导，则

$$\frac{\partial u}{\partial y} = x^2 + \varphi'(y) = Q(x) = x^2.$$

于是 $\varphi'(y) = 0$，因此 $\varphi(y) = C$. 即

$$u(x,y) = x^2y + C.$$

例 11.3.6 计算曲线积分

$$\int_L (2x\cos y - y^2\sin x)\mathrm{d}x + (2y\cos x - x^2\sin y)\mathrm{d}y,$$

其中 L 为沿抛物线 $y = x^2$ 从 $O(0,0)$ 至 $A(2,4)$ 的曲线弧.

解 这里 $P(x,y) = 2x\cos y - y^2\sin x$，$Q(x,y) = 2y\cos x - x^2\sin y$，从而

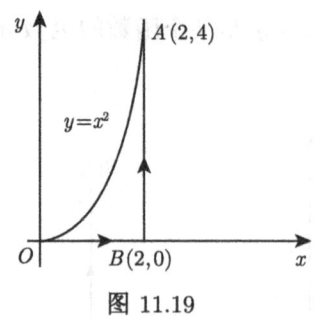

图 11.19

$$\frac{\partial Q}{\partial x} = -2y\sin x - 2x\sin y = \frac{\partial P}{\partial y}.$$

在整个 xOy 面内恒成立. 由定理 11.3.2, 该曲线积分在 xOy 面内与积分路径无关. 故选择平行于坐标轴从 $O(0,0)$ 经过 $B(2,0)$ 到达 $A(2,4)$ 的折线段 (图 11.19), 则

$$\int_L (2x\cos y - y^2\sin x)\mathrm{d}x + (2y\cos x - x^2\sin y)\mathrm{d}y$$
$$= \int_{\overline{OB}} (2x\cos y - y^2\sin x)\mathrm{d}x + (2y\cos x - x^2\sin y)\mathrm{d}y$$
$$+ \int_{\overline{BA}} (2x\cos y - y^2\sin x)\mathrm{d}x + (2y\cos x - x^2\sin y)\mathrm{d}y$$
$$= \int_0^2 2x\mathrm{d}x + \int_0^4 (2y\cos 2 - 4\sin y)\mathrm{d}y$$
$$= x^2\big|_0^2 + \left(y^2\cos 2 + 4\cos y\right)\big|_0^4 = 16\cos 2 + 4\cos 4.$$

习 题 11.3

1. 计算 $\oint_L (2xy - x^2)\mathrm{d}x + (x + y^2)\mathrm{d}y$, 其中 L 是由 $y = x^2$ 和 $y^2 = x$ 所围成区域的正向边界, 并验证格林公式的正确性.

2. 计算 $\oint_L \dfrac{y\mathrm{d}x - x\mathrm{d}y}{x^2 + y^2}$, 其中 L 为圆周 $(x-1)^2 + y^2 = 2$, 沿逆时针方向.

3. 利用曲线积分计算下列曲线所围图形的面积:

(1) 椭圆 $\dfrac{x^2}{4} + \dfrac{y^2}{9} = 1$;

(2) 摆线 $\begin{cases} x = a(t - \sin t), \\ y = a(1 - \cos t) \end{cases}$ $(0 \leqslant t \leqslant 2\pi)$ 及 x 轴.

4. 计算 $\int_{(1,0)}^{(2,1)} (2xy - y^4 + 3)\mathrm{d}x + (x^2 - 4xy^3)\mathrm{d}y$.

5. 利用格林公式计算下列曲线积分:

(1) $\oint_L x^2y\mathrm{d}x - xy^2\mathrm{d}y$, 其中 L 为圆周 $x^2 + y^2 = a^2$ 沿顺时针方向;

(2) $\int_L (x+y)dx + (x-y)dy$,其中 L 为 $x^2+y^2=a^2$ 上从 $(a,0)$ 到 $(0,a)$ 的一段弧;

(3) $\int_L (12xy+e^y)dx - (\cos y - xe^y)dy$,其中 L 为沿 $y=x^2$ 上从 $(-1,1)$ 到原点再从原点到 $(2,0)$ 的线段;

(4) $\int_L (2xy^3 - y^2\cos x)dx + (1-2y\sin x + 3x^2y^2)dy$,其中 L 是抛物线 $2x=\pi y^2$ 上从点 $A(0,0)$ 到点 $B\left(\dfrac{\pi}{2},1\right)$ 的一段弧;

(5) $\int_L (e^x \sin y - my)dx + (e^x \cos y - m)dy$,其中 L 是上半圆周 $x^2+y^2=ax$ $(a>0)$ 上从点 $A(a,0)$ 到 $O(0,0)$ 的一段弧.

6. 验证下列 $P(x,y)dx + Q(x,y)dy$ 为某一函数的全微分,并求出一个 $u(x,y)$ 使得
$$du = Pdx + Qdy.$$

(1) $(x+2y)dx + (2x+y)dy$;

(2) $4\sin x \sin 3y \cos x dx - 3\cos 3y \cos 2x dy$;

(3) $\dfrac{xdx + ydy}{\sqrt{x^2+y^2}}$.

7. 求常数 a,b,使得 $[(x+y+1)e^x + ae^y]dx + [be^x - (x+y+1)e^y]dy$ 为某一函数的全微分,并求出这样的一个函数.

8. 证明:一质点在力 $\boldsymbol{F} = (x+y^2, 2xy-8)$ 的作用下做功与路径无关.

11.4　第一类曲面积分

11.4.1　第一类曲面积分的定义与性质

为了引出第一类曲面积分的定义,我们先解决一个具体的物理问题.

设一曲面型构件占有空间中一曲面 Σ,对曲面 Σ 上任意一点 $(x,y,z) \in \Sigma$,构件的面密度为 $\rho(x,y,z)$. 如何计算这个构件的质量呢?

如果构件是均匀的,即密度函数 $\rho(x,y,z)$ 为常数,而曲面的面积 S 又可以计算,则可用 "质量 = 面积 × 面密度" 的公式就可以直接得到该构体的质量. 但如果构件不是均匀的,即密度函数 $\rho(x,y,z)$ 不是常数,就不能直接导用公式 "质量 = 面积 × 面密度" 来计算.

为此,我们作如下的处理:用曲面 Σ 上任意的曲线网格把曲面 Σ 分成 n 个小块,记为 $\Delta S_1, \Delta S_2, \cdots, \Delta S_n$,同时也用这些记号表示相应小块的面积 (图 11.20). 当小

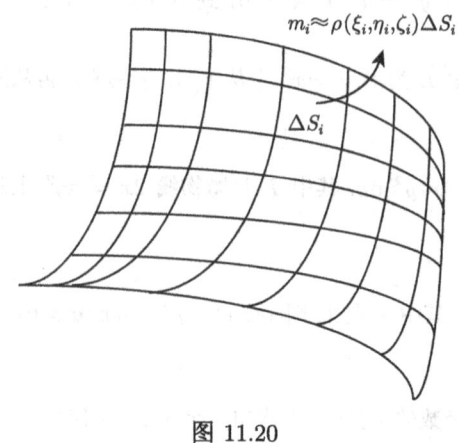

图 11.20

块 ΔS_i 充分小的时候, 由于 $\rho(x,y,z)$ 在曲面 Σ 上是连续的, 对任意的 $(\xi_i, \eta_i, \zeta_i) \in \Delta S_i$, 可以把 $\rho(\xi_i, \eta_i, \zeta_i)$ 近似的看成 ΔS_i 上的面密度. 于是小块 ΔS_i 的质量可以近似表示为 $\rho(\xi_i, \eta_i, \zeta_i)\Delta S_i$, 从而构件的质量可以近似表示为

$$m \approx \sum_{i=1}^{n} \rho(\xi_i, \eta_i, \zeta_i)\Delta S_i.$$

以 λ 表示每个小块直径 (曲面的直径是指曲面上任意两点距离的最大者) 的最大值, 则构件的质量

$$m = \lim_{\lambda \to 0} \sum_{i=1}^{n} \rho(\xi_i, \eta_i, \zeta_i)\Delta S_i.$$

由这种类型的和式极限引入第一类曲面积分的概念.

定义 11.4.1 设函数 $f(x,y,z)$ 是定义在光滑曲面 Σ 上的有界函数. 用任意的曲线网将曲面 Σ 分成 n 个小块 $\Delta S_1, \Delta S_2, \cdots, \Delta S_n, \Delta S_i (i = 1, 2, \cdots, n)$ 也表示第 i 个小块的面积. 在 ΔS_i 上任取一点 $(\xi_i, \eta_i, \zeta_i) \in \Delta S_i$, 作和式

$$\sum_{i=1}^{n} f(\xi_i, \eta_i, \zeta_i)\Delta S_i.$$

记 $\lambda = \max_{1 \leqslant i \leqslant n} \{\Delta S_i \text{的直径}\}$, 如果极限 $\lim_{\lambda \to 0} \sum_{i=1}^{n} f(\xi_i, \eta_i, \zeta_i)\Delta S_i$ 存在, 则称此极限值为函数 $f(x,y,z)$ 在曲面 Σ 上的**第一类曲面积分**, 也称为对面积的曲面积分, 记作

$$\iint_{\Sigma} f(x,y,z)dS.$$

$f(x,y,z)$ 称为**被积函数**, 曲面 Σ 称为**积分曲面**, dS 称为**曲面的面积元素**. 即

$$\iint_{\Sigma} f(x,y,z)dS = \lim_{\lambda \to 0} \sum_{i=1}^{n} f(\xi_i, \eta_i, \zeta_i)\Delta S_i.$$

于是, 面密度为连续函数 $\rho(x,y,z)$ 的曲面型构件的质量 m 可表为

$$m = \iint_{\Sigma} f(x,y,z)dS.$$

如果曲面 Σ 是分片光滑闭曲面，为了强调闭曲面，将曲面积分记为 $\oiint_{\Sigma} f(x,y,z)\mathrm{d}S$. 当函数 $f(x,y,z)$ 在曲面 Σ 上连续时，曲面积分 $\iint_{\Sigma} f(x,y,z)\mathrm{d}S$ 一定存在，以后如无特殊说明，都假定 $f(x,y,z)$ 为连续函数.

第一类曲面积分与重积分有类似的性质，例如

$$\iint_{\Sigma} kf(x,y,z)\mathrm{d}S = k\iint_{\Sigma} f(x,y,z)\mathrm{d}S,\ \text{其中}\ k\ \text{为常数};$$

$$\iint_{\Sigma} [f(x,y,z)+g(x,y,z)]\mathrm{d}S = \iint_{\Sigma} f(x,y,z)\mathrm{d}S + \iint_{\Sigma} g(x,y,z)\mathrm{d}S.$$

如果曲面 Σ 可分成两块光滑曲面 Σ_1, Σ_2，即 $\Sigma = \Sigma_1 \cup \Sigma_2$，则有

$$\iint_{\Sigma} f(x,y,z)\mathrm{d}S = \iint_{\Sigma_1} f(x,y,z)\mathrm{d}S + \iint_{\Sigma_2} f(x,y,z)\mathrm{d}S.$$

11.4.2 第一类曲面积分的计算

设光滑曲面 Σ 的方程为 $z = z(x,y), (x,y) \in D_{xy}$，其中 D_{xy} 是曲面 Σ 在 xOy 面上的投影区域. 函数 $f(x,y,z)$ 在 Σ 上连续，则曲面积分 $\iint_{\Sigma} f(x,y,z)\mathrm{d}S$ 存在.

由于曲面的面积微元

$$\mathrm{d}S = \sqrt{1 + \left(\frac{\partial z}{\partial x}\right)^2 + \left(\frac{\partial z}{\partial y}\right)^2}\,\mathrm{d}x\mathrm{d}y,$$

因此，$\iint_{\Sigma} f(x,y,z)\mathrm{d}S$ 可化成投影区域 D_{xy} 上的二重积分来计算，即有

$$\iint_{\Sigma} f(x,y,z)\mathrm{d}S = \iint_{D_{xy}} f[x,y,z(x,y)]\sqrt{1 + \left(\frac{\partial z}{\partial x}\right)^2 + \left(\frac{\partial z}{\partial y}\right)^2}\,\mathrm{d}x\mathrm{d}y. \tag{11.18}$$

类似地，如果光滑曲面 Σ 的方程为 $y = y(z,x), (z,x) \in D_{zx}$，其中 D_{zx} 是曲面 Σ 在 zOx 面上的投影区域，函数 $f(x,y,z)$ 在 Σ 上连续，则

$$\iint_{\Sigma} f(x,y,z)\mathrm{d}S = \iint_{D_{zx}} f[x,y(z,x),z]\sqrt{1 + \left(\frac{\partial y}{\partial z}\right)^2 + \left(\frac{\partial y}{\partial x}\right)^2}\,\mathrm{d}z\mathrm{d}x. \tag{11.19}$$

如果光滑曲面 Σ 的方程为 $x = x(y,z), (y,z) \in D_{yz}$，其中 D_{yz} 是曲面 Σ 在 yOz 面上的投影区域，函数 $f(x,y,z)$ 在 Σ 上连续，则

$$\iint_\Sigma f(x,y,z)\mathrm{d}S = \iint_{D_{yz}} f[x(y,z),y,z]\sqrt{1+\left(\frac{\partial x}{\partial y}\right)^2+\left(\frac{\partial x}{\partial z}\right)^2}\,\mathrm{d}y\mathrm{d}z. \tag{11.20}$$

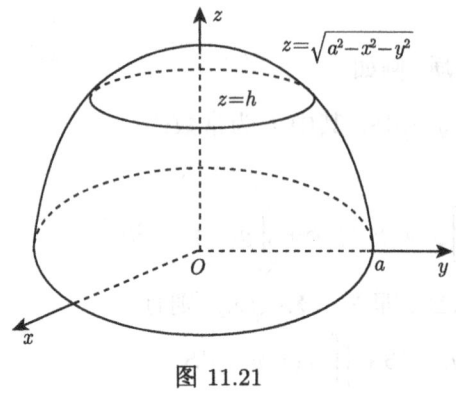

图 11.21

例 11.4.1 计算曲面积分 $\iint_\Sigma z\mathrm{d}S$,其中 Σ 是球面 $x^2+y^2+z^2=a^2$ 被平面 $z=h$ ($0<h<a$) 所截的顶部(图 11.21).

解 曲面 Σ 的方程为 $z=\sqrt{a^2-x^2-y^2}$,Σ 在 xOy 面上的投影区域为

$$D_{xy}=\left\{(x,y)\mid x^2+y^2\leqslant a^2-h^2\right\}.$$

因为

$$\frac{\partial z}{\partial x}=\frac{-x}{\sqrt{a^2-x^2-y^2}},\ \frac{\partial z}{\partial y}=\frac{-y}{\sqrt{a^2-x^2-y^2}},$$

$$\sqrt{1+\left(\frac{\partial z}{\partial x}\right)^2+\left(\frac{\partial z}{\partial y}\right)^2}=\frac{a}{\sqrt{a^2-x^2-y^2}}.$$

利用式 (11.18) 可得

$$\iint_\Sigma z\mathrm{d}S=\iint_{D_{xy}} a\mathrm{d}x\mathrm{d}y=\pi a(a^2-h^2).$$

例 11.4.2 计算曲面积分 $\oiint_\Sigma (x^2+y^2)\mathrm{d}S$,其中 Σ 为锥面 $z=\sqrt{x^2+y^2}$ 和平面 $z=a(a>0)$ 所围成的空间区域的边界曲面.

解 如图 11.22,曲面 Σ 为闭曲面,可分成两块曲面,一块是锥面 Σ_1,另一块为平面 Σ_2. 它们的方程分别为 $z=\sqrt{x^2+y^2}$ 和 $z=a$,它们在 xOy 面上的投影都是圆区域:

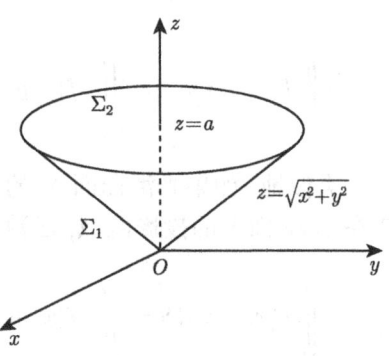

图 11.22

$$D_{xy}=\{(x,y)\mid x^2+y^2\leqslant a^2\}.$$

11.4 第一类曲面积分

由 Σ_1 的方程得

$$\frac{\partial z}{\partial x} = \frac{x}{\sqrt{x^2+y^2}}, \quad \frac{\partial z}{\partial y} = \frac{y}{\sqrt{x^2+y^2}}.$$

于是, Σ_1 的面积微元为

$$\mathrm{d}S = \sqrt{1+\left(\frac{\partial z}{\partial x}\right)^2+\left(\frac{\partial z}{\partial y}\right)^2}\mathrm{d}x\mathrm{d}y = \sqrt{2}\mathrm{d}x\mathrm{d}y.$$

同样, 由 Σ_2 的方程得到 Σ_2 的面积微元 $\mathrm{d}S = \mathrm{d}x\mathrm{d}y$. 由曲面积分的性质及式 (11.18), 得

$$\oiint_{\Sigma}(x^2+y^2)\mathrm{d}S = \iint_{\Sigma_1}(x^2+y^2)\mathrm{d}S + \iint_{\Sigma_2}(x^2+y^2)\mathrm{d}S$$

$$=\sqrt{2}\iint_{D_{xy}}(x^2+y^2)\mathrm{d}x\mathrm{d}y + \iint_{D_{xy}}(x^2+y^2)\mathrm{d}x\mathrm{d}y$$

$$=(\sqrt{2}+1)\iint_{D_{xy}}(x^2+y^2)\mathrm{d}x\mathrm{d}y = (\sqrt{2}+1)\int_0^{2\pi}\mathrm{d}\theta\int_0^a \rho^3\mathrm{d}\rho$$

$$=\frac{(\sqrt{2}+1)\pi}{2}a^4.$$

例 11.4.3 计算曲面积分 $\iint_{\Sigma} z^2 \mathrm{d}S$, 其中曲面 Σ 为球面 $x^2+y^2+z^2=a^2$.

解 利用对称性有

$$\iint_{\Sigma} x^2\mathrm{d}S = \iint_{\Sigma} y^2\mathrm{d}S = \iint_{\Sigma} z^2\mathrm{d}S,$$

所以

$$\iint_{\Sigma} z^2\mathrm{d}S = \frac{1}{3}\iint_{\Sigma}(x^2+y^2+z^2)\mathrm{d}S = \frac{1}{3}a^2\iint_{\Sigma}\mathrm{d}S = \frac{4}{3}\pi a^4.$$

习 题 11.4

1. 计算 $\iint_{\Sigma}\left(2x+\frac{4}{3}y+z\right)\mathrm{d}S$, 其中 Σ 为平面 $\frac{x}{2}+\frac{y}{3}+\frac{z}{4}=1$ 在第一卦限的部分.

2. 计算 $\iint_{\Sigma} y\mathrm{d}S$, 其中 Σ 是平面 $x+y+z=4$ 被圆柱 $x^2+y^2=1$ 所截的有限部分.

3. 计算 $\iint\limits_{\Sigma}(x+y+z)\mathrm{d}S$, 其中 Σ 是上半球面 $z=\sqrt{a^2-x^2-y^2}$.

4. 计算 $\iint\limits_{\Sigma}x^2\mathrm{d}S$, 其中 Σ 为圆柱面 $x^2+y^2=a^2$ 介于 $z=0$ 和 $z=h$ 之间的部分.

5. 计算 $\iint\limits_{\Sigma}(x^2+y^2)\mathrm{d}S$, 其中 Σ 是锥面 $z=\sqrt{x^2+y^2}$ 及平面 $z=1$ 围成区域的边界曲面.

6. 计算 $\iint\limits_{\Sigma}(2xy-2x^2-x+z)\mathrm{d}S$, 其中 Σ 是平面 $2x+2y+z=6$ 在第一卦限内的部分.

7. 计算 $\iint\limits_{\Sigma}z\mathrm{d}S$, 其中 Σ 为锥面 $z=\sqrt{x^2+y^2}$ 含于柱体 $x^2+y^2\leqslant 2x$ 内的部分.

8. 计算下列曲面积分, 其中 Σ 为球面 $x^2+y^2+z^2=a^2$.

(1) $\oiint\limits_{\Sigma}x^2\mathrm{d}S$; (2) $\oiint\limits_{\Sigma}\left(\dfrac{x^2}{2}+\dfrac{y^2}{3}\right)\mathrm{d}S$.

11.5 第二类曲面积分

11.5.1 第二类曲面积分的定义与性质

在介绍第二类曲面积分之前, 先介绍一下有向曲面的概念. 在实际生活中, 我们遇到的曲面大多数都是双侧曲面. 例如, 一个封闭的球面有内侧和外侧、一张纸有前侧和后侧、由函数 $z=z(x,y)$ 确定的曲面有上侧和下侧等, 我们以后考虑的曲面都是双侧曲面.

在数学上, 曲面的侧由它的法向量来指定. 例如对曲面 $z=z(x,y)$, 如果指定它的法向量向上 (法向量与 z 轴正向的夹角为锐角), 就认为取曲面的上侧, 指定它的法向量向下 (法向量与 z 轴正向的夹角为钝角), 就认为取曲面的下侧; 对曲面 $x=x(y,z)$, 如果指定它的法向量向前, 就认为取曲面的前侧, 指定它的法向量向后, 就认为取曲面的后侧; 对一闭曲面, 如果指定它的法向量向外, 就认为取曲面的外侧, 指定它的法向量向内, 就认为取曲面的内侧. 这种指定了侧的曲面叫做有向曲面.

我们从下面的流量问题来引入第二类曲面积分的概念.

设稳定的不可压缩的流体的速度场为

$$\boldsymbol{v}(x,y,z)=(P(x,y,z),Q(x,y,z),R(x,y,z)),$$

11.5 第二类曲面积分

Σ 是该速度场中的一个有向光滑曲面(图 11.23). 设函数 $P(x,y,z),Q(x,y,z),R(x,y,z)$ 在 Σ 上连续, 求在单位时间内通过 Σ 指定侧的流体的质量, 即物理学上的流量.

由于流体是不可压缩的, 它的密度可以视为恒定不变的, 因此不妨假设流体的密度为 1, 如果流体流过平面上面积为 A 的一个闭区域, 且流体的速度场 $\boldsymbol{v}$ 为常向量, 那么在单位时间内流过这一区域的流量

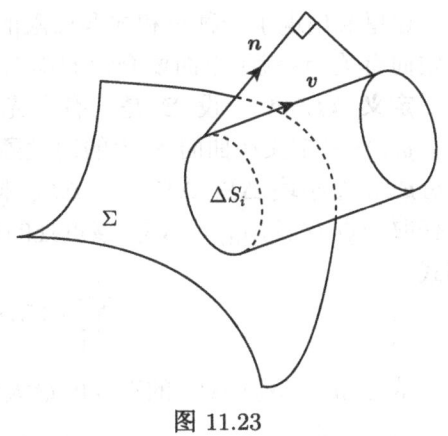

图 11.23

$$\Phi = A\boldsymbol{v}\cdot\boldsymbol{n},$$

其中 $\boldsymbol{n}$ 为该平面的单位法向量.

由于这里考虑的不是平面区域而是一块曲面, 而且速度场 $\boldsymbol{v}$ 不是常向量, 因此所求流量不能直接用上面的公式来计算. 为此, 将曲面 Σ 任意分成 n 个小块 $\Delta S_i(i=1,2,\cdots,n,)$, ΔS_i 也表示第 i 个小块的面积. 在 ΔS_i 上任取一点 $(\xi_i,\eta_i,\zeta_i)\in\Delta S_i$. 由于流速是连续的, 因此可用点 (ξ_i,η_i,ζ_i) 处的流速

$$\boldsymbol{v}(\xi_i,\eta_i,\zeta_i) = (P(\xi_i,\eta_i,\zeta_i),\ Q(\xi_i,\eta_i,\zeta_i),\ R(\xi_i,\eta_i,\zeta_i))$$

近似代替 ΔS_i 上各点的流速. 同时用该点处曲面 Σ 的单位法向量

$$\boldsymbol{n}_i = (\cos\alpha_i,\ \cos\beta_i,\ \cos\gamma_i)$$

代替 ΔS_i 上其它各点处的单位法向量. 这样单位时间内流过 ΔS_i 指定侧的流量近似为

$$\Delta\Phi_i \approx \boldsymbol{v}(\xi_i,\eta_i,\zeta_i)\cdot\boldsymbol{n}_i\Delta S_i.$$

因此, 单位时间内通过 Σ 指定侧的流量

$$\Phi \approx \sum_{i=1}^n \boldsymbol{v}(\xi_i,\eta_i,\zeta_i)\cdot\boldsymbol{n}_i\Delta S_i.$$

以 λ 表示 n 个小块 ΔS_i 的直径的最大者, 当 $\lambda\to 0$ 时, 对上式取极限即可得到精确的流量

$$\Phi = \lim_{\lambda\to 0}\sum_{i=1}^n \boldsymbol{v}(\xi_i,\eta_i,\zeta_i)\cdot\boldsymbol{n}_i\Delta S_i.$$

这里又出现了一种对和式取极限的问题,它不但与曲面的面积有关,还与曲面的定向有关. 这就是下面要介绍的第二类曲面积分.

定义 11.5.1 设 Σ 是一有向光滑曲面,$\boldsymbol{F}(x,y,z) = (P(x,y,z), Q(x,y,z), R(x,y,z))$ 是定义在曲面 Σ 上的向量函数. 用曲面 Σ 上的任意曲线网将曲面 Σ 任意分成 n 个小块 $\Delta S_1, \Delta S_2, \cdots, \Delta S_n$,同时 ΔS_i 也表示第 i 个小块的面积. 在 ΔS_i 上任取一点 $(\xi_i, \eta_i, \zeta_i) \in \Delta S_i$,该点处的单位法向量为 $\boldsymbol{n}_i = (\cos\alpha_i, \cos\beta_i, \cos\gamma_i)$,作和式
$$\sum_{i=1}^{n} \boldsymbol{F}(\xi_i, \eta_i, \zeta_i) \cdot \boldsymbol{n}_i \Delta S_i,$$
以 λ 表示 n 个小块 ΔS_i 的直径的最大者. 如果极限 $\lim\limits_{\lambda \to 0} \sum\limits_{i=1}^{n} \boldsymbol{F}(\xi_i, \eta_i, \zeta_i) \cdot \boldsymbol{n}_i \Delta S_i$ 存在,则称此极限值为 $\boldsymbol{F}(x,y,z)$ 在曲面 Σ 上的**第二类曲面积分**,记为
$$\iint_{\Sigma} \boldsymbol{F}(x,y,z) \cdot \boldsymbol{n}(x,y,z) \mathrm{d}S$$
或
$$\iint_{\Sigma} \boldsymbol{F}(x,y,z) \cdot \mathrm{d}\boldsymbol{S},$$
其中 $\mathrm{d}\boldsymbol{S} = \boldsymbol{n}(x,y,z)\mathrm{d}S$.

第二类曲面积分虽然形式上看起来和第一类曲面积分差不多,但本质是不同的,它严格依赖于曲面的法向量. 这样的优点在于可以使这个积分有直观的物理理解.

当向量函数 $\boldsymbol{F}(x,y,z)$ 在有向光滑曲面 Σ 上连续时,曲面积分 $\iint_{\Sigma} \boldsymbol{F}(x,y,z) \cdot \boldsymbol{n}(x,y,z) \mathrm{d}S$ 存在. 当曲面 Σ 为有向光滑闭曲面时,常记为 $\oiint_{\Sigma} \boldsymbol{F}(x,y,z) \cdot \boldsymbol{n}(x,y,z) \mathrm{d}S$.

曲面 Σ 上任意一点处的单位法向量 $\boldsymbol{n} = (\cos\alpha, \cos\beta, \cos\gamma)$,则第二类曲面积分也可表示成
$$\iint_{\Sigma} \boldsymbol{F} \cdot \boldsymbol{n} \mathrm{d}S = \iint_{\Sigma} (P\cos\alpha + Q\cos\beta + R\cos\gamma)\mathrm{d}S. \tag{11.21}$$

这样,我们把第二类曲面积分写成了第一类曲面积分的形式.

因为 $\cos\gamma$ 既可以取正也可以取负,我们称 $\cos\gamma \mathrm{d}S$ 为有向曲面的曲面微元 $\mathrm{d}S$ 在 xOy 面上的投影,记为 $\mathrm{d}x\mathrm{d}y$,即 $\cos\gamma \mathrm{d}S = \mathrm{d}x\mathrm{d}y$. 显然
$$\mathrm{d}x\mathrm{d}y = \cos\gamma \mathrm{d}S \begin{cases} > 0, & 0 \leqslant \gamma < \dfrac{\pi}{2}, \\ = 0, & \gamma = \dfrac{\pi}{2}, \\ < 0, & \dfrac{\pi}{2} < \gamma \leqslant \pi. \end{cases}$$

11.5 第二类曲面积分

类似的，$\cos\alpha \mathrm{d}S, \cos\beta \mathrm{d}S$ 分别表示有向曲面的曲面微元 $\mathrm{d}S$ 在 yOz 面和 zOx 面上的投影
$$\mathrm{d}y\mathrm{d}z = \cos\alpha \mathrm{d}S, \quad \mathrm{d}z\mathrm{d}x = \cos\beta \mathrm{d}S.$$

它们的符号与 α, β 的取值有关，即

$$\mathrm{d}y\mathrm{d}z = \cos\alpha \mathrm{d}S \begin{cases} > 0, & 0 \leqslant \alpha < \dfrac{\pi}{2}, \\ = 0, & \alpha = \dfrac{\pi}{2}, \\ < 0, & \dfrac{\pi}{2} < \alpha \leqslant \pi, \end{cases} \qquad \mathrm{d}z\mathrm{d}x = \cos\beta \mathrm{d}S \begin{cases} > 0, & 0 \leqslant \beta < \dfrac{\pi}{2}, \\ = 0, & \beta = \dfrac{\pi}{2}, \\ < 0, & \dfrac{\pi}{2} < \beta \leqslant \pi. \end{cases}$$

于是，第二类曲面积分也可以表示为

$$\iint_\Sigma \boldsymbol{F} \cdot \boldsymbol{n} \mathrm{d}S = \iint_\Sigma P\mathrm{d}y\mathrm{d}z + Q\mathrm{d}z\mathrm{d}x + R\mathrm{d}x\mathrm{d}y. \tag{11.22}$$

也称 $\iint_\Sigma R(x,y,z)\mathrm{d}x\mathrm{d}y$ 为函数 $R(x,y,z)$ 在有向曲面 Σ 上**对坐标 x, y 的曲面积分**，$\iint_\Sigma P(x,y,z)\mathrm{d}y\mathrm{d}z$ 为函数 $P(x,y,z)$ 在有向曲面 Σ 上**对坐标 y, z 的曲面积分**，$\iint_\Sigma Q(x,y,z)\mathrm{d}z\mathrm{d}x$ 为函数 $Q(x,y,z)$ 在有向曲面 Σ 上**对坐标 z, x 的曲面积分**. 结合式 (11.21) 和式 (11.22)，有

$$\iint_\Sigma P\mathrm{d}y\mathrm{d}z + Q\mathrm{d}z\mathrm{d}x + R\mathrm{d}x\mathrm{d}y = \iint_\Sigma (P\cos\alpha + Q\cos\beta + R\cos\gamma)\mathrm{d}S, \tag{11.23}$$

其中 $\cos\alpha, \cos\beta, \cos\gamma$ 是有向曲面 Σ 在点 (x,y,z) 处的法向量的方向余弦. 式 (11.23) 刻画了两类曲面积分之间的关系.

根据上述定义，前面所讨论的单位时间内通过曲面 Σ 指定侧的流量可表示为

$$\Phi = \iint_\Sigma P(x,y,z)\mathrm{d}y\mathrm{d}z + Q(x,y,z)\mathrm{d}z\mathrm{d}x + R(x,y,z)\mathrm{d}x\mathrm{d}y.$$

第二类曲面积分具有以下几个常用的性质.
(1) 记 Σ^- 为曲面 Σ 的相反侧，则

$$\iint_{\Sigma^-} \boldsymbol{F}(x,y,z) \cdot \boldsymbol{n}(x,y,z)\mathrm{d}S = -\iint_\Sigma \boldsymbol{F}(x,y,z) \cdot \boldsymbol{n}(x,y,z)\mathrm{d}S,$$

即改变曲面的侧，第二类曲面积分要改变符号.

(2) 如果曲面 Σ 是分片光滑有向曲面, 如 $\Sigma = \Sigma_1 \cup \Sigma_2$, 则

$$\iint_{\Sigma} \boldsymbol{F}(x,y,z) \cdot \boldsymbol{n}(x,y,z) \mathrm{d}S$$
$$= \iint_{\Sigma_1} \boldsymbol{F}(x,y,z) \cdot \boldsymbol{n}(x,y,z) \mathrm{d}S + \iint_{\Sigma_2} \boldsymbol{F}(x,y,z) \cdot \boldsymbol{n}(x,y,z) \mathrm{d}S.$$

(3) 如果曲面积分 $\iint_{\Sigma} \boldsymbol{F}(x,y,z) \cdot \boldsymbol{n}(x,y,z) \mathrm{d}S$, $\iint_{\Sigma} \boldsymbol{G}(x,y,z) \cdot \boldsymbol{n}(x,y,z) \mathrm{d}S$ 都存在, 那么对任意的常数 k, l, 有

$$\iint_{\Sigma} (k\boldsymbol{F}(x,y,z) + l\boldsymbol{G}(x,y,z)) \cdot \boldsymbol{n}(x,y,z) \mathrm{d}S$$
$$= k \iint_{\Sigma} \boldsymbol{F}(x,y,z) \cdot \boldsymbol{n}(x,y,z) \mathrm{d}S + l \iint_{\Sigma} \boldsymbol{G}(x,y,z) \cdot \boldsymbol{n}(x,y,z) \mathrm{d}S.$$

11.5.2 第二类曲面积分的计算

设曲面 Σ 的方程为 $z = z(x,y)$, Σ 取上侧. Σ 在 xOy 面上的投影区域为 D_{xy}, 则法向量 $\boldsymbol{n}$ 与 z 轴的夹角 γ 的余弦是非负的, $\cos\gamma \mathrm{d}S = \mathrm{d}x\mathrm{d}y \geqslant 0$. 因此

$$\iint_{\Sigma} R(x,y,z) \mathrm{d}x\mathrm{d}y = \iint_{D_{xy}} R(x,y,z(x,y)) \mathrm{d}x\mathrm{d}y, \tag{11.24}$$

如果曲面 Σ 取下侧, $\cos\gamma \mathrm{d}S = \mathrm{d}x\mathrm{d}y < 0$, 则

$$\iint_{\Sigma} R(x,y,z) \mathrm{d}x\mathrm{d}y = -\iint_{D_{xy}} R(x,y,z(x,y)) \mathrm{d}x\mathrm{d}y. \tag{11.25}$$

类似的, 如果曲面 Σ 的方程为 $y = y(z,x)$, Σ 在 zOx 面上的投影区域为 D_{zx}, 则

$$\iint_{\Sigma} Q(x,y,z) \mathrm{d}z\mathrm{d}x = \pm \iint_{D_{zx}} Q(x,y(z,x),z) \mathrm{d}z\mathrm{d}x. \tag{11.26}$$

Σ 取右侧, 为 "+", 取左侧, 为 "−".

如果曲面 Σ 的方程为 $x = x(y,z)$, Σ 在 yOz 面上的投影区域为 D_{yz}, 则

$$\iint_{\Sigma} P(x,y,z) \mathrm{d}y\mathrm{d}z = \pm \iint_{D_{yz}} P(x(y,z),y,z) \mathrm{d}y\mathrm{d}z. \tag{11.27}$$

Σ 取前侧, 为 "+", 取后侧, 为 "−".

例 11.5.1 计算曲面积分 $\iint\limits_{\Sigma} xyz\mathrm{d}x\mathrm{d}y$, 其中 Σ 是球面 $x^2+y^2+z^2=1$ 在 $x \geqslant 0, y \geqslant 0$ 部分的外侧 (图 11.24).

解 球面位于第一、五卦限, 它们的方程分别为

$$\Sigma_1 : z_1 = \sqrt{1-x^2-y^2},$$

$$\Sigma_2 : z_2 = -\sqrt{1-x^2-y^2}.$$

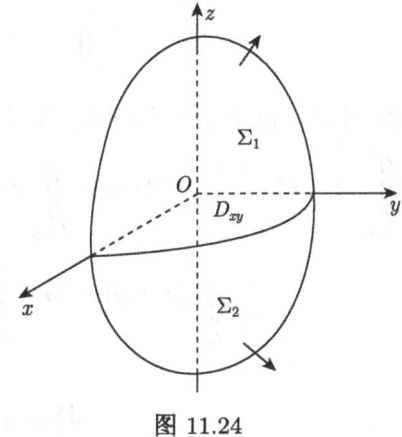

图 11.24

曲面 Σ_1 取上侧, Σ_2 取下侧. Σ_1, Σ_2 在 xOy 面上的投影区域都为 $D_{xy} : x^2+y^2 \leqslant 1, x \geqslant 0, y \geqslant 0$.

$$\begin{aligned}\iint\limits_{\Sigma} xyz\mathrm{d}x\mathrm{d}y &= \iint\limits_{\Sigma_1} xyz\mathrm{d}x\mathrm{d}y + \iint\limits_{\Sigma_2} xyz\mathrm{d}x\mathrm{d}y \\ &= \iint\limits_{D_{xy}} xy\sqrt{1-x^2-y^2}\mathrm{d}x\mathrm{d}y - \iint\limits_{D_{xy}} (-xy\sqrt{1-x^2-y^2})\mathrm{d}x\mathrm{d}y \\ &= 2\iint\limits_{D_{xy}} xy\sqrt{1-x^2-y^2}\mathrm{d}x\mathrm{d}y \\ &= 2\int_0^{\frac{\pi}{2}} \cos\theta\sin\theta\mathrm{d}\theta \int_0^1 \rho^3\sqrt{1-\rho^2}\mathrm{d}\rho = \frac{2}{15}.\end{aligned}$$

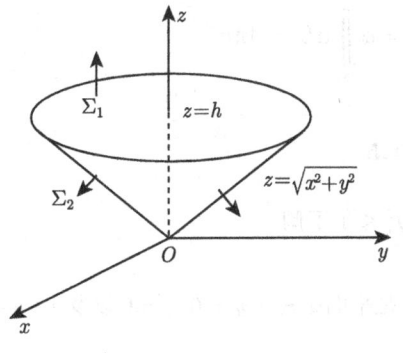

图 11.25

例 11.5.2 计算 $\oiint\limits_{\Sigma} (x+y)z\mathrm{d}x\mathrm{d}y$, 其中 Σ 是平面 $z = h(h > 0)$ 与锥面 $z = \sqrt{x^2+y^2}$ 围成的立体表面的外侧 (图 11.25).

解 闭曲面 Σ 分成 Σ_1, Σ_2, 其中 $\Sigma_1 : z = h$, 取上侧; $\Sigma_2 : z = \sqrt{x^2+y^2}$, 取下侧. 曲面 Σ_1, Σ_2 在 xOy 面上的投影区域都为 $D_{xy} : x^2+y^2 \leqslant h^2$. 于是

$$\oiint\limits_{\Sigma} (x+y)z\mathrm{d}x\mathrm{d}y = \iint\limits_{\Sigma_1} (x+y)z\mathrm{d}x\mathrm{d}y + \iint\limits_{\Sigma_2} (x+y)z\mathrm{d}x\mathrm{d}y$$

$$=h\iint_{D_{xy}}(x+y)\mathrm{d}x\mathrm{d}y-\iint_{D_{xy}}(x+y)\sqrt{x^2+y^2}\mathrm{d}x\mathrm{d}y.$$

因为区域 D_{xy} 既关于 x 轴对称, 又关于 y 轴对称, 所以

$$\iint_{D_{xy}}(x+y)\sqrt{x^2+y^2}\mathrm{d}x\mathrm{d}y=\iint_{D_{xy}}x\sqrt{x^2+y^2}\mathrm{d}x\mathrm{d}y+\iint_{D_{xy}}y\sqrt{x^2+y^2}\mathrm{d}x\mathrm{d}y=0,$$

$$\iint_{D_{xy}}(x+y)\mathrm{d}x\mathrm{d}y=\iint_{D_{xy}}x\mathrm{d}x\mathrm{d}y+\iint_{D_{xy}}y\mathrm{d}x\mathrm{d}y=0.$$

因此

$$\oiint_{\Sigma}(x+y)z\mathrm{d}x\mathrm{d}y=0.$$

例 11.5.3 计算曲面积分

$$\oiint_{\Sigma}(x\cos\alpha+y\cos\beta+z\cos\gamma)\mathrm{d}S,$$

其中 Σ 为球面 $x^2+y^2+z^2=a^2\ (a>0)$ 的外侧.

解 因为球面 $x^2+y^2+z^2=a^2\ (a>0)$ 的外法向量为 $(2x,2y,2z)$, 其单位法向量为

$$\boldsymbol{n}=(\cos\alpha,\cos\beta,\cos\gamma)=\left(\frac{x}{a},\frac{y}{a},\frac{z}{a}\right).$$

于是

$$\oiint_{\Sigma}(x\cos\alpha+y\cos\beta+z\cos\gamma)\mathrm{d}S$$
$$=\iint_{\Sigma}\left(\frac{x^2}{a}+\frac{y^2}{a}+\frac{z^2}{a}\right)\mathrm{d}S=a\iint_{\Sigma}\mathrm{d}S=4\pi a^3.$$

习　题　11.5

1. 计算 $\iint_{\Sigma}z\mathrm{d}x\mathrm{d}y$, 其中 Σ 是平面 $z=2,\ x^2+y^2\leqslant 4$ 下侧.

2. 计算 $\iint_{\Sigma}yz\mathrm{d}y\mathrm{d}z+xz\mathrm{d}z\mathrm{d}x+xy\mathrm{d}x\mathrm{d}y$, 其中 Σ 是平面 $x=0, y=0, z=0$ 以及 $x+y+z=a\ (a>0)$ 所围成的四面体的边界曲面外侧.

3. 计算 $\iint_{\Sigma}(x+y)\mathrm{d}y\mathrm{d}z+(y+z)\mathrm{d}z\mathrm{d}x+(z+x)\mathrm{d}x\mathrm{d}y$, 其中 Σ 是中心在原点, 边长为 a 的正方体表面的外侧.

4. 计算 $\iint\limits_{\Sigma} z\mathrm{d}x\mathrm{d}y + x\mathrm{d}y\mathrm{d}z + y\mathrm{d}z\mathrm{d}x$，其中 Σ 是圆柱面 $x^2+y^2=1$ 被平面 $z=0$ 及 $z=3$ 所截的在第一卦限部分的前侧.

5. 计算 $\iint\limits_{\Sigma} (z^2+x)\mathrm{d}y\mathrm{d}z - z\mathrm{d}x\mathrm{d}y$，其中 Σ 是曲面 $z=\dfrac{1}{2}(x^2+y^2)$ 介于平面 $z=0$ 和 $z=2$ 之间部分的下侧.

6. 计算 $\iint\limits_{\Sigma} (x+a)\mathrm{d}y\mathrm{d}z + (y+b)\mathrm{d}z\mathrm{d}x + (z+c)\mathrm{d}x\mathrm{d}y$，其中 Σ 是球面 $x^2+y^2+z^2=R^2$ 的外侧，a,b,c 为常数.

7. 设曲面 $\Sigma: z=\sqrt{1-x^2-y^2}$ 的外法线向量与 z 轴正向的夹角 γ 是锐角，计算 $\iint\limits_{\Sigma} z^2\cos\gamma\,\mathrm{d}S$.

8. 把第二类曲面积分 $\iint\limits_{\Sigma} P\mathrm{d}y\mathrm{d}z + Q\mathrm{d}z\mathrm{d}x + R\mathrm{d}x\mathrm{d}y$ 化成第一类曲面积分，其中

(1) Σ 是平面 $2x+3y+2\sqrt{3}z=6$ 在第一卦限部分的上侧；

(2) Σ 是抛物面 $z=6-(x^2+y^2)$ 在 xOy 平面上方部分的上侧.

11.6 高斯 (Gauss) 公式、斯托克斯 (Stokes) 公式

本节介绍高斯公式和斯托克斯公式，它们都可以看做是格林公式在一定意义下的推广. 格林公式建立了平面有界闭区域上的二重积分与闭区域的边界曲线上的曲线积分之间的联系，而高斯公式建立了空间有界闭区域上的三重积分与其边界曲面上的曲面积分之间的联系，斯托克斯公式则建立了空间曲面上的曲面积分与其边界曲线上的曲线积分之间的联系.

11.6.1 高斯 (Gauss) 公式

定理 11.6.1(高斯公式) 设空间有界闭区域 Ω 是由分片光滑闭曲面 Σ 围成，函数 $P(x,y,z), Q(x,y,z), R(x,y,z)$ 在 Ω 上具有连续的一阶偏导数，则

$$\iiint\limits_{\Omega} \left(\frac{\partial P}{\partial x} + \frac{\partial Q}{\partial y} + \frac{\partial R}{\partial z}\right)\mathrm{d}v = \oiint\limits_{\Sigma} (P\cos\alpha + Q\cos\beta + R\cos\gamma)\,\mathrm{d}S \qquad (11.28)$$

或

$$\iiint\limits_{\Omega} \left(\frac{\partial P}{\partial x} + \frac{\partial Q}{\partial y} + \frac{\partial R}{\partial z}\right)\mathrm{d}v = \oiint\limits_{\Sigma} P\mathrm{d}y\mathrm{d}z + Q\mathrm{d}z\mathrm{d}x + R\mathrm{d}x\mathrm{d}y, \qquad (11.29)$$

其中 Σ 为空间有界闭区域 Ω 的边界曲面的外侧, $(\cos\alpha,\cos\beta,\cos\gamma)$ 是 Σ 上任意一点 (x,y,z) 处的单位外法向量.

证明 这里我们只考虑一种简单情况下的证明.

设空间区域 Ω 在 xOy 面上的投影区域为 D_{xy}. 假定用平行于 z 轴的直线穿过空间区域 Ω 的内部, 该直线与区域 Ω 的边界曲面 Σ 恰好有两个交点. 这样, Ω 的边界曲面 Σ 由 $\Sigma_1, \Sigma_2, \Sigma_3$ 三块曲面组成, 其中 Σ_1, Σ_2 分别由方程 $z = z_1(x,y)$, $z = z_2(x,y)$, $(x,y) \in D_{xy}$ 给出, 且 $z_1(x,y) \leqslant z_2(x,y)$. 它们构成空间区域 Ω 的下底部和上顶部, Σ_3 是以平面区域 D_{xy} 的边界曲线为准线, 母线平行于 z 轴的柱面上的一部分, 它是空间区域 Ω 的侧面 (图 11.26). Σ_1 取下侧, Σ_2 取上侧, Σ_3 取外侧.

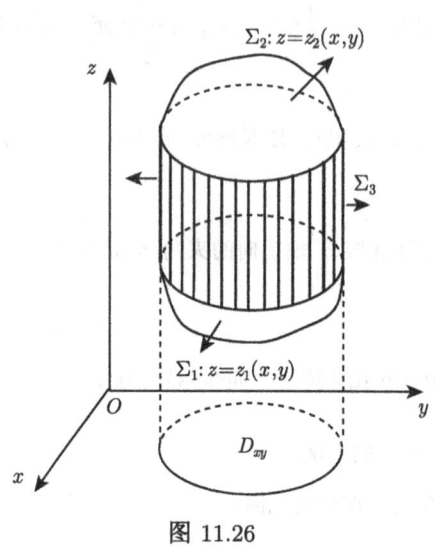

图 11.26

利用三重积分的计算方法, 由于
$$\Omega = \{(x,y,z) | z_1(x,y) \leqslant z \leqslant z_2(x,y), (x,y) \in D_{xy}\},$$
所以
$$\iiint_\Omega \frac{\partial R}{\partial z} dv = \iint_{D_{xy}} dxdy \int_{z_1(x,y)}^{z_2(x,y)} \frac{\partial R}{\partial z} dz$$
$$= \iint_{D_{xy}} R(x,y,z_2(x,y))dxdy - \iint_{D_{xy}} R(x,y,z_1(x,y))dxdy. \qquad (11.30)$$

另一方面, 由第二类曲面积分的计算方法, 注意到 Σ_1, Σ_2 分别取下侧和上侧, Σ_3 在 xOy 面上的投影为 0 面积的曲线, 于是有
$$\oiint_\Sigma Rdxdy = \iint_{\Sigma_1} Rdxdy + \iint_{\Sigma_2} Rdxdy + \iint_{\Sigma_3} Rdxdy$$
$$= -\iint_{D_{xy}} R(x,y,z_1(x,y))dxdy + \iint_{D_{xy}} R(x,y,z_2(x,y))dxdy + 0$$
$$= \iint_{D_{xy}} R(x,y,z_2(x,y))dxdy - \iint_{D_{xy}} R(x,y,z_1(x,y))dxdy. \qquad (11.31)$$

11.6 高斯 (Gauss) 公式、斯托克斯 (Stokes) 公式

结合式 (11.30) 和式 (11.31), 可得

$$\iiint\limits_{\Omega} \frac{\partial R}{\partial z} \mathrm{d}v = \oiint\limits_{\Sigma} R \mathrm{d}x \mathrm{d}y. \tag{11.32}$$

如果用平行于 x 轴及平行于 y 轴的直线穿过空间区域 Ω 的内部, 该直线与空间区域 Ω 的边界曲面 Σ 也恰好有两个交点, 类似地可以证明

$$\iiint\limits_{\Omega} \frac{\partial P}{\partial x} \mathrm{d}v = \oiint\limits_{\Sigma} P \mathrm{d}y \mathrm{d}z, \tag{11.33}$$

$$\iiint\limits_{\Omega} \frac{\partial Q}{\partial y} \mathrm{d}v = \oiint\limits_{\Sigma} Q \mathrm{d}z \mathrm{d}x. \tag{11.34}$$

将式 (11.32), 式 (11.33), 式 (11.34) 两边分别相加即得

$$\iiint\limits_{\Omega} \left(\frac{\partial P}{\partial x} + \frac{\partial Q}{\partial y} + \frac{\partial R}{\partial z} \right) \mathrm{d}v = \oiint\limits_{\Sigma} P \mathrm{d}y \mathrm{d}z + Q \mathrm{d}z \mathrm{d}x + R \mathrm{d}x \mathrm{d}y.$$

称 $\frac{\partial P}{\partial x} + \frac{\partial Q}{\partial y} + \frac{\partial R}{\partial z}$ 为向量 $\boldsymbol{F} = (P, Q, R)$ 的散度, 记为 $\mathrm{div} \boldsymbol{F}$. 若记 $\nabla = \left(\frac{\partial}{\partial x}, \frac{\partial}{\partial y}, \frac{\partial}{\partial z} \right)$, 则

$$\mathrm{div} \boldsymbol{F} = \nabla \cdot \boldsymbol{F} = \frac{\partial P}{\partial x} + \frac{\partial Q}{\partial y} + \frac{\partial R}{\partial z}.$$

这时, 高斯公式可以简记为

$$\iiint\limits_{\Omega} \mathrm{div} \boldsymbol{F} \mathrm{d}v = \iiint\limits_{\Omega} \nabla \cdot \boldsymbol{F} \mathrm{d}v = \oiint\limits_{\Sigma} \boldsymbol{F} \cdot \boldsymbol{n} \mathrm{d}S.$$

例 11.6.1 计算 $\oiint\limits_{\Sigma} x \mathrm{d}y \mathrm{d}z + y \mathrm{d}z \mathrm{d}x + z \mathrm{d}x \mathrm{d}y$, 其中 Σ 为球面 $x^2 + y^2 + z^2 = a^2$ 的外侧.

解 令 $P = x, Q = y, R = z$, 直接利用高斯公式, 有

$$\oiint\limits_{\Sigma} x \mathrm{d}y \mathrm{d}z + y \mathrm{d}z \mathrm{d}x + z \mathrm{d}x \mathrm{d}y = \iiint\limits_{\Omega} (1 + 1 + 1) \mathrm{d}v = 4\pi a^3.$$

例 11.6.2 计算曲面积分

$$I = \iint\limits_{\Sigma} xz \mathrm{d}y \mathrm{d}z + 2zy \mathrm{d}z \mathrm{d}x + 3xy \mathrm{d}x \mathrm{d}y,$$

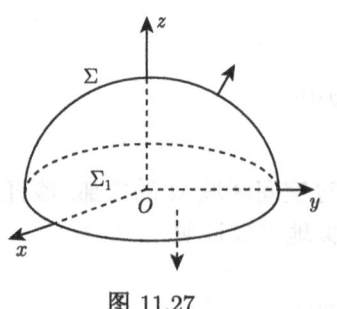

图 11.27

其中 Σ 为曲面 $z = 1 - x^2 - \dfrac{y^2}{4}$ ($0 \leqslant z \leqslant 1$) 的上侧.

解 因曲面 Σ 不是闭曲面,不能直接利用高斯公式来计算. 可考虑添加一平面使其构成闭曲面的外侧 (图 11.27). 添加曲面

$$\Sigma_1 : z = 0, x^2 + \dfrac{y^2}{4} \leqslant 1,$$

取下侧,Σ_1 在 xOy 面上的投影区域为 $D_{xy}: x^2 + \dfrac{y^2}{4} \leqslant 1$. 因此

$$I = \oiint_{\Sigma + \Sigma_1} xz\mathrm{d}y\mathrm{d}z + 2yz\mathrm{d}z\mathrm{d}x + 3xy\mathrm{d}x\mathrm{d}y$$

$$\quad - \iint_{\Sigma_1} xz\mathrm{d}y\mathrm{d}z + 2yz\mathrm{d}z\mathrm{d}x + 3xy\mathrm{d}x\mathrm{d}y$$

$$= \iiint_{\Omega} \left(\dfrac{\partial}{\partial x}(xz) + \dfrac{\partial}{\partial y}(2yz) + \dfrac{\partial}{\partial z}(3xy) \right) \mathrm{d}v + \iint_{D_{xy}} 3xy\mathrm{d}x\mathrm{d}y$$

$$= \iiint_{\Omega} 3z\mathrm{d}v + \iint_{D_{xy}} 3xy\mathrm{d}x\mathrm{d}y,$$

其中 Ω 是由 Σ 与 Σ_1 围成的空间区域.

注意到区域 D_{xy} 的对称性,可以得到

$\displaystyle\iint_{D_{xy}} 3xy\mathrm{d}x\mathrm{d}y = 0$. 所以

$$I = 3\iiint_{\Omega} z\mathrm{d}x\mathrm{d}y\mathrm{d}z = 3\int_0^1 z\mathrm{d}z \iint_{D_z} \mathrm{d}x\mathrm{d}y$$

$$= 3\int_0^1 z \cdot 2\pi(1-z)\mathrm{d}z = \pi.$$

这里,$D_z: x^2 + \dfrac{y^2}{4} \leqslant 1 - z$ 为一椭圆区域,其面积为 $2\pi(1-z)$.

例 11.6.3 计算 $\displaystyle\iint_{\Sigma} -y\mathrm{d}z\mathrm{d}x + (z+1)\mathrm{d}x\mathrm{d}y$,其中 Σ 是圆柱面 $x^2 + y^2 = 4$ 被平面 $x + z = 2$ 和 $z = 0$ 截得部分的外侧 (图 11.28).

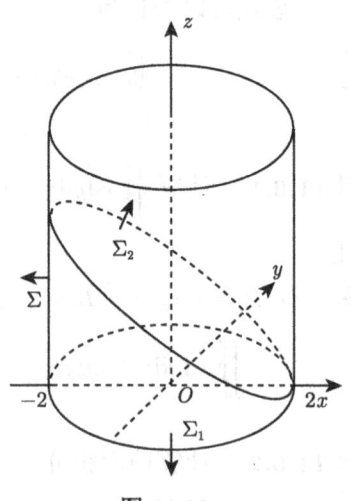

图 11.28

解 因曲面 Σ 不是闭曲面，不能直接利用高斯公式来计算. 可考虑添加曲面使其构成闭曲面的外侧. 添加曲面 $\Sigma_1 : z = 0$，取下侧，$\Sigma_2 : x + z = 2$，取上侧. 它们与 Σ 一起围成空间区域 Ω. 由高斯公式得

$$\oiint_{\Sigma+\Sigma_1+\Sigma_2} -y\mathrm{d}z\mathrm{d}x + (z+1)\mathrm{d}x\mathrm{d}y$$
$$= \iiint_\Omega \left(\frac{\partial}{\partial y}(-y) + \frac{\partial}{\partial z}(z+1)\right)\mathrm{d}x\mathrm{d}y\mathrm{d}z$$
$$= \iiint_\Omega (-1+1)\mathrm{d}x\mathrm{d}y\mathrm{d}z = 0.$$

Σ_1, Σ_2 在 xOy 面上的投影区域都为 $D_{xy} : x^2 + y^2 \leqslant 4$，在 zOx 面上的投影区域的面积都为零，于是

$$\iint_{\Sigma_1} -y\mathrm{d}z\mathrm{d}x + (z+1)\mathrm{d}x\mathrm{d}y = -\iint_{D_{xy}} \mathrm{d}x\mathrm{d}y = -4\pi,$$

$$\iint_{\Sigma_2} -y\mathrm{d}z\mathrm{d}x + (z+1)\mathrm{d}x\mathrm{d}y = \iint_{D_{xy}} (3-x)\mathrm{d}x\mathrm{d}y = 12\pi.$$

所以

$$\iint_\Sigma -y\mathrm{d}z\mathrm{d}x + (z+1)\mathrm{d}x\mathrm{d}y$$
$$= \oiint_{\Sigma+\Sigma_1+\Sigma_2} -y\mathrm{d}z\mathrm{d}x + (z+1)\mathrm{d}x\mathrm{d}y$$
$$- \iint_{\Sigma_1} -y\mathrm{d}z\mathrm{d}x + (z+1)\mathrm{d}x\mathrm{d}y - \iint_{\Sigma_2} -y\mathrm{d}z\mathrm{d}x + (z+1)\mathrm{d}x\mathrm{d}y$$
$$= 0 - (-4\pi) - 12\pi = -8\pi.$$

*11.6.2 斯托克斯 (Stokes) 公式

定理 11.6.2(斯托克斯公式) 设 Γ 是空间中分段光滑的有向闭曲线，Σ 是以 Γ 为边界曲线的分片光滑的有向曲面，Γ 与 Σ 的定向符合右手法则 (如图 11.29). 函数 $P(x,y,z), Q(x,y,z), R(x,y,z)$ 在曲面 Σ(包括 Γ) 上有一阶连续的偏导数，则

$$\oint_\Gamma P\mathrm{d}x + Q\mathrm{d}y + R\mathrm{d}z$$

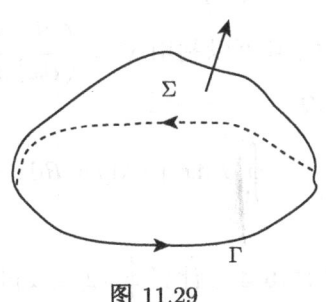

图 11.29

$$= \iint_\Sigma \left(\frac{\partial R}{\partial y} - \frac{\partial Q}{\partial z}\right) \mathrm{d}y\mathrm{d}z + \left(\frac{\partial P}{\partial z} - \frac{\partial R}{\partial x}\right) \mathrm{d}z\mathrm{d}x + \left(\frac{\partial Q}{\partial x} - \frac{\partial P}{\partial y}\right) \mathrm{d}x\mathrm{d}y \quad (11.35)$$

或

$$\oint_\Gamma P\mathrm{d}x + Q\mathrm{d}y + R\mathrm{d}z$$
$$= \iint_\Sigma \left[\left(\frac{\partial R}{\partial y} - \frac{\partial Q}{\partial z}\right)\cos\alpha + \left(\frac{\partial P}{\partial z} - \frac{\partial R}{\partial x}\right)\cos\beta + \left(\frac{\partial Q}{\partial x} - \frac{\partial P}{\partial y}\right)\cos\gamma\right]\mathrm{d}S. \quad (11.36)$$

为了方便,对任意的两个可微函数,引入记号

$$\begin{vmatrix} \dfrac{\partial}{\partial x} & \dfrac{\partial}{\partial y} \\ P & Q \end{vmatrix} = \frac{\partial Q}{\partial x} - \frac{\partial P}{\partial y},$$

则斯托克斯公式可以表示为如下方便记忆的形式

$$\oint_\Gamma P\mathrm{d}x + Q\mathrm{d}y + R\mathrm{d}z = \iint_\Sigma \begin{vmatrix} \mathrm{d}y\mathrm{d}z & \mathrm{d}z\mathrm{d}x & \mathrm{d}x\mathrm{d}y \\ \dfrac{\partial}{\partial x} & \dfrac{\partial}{\partial y} & \dfrac{\partial}{\partial z} \\ P & Q & R \end{vmatrix}$$

或

$$\oint_\Gamma P\mathrm{d}x + Q\mathrm{d}y + R\mathrm{d}z = \iint_\Sigma \begin{vmatrix} \cos\alpha & \cos\beta & \cos\gamma \\ \dfrac{\partial}{\partial x} & \dfrac{\partial}{\partial y} & \dfrac{\partial}{\partial z} \\ P & Q & R \end{vmatrix} \mathrm{d}S.$$

此定理不予证明.

称向量 $\left(\dfrac{\partial R}{\partial y} - \dfrac{\partial Q}{\partial z}, \dfrac{\partial P}{\partial z} - \dfrac{\partial R}{\partial x}, \dfrac{\partial Q}{\partial x} - \dfrac{\partial P}{\partial y}\right)$ 为向量 $\boldsymbol{F} = (P, Q, R)$ 的旋度,记为 $\mathrm{curl}\boldsymbol{F}$,且可以利用 $\nabla = \left(\dfrac{\partial}{\partial x}, \dfrac{\partial}{\partial y}, \dfrac{\partial}{\partial z}\right)$ 把它表示为 $\nabla \times \boldsymbol{F}$ 这时斯托克斯公式可以简记为

$$\oint_\Gamma P\mathrm{d}x + Q\mathrm{d}y + R\mathrm{d}z = \oiint_\Sigma \mathrm{curl}\boldsymbol{F} \cdot \boldsymbol{n}\mathrm{d}S = \oiint_\Sigma (\nabla \times \boldsymbol{F}) \cdot \boldsymbol{n}\mathrm{d}S.$$

例 11.6.4 计算 $\oint_\Gamma (2y+z)\mathrm{d}x + (x-z)\mathrm{d}y + (y-x)\mathrm{d}z$,其中 Γ 为平面 $x+y+z=1$ 被三个坐标面所截成的三角形的整个边界,从 z 轴正向往下看,Γ 取逆时针方向 (图 11.30).

11.6 高斯 (Gauss) 公式、斯托克斯 (Stokes) 公式

解 记 Σ 为平面 $x+y+z=1$ 上由 Γ 围成的部分, 则 Σ 取上侧. 由斯托克斯公式有

$$\oint_\Gamma (2y+z)\mathrm{d}x + (x-z)\mathrm{d}y + (y-x)\mathrm{d}z$$

$$= \iint_\Sigma \begin{vmatrix} \mathrm{d}y\mathrm{d}z & \mathrm{d}z\mathrm{d}x & \mathrm{d}x\mathrm{d}y \\ \dfrac{\partial}{\partial x} & \dfrac{\partial}{\partial y} & \dfrac{\partial}{\partial z} \\ 2y+z & x-z & y-x \end{vmatrix}$$

$$= \iint_\Sigma 2\mathrm{d}y\mathrm{d}z + 2\mathrm{d}z\mathrm{d}x - \mathrm{d}x\mathrm{d}y$$

$$= 1+1-\dfrac{1}{2} = \dfrac{3}{2}.$$

这里, 因曲面 Σ 在三个坐标面上的投影区域都是三角形区域, 其面积都为 $\dfrac{1}{2}$.

例 11.6.5 求曲线积分 $\oint_\Gamma 2yz\mathrm{d}x + (2z-z^2)\mathrm{d}y + (y^2+2xy+3y)\mathrm{d}z$, 其中闭曲线 Γ 为球面 $x^2+y^2+z^2=1$ 与平面 $x+y+z=\dfrac{3}{2}$ 的交线, 沿逆时针方向 (图 11.31).

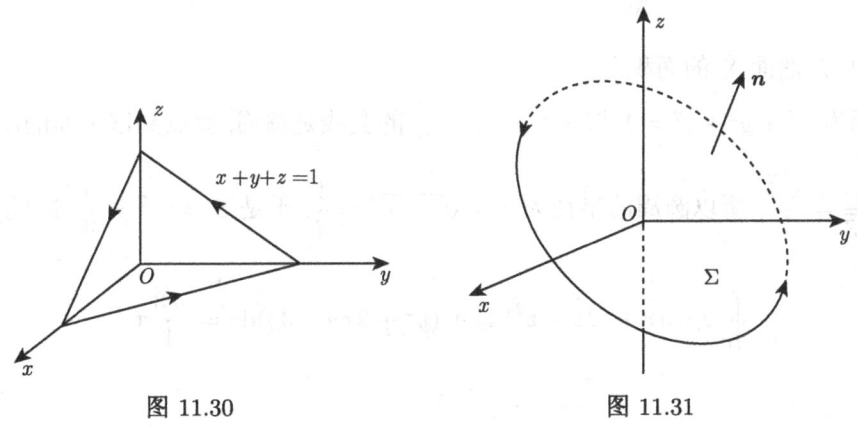

图 11.30　　　　图 11.31

解 记 Γ 在平面 $x+y+z=\dfrac{3}{2}$ 上围成的一块为 Σ, 由于从原点看去 Γ 沿顺时针方向, 根据右手法则, Σ 的单位法向量 $\boldsymbol{n}$ 方向朝上, 且 $\boldsymbol{n}=\dfrac{1}{\sqrt{3}}(1,1,1)$, 由斯托克斯公式, 有

$$\oint_\Gamma 2yz\mathrm{d}x + (2z-z^2)\mathrm{d}y + (y^2+2xy+3y)\mathrm{d}z$$

$$= \iint\limits_{\Sigma} \begin{vmatrix} \cos\alpha & \cos\beta & \cos\gamma \\ \dfrac{\partial}{\partial x} & \dfrac{\partial}{\partial y} & \dfrac{\partial}{\partial z} \\ 2yz & 2z-z^2 & y^2+2xy+3y \end{vmatrix} \mathrm{d}S$$

$$= \frac{1}{\sqrt{3}} \iint\limits_{\Sigma} \left[(2y+2x+3-2+2z)-(2y-2y)+(-2z)\right]\mathrm{d}S$$

$$= \frac{2}{\sqrt{3}} \iint\limits_{\Sigma} \left(x+y+\frac{1}{2}\right)\mathrm{d}S.$$

因为在曲面 Σ 上, $\iint\limits_{\Sigma} x\mathrm{d}S = \iint\limits_{\Sigma} y\mathrm{d}S = \iint\limits_{\Sigma} z\mathrm{d}S$, 且 $x+y+z = \dfrac{3}{2}$, 所以

$$\oint_{\Gamma} 2yz\mathrm{d}x + (2z-z^2)\mathrm{d}y + (y^2+2xy+3y)\mathrm{d}z$$

$$= \frac{2}{\sqrt{3}} \times \frac{1}{2} \iint\limits_{\Sigma} \mathrm{d}S + \frac{2}{\sqrt{3}} \times \frac{2}{3} \iint\limits_{\Sigma} (x+y+z)\mathrm{d}S$$

$$= \sqrt{3} \iint\limits_{\Sigma} \mathrm{d}S = \sqrt{3}S,$$

其中 S 是曲面 Σ 的面积.

因为 $x^2+y^2+z^2=1$ 与 $x+y+z = \dfrac{3}{2}$ 的交线是圆周, 原点到该平面的距离为 $d = \dfrac{\frac{3}{2}}{\sqrt{3}} = \dfrac{\sqrt{3}}{2}$, 所以圆周的半径为 $r = \sqrt{1-d^2} = \dfrac{1}{2}$. 于是 $S = \pi r^2 = \dfrac{\pi}{4}$. 因此,

$$\oint_{\Gamma} 2yz\mathrm{d}x + (2z-z^2)\mathrm{d}y + (y^2+2xy+3y)\mathrm{d}z = \frac{\sqrt{3}}{4}\pi.$$

习 题 11.6

1. 计算曲面积分

$$\iint\limits_{\Sigma} y^2 z\mathrm{d}x\mathrm{d}y + xz\mathrm{d}y\mathrm{d}z + x^2\mathrm{d}z\mathrm{d}x,$$

其中 Σ 是旋转抛物面 $z = x^2+y^2$ $(0 \leqslant z \leqslant 1)$ 的下侧.

总习题 11

2. 计算曲面积分
$$\oiint_{\Sigma}(y^2-x)\mathrm{d}y\mathrm{d}z+(z^2-y)\mathrm{d}z\mathrm{d}x+(x^2-z)\mathrm{d}x\mathrm{d}y,$$
其中 Σ 是 $z=2-x^2-y^2$ 与 xOy 平面围成的立体表面的外侧.

3. 计算曲面积分
$$\oiint_{\Sigma}xz^2\mathrm{d}y\mathrm{d}z+(x^2y-z^3)\mathrm{d}z\mathrm{d}x+(2xy+y^2z)\mathrm{d}x\mathrm{d}y,$$
其中 Σ 为上半球体 $0\leqslant z\leqslant\sqrt{a^2-x^2-y^2}$, $x^2+y^2\leqslant a^2$ 的表面的外侧.

4. 计算曲面积分
$$\iint_{\Sigma}(x^2-yz)\mathrm{d}y\mathrm{d}z+(y^2-zx)\mathrm{d}z\mathrm{d}x+2z\mathrm{d}x\mathrm{d}y,$$
其中 Σ 是曲面 $z=1-\sqrt{x^2+y^2}$ 被 $z=0$ 所截部分的外侧.

*5. 计算 $\oint_{\Gamma}y\mathrm{d}x+z\mathrm{d}y+x\mathrm{d}z$, 其中 Γ 为球面 $x^2+y^2+z^2=a^2$ 与平面 $x+y+z=0$ 的交线, 从 x 轴正向往负轴方向看去, Γ 取逆时针方向.

*6. 求力 $\boldsymbol{F}=(y,z,x)$ 沿有向闭曲线 Γ 所做的功, 其中 Γ 为平面 $x+y+z=1$ 被三个坐标平面截得的三角形的整个边界, 从 z 轴正向往负轴方向看去, Γ 取顺时针方向.

总习题 11

1. 设 L 为椭圆 $\dfrac{x^2}{4}+\dfrac{y^2}{3}=1$, 其周长为 a, 则 $\oint_L(2xy+3x^2+4y^2)\mathrm{d}s=$ _____.

2. 设 $\Sigma:x^2+y^2+z^2=a^2\ (z\geqslant 0)$, Σ_1 为 Σ 在第一卦限中的部分, 则有 (   ).

(A) $\iint_{\Sigma}x\mathrm{d}S=4\iint_{\Sigma_1}x\mathrm{d}S$.   (B) $\iint_{\Sigma}y\mathrm{d}S=4\iint_{\Sigma_1}y\mathrm{d}S$.

(C) $\iint_{\Sigma}z\mathrm{d}S=4\iint_{\Sigma_1}z\mathrm{d}S$.   (D) $\iint_{\Sigma}xyz\mathrm{d}S=4\iint_{\Sigma_1}xyz\mathrm{d}S$.

3. 设 Σ 为球面 $x^2+y^2+z^2=R^2$ 的上半部分的上侧, 则下列结论不正确的是 (   ).

(A) $\iint_{\Sigma}x^2\mathrm{d}y\mathrm{d}z=0$.   (B) $\iint_{\Sigma}x\mathrm{d}y\mathrm{d}z=0$.

(C) $\iint_{\Sigma}y^2\mathrm{d}y\mathrm{d}z=0$.   (D) $\iint_{\Sigma}y\mathrm{d}y\mathrm{d}z=0$.

4. 计算 $\oint_L \sqrt{x^2+y^2}\mathrm{d}s$, 其中 L 为圆周 $x^2+y^2=ax\ (a>0)$.

5. 已知 L 是曲线 $y=x^2\ (0\leqslant x\leqslant \sqrt{2})$ 的一段弧, 计算 $\int_L x\mathrm{d}s$.

6. 计算 $\int_\Gamma (x^2+y^2+z^2)\mathrm{d}s$, 其中 Γ 为螺旋线 $x=a\cos t, y=a\sin t, z=bt\ (0\leqslant t\leqslant 2\pi)$ 的一段弧.

7. 计算 $\oint_L (x+y)\mathrm{d}x+(x-y)\mathrm{d}y$, 其中 L 为椭圆 $\dfrac{x^2}{a^2}+\dfrac{y^2}{b^2}=1$ 沿逆时针方向.

8. 计算曲线积分 $\int_L (x^2+y^2)\mathrm{d}x+(x^2-y^2)\mathrm{d}y$, 其中积分路径 L 为:

(1) 连接 $O(0,0)$, $A(1,1)$, $B(2,0)$ 的折线段; (2) 直线段 OB.

9. 设曲线积分 $I=\oint_L y^3\mathrm{d}x+(3x-x^3)\mathrm{d}y$, 其中 L 为 $x^2+y^2=R^2$ 沿逆时针方向, 求:

(1) R 取何值时有 $I=0$; (2) 求 I 的最大值.

10. 若 $\int_L \dfrac{(x+ay)\mathrm{d}x+y\mathrm{d}y}{(x+y)^2}$, $(x+y\neq 0)$ 与积分路径无关, 试求常数 a 的值.

11. 计算 $\int_\Gamma (x^4-z^2)\mathrm{d}x+2xy^2\mathrm{d}y-y\mathrm{d}z$, 其中曲线弧 Γ 的参数方程为: $x=t, y=t^2, z=t^3, (0\leqslant t\leqslant 1)$. 依参数 t 增加的方向.

12. 计算 $\iint_\Sigma (x+y+z)\mathrm{d}S$, 其中 Σ 为曲面 $x^2+y^2+z^2=a^2, z\geqslant 0$.

13. 设空间区域 Ω 由锥面 $z=\sqrt{x^2+y^2}$ 和半球面 $z=\sqrt{R^2-x^2-y^2}$ 围成,Σ 是 Ω 的边界曲面的外侧, 计算曲面积分

$$\iint_\Sigma x\mathrm{d}y\mathrm{d}z+y\mathrm{d}z\mathrm{d}x+z\mathrm{d}x\mathrm{d}y.$$

14. 计算曲面积分

$$\oiint_\Sigma x\mathrm{d}y\mathrm{d}z+y\mathrm{d}z\mathrm{d}x+z\mathrm{d}x\mathrm{d}y,$$

其中 Σ 为椭球面 $\dfrac{x^2}{a^2}+\dfrac{y^2}{b^2}+\dfrac{z^2}{c^2}=1$ 的内侧.

15. 计算曲面积分

$$\oiint_\Sigma x^2\mathrm{d}y\mathrm{d}z+y^2\mathrm{d}z\mathrm{d}x+z^2\mathrm{d}x\mathrm{d}y,$$

其中 Σ 为立方体 $0\leqslant x\leqslant a, 0\leqslant y\leqslant a, 0\leqslant z\leqslant a$ 表面的外侧.

16. 计算曲面积分

$$\oiint_{\Sigma} x^3 \mathrm{d}y\mathrm{d}z + y^3 \mathrm{d}z\mathrm{d}x + z^3 \mathrm{d}x\mathrm{d}y,$$

其中 Σ 为球面 $x^2 + y^2 + z^2 = a^2$ 的外侧.

17. 计算曲面积分

$$\iint_{\Sigma} (z^2 + x)\mathrm{d}y\mathrm{d}z - z\mathrm{d}x\mathrm{d}y,$$

其中 Σ 为旋转抛物面 $z = \frac{1}{2}(x^2 + y^2)$ 介于 $z = 0$ 和 $z = 2$ 之间部分的下侧.

*18. 计算曲线积分

$$\oint_{\Gamma} (y + z)\mathrm{d}x + (z + x)\mathrm{d}y + (x + y)\mathrm{d}z,$$

其中 Γ 为圆周 $x^2 + y^2 + z^2 = a^2$, $x + y + z = 0$, 从 z 轴正向看, Γ 沿逆时针方向.

第 12 章 常微分方程

历史上, 微分方程几乎与微积分同时产生, 微分方程的形成与发展同力学、天文学、物理学以及其他科学技术的发展是密切相关的. 现在, 微分方程在很多学科领域内有着重要的应用, 如自动控制、各种电子学装置的设计、弹道的计算、飞机和导弹飞行的稳定性的研究、化学反应过程稳定性的研究等. 这些问题都可以化为求微分方程的解或者化为研究微分方程解的性质. 微分方程是一门独立的数学学科, 有完整的理论体系. 本章只介绍常微分方程的一些基本概念及几种常见的常微分方程的求解法. 为方便起见, 本章的常微分方程全用微分方程来叙述.

12.1 微分方程的基本概念

例 12.1.1 一曲线过点 $(1,4)$, 且该曲线上任意一点 $M(x,y)$ 处的切线斜率为 $2x$, 求该曲线的方程.

解 设所求曲线方程为 $y = f(x)$, 由导数的几何意义, 得

$$\frac{\mathrm{d}y}{\mathrm{d}x} = 2x \tag{12.1}$$

且

$$y|_{x=1} = 4. \tag{12.2}$$

由式 (12.1) 得

$$y = x^2 + C, \tag{12.3}$$

又由式 (12.2), 有 $C = 3$. 因此, 所求曲线方程为

$$y = x^2 + 3. \tag{12.4}$$

例 12.1.2 设一质量为 m 的物体只受重力的作用由静止开始自由垂直降落. 根据牛顿第二运动定律: 物体所受的力 F 等于物体的质量 m 与物体运动的加速度 a 的乘积, 即 $F = ma$, 若取物体降落的铅垂线为 x 轴, 其正向朝下, 物体下落的起点为原点, 并设开始下落时刻 $t = 0$, 物体下落的距离 x 与时间 t 的函数关系为 $x = x(t)$, 则可建立起函数 $x = x(t)$ 满足的微分方程

$$\frac{\mathrm{d}^2 x}{\mathrm{d}t^2} = g, \tag{12.5}$$

其中 g 为重力加速度. 这就是自由落体运动的数学模型.

根据题意, $x = x(t)$ 还满足条件

$$x(0) = 0, \quad \left.\frac{\mathrm{d}x}{\mathrm{d}t}\right|_{t=0} = 0. \tag{12.6}$$

式 (12.1) 与式 (12.5) 都是含未知函数的导数的等式. 一般地, 将表示未知函数, 未知函数的导数与自变量之间的关系的方程称为**微分方程**; 微分方程中出现的未知函数的最高阶导数的阶数称为**微分方程的阶**.

例如, 方程 (12.1) 所含未知函数的最高阶导数为一阶, 称其为一阶微分方程. 一阶微分方程的一般表示形式可写成 $F(x, y, y') = 0$ 或 $y' = f(x, y)$. 而方程 (12.5) 中所含未知函数的最高阶导数的阶数是二阶, 称该微分方程为二阶微分方程. 二阶微分方程的一般表示形式可写成 $F(x, y, y', y'') = 0$ 或 $y'' = f(x, y, y')$.

类似地, n 阶微分方程的一般表示形式为

$$F(x, y, y', y'', \cdots, y^{(n)}) = 0 \text{ 或 } y^{(n)} = f(x, y, y', y'', \cdots, y^{(n-1)}),$$

其中 x 为自变量, $y = y(x)$ 是未知函数.

在 n 阶微分方程中, $y^{(n)}$ 必须出现, 而低于 n 阶的各阶导数及 x, y 可以不出现. 例如: 微分方程 $y^{(n)} + 1 = 0$ 中除 $y^{(n)}$ 外, 其他变量都没有出现. 二阶及二阶以上的微分方程统称为**高阶微分方程**.

在微分方程中, 当未知函数为一元函数时, 称该微分方程为**常微分方程**, 简称为**微分方程**; 当未知函数为多元函数时, 称该微分方程为**偏微分方程**, 例如

$$x\frac{\partial z}{\partial x} + y\frac{\partial z}{\partial y} = z, \quad \frac{\partial^2 u}{\partial x^2} + \frac{\partial^2 u}{\partial y^2} + \frac{\partial^2 u}{\partial z^2} = 0$$

分别是一阶和二阶偏微分方程, 本章只介绍常微分方程.

设函数 $y = \varphi(x)$ 在区间 I 上有 n 阶导数, 如果满足

$$F[x, \varphi(x), \varphi'(x), \cdots, \varphi^{(n)}(x)] \equiv 0,$$

则称函数 $y = \varphi(x)$ 为 n 阶微分方程 $F(x, y, y', y'', \cdots, y^{(n)}) = 0$ 的**解**. 例如式 (12.3)、式 (12.4) 都是微分方程 (12.1) 的解, 但这两个解有一定区别: 式 (12.3) 含任意常数, 式 (12.4) 不含任意常数. 如果微分方程的解中含有任意常数且相互独立的任意常数的个数与微分方程的阶数相同, 则称这个解为微分方程的**通解**. 在通解中确定了任意常数的解称为微分方程的**特解**. 用来确定通解中任意常数的条件, 称为**初始条件**或**定解条件**. 例如式 (12.6) 就是微分方程 (12.5) 的初始条件. 一般地, 一阶微分方程 $y' = f(x, y)$ 的初始条件为

$$y|_{x=x_0} = y_0,$$

其中 x_0, y_0 都是已知常数.

二阶微分方程 $y'' = f(x, y, y')$ 的初始条件为

$$y|_{x=x_0} = y_0, \quad y'|_{x=x_0} = y_0',$$

其中 x_0, y_0 和 y_0' 都是已知常数.

一般地, n 阶微分方程的初始条件为

$$y|_{x=x_0} = y_0, \quad y'|_{x=x_0} = y_0', \quad \cdots, \quad y^{(n-1)}|_{x=x_0} = y_0^{(n-1)},$$

其中 $x_0, y_0, y_0', \cdots, y_0^{(n-1)}$ 都是已知常数.

求微分方程满足初始条件的特解问题, 称为**初值问题**.

例 12.1.3 验证由方程 $y = \ln(xy)$ 所确定的函数是微分方程 $(xy-x)y'' + x(y')^2 + yy' - 2y' = 0$ 的解.

解 在方程 $y = \ln(xy)$ 两边同时对 x 求导, 得

$$y' = \frac{1}{xy}(y + xy'),$$

即

$$(xy - x)y' = y.$$

再在上式两端同时对 x 求导得

$$(y + xy' - 1)y' + (xy - x)y'' = y',$$

即

$$(xy - x)y'' + x(y')^2 + yy' - 2y' = 0.$$

因此, 方程 $y = \ln(xy)$ 所确定的函数是微分方程 $(xy-x)y'' + x(y')^2 + yy' - 2y' = 0$ 的解.

习 题 12.1

1. 写出由下列条件确定的曲线所满足的微分方程:

(1) 曲线上点 (x, y) 处切线的斜率等于该点横坐标的平方;

(2) 曲线上点 $P(x, y)$ 处的法线与 x 轴的交点为 Q, 且线段 PQ 被 y 轴平分;

(3) 曲线过点 $(2, 0)$, 且曲线上点 $P(x, y)$ 处的切线与 y 轴交点为 Q, 线段 PQ 的长度为 2.

2. 试指出下列微分方程的阶数:

(1) $y' = 2x^5 + 4y$;

(2) $\sin(y''') + \ln 2y = y + 1$;

(3) $x\left(\dfrac{dy}{dx}\right)^2 - 2\dfrac{dy}{dx} = 2x^5 + 4y^2$;

(4) $\left(\dfrac{dy}{dx}\right)^5 - x\dfrac{d^2y}{dx^2} = 2xy$.

3. 设函数 $y = (1+x)^2 u(x)$ 是微分方程

$$y' - \frac{2}{x+1}y = (x+1)^3$$

的解, 求 $u(x)$.

4. 验证函数 $y = (x^2 + C)\sin x$, (其中 C 为任意常数) 是微分方程

$$\frac{dy}{dx} - y\cot x - 2x\sin x = 0$$

的通解, 并求出满足初始条件 $y\Big|_{x=\frac{\pi}{2}} = 0$ 的特解.

5. 验证函数 $y = (C_1 + C_2 x)e^{-x}$, (其中 C_1, C_2 为任意常数) 是微分方程 $y'' + 2y' + y = 0$ 的通解, 并求满足初始条件 $y|_{x=0} = 8$, $y'|_{x=0} = -4$ 的特解.

12.2　一阶微分方程

微分方程按阶数可分为一阶微分方程和高阶微分方程, 本节主要介绍四类一阶微分方程.

12.2.1　可分离变量的微分方程

对一阶微分方程

$$\frac{dy}{dx} = f(x, y), \tag{12.7}$$

如果 $f(x, y)$ 可表示成 $f(x, y) = \varphi(x)\psi(y)$, 则称式 (12.7) 为**可分离变量的微分方程**.

对可分离变量的微分方程, 进行变量分离, 有

$$\frac{1}{\psi(y)}dy = \varphi(x)dx,$$

两边积分得

$$\int \frac{1}{\psi(y)}dy = \int \varphi(x)dx + C,$$

这就是该微分方程的通解.

例 12.2.1 求微分方程 $\dfrac{\mathrm{d}y}{\mathrm{d}x} = 3x^2 y$ 的通解.

解 分离变量得
$$\dfrac{1}{y}\mathrm{d}y = 3x^2 \mathrm{d}x,$$
两端积分得
$$\int \dfrac{1}{y}\mathrm{d}y = \int 3x^2 \mathrm{d}x,$$
即
$$\ln|y| = x^3 + C_1,$$
从而
$$y = \pm \mathrm{e}^{x^3 + C_1} = \pm \mathrm{e}^{C_1} \mathrm{e}^{x^3}.$$
记 $C = \pm \mathrm{e}^{C_1}$, 于是该微分方程的通解为
$$y = C\mathrm{e}^{x^3}.$$

为了方便, 两边积分时, 可直接把任意常数写为 $\ln|C|$, 即
$$\ln|y| = x^3 + \ln|C|,$$
于是该微分方程的通解为
$$y = C\mathrm{e}^{x^3}.$$

例 12.2.2 求微分方程 $(x+xy^2)\mathrm{d}x - (x^2 y + y)\mathrm{d}y = 0$ 的通解.

解 分离变量得
$$\dfrac{y}{1+y^2}\mathrm{d}y = \dfrac{x}{1+x^2}\mathrm{d}x.$$
两边积分得
$$\dfrac{1}{2}\ln(1+y^2) = \dfrac{1}{2}\ln(1+x^2) + \dfrac{1}{2}\ln|C|,$$
则该微分方程的通解为
$$1 + y^2 = C(1+x^2).$$

例 12.2.3 有一高为 1 米的半球形容器, 水从它的底部小孔流出, 小孔横截面积为 1 平方厘米. 开始时容器内盛满了水, 求水从小孔流出过程中容器里水面的高度 h(水面与孔口中心间的距离) 随时间 t 的变化规律. (由实验测得流量系数为 0.62).

解 由水力学知道, 水从小孔流出的流量 (即通过孔口横截面的水的体积 V 对时间 t 的变化率)Q 为
$$Q = \dfrac{\mathrm{d}V}{\mathrm{d}t} = 0.62 S\sqrt{2gh},$$

其中 S 为孔口横截面面积. 则

$$dV = 0.62\sqrt{2gh}dt. \qquad (12.8)$$

另一方面, 设时间间隔 $[t, t+dt]$ 内, 水面高度由 h 降至 $h+dh$(如图 12.1), 流出水的体积微元

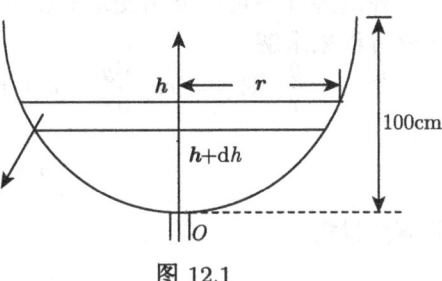

图 12.1

$$dV = -\pi r^2 dh,$$

其中 $r = \sqrt{100^2 - (100-h)^2} = \sqrt{200h - h^2}$. 即

$$dV = -\pi(200h - h^2)dh. \qquad (12.9)$$

由式 (12.8) 和式 (12.9), 得

$$-\pi(200h - h^2)dh = 0.62\sqrt{2gh}dt.$$

此微分方程为可分离变量的微分方程, 分离变量得

$$dt = \frac{-\pi(200\sqrt{h} - \sqrt{h^3})}{0.62\sqrt{2g}}dh.$$

两边同时积分得

$$t = -\frac{\pi}{0.62\sqrt{2g}}\left(\frac{400}{3}\sqrt{h^3} - \frac{2}{5}\sqrt{h^5}\right) + C.$$

由题可知 $h|_{t=0} = 100$, 则

$$C = \frac{\pi}{0.62\sqrt{2g}} \times \frac{14}{15} \times 10^5.$$

因此, 水面的高度 h 随时间 t 的变化规律为

$$t = \frac{\pi}{4.65\sqrt{2g}}(7 \times 10^5 - 10^3\sqrt{h^3} + 3\sqrt{h^5}).$$

12.2.2 齐次方程

对一阶微分方程

$$\frac{dy}{dx} = f(x, y), \qquad (12.10)$$

如果 $f(x, y)$ 可表示成 $\dfrac{y}{x}$ 的函数, 即 $f(x, y) = \varphi\left(\dfrac{y}{x}\right)$, 则称方程 (12.10) 为**齐次方程**.

齐次方程不是可分离变量的微分方程,但可通过变量替换,化为可分离变量的微分方程来求解.

令 $u = \dfrac{y}{x}$,则 $y = xu$,$\dfrac{\mathrm{d}y}{\mathrm{d}x} = u + x\dfrac{\mathrm{d}u}{\mathrm{d}x}$,将其代入原方程,得

$$u + x\frac{\mathrm{d}u}{\mathrm{d}x} = \varphi(u).$$

分离变量得

$$\frac{1}{\varphi(u) - u}\mathrm{d}u = \frac{1}{x}\mathrm{d}x,$$

两边积分得

$$\int \frac{1}{\varphi(u) - u}\mathrm{d}u = \ln|x| + C.$$

求出积分后,再将 $u = \dfrac{y}{x}$ 回代,便得到原方程的通解.

例 12.2.4 求微分方程

$$x\frac{\mathrm{d}y}{\mathrm{d}x} = y\ln\frac{y}{x}$$

满足初始条件 $y|_{x=1} = 1$ 的特解.

解 对所给微分方程变形得

$$\frac{\mathrm{d}y}{\mathrm{d}x} = \frac{y}{x}\ln\frac{y}{x}.$$

令 $u = \dfrac{y}{x}$,则 $\dfrac{\mathrm{d}y}{\mathrm{d}x} = u + x\dfrac{\mathrm{d}u}{\mathrm{d}x}$,代入原方程得

$$u + x\frac{\mathrm{d}u}{\mathrm{d}x} = u\ln u.$$

分离变量得

$$\frac{1}{u(\ln u - 1)}\mathrm{d}u = \frac{1}{x}\mathrm{d}x,$$

两边积分得

$$\ln|\ln u - 1| = \ln|x| + \ln|C|,$$

即

$$\ln u - 1 = Cx,$$

即

$$u = \mathrm{e}^{Cx+1}.$$

将 $u = \dfrac{y}{x}$ 代入,得微分方程的通解为

$$y = x\mathrm{e}^{Cx+1}.$$

12.2 一阶微分方程

由初始条件 $y|_{x=1} = 1$, 得到 $C = -1$.

从而该微分方程满足初始条件 $y|_{x=1} = 1$ 的特解为

$$y = xe^{-x+1}.$$

例 12.2.5 求微分方程 $xy' - y - \sqrt{y^2 - x^2} = 0$ 的通解.

解 对所给微分方程变形, 得

$$\frac{\mathrm{d}y}{\mathrm{d}x} = \frac{y}{x} + \sqrt{\left(\frac{y}{x}\right)^2 - 1}.$$

令 $\dfrac{y}{x} = u$, 则 $y = xu$, $\dfrac{\mathrm{d}y}{\mathrm{d}x} = u + x\dfrac{\mathrm{d}u}{\mathrm{d}x}$. 于是原方程化为

$$u + x\frac{\mathrm{d}u}{\mathrm{d}x} = u + \sqrt{u^2 - 1},$$

即

$$x\frac{\mathrm{d}u}{\mathrm{d}x} = \sqrt{u^2 - 1}.$$

分离变量得

$$\frac{1}{\sqrt{u^2 - 1}}\mathrm{d}u = \frac{1}{x}\mathrm{d}x,$$

两端积分得

$$\ln|u + \sqrt{u^2 - 1}| = \ln|x| + \ln|C|,$$

整理得

$$u + \sqrt{u^2 - 1} = Cx.$$

将 $u = \dfrac{y}{x}$ 代入上式, 整理得原方程的通解

$$y + \sqrt{y^2 - x^2} = Cx^2.$$

例 12.2.6 求微分方程 $\left(1 + 2e^{\frac{x}{y}}\right)\mathrm{d}x + 2e^{\frac{x}{y}}\left(1 - \dfrac{x}{y}\right)\mathrm{d}y = 0$ 的通解.

解 原方程可写为

$$\frac{\mathrm{d}x}{\mathrm{d}y} = -\frac{2e^{\frac{x}{y}}\left(1 - \dfrac{x}{y}\right)}{1 + 2e^{\frac{x}{y}}},$$

令 $\dfrac{x}{y} = u$, 则 $x = yu$, $\dfrac{\mathrm{d}x}{\mathrm{d}y} = u + y\dfrac{\mathrm{d}u}{\mathrm{d}y}$. 于是原方程化为

$$u + y\frac{\mathrm{d}u}{\mathrm{d}y} = \frac{2e^u(u - 1)}{2e^u + 1},$$

即
$$y\frac{\mathrm{d}u}{\mathrm{d}y} = -\frac{2\mathrm{e}^u + u}{2\mathrm{e}^u + 1}.$$

分离变量得
$$\frac{2\mathrm{e}^u + 1}{2\mathrm{e}^u + u}\mathrm{d}u = -\frac{1}{y}\mathrm{d}y,$$

两端积分得
$$\ln|2\mathrm{e}^u + u| = -\ln|y| + \ln|C|,$$

即
$$2\mathrm{e}^u + u = \frac{C}{y}.$$

将 $u = \dfrac{x}{y}$ 代入上式, 得原方程的通解
$$2y\mathrm{e}^{\frac{x}{y}} + x = C.$$

有些微分方程本身不是齐次方程, 但可以通过适当的变换化为齐次方程. 形如
$$\frac{\mathrm{d}y}{\mathrm{d}x} = f\left(\frac{a_1x + b_1y + c_1}{a_2x + b_2y + c_2}\right) \tag{12.11}$$

的微分方程, 先求出直线 $a_1x + b_1y + c_1 = 0$ 和 $a_2x + b_2y + c_2 = 0$ 的交点 (x_0, y_0), 然后作坐标平移变换.

令
$$\begin{cases} X = x - x_0, \\ Y = y - y_0, \end{cases} \text{即} \begin{cases} x = X + x_0, \\ y = Y + y_0, \end{cases}$$

此时 $\dfrac{\mathrm{d}y}{\mathrm{d}x} = \dfrac{\mathrm{d}Y}{\mathrm{d}X}$, 故原方程化为
$$\frac{\mathrm{d}Y}{\mathrm{d}X} = f\left(\frac{a_1X + b_1Y}{a_2X + b_2Y}\right).$$

这样便将微分方程 (12.11) 化为齐次方程.

例 12.2.7 求微分方程 $(x - y - 1)\mathrm{d}x + (4y + x - 1)\mathrm{d}y = 0$ 的通解.

解 由 $\begin{cases} x - y - 1 = 0, \\ 4y + x - 1 = 0, \end{cases}$ 得 $\begin{cases} x = 1, \\ y = 0. \end{cases}$ 令 $x = X + 1, y = Y$, 原方程变为
$$\frac{\mathrm{d}Y}{\mathrm{d}X} = -\frac{X - Y}{X + 4Y},$$

这样将原微分方程化为齐次方程.

再令 $u = \dfrac{Y}{X}$，则 $Y = uX$，$\dfrac{\mathrm{d}Y}{\mathrm{d}X} = u + X\dfrac{\mathrm{d}u}{\mathrm{d}X}$，代入上式整理得

$$\frac{4u+1}{4u^2+1}\mathrm{d}u = -\frac{1}{X}\mathrm{d}X.$$

两端积分，整理得

$$\ln[X^2(4u^2+1)] + \arctan 2u = C.$$

变量还原得原微分方程的通解

$$\ln[(x-1)^2 + 4y^2] + \arctan\frac{2y}{x-1} = C.$$

例 12.2.8 求微分方程 $2yy' = \mathrm{e}^{\frac{x^2+y^2}{x}} + \dfrac{x^2+y^2}{x} - 2x$ 的通解．

解 令 $u = x^2 + y^2$，则 $\dfrac{\mathrm{d}u}{\mathrm{d}x} = 2x + 2y\dfrac{\mathrm{d}y}{\mathrm{d}x}$，代入原方程得

$$\frac{\mathrm{d}u}{\mathrm{d}x} = \mathrm{e}^{\frac{u}{x}} + \frac{u}{x},$$

这样将原微分方程化为齐次方程．

令 $\dfrac{u}{x} = v$，则 $u = xv$，$\dfrac{\mathrm{d}u}{\mathrm{d}x} = v + x\dfrac{\mathrm{d}v}{\mathrm{d}x}$，代入上式整理得

$$\mathrm{e}^{-v}\mathrm{d}v = \frac{1}{x}\mathrm{d}x.$$

两端积分得

$$-\mathrm{e}^{-v} = \ln|x| + C.$$

变量还原得原微分方程的通解

$$-\mathrm{e}^{-\frac{x^2+y^2}{x}} = \ln|x| + C.$$

12.2.3 一阶线性微分方程

形如

$$\frac{\mathrm{d}y}{\mathrm{d}x} + P(x)y = Q(x) \tag{12.12}$$

的微分方程，称为**一阶线性微分方程**．

当 $Q(x) \equiv 0$ 时，微分方程

$$\frac{\mathrm{d}y}{\mathrm{d}x} + P(x)y = 0 \tag{12.13}$$

称为**一阶齐次线性微分方程**．当 $Q(x)$ 不恒为零时，称方程 (12.12) 为**一阶非齐次线性微分方程**，此时称方程 (12.13) 为非齐次线性微分方程 (12.12) 对应的齐次线性微分方程．

显然，一阶齐次线性微分方程是可分离变量的微分方程. 分离变量得
$$\frac{1}{y}\mathrm{d}y = -P(x)\mathrm{d}x.$$

两边积分得
$$\ln|y| = -\int P(x)\mathrm{d}x + \ln|C|.$$

由此，得到一阶齐次线性微分方程 $\dfrac{\mathrm{d}y}{\mathrm{d}x} + P(x)y = 0$ 的通解
$$y = C\mathrm{e}^{-\int P(x)\mathrm{d}x}. \tag{12.14}$$

下面，我们用**常数变易法**来求一阶非齐次线性微分方程 (12.12) 的通解. 这里将齐次线性微分方程 (12.13) 的通解的任意常数 C 变易成函数 $u(x)$，设
$$y = u(x)\mathrm{e}^{-\int P(x)\mathrm{d}x} \tag{12.15}$$

是一阶非齐次线性微分方程 (12.12) 的解，为此，将式 (12.15) 对 x 求导，得
$$\frac{\mathrm{d}y}{\mathrm{d}x} = u'(x)\mathrm{e}^{-\int P(x)\mathrm{d}x} - u(x)P(x)\mathrm{e}^{-\int P(x)\mathrm{d}x}.$$

将上式及式 (12.15) 代入方程 (12.12)，得
$$u'(x)\mathrm{e}^{-\int P(x)\mathrm{d}x} - u(x)P(x)\mathrm{e}^{-\int P(x)\mathrm{d}x} + u(x)P(x)\mathrm{e}^{-\int P(x)\mathrm{d}x} = Q(x),$$

即
$$u'(x) = Q(x)\mathrm{e}^{\int P(x)\mathrm{d}x}.$$

两端积分得
$$u(x) = \int Q(x)\mathrm{e}^{\int P(x)\mathrm{d}x}\mathrm{d}x + C.$$

将上式代入式 (12.15)，便得到一阶非齐次线性微分方程 (12.12) 的通解
$$y = \mathrm{e}^{-\int P(x)\mathrm{d}x}\left(\int Q(x)\mathrm{e}^{\int P(x)\mathrm{d}x}\mathrm{d}x + C\right). \tag{12.16}$$

也可写成
$$y = C\mathrm{e}^{-\int P(x)\mathrm{d}x} + \mathrm{e}^{-\int P(x)\mathrm{d}x}\int Q(x)\mathrm{e}^{\int P(x)\mathrm{d}x}\mathrm{d}x.$$

上式右端第一项是一阶非齐次线性微分方程 (12.12) 对应的一阶齐次线性微分方程的通解，第二项是一阶非齐次线性微分方程 (12.12) 的一个特解 (任意常数

12.2 一阶微分方程

$C = 0$ 的解). 因此, 一阶非齐次线性微分方程的通解等于对应的齐次线性微分方程的通解加上其本身的一个特解. 以后还可看到, 这个结论对高阶非齐次线性微分方程也成立.

例 12.2.9 求微分方程 $\dfrac{\mathrm{d}y}{\mathrm{d}x} + 2xy = 4x$ 的通解.

解 这是一个一阶非齐次线性微分方程, 这里我们采用常数变易法来求解. 对应的一阶齐次线性微分方程为

$$\frac{\mathrm{d}y}{\mathrm{d}x} + 2xy = 0,$$

分离变量得

$$\frac{1}{y}\mathrm{d}y = -2x\mathrm{d}x.$$

两端积分, 得对应的齐次线性微分方程的通解

$$y = C\mathrm{e}^{-x^2}.$$

用常数变易法, 将 C 变易成函数 $u(x)$, 令 $y = u(x)\mathrm{e}^{-x^2}$ 为原方程的解, 由于

$$\frac{\mathrm{d}y}{\mathrm{d}x} = u'(x)\mathrm{e}^{-x^2} - 2xu(x)\mathrm{e}^{-x^2},$$

故

$$u'(x) = 4x\mathrm{e}^{x^2}.$$

上式两端积分得

$$u(x) = 2\mathrm{e}^{x^2} + C.$$

因此, 所给微分方程的通解为

$$y = C\mathrm{e}^{-x^2} + 2.$$

例 12.2.10 求微分方程 $\dfrac{\mathrm{d}y}{\mathrm{d}x} = \dfrac{y}{x} - 2\ln x$ 的通解.

解 将原方程整理得

$$\frac{\mathrm{d}y}{\mathrm{d}x} - \frac{1}{x}y = -2\ln x.$$

这是一个一阶非齐次线性微分方程, 这里 $P(x) = -\dfrac{1}{x}$, $Q(x) = -2\ln x$, 由通解公式 (12.16), 有

$$y = \mathrm{e}^{\int \frac{1}{x}\mathrm{d}x} \left(\int (-2\ln x)\mathrm{e}^{-\int \frac{1}{x}\mathrm{d}x}\mathrm{d}x + C \right)$$

$$= x \left(-2\int \frac{1}{x}\ln x\mathrm{d}x + C \right)$$

$$=x[-(\ln x)^2 + C]$$
$$=Cx - x(\ln x)^2.$$

例 12.2.11 求微分方程 $(y^2 - 6x)\dfrac{dy}{dx} + 2y = 0$ 的通解.

解 将 y 视为 x 的函数, 该方程不是一阶线性微分方程. 若将 x 视为 y 的函数, 该方程改写为

$$\frac{dx}{dy} - \frac{3}{y}x = -\frac{y}{2},$$

这是一个一阶非齐次线性微分方程, 这里 $P(y) = -\dfrac{3}{y}$, $Q(y) = -\dfrac{y}{2}$. 由通解公式 (12.16), 有

$$x = e^{\int \frac{3}{y} dy} \left(\int (-\frac{y}{2}) e^{-\int \frac{3}{y} dy} dy + C \right) = e^{3\ln y} \left(-\int \frac{1}{2y^2} dy + C \right)$$
$$= y^3 \left(\frac{1}{2y} + C \right) = Cy^3 + \frac{y^2}{2}.$$

例 12.2.12 一个槽内起初盛有 100L 的盐水, 内含 50g 已经溶解的盐. 每升含 2g 盐的盐水以 5L/min 的速度注入槽内. 充分混合的溶液以 4L/min 的速度泵出. 在混合过程开始后 25min, 槽中的盐的浓度是多少?

分析 液体溶液中 (或散布在气体中) 的一种化学品流入装有液体 (或气体) 的容器中, 容器中可能还装有一定量的溶解了的该化学品. 把混合物搅拌均匀并以一个已知的速率流出容器. 在这个过程中, 知道在任何时刻容器中的该化学品的浓度往往是重要的. 描述这个过程的微分方程就用到了下列公式:

容器中总量的变化率 = 化学品进入的速率 − 化学品离开的速率.

解 设 t 时刻槽中的盐的总量为 $y(t)$. 由题设可知 $y(0) = 50$, 在 t 时刻槽中溶液的总量

$$V(t) = 100 + (5 - 4)t = 100 + t,$$

因此, 盐流出的速率 $= \dfrac{y(t)}{V(t)}$. 故

$$\text{溶液流出的速率} = \frac{y(t)}{100 + t} \cdot 4 = \frac{4y(t)}{100 + t},$$
$$\text{溶液流入的速率} = 2 \times 5 = 10.$$

则可得微分方程

$$\frac{dy}{dt} = 10 - \frac{4y}{100 + t},$$

即

$$\frac{dy}{dt} + \frac{4}{100 + t} y = 10.$$

12.2 一阶微分方程

此微分方程是一阶非齐次线性微分方程, 利用通解公式得

$$y = e^{-\int \frac{4}{100+t}dt} \left(\int 10 e^{\int \frac{4}{100+t}dt} dt + C \right)$$
$$= 200 + 2t + \frac{C}{(100+t)^4}.$$

由 $y(0) = 50$ 得, $C = -1.5 \times 10^{10}$. 因此, 该微分方程的特解为

$$y(t) = 200 + 2t - \frac{1.5 \times 10^{10}}{(100+t)^4}.$$

因此, 在混合过程开始后 25 分钟, 槽中的盐的总量是

$$y(25) = 200 + 2 \times 25 - \frac{1.5 \times 10^{10}}{(100+25)^4} = 188.56 \text{g}.$$

此时的浓度为

$$\frac{y(25)}{V(25)} = \frac{188.56}{100+25} \approx 1.5 \text{g/L}.$$

例 12.2.13 如图 12.2 所示的 $R-C$ 电路, 把电容器 C 与电阻 R 串联结于电源 E 的两端, 当开关 K 拨到 a 点时电容器被充电, 充好电以后, 将开关拨到 b 点, 电容器通过电阻 R 而放电. 现在要求找出充、放电过程中, 电容器上的电荷 Q 随时间 t 的变化规律.

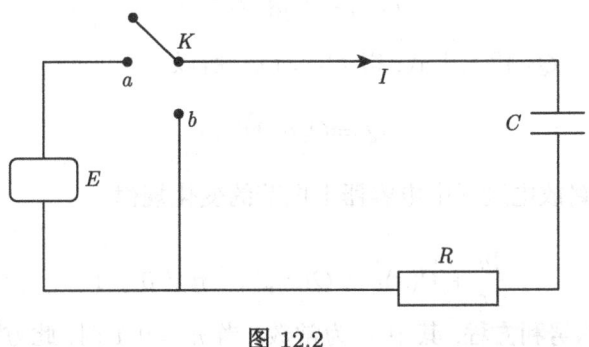

图 12.2

分析 电路问题中常常要用到基尔霍夫 (Kirchhoff) 定律, 基尔霍夫第一定律是: "在任一节点处, 流向节点的电流之和等于流出节点的电流之和". 基尔霍夫第二定律是: "沿电路上的任一闭合回路的电压降之代数和等于零". 另外, 电流 $I = \dfrac{\mathrm{d}Q}{\mathrm{d}t}$.

解 (1) 充电过程 设开始时电容器上的电荷 $Q = 0$, 把开关拨到 a 点, 此时通过电阻 R 的电压降为 RI, 通过电容器 C 的电压降为 $\dfrac{Q}{C}$, 电源电动势为 E. 由基

尔霍夫第二定律得
$$RI + \frac{Q}{C} = E.$$
把 $I = \dfrac{\mathrm{d}Q}{\mathrm{d}t}$ 代入上式,得微分方程
$$R\frac{\mathrm{d}Q}{\mathrm{d}t} + \frac{Q}{C} = E.$$
该微分方程的通解为
$$Q(t) = EC + C_1 \mathrm{e}^{-\frac{1}{RC}t}.$$
再由初始条件 $Q(0) = 0$,得 $C_1 = EC(1 - \mathrm{e}^{-\frac{1}{RC}t})$. 所以
$$Q = EC(1 - \mathrm{e}^{-\frac{1}{RC}t}).$$
这就是 $R-C$ 电路充电过程中电容器上电荷的变化规律.

(2) 放电过程 设充电至 $Q = Q_0$ 时,把开关拨到 b 点,电容器开始放电. 由基尔霍夫定律得
$$RI + \frac{Q}{C} = 0,$$
即
$$R\frac{\mathrm{d}Q}{\mathrm{d}t} + \frac{Q}{C} = 0.$$
该微分方程的通解为
$$Q(t) = C_2 \mathrm{e}^{-\frac{1}{RC}t}.$$
把初始条件 $Q(0) = Q_0$ 代入上式,得 $C_2 = Q_0$. 所以
$$Q = Q_0 \mathrm{e}^{-\frac{1}{RC}t}.$$
这就是 $R-C$ 电路放电过程中电容器上电荷的变化规律.

形如
$$\frac{\mathrm{d}y}{\mathrm{d}x} + P(x)y = Q(x)y^n, \quad n \neq 0, 1 \tag{12.17}$$
的微分方程称为**伯努利方程**,其中 n 为常数. 当 $n = 0, 1$ 时,此方程为一阶线性微分方程.

对伯努利方程,通过适当的变换,就可以把它化为线性微分方程. 事实上,在方程的两端除以 y^n,得
$$y^{-n}\frac{\mathrm{d}y}{\mathrm{d}x} + P(x)y^{1-n} = Q(x),$$
即
$$\frac{1}{1-n}\frac{\mathrm{d}}{\mathrm{d}x}(y^{1-n}) + P(x)y^{1-n} = Q(x).$$

12.2 一阶微分方程

令 $z = y^{1-n}$, 就得到关于 z 的一个一阶线性微分方程

$$\frac{\mathrm{d}z}{\mathrm{d}x} + (1-n)P(x)z = (1-n)Q(x).$$

求得该线性微分方程的通解后, 再将 z 替换为 y^{1-n}, 即可得伯努利方程的通解.

例 12.2.14 求微分方程 $\dfrac{\mathrm{d}y}{\mathrm{d}x} + \dfrac{1}{3}y = \dfrac{1}{3}(1-2x)y^4$ 的通解.

解 方程两边同时除 y^4 得

$$y^{-4}\frac{\mathrm{d}y}{\mathrm{d}x} + \frac{1}{3}y^{-3} = \frac{1}{3}(1-2x),$$

即

$$-\frac{1}{3}\frac{\mathrm{d}}{\mathrm{d}x}(y^{-3}) + \frac{1}{3}y^{-3} = \frac{1}{3}(1-2x).$$

令 $z = y^{-3}$, 上述方程成为

$$\frac{\mathrm{d}z}{\mathrm{d}x} - z = 2x - 1.$$

这是一个一阶非齐次线性微分方程, 利用通解公式 (12.16), 有

$$\begin{aligned}z &= \mathrm{e}^{\int \mathrm{d}x}\left(\int(2x-1)\mathrm{e}^{-\int \mathrm{d}x}\mathrm{d}x + C\right)\\&= \mathrm{e}^x\left(\int(2x-1)\mathrm{e}^{-x}\mathrm{d}x + C\right)\\&= C\mathrm{e}^x - (2x+1).\end{aligned}$$

将 $z = y^{-3}$ 代入上式, 即得所给微分方程的通解

$$y^3(C\mathrm{e}^x - 2x - 1) = 1.$$

12.2.4 全微分方程

一阶微分方程也可以表示为

$$P(x,y)\mathrm{d}x + Q(x,y)\mathrm{d}y = 0 \tag{12.18}$$

的形式, 若存在函数 $u(x,y)$, 使

$$\mathrm{d}u(x,y) = P(x,y)\mathrm{d}x + Q(x,y)\mathrm{d}y, \tag{12.19}$$

则称微分方程 (12.18) 为**全微分方程(恰当方程)**. 其中

$$\frac{\partial u}{\partial x} = P(x,y), \quad \frac{\partial u}{\partial y} = Q(x,y),$$

即微分方程 (12.18) 等同于
$$du(x,y) = 0.$$

由此可知,全微分方程 (12.18) 的通解是方程 $u(x,y) = C$(其中 C 为任意常数) 所确定的隐函数.

例如,微分方程 $xdx+ydy=0$,因为 $u(x,y) = \frac{1}{2}(x^2+y^2)$,$du(x,y) = xdx+ydy$,所以微分方程 $xdx+ydy=0$ 是全微分方程,其通解为 $\frac{1}{2}(x^2+y^2) = C$.

由第二类曲线积分与路径无关的等价条件可知,当 $P(x,y)$,$Q(x,y)$ 在单连通区域 D 内具有连续的一阶偏导数时,微分方程 (12.18) 是全微分方程的充分必要条件为

$$\frac{\partial P}{\partial y} = \frac{\partial Q}{\partial x}. \tag{12.20}$$

且满足式 (12.19) 的原函数可由积分

$$u(x,y) = \int_{x_0}^{x} P(x,y_0)dx + \int_{y_0}^{y} Q(x,y)dy \tag{12.21}$$

或

$$u(x,y) = \int_{x_0}^{x} P(x,y)dx + \int_{y_0}^{y} Q(x_0,y)dy \tag{12.22}$$

来求得,其中 (x_0,y_0) 为 D 中任意选定的一点.

例 12.2.15 求微分方程 $(x^3-3xy^2)dx + (y^3-3x^2y)dy = 0$ 的通解.

解 因为

$$\frac{\partial}{\partial y}(x^3-3xy^2) = -6xy = \frac{\partial}{\partial x}(y^3-3x^2y),$$

所以该微分方程是全微分方程. 在式 (12.21) 中取 $x_0 = y_0 = 0$,则

$$u(x,y) = \int_0^x x^3 dx + \int_0^y (y^3-3x^2y)dy$$

$$= \frac{1}{4}x^4 + \frac{1}{4}y^4 - \frac{3}{2}x^2y^2.$$

因此,原方程的通解为

$$\frac{1}{4}x^4 + \frac{1}{4}y^4 - \frac{3}{2}x^2y^2 = C.$$

有时,也可直接利用凑全微分的方法求解全微分方程.

例 12.2.16 求微分方程 $\frac{2x}{y^3}dx + \frac{y^2-3x^2}{y^4}dy = 0$ 的通解.

解 因为

$$\frac{\partial}{\partial y}\left(\frac{2x}{y^3}\right) = -\frac{6x}{y^4} = \frac{\partial}{\partial x}\left(\frac{y^2-3x^2}{y^4}\right),$$

所以该微分方程是全微分方程. 将方程左端重新组合得

$$\frac{1}{y^2}\mathrm{d}y + \left(\frac{2x}{y^3}\mathrm{d}x - \frac{3x^2}{y^4}\mathrm{d}y\right) = 0,$$

$$\mathrm{d}\left(-\frac{1}{y}\right) + \mathrm{d}\left(\frac{x^2}{y^3}\right) = 0,$$

$$\mathrm{d}\left(-\frac{1}{y} + \frac{x^2}{y^3}\right) = 0.$$

因此, 原方程的通解为

$$-\frac{1}{y} + \frac{x^2}{y^3} = C.$$

当条件 (12.20) 不满足时, 方程 (12.18) 就不是全微分方程. 此时, 如果存在连续可微函数 $\mu(x,y)(\mu(x,y) \neq 0)$, 使得

$$\mu(x,y)P(x,y)\mathrm{d}x + \mu(x,y)Q(x,y)\mathrm{d}y = 0 \tag{12.23}$$

为全微分方程, 则称 $\mu(x,y)$ 为方程 (12.18) 的**积分因子**. 例如, 微分方程 $y\mathrm{d}x - x\mathrm{d}y = 0$ 不是全微分方程, 等式两边同时乘以 $\frac{1}{x^2}$, 有 $\frac{y}{x^2}\mathrm{d}x - \frac{1}{x}\mathrm{d}y = 0$, 即 $\mathrm{d}\left(-\frac{y}{x}\right) = 0$, 便成为全微分方程. 因此, $\frac{1}{x^2}$ 是该微分方程的积分因子. 同理, $\frac{1}{y^2}, \frac{1}{xy}$ 也是该微分方程的积分因子, 这说明微分方程的积分因子不唯一.

习 题 12.2

1. 求下列可分离变量微分方程的通解:

(1) $(x^2 - 1)y' + 2xy^2 = 0$;

(2) $(x^2 + 1)y' - y\ln y = 0$;

(3) $\tan y \mathrm{d}x - \cot x \mathrm{d}y = 0$;

(4) $\mathrm{d}x + xy\mathrm{d}y = y^2\mathrm{d}x + y\mathrm{d}y$;

(5) $(\mathrm{e}^{x+y} - \mathrm{e}^x)\mathrm{d}x + (\mathrm{e}^{x+y} + \mathrm{e}^y)\mathrm{d}y = 0$;

(6) $(xy^2 + x)\mathrm{d}x + (y - x^2y)\mathrm{d}y = 0$;

(7) $x^2y\mathrm{d}x = (1 - y^2 + x^2 - x^2y^2)\mathrm{d}y$;

(8) $y' + \sin\frac{x+y}{2} = \sin\frac{x-y}{2}$.

2. 设降落伞从跳伞塔下落后所受空气阻力与速度成正比 (比例系数为 k), 并设降落伞离开跳伞塔时 ($t = 0$) 的速度为零, 求降落伞下落过程中速度与时间的关系.

3. 小船从河边点 O 处出发驶向对岸 (两岸为平行直线), 设船速为 a, 船行驶的方向始终与河岸垂直. 设河宽为 h, 河中任意点处的水流速度与该点到岸距离的乘积成正比 (比例系数为 k), 求小船的航行路线.

4. 求下列齐次方程的通解:

(1) $y^2 + x^2 \dfrac{\mathrm{d}y}{\mathrm{d}x} = xy \dfrac{\mathrm{d}y}{\mathrm{d}x}$;

(2) $\dfrac{\mathrm{d}y}{\mathrm{d}x} = -\dfrac{4x+3y}{x+y}$;

(3) $\dfrac{\mathrm{d}x}{x^2 - xy + y^2} = \dfrac{\mathrm{d}y}{2y^2 - xy}$;

(4) $x(\ln x - \ln y)\mathrm{d}y - y\mathrm{d}x = 0$.

5. 求下列微分方程满足所给初始条件的特解:

(1) $\mathrm{e}^x \cos y + y'(\mathrm{e}^x + 1)\sin y = 0,\ y|_{x=0} = \dfrac{\pi}{4}$;

(2) $\dfrac{\mathrm{d}y}{\mathrm{d}x} = \dfrac{x}{y} + \dfrac{y}{x},\ y|_{x=1} = 2$;

(3) $(x^2 + 2xy - y^2)\mathrm{d}x + (y^2 + 2xy - x^2)\mathrm{d}y = 0,\ y|_{x=1} = 2$.

*6. 化下列方程为齐次方程, 并求出其通解:

(1) $\dfrac{\mathrm{d}y}{\mathrm{d}x} = \dfrac{x-y+1}{x+y-3}$;

(2) $\dfrac{\mathrm{d}y}{\mathrm{d}x} = (x+y)^2$;

(3) $y' = \dfrac{1}{2}\tan^2(x+2y)$;

(4) $(x+y)\mathrm{d}x + (3x+3y-4)\mathrm{d}y = 0$.

7. 求下列微分方程的通解:

(1) $\dfrac{\mathrm{d}y}{\mathrm{d}x} - \dfrac{y}{x+1} = (x+1)^{\frac{1}{2}}$;

(2) $y' + y\tan x = \sin 2x$;

(3) $(y - \ln x)\mathrm{d}x + x\ln x\,\mathrm{d}y = 0$;

(4) $\dfrac{\mathrm{d}y}{\mathrm{d}x} + y\tan x = \sec x$;

(5) $xy'\ln x + y = ax(\ln x + 1)$;

(6) $y' = \dfrac{1}{x\cos y + \sin 2y}$;

(7) $y\mathrm{d}x + (1+y)x\mathrm{d}y = \mathrm{e}^y\mathrm{d}y$;

(8) $y^3\mathrm{d}x + (2xy^2 - 1)\mathrm{d}y = 0$.

8. 设连续函数 $f(x)$ 满足方程 $f(x) = \displaystyle\int_1^x \dfrac{1}{t}f(t)\mathrm{d}t + x^2$, 求 $f(x)$.

9. 设有连结点 $O(0,0)$ 和 $A(1,1)$ 的一段向上凸的曲线弧 $\overset{\frown}{OA}$, 对于 $\overset{\frown}{OA}$ 上任一点 $P(x,y)$, 曲线弧 $\overset{\frown}{OP}$ 与直线段 $\overline{OP}$ 所围成图形的面积为 x^2, 求曲线弧 $\overset{\frown}{OA}$ 的方程.

10. 设函数 $f(t)$ 在 $[0, +\infty)$ 上连续, 且满足

$$f(t) = \mathrm{e}^{4\pi t^2} + \iint\limits_{x^2+y^2 \leqslant 4t^2} f\left(\dfrac{1}{2}\sqrt{x^2+y^2}\right)\mathrm{d}x\mathrm{d}y,$$

求 $f(t)$.

11. 在一石油精炼厂, 一个存储罐装 8000L 的汽油, 其中包含100g 的添加剂. 为了过冬, 将每升含2g 添加剂的石油以 40L/min 的速度注入存储罐, 充分混合的溶液以 45L/min 的速度泵出. 在混合过程开始后 20 分钟罐中的添加剂有多少?

12. 求下列伯努利方程的通解:

(1) $\dfrac{dy}{dx} - 5xy = x^2 y$;

(2) $\dfrac{dy}{dx} - \dfrac{4}{x} y = x^2 \sqrt{y}$;

(3) $\dfrac{dy}{dx} + \dfrac{y}{x} = a(\ln x) y^2$;

(4) $y' + x(y-x) + x^3 (y-x)^2 = 1$;

(5) $\dfrac{dy}{dx} = \dfrac{1}{x - \sin^2(xy)} - \dfrac{y}{x}$;

(6) $\cos y \dfrac{dy}{dx} - \cos x \sin^2 y = \sin y$.

13. 求下列微分方程的通解:

(1) $(x dy + y dx)(1+y) + (x^2 y^2) dy = 0$;

(2) $2x(1 + \sqrt{x^2 - y}) dx - \sqrt{x^2 - y}\, dy = 0$;

(3) $2xy \ln y\, dx + (x^2 + y^2 \sqrt{1+y^2}) dy = 0$;

(4) $(x^2 + x^3 + y) dx + (1+x) dy = 0$.

12.3 可降阶的高阶微分方程

前面我们讨论了一阶微分方程，但对一般的高阶微分方程没有统一的解法. 这里介绍三类可降阶的高阶微分方程的解法——**降阶法**.

12.3.1 $y^{(n)} = f(x)$ 型

这是一类最简单的高阶微分方程，只需要连续积分 n 次，就可得到此微分方程的通解.

例 12.3.1 求微分方程 $y'' = e^x + 2x$ 满足 $y|_{x=0} = 0$, $y'|_{x=0} = 1$ 的特解.

解 对所给微分方程连续积分两次得

$$y' = e^x + x^2 + C_1,$$
$$y = e^x + \dfrac{1}{3} x^3 + C_1 x + C_2.$$

将 $y|_{x=0} = 0$, $y'|_{x=0} = 1$ 分别代入上面两个等式，解得 $C_1 = 0$, $C_2 = -1$，则其特解为

$$y = e^x + \dfrac{1}{3} x^3 - 1.$$

12.3.2 $y'' = f(x, y')$ 型

这类方程的特点是不含未知函数 y，如果令 $y' = p(x)$，则 $y'' = \dfrac{dp}{dx}$. 原方程化为

$$\dfrac{dp}{dx} = f(x, p).$$

这是一个关于 x, p 的一阶微分方程, 设其通解为

$$p = \varphi(x, C_1),$$

然后再由 $y' = p$, 又得到一个一阶微分方程

$$\frac{\mathrm{d}y}{\mathrm{d}x} = \varphi(x, C_1).$$

对上式两边积分, 即可得到原方程的通解

$$y = \int \varphi(x, C_1) \mathrm{d}x + C_2.$$

例 12.3.2 求微分方程 $y'' = y' + x$ 的通解.

解 所给微分方程不含未知函数 y, 令 $y' = p(x)$, 则 $y'' = \dfrac{\mathrm{d}p}{\mathrm{d}x}$. 于是, 原微分方程化为

$$\frac{\mathrm{d}p}{\mathrm{d}x} = p + x.$$

此微分方程为关于 p 的一阶线性微分方程, 利用通解公式 (12.16), 有

$$\begin{aligned} p &= \mathrm{e}^{\int \mathrm{d}x} \left(\int x \mathrm{e}^{-\int \mathrm{d}x} \mathrm{d}x + C_1 \right) \\ &= \mathrm{e}^x (-x \mathrm{e}^{-x} - \mathrm{e}^{-x} + C_1) \\ &= C_1 \mathrm{e}^x - x - 1, \end{aligned}$$

即

$$\frac{\mathrm{d}y}{\mathrm{d}x} = C_1 \mathrm{e}^x - x - 1.$$

再积分一次, 得原方程的通解为

$$y = C_1 \mathrm{e}^x - \frac{1}{2}x^2 - x + C_2.$$

例 12.3.3 设开始时甲、乙水平距离为 1 个单位, 乙从 A 点沿垂直于 OA 的直线以等速 v_0 向正北行走; 甲从乙的左侧 O 点出发, 始终对准乙以 $nv_0(n > 1)$ 的速度追赶. 求追赶轨迹的曲线方程, 并问乙行多远时, 被甲追到.

解 设所求追赶轨迹的曲线方程为 $y = f(x)$. 经过时刻 t, 甲在追赶轨迹的曲线上的点为 $P(x, y)$, 乙在点 $B(1, v_0 t)$, 如图 12.3 所示. 于是

$$\tan \theta = y' = \frac{v_0 t - y}{1 - x}.$$

12.3 可降阶的高阶微分方程

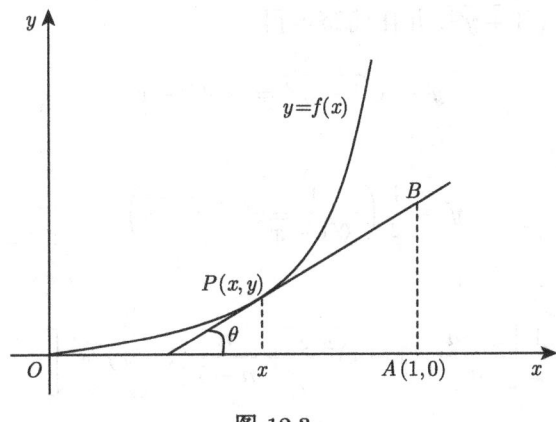

图 12.3

由题设,曲线的弧长 OP 为

$$\int_0^x \sqrt{1+y'^2}\,\mathrm{d}x = nv_0 t,$$

解出 $v_0 t$,代入 $y' = \dfrac{v_0 t - y}{1 - x}$,得

$$(1-x)y' + y = \frac{1}{n}\int_0^x \sqrt{1+y'^2}\,\mathrm{d}x.$$

两边对 x 求导得

$$(1-x)y'' = \frac{1}{n}\sqrt{1+y'^2}.$$

这就是**追赶问题的数学模型**.

令 $y' = p(x)$, $y'' = p'$,则方程化为

$$(1-x)p' = \frac{1}{n}\sqrt{1+p^2} \text{ 或 } \frac{\mathrm{d}p}{\sqrt{1+p^2}} = \frac{\mathrm{d}x}{n(1-x)}.$$

两边积分得

$$\ln(p + \sqrt{1+p^2}) = -\frac{1}{n}\ln|1-x| + \ln|C_1|,$$

即

$$p + \sqrt{1+p^2} = \frac{C_1}{\sqrt[n]{1-x}}.$$

由初始条件 $y'|_{x=0} = p|_{x=0} = 0$,得 $C_1 = 1$. 于是

$$y' + \sqrt{1+y'^2} = \frac{1}{\sqrt[n]{1-x}}.$$

两边同时乘以 $y' - \sqrt{1+y'^2}$，并化简整理得

$$y' - \sqrt{1+y'^2} = -\sqrt[n]{1-x}.$$

两式相加得

$$y' = \frac{1}{2}\left(\frac{1}{\sqrt[n]{1-x}} - \sqrt[n]{1-x}\right),$$

两边同时积分得

$$y = \frac{1}{2}\left[-\frac{n}{n-1}(1-x)^{\frac{n-1}{n}} + \frac{n}{n+1}(1-x)^{\frac{n+1}{n}}\right] + C_2.$$

把初始条件 $y|_{x=0} = 0$ 代入上式，得 $C_2 = \dfrac{n}{n^2-1}$.

故所求追赶轨迹的曲线方程为

$$y = \frac{n}{2}\left[\frac{(1-x)^{\frac{n+1}{n}}}{n+1} - \frac{(1-x)^{\frac{n-1}{n}}}{n-1}\right] + \frac{n}{n^2-1} \ (n>1).$$

当甲追到乙时，即点 P 的横坐标 $x = 1$，此时 $y = \dfrac{n}{n^2-1}$. 即乙行走至离 A 点 $\dfrac{n}{n^2-1}$ 个单位距离时被甲追到.

*12.3.3 $y'' = f(y, y')$ 型

这类微分方程的特点是不含自变量 x，令 $y' = p(y)$，于是，由复合函数的求导法则有

$$y'' = \frac{\mathrm{d}p}{\mathrm{d}x} = \frac{\mathrm{d}p}{\mathrm{d}y} \cdot \frac{\mathrm{d}y}{\mathrm{d}x} = p\frac{\mathrm{d}p}{\mathrm{d}y}$$

代入原方程，将原方程化为

$$p\frac{\mathrm{d}p}{\mathrm{d}y} = f(y, p).$$

这是一个关于变量 y, p 的一阶微分方程. 不妨设它的通解为

$$p = \psi(y, C_1), \text{ 即 } y' = \psi(y, C_1).$$

这是一个可分离变量的微分方程，解此方程，得

$$\int \frac{1}{\psi(y, C_1)} \mathrm{d}y = x + C_2.$$

例 12.3.4 求微分方程 $y'' + \dfrac{y'^2}{1-y} = 0$ 的通解.

解 所给微分方程不含自变量 x，令 $y' = p(y)$，则 $y'' = p\dfrac{\mathrm{d}p}{\mathrm{d}y}$，代入原方程得

$$p\frac{\mathrm{d}p}{\mathrm{d}y} + \frac{p^2}{1-y} = 0,$$

即

$$p\left(\frac{\mathrm{d}p}{\mathrm{d}y} + \frac{p}{1-y}\right) = 0.$$

当 $p = 0$ 时，即 $y' = 0$，$y = C(C \neq 1)$ 是该微分方程解.

当 $p \neq 0$ 时，有

$$\frac{\mathrm{d}p}{\mathrm{d}y} + \frac{p}{1-y} = 0,$$

即

$$\frac{1}{p}\mathrm{d}p = -\frac{1}{1-y}\mathrm{d}y,$$

两端积分得

$$p = C_1(y-1),$$

即

$$\frac{\mathrm{d}y}{\mathrm{d}x} = C_1(y-1).$$

分离变量得

$$\frac{1}{y-1}\mathrm{d}y = C_1\mathrm{d}x,$$

两端积分，得微分方程的通解

$$y = 1 + C_2 \mathrm{e}^{C_1 x} \ (C_2 \neq 0).$$

注 12.3.1 例 12.3.4 中的通解 $y = 1 + C_2 \mathrm{e}^{C_1 x}$ 中，$C_1 = 0$ 时包含了 $y = C$ $(C \neq 1)$.

习 题 12.3

1. 求下列可降阶的高阶微分方程的通解：

(1) $y'' + 2x - 1 = 0$;

(2) $xy^{(4)} - y^{(3)} = 0$;

(3) $y'' + y' = \mathrm{e}^{2x}$;

(4) $xy'' = y' + x\sin\dfrac{y'}{x}$;

(5) $(1 + x^2)y'' - 2xy' = 0$;

(6) $(1 + y^2)y'' = 2yy'^2$;

(7) $yy'' - y'^2 = 0$;

(8) $y'' = y'^3 + y'$.

2. 求下列可降阶的二阶微分方程满足初始条件的特解：

(1) $y'' = e^{2x} - \cos x$, $y|_{x=0} = 0$, $y'|_{x=0} = 1$;

(2) $(1+x^2)y'' = 2xy'$, $y|_{x=0} = 1$, $y'|_{x=0} = 1$;

(3) $yy'' = 2(y'^2 - y')$, $y|_{x=0} = 1$, $y'|_{x=0} = 2$.

3. 一质量为 m 的质点受力 F 的作用沿 x 轴作直线运动. 设力 F 仅是时间 t 的函数: $F = F(t)$. 在开始时刻 $(t=0) F(0) = F_0$, 随着时间 t 的增大, 力 F 均匀地减少, 直到 $t = T$ 时, $F(T) = 0$. 如果开始时质点位于原点, 且初速度为零, 求该质点的运动规律.

4. 求微分方程 $xy'' + 2y' = 1$ 满足 $y(1) = 2y'(1)$, 且当 $x \to 0$ 时, y 有界的特解.

5. 设函数 $z = f(\sqrt{x^2+y^2})$ 满足等式
$$\frac{\partial^2 z}{\partial x^2} + \frac{\partial^2 z}{\partial y^2} = 0,$$
其中 $f(u)$ 二阶可导. 且 $f(1) = 0$, $f'(1) = 1$, 求 $f(u)$ 的表达式.

12.4 二阶线性微分方程解的结构

形如
$$y'' + P(x)y' + Q(x)y = f(x) \tag{12.24}$$
的微分方程称为**二阶线性微分方程**, 其中 $P(x), Q(x)$ 及 $f(x)$ 是自变量 x 的函数. 当 $f(x) \equiv 0$ 时, 微分方程
$$y'' + P(x)y' + Q(x)y = 0 \tag{12.25}$$
称为**二阶齐次线性微分方程**. 当 $f(x)$ 不恒为零时, 称微分方程 (12.24) 为**二阶非齐次线性微分方程**. 此时, 若令 $f(x) \equiv 0$ 得到方程 (12.25), 称方程 (12.25) 为方程 (12.24) 对应的齐次线性微分方程.

对于二阶齐次线性微分方程, 有下述两个定理.

定理 12.4.1 如果函数 $y_1(x)$ 与 $y_2(x)$ 都是微分方程 (12.25) 的解, 则
$$y = C_1 y_1(x) + C_2 y_2(x)$$
也是微分方程 (12.25) 的解, 其中 C_1, C_2 为任意常数.

证明 将 $y = C_1 y_1(x) + C_2 y_2(x)$ 求两次导数代入方程 (12.25) 的左端, 有
$$y'' + P(x)y' + Q(x)y$$
$$= (C_1 y_1 + C_2 y_2)'' + P(x)(C_1 y_1 + C_2 y_2)' + Q(x)(C_1 y_1 + C_2 y_2)$$

12.4 二阶线性微分方程解的结构

$$=C_1[y_1'' + P(x)y_1' + Q(x)y_1] + C_2[y_2'' + P(x)y_2' + Q(x)y_2]$$
$$=0,$$

所以 $y = C_1y_1(x) + C_2y_2(x)$ 是方程 (12.25) 的解.

这说明，**齐次线性微分方程的解符合叠加原理**. 称 $C_1y_1(x) + C_2y_2(x)$ 为 $y_1(x)$, $y_2(x)$ 的**线性组合**.

在解 $C_1y_1(x) + C_2y_2(x)$ 中，虽然有两个任意常数 C_1, C_2，但它不一定是微分方程 (12.25) 的通解. 例如设 $y_1(x)$ 是微分方程 (12.25) 的解，则 $y_2(x) = 2y_1(x)$ 也是微分方程 (12.25) 的解，但

$$y = C_1y_1(x) + C_2y_2(x) = (C_1 + 2C_2)y_1(x) = Cy_1(x)$$

不是微分方程 (12.25) 的通解.

为了解决这个问题，下面引入函数的线性相关及线性无关的概念.

定义 12.4.1 设 $y_1(x)$, $y_2(x)$ 是定义在区间 I 内的两个函数. 如果存在不全为零的常数 k_1, k_2，使得在区间 I 内

$$k_1y_1(x) + k_2y_2(x) \equiv 0 \quad \text{或} \quad \frac{y_2(x)}{y_1(x)} = 常数,$$

则称函数 $y_1(x), y_2(x)$ 在区间 I 内**线性相关**，否则称函数 $y_1(x), y_2(x)$ 在区间 I 内**线性无关**.

例如，函数 $y_1(x) = -\sin 2x$, $y_2(x) = 4\sin x \cos x$ 是两个线性相关的函数，因为 $\frac{y_2(x)}{y_1(x)} = \frac{4\sin x \cos x}{-\sin 2x} = -2$；而 $y_1(x) = e^x$, $y_2(x) = e^{2x}$ 是两个线性无关的函数，因为 $\frac{y_2(x)}{y_1(x)} = e^x$.

定理 12.4.2 设函数 $y_1(x), y_2(x)$ 是微分方程 (12.25) 的两个线性无关的解，则

$$y = C_1y_1(x) + C_2y_2(x)$$

是微分方程 (12.25) 的通解，其中 C_1, C_2 是任意常数.

例如，对微分方程 $y'' + y = 0$，容易验证 $y_1 = \cos x$ 与 $y_2 = \sin x$ 是它的两个解，又

$$\frac{y_2}{y_1} = \frac{\sin x}{\cos x} = \tan x \neq 常数,$$

所以, $y = C_1\cos x + C_2 \sin x$ 是该微分方程的通解.

在 12.2 节中介绍了一阶非齐次线性微分方程的通解等于其对应的齐次微分方程的通解加上它本身的一个特解. 实际上，不仅一阶非齐次线性微分方程的通解具

有这样的结构,而且二阶甚至更高阶的非齐次线性微分方程的通解也具有同样的结构.

定理 12.4.3 设 y^* 是二阶非齐次线性微分方程 (12.24) 的一个特解,而 $\bar{y}$ 是其对应的二阶齐次线性微分方程 (12.25) 的通解,则
$$y = \bar{y} + y^*$$
是二阶非齐次线性微分方程 (12.24) 的通解.

证明 将 $y = \bar{y} + y^*$ 求两次导数代入微分方程 (12.24) 的左端得
$$\begin{aligned}
& y'' + P(x)y' + Q(x)y \\
&= (\bar{y} + y^*)'' + P(x)(\bar{y} + y^*)' + Q(x)(\bar{y} + y^*) \\
&= (\bar{y}'' + y^{*\prime\prime}) + P(x)(\bar{y}' + y^{*\prime}) + Q(x)(\bar{y} + y^*) \\
&= [\bar{y}'' + P(x)\bar{y}' + Q(x)\bar{y}] + [y^{*\prime\prime} + P(x)y^{*\prime} + Q(x)y^*] \\
&= 0 + f(x) = f(x),
\end{aligned}$$
即 $y = \bar{y} + y^*$ 是微分方程 (12.24) 的解.

又由于对应齐次线性微分方程的通解 $\bar{y}$ 中含有两个相互独立的任意常数 C_1, C_2. 所以 $y = \bar{y} + y^*$ 是微分方程 (12.24) 的通解.

例如,对于二阶非齐次线性微分方程 $y'' + y = x$,其对应的齐次线性微分方程 $y'' + y = 0$ 的通解为 $\bar{y} = C_1 \cos x + C_2 \sin x$;容易验证 $y^* = x$ 是它本身的一个特解,则
$$y = C_1 \cos x + C_2 \sin x + x$$
是微分方程 $y'' + y = x$ 的通解.

定理 12.4.2 和定理 12.4.3 可推广到高阶线性微分方程中,也有类似的结果. 关于特解有下面定理.

定理 12.4.4 设 y_1^* 与 y_2^* 分别是微分方程 $y'' + P(x)y' + Q(x)y = f_1(x)$ 和 $y'' + P(x)y' + Q(x)y = f_2(x)$ 的解,则 $y_1^* + y_2^*$ 是微分方程
$$y'' + P(x)y' + Q(x)y = f_1(x) + f_2(x)$$
的解.

习 题 12.4

1. 判断下列各组函数是否线性相关:

(1) x^2, x^5;   (2) $\sin x, \sin 2x$;

(3) $e^{ax}, e^{bx}(a \neq b)$;   (4) $\ln x, \ln 5x$.

2. 验证 $y_1 = \sin 3x, y_2 = \cos 3x$ 都是微分方程 $y'' + 9y = 0$ 的解, 并写出该微分方程的通解.

3. 已知 $y_1 = xe^x + e^{2x}, y_2 = xe^x - e^{-x}, y_3 = xe^x + e^{2x} - e^{-x}$ 是某二阶非齐次线性微分方程的三个特解. (1) 求此方程的通解; (2) 写出此微分方程.

12.5 二阶常系数齐次线性微分方程

12.5.1 二阶常系数齐次线性微分方程

在二阶齐次线性微分方程

$$y'' + P(x)y' + Q(x)y = 0$$

中, 如果 y', y 的系数 $P(x), Q(x)$ 都为常数, 即 (12.25) 成为

$$y'' + py' + qy = 0, \qquad (12.26)$$

其中 p, q 都是常数, 则称 (12.26) 为**二阶常系数齐次线性微分方程**.

由定理 12.4.2 知, 只需求出微分方程 (12.26) 的任意两个线性无关的特解 y_1, y_2, 其线性组合就是该微分方程的通解.

从方程 $y'' + py' + qy = 0$ 的形式上看, 它的特点是 y'', y', y 各乘以常数因子后相加等于零. 我们知道, 在初等函数中, 指数函数 $y = e^{rx}$ 有这样的特点, 不妨用 $y = e^{rx}$ 来尝试求解, 其中 r 为待定系数.

将 $y = e^{rx}$ 求导, $y' = re^{rx}, y'' = r^2 e^{rx}$, 并代入微分方程 $y'' + py' + qy = 0$ 得

$$(r^2 + pr + q)e^{rx} = 0.$$

因为 $e^{rx} \neq 0$, 所以

$$r^2 + pr + q = 0. \qquad (12.27)$$

由此可见, 当 r 是二次方程 (12.27) 的根时, $y = e^{rx}$ 就是微分方程 (12.26) 的解. 称方程 (12.27) 为微分方程 (12.26) 的**特征方程**.

(1) 当 $\Delta = p^2 - 4q > 0$ 时, 方程 (12.27) 有两个不相等的实根 $r_1 \neq r_2$. 则 $y_1 = e^{r_1 x}, y_2 = e^{r_2 x}$ 是微分方程 (12.26) 的两个解, 又由于

$$\frac{y_2}{y_1} = \frac{e^{r_2 x}}{e^{r_1 x}} = e^{(r_2 - r_1)x} \neq 常数,$$

由定理 12.4.1, 二阶常系数齐次线性微分方程 (12.26) 的通解为

$$y = C_1 \mathrm{e}^{r_1 x} + C_2 \mathrm{e}^{r_2 x},$$

其中 C_1, C_2 为任意常数.

(2) 当 $\Delta = p^2 - 4q = 0$ 时, 方程 (12.27) 有两个相等的实根 $r_1 = r_2 = r$. 这样只得到微分方程 (12.26) 的一个解 $y_1 = \mathrm{e}^{rx}$. 此时还需要找出另一个解 y_2, 并使得 $\dfrac{y_2}{y_1}$ 不为常数, 为此可设 $y_2 = u\mathrm{e}^{rx}$, 其中 $u = u(x)$ 为待定函数. 将

$$y_2 = u\mathrm{e}^{rx}, \quad y_2' = (u' + ru)\mathrm{e}^{rx}, \quad y_2'' = (u'' + 2ru' + r^2 u)\mathrm{e}^{rx}$$

代入微分方程 (12.26) 得

$$(u'' + 2ru' + r^2 u)\mathrm{e}^{rx} + p(u' + ru)\mathrm{e}^{rx} + qu\mathrm{e}^{rx} = 0.$$

因为 $\mathrm{e}^{rx} \neq 0$, 于是

$$u'' + (2r + p)u' + (r^2 + pr + q)u = 0.$$

因 r 是特征方程 (12.27) 的二重根, 所以 $r^2 + pr + q = 0$, $2r + p = 0$. 于是

$$u'' = 0.$$

不妨取满足上式的最简单形式 $u(x) = x$, 则微分方程 (12.26) 的另一个特解为 $y_2 = x\mathrm{e}^{rx}$, 且 y_1 与 y_2 线性无关. 从而得微分方程 (12.26) 的通解

$$y = (C_1 + C_2 x)\mathrm{e}^{rx},$$

其中 C_1, C_2 为任意常数.

(3) 当 $\Delta = p^2 - 4q < 0$ 时, 方程 (12.27) 有一对共轭复根 $r_{1,2} = \alpha \pm \mathrm{i}\beta$. 则 $y_1 = \mathrm{e}^{(\alpha + i\beta)x}$, $y_2 = \mathrm{e}^{(\alpha - i\beta)x}$ 是微分方程 (12.26) 的两个解, 利用欧拉公式

$$\mathrm{e}^{ix} = \cos x + \mathrm{i}\sin x$$

有

$$y_1 = \mathrm{e}^{(\alpha + i\beta)x} = \mathrm{e}^{\alpha x}(\cos \beta x + \mathrm{i}\sin \beta x),$$

$$y_2 = \mathrm{e}^{(\alpha - i\beta)x} = \mathrm{e}^{\alpha x}(\cos \beta x - \mathrm{i}\sin \beta x).$$

令

$$\overline{y_1} = \frac{1}{2}(y_1 + y_2) = \mathrm{e}^{\alpha x}\cos \beta x,$$

$$\overline{y_2} = \frac{1}{2i}(y_1 - y_2) = \mathrm{e}^{\alpha x}\sin \beta x,$$

12.5 二阶常系数齐次线性微分方程

由定理 12.4.1, $\overline{y_1}$, $\overline{y_2}$ 也是微分方程 (12.26) 的解, 且 $\dfrac{\overline{y_2}}{\overline{y_1}} = \tan\beta x$. 因此, 由定理 12.4.2, 微分方程 (12.26) 的通解为

$$y = e^{\alpha x}(C_1\cos\beta x + C_2\sin\beta x),$$

其中 C_1, C_2 为任意常数.

综上所述, 求二阶常系数齐次线性微分方程

$$y'' + py' + qy = 0$$

的通解的步骤如下:

第一步　写出微分方程的特征方程

$$r^2 + pr + q = 0.$$

第二步　求特征方程的两个根 r_1, r_2.

第三步　根据特征根的不同情形, 按下表写出该微分方程的通解.

特征方程 $r^2 + pr + q = 0$ 的两个根 r_1, r_2	微分方程 $y'' + py' + qy = 0$ 的通解
(1) 两个不相等的实根: r_1, r_2	$y = C_1 e^{r_1 x} + C_2 e^{r_2 x}$
(2) 两个相等的实根: $r_1 = r_2 = r$	$y = (C_1 + C_2 x)e^{rx}$
(3) 一对共轭复根: $r_{1,2} = \alpha \pm i\beta$	$y = e^{\alpha x}(C_1\cos\beta x + C_2\sin\beta x)$

例 12.5.1　求下列微分方程的通解:

(1) $y'' - 3y' - 4y = 0$;　(2) $y'' + 2y' + y = 0$;　(3) $y'' + 2y' + 10y = 0$.

解　(1) 微分方程 $y'' - 3y' - 4y = 0$ 的特征方程为

$$r^2 - 3r - 4 = 0.$$

它有两个不相等的实根 $r_1 = -1, r_2 = 4$, 故所求微分方程的通解为: $y = C_1 e^{-x} + C_2 e^{4x}$.

(2) 微分方程 $y'' + 2y' + y = 0$ 的特征方程为

$$r^2 + 2r + 1 = 0.$$

它有两个相等的实根 $r_1 = r_2 = -1$, 故所求微分方程通解为: $y = (C_1 + C_2 x)e^{-x}$.

(3) 微分方程 $y'' + 2y' + 10y = 0$ 的特征方程为

$$r^2 + 2r + 10 = 0.$$

它有一对共轭复根 $r_{1,2} = -1 \pm 3i$, 故所求微分方程的通解为:

$$y = e^{-x}(C_1\cos 3x + C_2\sin 3x).$$

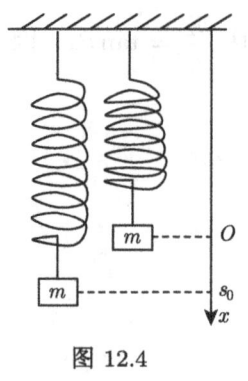

图 12.4

* 例 12.5.2 设有一弹簧,它的上端固定,下端系有一质量为 m 的物体,在点 O 处达到平衡. 如图 12.4 所示,把物体向下拉至与点 O 相距 s_0 处,然后以初速度 v_0 使得物体发生振动. 又设物体在振动过程中所受的空气阻力与其运动速度成正比. 试求物体偏离平衡位置的位移 x 与时间 t 的关系 (假设弹簧本身的重量忽略不计).

解 建立坐标系如图 12.4 所示. 由于坐标原点位于物体的平衡点,所以重力和在平衡点处弹簧的弹性恢复力互相抵消. 因此,对物体的振动过程中只需要分析两个力的作用:一个力是使物体回到平衡位置 O 的弹性恢复力 F_1,另一个力是空气阻力 F_2.

由胡克 (Hooke) 定律知,弹簧使物体回到平衡位置的弹性恢复力和物体离开平衡位置的位移 x 成正比,即

$$F_1 = -cx,$$

其中 $c > 0$ 为弹簧的弹性系数.

由题设,空气阻力 F_2 与物体运动的速度 v 成正比,方向与物体的运动方向相反,即

$$F_2 = -\mu v = -\mu \frac{\mathrm{d}x}{\mathrm{d}t},$$

其中 $\mu > 0$ 为阻尼系数.

由牛顿第二定律 $F = ma$,得

$$m \frac{\mathrm{d}^2 x}{\mathrm{d}t^2} = -\mu \frac{\mathrm{d}x}{\mathrm{d}t} - cx,$$

即

$$\frac{\mathrm{d}^2 x}{\mathrm{d}t^2} + 2n \frac{\mathrm{d}x}{\mathrm{d}t} + k^2 x = 0, \qquad (12.28)$$

其中 $2n = \dfrac{\mu}{m}$, $k^2 = \dfrac{c}{m}$. 由题设初始条件为

$$x(0) = s_0, \quad x'(0) = v_0. \qquad (12.29)$$

方程 (12.28) 是二阶常系数线性微分方程,称其为**自由振动方程**. 下面分无阻尼 ($n = 0$)、小阻尼 ($0 < n < k$)、大阻尼 ($n > k > 0$)、临界阻尼 ($n = k > 0$) 四种情形来考虑其振动规律.

12.5 二阶常系数齐次线性微分方程

1. 无阻尼自由振动 $(n=0)$

方程 (12.28) 变为

$$\frac{\mathrm{d}^2 x}{\mathrm{d}t^2} + k^2 x = 0, \tag{12.30}$$

其通解为

$$x = C_1 \cos kt + C_2 \sin kt.$$

由初始条件 (12.29), 可得 $C_1 = s_0$, $C_2 = \dfrac{v_0}{k}$. 于是无阻尼自由振动为

$$x = s_0 \cos kt + \frac{v_0}{k} \sin kt.$$

若令

$$A = \sqrt{s_0^2 + \left(\frac{v_0}{k}\right)^2}, \quad \tan \phi = \frac{k s_0}{v_0},$$

则有

$$x = A \sin(kt + \phi). \tag{12.31}$$

当 s_0, v_0 不全为零时, $A > 0$. 此时函数 (12.31) 表示振幅为 A, 周期为 $T = \dfrac{2\pi}{k}$, 初相位为 ϕ 的**简谐振动**(图 12.5).

当 $s_0 = v_0 = 0$ 时, $x \equiv 0$ 时. 这说明系统只有在非零初始能量的激励下才能引起振动; 否则, 既无外力作用, 又无初始能量激励, 该系统只能永远处于静止状态.

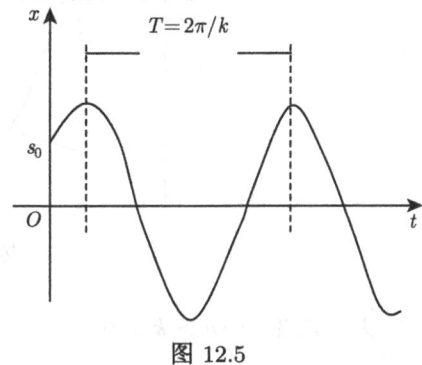

图 12.5

2. 小阻尼振动 $(0 < n < k)$

方程 (12.28) 的特征方程为 $r^2 + 2nr + k^2 = 0$, 其特征根为 $r_{1,2} = -n \pm \mathrm{i}\omega$ ($\omega = \sqrt{k^2 - n^2}$) 是一对共轭复根, 所以方程 (12.28) 的通解为

$$x = \mathrm{e}^{-nt}(C_1 \cos \omega t + C_2 \sin \omega t).$$

由初始条件 (12.29), 可得 $C_1 = s_0$, $C_2 = \dfrac{v_0 + n s_0}{\omega}$. 于是小阻尼自由振动为

$$x = \mathrm{e}^{-nt}\left(s_0 \cos \omega t + \frac{v_0 + n s_0}{\omega} \sin \omega t\right).$$

与无阻尼运动相仿，上述解可表示为
$$x = A\mathrm{e}^{-nt}\sin(\omega t + \phi), \tag{12.32}$$
其中
$$A = \sqrt{s_0^2 + \frac{(v_0 + ns_0)^2}{\omega^2}}, \quad \tan\phi = \frac{\omega s_0}{ns_0 + v_0}.$$

由式 (12.32) 可以看出：一方面，由于函数 (12.32) 中含正弦函数 $\sin(\omega t + \phi)$，所以物体的运动是振荡的；另一方面，其振幅 $A\mathrm{e}^{-nt}$ 随时间 t 的增大而减小. 因此，物体随时间 t 的增大而作上下振动，最终趋于平衡位置 (图 12.6).

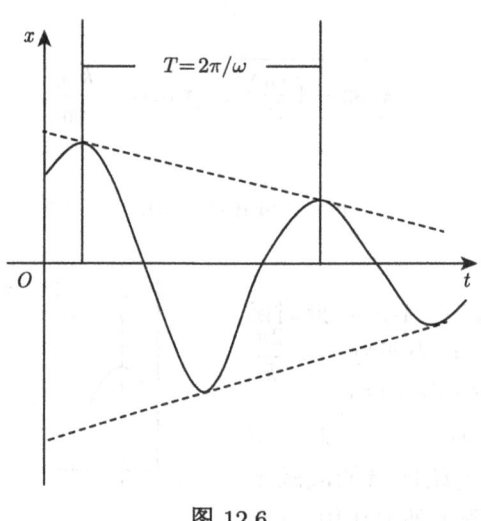

图 12.6

3. 大阻尼振动 $(n > k > 0)$

方程 (12.28) 的特征方程为 $r^2 + 2nr + k^2 = 0$，其特征根为 $r_{1,2} = -n \pm \sqrt{n^2 - k^2}$. 于是方程 (12.28) 满足初始条件式 (12.29) 的特解为
$$x = C_1 \mathrm{e}^{r_1 t} + C_2 \mathrm{e}^{r_2 t}, \tag{12.33}$$
其中
$$C_1 = \frac{(n + \sqrt{n^2 - k^2})s_0 + v_0}{2\sqrt{n^2 - k^2}}, \quad C_2 = -\frac{(n - \sqrt{n^2 - k^2})s_0 + v_0}{2\sqrt{n^2 - k^2}}.$$

因为 $r_1 < 0, r_2 < 0$，所以解式 (12.33) 右边的每一项都随时间 t 的无限增大而趋于零. 因此在大阻尼情形下，物体的运动按指数函数规律迅速衰减，不会产生振动，物体随时间 t 的增加而趋于平衡位置 (图 12.7).

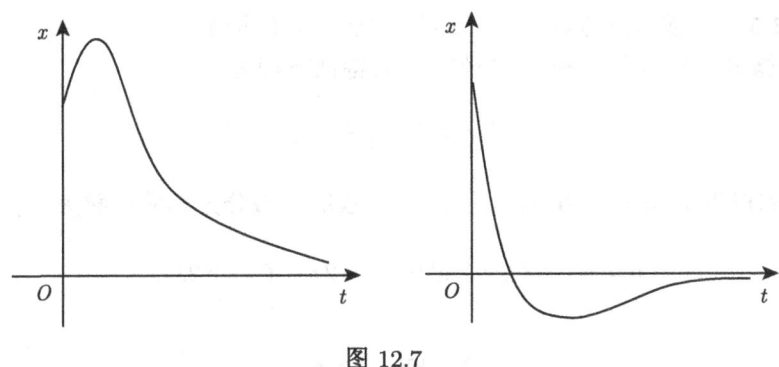

图 12.7

4. 临界阻尼振动 $(n = k)$

方程 (12.28) 的特征方程为 $r^2 + 2nr + k^2 = 0$, 其特征根为 $r_1 = r_2 = -n$, 于是方程 (12.28) 的通解为

$$x = (C_1 + C_2 t)\mathrm{e}^{-nt}.$$

由初始条件式 (12.29), 可得 $C_1 = s_0$, $C_2 = v_0 + ns_0$. 于是临界阻尼振动为

$$x = [s_0 + (v_0 + ns_0)t]\mathrm{e}^{-nt}. \tag{12.34}$$

从式 (12.34) 可知, 物体在临界阻尼情况下也是按指数函数规律作衰减运动, 不具有振动性质, 物体也随时间 t 的增加而趋于平衡位置.

*12.5.2　n 阶常系数齐次线性微分方程

二阶常系数齐次线性微分方程的解法, 可推广到 n 阶常系数齐次线性微分方程中.

n 阶常系数齐次线性微分方程的一般表示形式为

$$y^{(n)} + p_1 y^{(n-1)} + \cdots + p_{n-1} y' + p_n y = 0, \tag{12.35}$$

其中 $p_1, p_2, \cdots, p_n$ 都为常数. 其对应的特征方程为

$$r^n + p_1 r^{n-1} + \cdots + p_{n-1} r + p_n = 0. \tag{12.36}$$

求出特征方程 (12.36) 的 n 个根, 根据特征根的情况, 按下表写出微分方程 (12.35) 的通解.

特征方程 (12.36) 的根	微分方程 (12.35) 通解中的对应项
(1) 有单实根 r	给出一项: $C\mathrm{e}^{rx}$
(2) 有一对单复根 $r_{1,2} = \alpha \pm i\beta$	给出两项: $\mathrm{e}^{\alpha x}(C_1 \cos\beta x + C_2 \sin\beta x)$
(3) 有 k 重实根 r	给出 k 项: $\mathrm{e}^{rx}(C_1 + C_2 x + \cdots + C_k x^{k-1})$
(4) 有一对 k 重复根 $r_{1,2} = \alpha \pm i\beta$	给出 $2k$ 项: $\mathrm{e}^{\alpha x}[(C_1 + C_2 x + \cdots + C_k x^{k-1})\cos\beta x + (D_1 + D_2 x + \cdots + D_k x^{k-1})\sin\beta x]$

例 12.5.3 求微分方程 $y^{(4)} - 2y''' + 5y'' = 0$ 的通解.

解 微分方程 $y^{(4)} - 2y''' + 5y'' = 0$ 的特征方程为

$$r^4 - 2r^3 + 5r^2 = 0.$$

特征方程的根为 $r_1 = r_2 = 0$, $r_{3,4} = 1 \pm 2i$. 故所给微分方程的通解为

$$y = C_1 + C_2 x + e^x (C_3 \cos 2x + C_4 \sin 2x).$$

习 题 12.5

1. 求下列常系数齐次线性微分方程的通解:

   (1) $y'' + 8y' + 15y = 0$;

   (2) $y'' + 2y' + y = 0$;

   (3) $y'' + 6y' + 15y = 0$;

   (4) $y^{(4)} + 5y'' - 50y = 0$;

   (5) $y^{(5)} + 2y^{(3)} + y' = 0$;

   (6) $y^{(6)} - 2y^{(4)} - y'' + 2y = 0$.

2. 求下列微分方程满足所给初始条件的特解:

   (1) $y'' - 2y' - 3y = 0$, $y|_{x=0} = 2$, $y'|_{x=0} = 0$;

   (2) $y'' + 4y' + 4y = 0$, $y|_{x=0} = 0$, $y'|_{x=0} = 1$;

   (3) $y'' + 2y' + 5y = 0$, $y|_{x=0} = 0$, $y'|_{x=0} = 2$.

3. 求方程 $yy'' - (y')^2 = y^2 \ln y$ 的通解.

12.6 二阶常系数非齐次线性微分方程

二阶常系数非齐次线性微分方程的一般形式为

$$y'' + py' + qy = f(x), \tag{12.37}$$

其中 p, q 都是常数.

由定理 12.4.3 可知, 要求微分方程 (12.37) 的通解, 只需求出它的一个特解及其对应的齐次线性微分方程 (12.26) 的通解即可.

12.5 节中介绍了齐次线性微分方程 (12.26) 的通解的求法, 所以这里只需讨论二阶常系数非齐次线性微分方程的特解 y^* 的求法.

微分方程 (12.37) 的特解, 与自由项 $f(x)$ 有关. 这里仅就 $f(x)$ 的两种常见的情形进行讨论.

(1) $f(x) = P_m(x)\mathrm{e}^{\lambda x}$, 其中 λ 是常数, $P_m(x)$ 是 x 的一个 m 次多项式

$$P_m(x) = a_0 x^m + a_1 x^{m-1} + \cdots + a_{m-1} x + a_m.$$

(2) $f(x) = \mathrm{e}^{\lambda x}[P_l(x)\cos\omega x + P_n(x)\sin\omega x]$, 其中 λ, ω 都是常数, $P_l(x), P_n(x)$ 分别是 x 的 l 次, n 次多项式, 其中有一个可以为零.

12.6.1 $f(x) = P_m(x)\mathrm{e}^{\lambda x}$ 型

当 $f(x) = P_m(x)\mathrm{e}^{\lambda x}$ 时, 其特点是多项式 $P_m(x)$ 与指数函数 $\mathrm{e}^{\lambda x}$ 的乘积. 显然多项式与指数函数乘积的导数, 仍然是多项式与指数函数的乘积, 因此, 可以推测方程 (12.37) 的特解具有如下形式

$$y^* = Q(x)\mathrm{e}^{\lambda x},$$

其中 $Q(x)$ 为某个多项式.

为此, 将 $y^* = Q(x)\mathrm{e}^{\lambda x}$ 求两次导数代入方程 (12.37), 看能否找到合适的 $Q(x)$ 使 y^* 满足方程 (12.37). 将

$$y^* = Q(x)\mathrm{e}^{\lambda x},$$
$$(y^*)' = [Q'(x) + \lambda Q(x)]\mathrm{e}^{\lambda x},$$
$$(y^*)'' = [Q''(x) + 2\lambda Q'(x) + \lambda^2 Q(x)]\mathrm{e}^{\lambda x}$$

代入方程 (12.37), 并消去因子 $\mathrm{e}^{\lambda x}$, 得

$$Q''(x) + (2\lambda + p)Q'(x) + (\lambda^2 + p\lambda + q)Q(x) = P_m(x). \tag{12.38}$$

这里, λ 是否为方程 $y'' + py' + qy = f(x)$ 的特征方程 $r^2 + pr + q = 0$ 的根, 直接影响上式中 $Q(x)$ 及其导数的系数. 下面分三种情况来讨论.

(1) 如果 λ 不是特征方程 $r^2 + pr + q = 0$ 的根, 则 $\lambda^2 + p\lambda + q \neq 0$. 由于 $P_m(x)$ 是 x 的一个 m 次多项式, 要使等式 (12.38) 恒成立, $Q(x)$ 应为一 m 次多项式 $Q_m(x)$. 设

$$Q_m(x) = b_0 x^m + b_1 x^{m-1} + \cdots + b_{m-1} x + b_m,$$

其中 $b_0, b_1, \cdots, b_m$ 为待定系数. 将 $Q_m(x)$ 代入式 (12.38), 比较等式两端 x 的同次幂的系数, 就得到以 $b_0, b_1, \cdots, b_m$ 为未知数的 $m+1$ 个方程的联立方程组. 从而可确定这些待定系数 $b_i(i = 0, 1, 2, \cdots, m)$, 并得到所求特解

$$y^* = Q_m(x)\mathrm{e}^{\lambda x}.$$

(2) 如果 λ 是特征方程 $r^2 + pr + q = 0$ 的单根, 则

$$\lambda^2 + p\lambda + q = 0, \quad 2\lambda + p \neq 0.$$

要使等式 (12.38) 恒成立, $Q'(x)$ 应为一 m 次多项式 $Q_m(x)$. 不妨设 $Q(x) = xQ_m(x)$, 用以上同样的方法来确定 $Q_m(x)$ 的待定系数 $b_i(i = 0, 1, 2, \cdots, m)$. 于是, 所求特解形式为

$$y^* = xQ_m(x)\mathrm{e}^{\lambda x}.$$

(3) 如果 λ 是特征方程 $r^2 + pr + q = 0$ 的重根, 则

$$\lambda^2 + p\lambda + q = 0, \quad 2\lambda + p = 0.$$

要使等式 (12.38) 恒成立, 则 $Q''(x)$ 必须是 m 次多项式. 不妨设 $Q(x) = x^2 Q_m(x)$, 也可用以上同样的方法来确定 $Q_m(x)$ 的待定系数. 于是, 所求特解形式为

$$y^* = x^2 Q_m(x)\mathrm{e}^{\lambda x}.$$

综上所述, 当 $f(x) = P_m(x)\mathrm{e}^{\lambda x}$ 时, 二阶常系数非齐次线性微分方程 $y'' + py' + qy = f(x)$ 的特解形式为

$$y^* = x^k Q_m(x)\mathrm{e}^{\lambda x},$$

其中 $Q_m(x)$ 是与 $P_m(x)$ 同次的多项式, 而 k 按 λ 不是特征方程的根、是特征方程的单根或是特征方程的重根依次取 0, 1 或 2.

例如: (1) 对微分方程 $y'' + 5y' + 6y = \mathrm{e}^{3x}$, 因 $\lambda = 3$ 不是特征方程 $r^2 + 5r + 6 = 0$ 的根, 故微分方程的特解形式为 $y^* = a\mathrm{e}^{3x}$, 其中 a 为待定系数.

(2) 对于微分方程 $y'' + 5y' + 6y = 3x\mathrm{e}^{-2x}$, 因 $\lambda = -2$ 是特征方程 $r^2 + 5r + 6 = 0$ 的单根, 故所给微分方程的特解形式为

$$y^* = x(b_0 x + b_1)\mathrm{e}^{-2x},$$

其中 b_0, b_1 为待定系数.

(3) 对于方程 $y'' + 2y' + y = -(3x^2 + 1)\mathrm{e}^{-x}$, 因 $\lambda = -1$ 是特征方程 $r^2 + 2r + 1 = 0$ 的重根, 故所给微分方程的特解形式为

$$y^* = x^2(b_0 x^2 + b_1 x + b_2)\mathrm{e}^{-x},$$

其中 b_0, b_1, b_2 都为待定系数.

12.6 二阶常系数非齐次线性微分方程

例 12.6.1 求微分方程 $y'' - 3y' + 2y = xe^{2x}$ 的通解.

解 方程右端的自由项为 $f(x) = P_m(x)e^{\lambda x}$ 型, 其中 $P_m(x) = x$, $\lambda = 2$. 方程 $y'' - 3y' + 2y = xe^{2x}$ 所对应的齐次方程的特征方程为

$$r^2 - 3r + 2 = 0,$$

特征根为: $r_1 = 1$, $r_2 = 2$.

于是, 该微分方程对应的齐次线性微分方程的通解为

$$\bar{y} = C_1 e^x + C_2 e^{2x}.$$

因为 $\lambda = 2$ 是特征方程的单根, 故该微分方程的特解形式为

$$y^* = x(b_0 x + b_1)e^{2x}.$$

对 y^* 求一阶、二阶导数代入原方程, 化简得

$$2b_0 x + 2b_0 + b_1 = x.$$

利用多项式恒等得

$$b_0 = \frac{1}{2}, \quad b_1 = -1.$$

于是, 该微分方程的特解为

$$y^* = x\left(\frac{1}{2}x - 1\right)e^{2x}.$$

从而, 所求微分方程的通解为

$$y = C_1 e^x + C_2 e^{2x} + x\left(\frac{1}{2}x - 1\right)e^{2x}.$$

12.6.2 $f(x) = e^{\lambda x}[P_l(x)\cos\omega x + P_n(x)\sin\omega x]$ 型

利用欧拉公式按前部分的方法寻找其特解, 这里我们不作推导直接给出其特解形式如下

$$y^* = x^k e^{\lambda x}[R_m^{(1)}(x)\cos\omega x + R_m^{(2)}(x)\sin\omega x],$$

其中 $R_m^{(1)}(x)$, $R_m^{(2)}(x)$ 都是 m 次多项式, $m = \max\{l, n\}$, 而 k 按 $\lambda \pm i\omega$ 不是特征方程的根或是特征方程的根依次取 0 或 1.

例如: 对微分方程 $y'' + y = x\sin 3x$, 这里 $P_l(x) = 0$, $P_n(x) = x$, $\lambda = 0$, $\omega = 3$. 因 $\lambda \pm i\omega = \pm 3i$ 不是特征方程 $r^2 + 1 = 0$ 的根, 故所给微分方程的特解形式可设为

$$y^* = (a_0 x + a_1)\cos 3x + (b_0 x + b_1)\sin 3x,$$

其中 a_0, a_1, b_0, b_1 都为待定系数.

又如：对微分方程 $y'' + y = x\cos x + 2\sin x$, 这里 $P_l(x) = x$, $P_n(x) = 2$, $\lambda = 0$, $\omega = 1$. 因 $\lambda \pm i\omega = \pm i$ 是特征方程 $r^2 + 1 = 0$ 的根, 故所给微分方程的特解形式可设为

$$y^* = x[(a_0 x + a_1)\cos x + (b_0 x + b_1)\sin x],$$

其中 a_0, a_1, b_0, b_1 都为待定系数.

例 12.6.2 求微分方程 $y'' + 4y' + 4y = \cos 2x$ 的通解.

解 先求对应齐次线性微分方程的通解. 对应的齐次线性微分方程的特征方程为: $r^2 + 4r + 4 = 0$, 特征根为: $r_1 = r_2 = -2$. 故对应齐次线性微分方程的通解为

$$\bar{y} = (C_1 + C_2 x)e^{-2x}.$$

再求其本身的一个特解. 这里 $P_l(x) = 1$, $P_n(x) = 0$, $\lambda = 0$, $\omega = 2$. 因 $\lambda \pm i\omega = \pm 2i$ 不是特征方程的根. 故所给微分方程的特解形式可设为

$$y^* = a\cos 2x + b\sin 2x,$$

其中 a, b 都为待定系数.

将 y^* 求导代入原方程得

$$8b\cos 2x - 8a\sin 2x = \cos 2x.$$

比较同类项的系数得

$$a = 0, \quad b = \frac{1}{8},$$

于是, $y^* = \dfrac{1}{8}\sin 2x$. 故所给微分方程的通解为

$$y = (C_1 + C_2 x)e^{-2x} + \frac{1}{8}\sin 2x.$$

习 题 12.6

1. 试写出下列微分方程的特解形式：

(1) $y'' + 5y' + 6y = e^{3x}$; (2) $y'' + 5y' + 6y = 3xe^{-2x}$;

(3) $y'' + 2y' + y = -(3x^2 + 1)e^{-x}$; (4) $y'' + y = 4\sin x$;

(5) $y'' + y = x\sin 2x$; (6) $y'' - 6y' + 9y = e^x \cos x$.

2. 求下列二阶常系数非齐次线性微分方程的通解：

(1) $y'' + 8y' + 16y = x + 1$;   (2) $y'' + y = x^2 e^x$;

(3) $y'' + y = x\cos 2x$;   (4) $y'' + y' = e^x + \cos x$.

3. 求下列微分方程满足所给初始条件的特解:

(1) $y'' - y' = 4xe^x$, $y|_{x=0} = 0$, $y'|_{x=0} = 1$;

(2) $y'' + 4y' + 4y = \cos 2x$, $y|_{x=0} = 1$, $y'|_{x=0} = -2$.

4. 设二阶常系数线性微分方程 $y'' + ay' + by = ce^x$ 的一个特解为 $y^* = e^x(1 + x + e^x)$, 求常数 a, b, c 的值, 并讨论该方程的通解.

5. 设函数 $\varphi(x)$ 连续, 且满足

$$\varphi(x) = e^x + \int_0^x t\varphi(t)\mathrm{d}t - x\int_0^x \varphi(t)\mathrm{d}t,$$

求 $\varphi(x)$.

12.7 欧拉方程

欧拉方程是一类特殊的变系数线性微分方程. 本节将主要介绍欧拉方程及其解法.

形如

$$x^n y^{(n)} + p_1 x^{n-1} y^{(n-1)} + \cdots + p_{n-1} x y' + p_n y = f(x) \tag{12.39}$$

的微分方程称为**标准形式的欧拉 (Euler) 方程**, 其中 $p_1, p_2, \cdots, p_n$ 为常数. 其特点是: 方程中各项未知函数导数的阶数与其乘积因子自变量的幂次相同. 例如: $x^4 y^{(4)} + x^2 y'' + y = \dfrac{1}{x}$, $x^2 y'' + 3xy' = 6\ln x$ 等都是欧拉方程. 欧拉方程是一类特殊的变系数线性微分方程, 通过变量替换可以将其化为常系数的线性微分方程.

作变量替换 $x = e^t$ 或 $t = \ln x$, 将自变量 x 替换为 t, 则有

$$\frac{\mathrm{d}y}{\mathrm{d}x} = \frac{\mathrm{d}y}{\mathrm{d}t} \cdot \frac{\mathrm{d}t}{\mathrm{d}x} = \frac{1}{x}\frac{\mathrm{d}y}{\mathrm{d}t},$$

$$\frac{\mathrm{d}^2 y}{\mathrm{d}x^2} = \frac{\mathrm{d}}{\mathrm{d}x}\left(\frac{1}{x}\frac{\mathrm{d}y}{\mathrm{d}t}\right) = -\frac{1}{x^2}\frac{\mathrm{d}y}{\mathrm{d}t} + \frac{1}{x}\frac{\mathrm{d}}{\mathrm{d}x}\left(\frac{\mathrm{d}y}{\mathrm{d}t}\right) = -\frac{1}{x^2}\frac{\mathrm{d}y}{\mathrm{d}t} + \frac{1}{x}\frac{\mathrm{d}^2 y}{\mathrm{d}t^2}\cdot\frac{\mathrm{d}t}{\mathrm{d}x} = \frac{1}{x^2}\left(\frac{\mathrm{d}^2 y}{\mathrm{d}t^2} - \frac{\mathrm{d}y}{\mathrm{d}t}\right),$$

$$\frac{\mathrm{d}^3 y}{\mathrm{d}x^3} = \frac{1}{x^3}\left(\frac{\mathrm{d}^3 y}{\mathrm{d}t^3} - 3\frac{\mathrm{d}^2 y}{\mathrm{d}t^2} + 2\frac{\mathrm{d}y}{\mathrm{d}t}\right), \quad \cdots\cdots.$$

若记 $\mathrm{D} = \dfrac{\mathrm{d}}{\mathrm{d}t}$, 则有

$$xy' = \mathrm{D}y,$$

$$x^2 y'' = D(D-1)y,$$
$$x^3 y''' = (D^3 - 3D^2 + 2D)y = D(D-1)(D-2)y,$$

以此类推,
$$x^k y^{(k)} = D(D-1)\cdots(D-k+1)y.$$

将上述变量替换的结果带入式 (12.39), 则将 (12.39) 式化为以 t 为自变量的常系数线性微分方程, 求出方程的通解后, 再将 t 换为 $\ln x$, 则可得到方程 (12.39) 的通解.

例 12.7.1 求微分方程 $x^2 y'' - xy' - 3y = 2x^3$ 的通解.

解 令 $x = e^t$, 原方程化为
$$D(D-1)y - Dy - 3y = 2e^{3t},$$
即
$$D^2 y - 2Dy - 3y = 2e^{3t}. \tag{12.40}$$

特征方程为
$$r^2 - 2r - 3 = 0,$$

特征根: $r_1 = 3, r_2 = -1$. 因此, 对应的齐次线性微分方程的通解为
$$\bar{y}(t) = C_1 \, e^{3t} + C_2 \, e^{-t}.$$

微分方程 (12.40) 中自由项 $f(t) = 2e^{3t}$ 的 $\lambda = 3$ 是特征方程的单根, 则其特解形式为 $y^*(t) = ate^{3t}$, 并将其代入微分方程 (12.40) 得
$$6ae^{3t} + 9ate^{3t} - 2ae^{3t} - 6ate^{3t} - 3ate^{3t} = 2e^{3t}.$$

整理得
$$4ae^{3t} = 2e^{3t},$$
即
$$a = \frac{1}{2}.$$

因此, 其特解为 $y^*(t) = \dfrac{1}{2} te^{3t}$, 微分方程 (12.40) 的通解为
$$y(t) = C_1 \, e^{3t} + C_2 \, e^{-t} + \frac{1}{2} te^{3t}.$$

将 $x = e^t$ 代入上式得原微分方程得通解
$$y = C_1 \, x^3 + \frac{C_2}{x} + \frac{1}{2} x \ln x.$$

例 12.7.2 求微分方程 $x^2y''' + xy'' - 4y' = 3x$ 的通解.

解 方程变形为 $x^3y''' + x^2y'' - 4xy' = 3x^2$, 这是一个欧拉方程. 令 $x = e^t$, 原方程化为
$$D(D-1)(D-2)y + D(D-1)y - 4Dy = 3e^{2t},$$
即
$$D^3y - 2D^2y - 3Dy = 3e^{2t}. \tag{12.41}$$
特征方程为
$$r^3 - 2r^2 - 3r = 0,$$
特征根: $r_1 = -1, r_2 = 0, r_3 = 3$. 因此, 对应的齐次线性方程的通解为
$$\bar{y}(t) = C_1 e^{-t} + C_2 e^{3t} + C_3.$$
微分方程 (12.41) 中自由项 $f(t) = 3e^{2t}$ 的 $\lambda = 2$ 不是特征根, 则其特解形式为 $y^*(t) = ae^{2t}$, 并其代入微分方程 (12.41) 得
$$8ae^{2t} - 8ae^{2t} - 6ae^{2t} = 3e^{2t}.$$
整理得
$$-6ae^{2t} = 3e^{2t},$$
即
$$a = -\frac{1}{2}.$$
因此, 其特解为 $y^*(t) = -\frac{1}{2}e^{2t}$. 微分方程 (12.41) 的通解为
$$y(t) = C_1 e^{-t} + C_2 e^{3t} + C_3 - \frac{1}{2}e^{2t}.$$
将 $x = e^t$ 代入上式得原微分方程的通解
$$y(x) = \frac{C_1}{x} + C_2 x^3 + C_3 - \frac{x^2}{2}.$$

习 题 12.7

1. 求下列欧拉方程的通解:

   (1) $x^2y'' + xy' = 6\ln x - \frac{1}{x}$;

   (2) $x^2y'' + 4xy' + 2y = 0, (x > 0)$;

   (3) $x^2y'' - 3xy' - 5y = x^2\ln x$;

   (4) $x^3y''' + x^2y'' - 4xy' = 3x^2$.

2. 设方程
$$(1+x)y = \int_0^x [2y + (1+x)^2 y''] dx - \ln(1+x) \quad (x \geqslant 0), \quad y'(0) = 0,$$
求由此方程所确定的函数 $y(x)$.

*12.8 常系数线性微分方程组

前面几节讨论的微分方程所含的未知函数及方程的个数都只有一个,但在实际问题中,会遇到由几个微分方程联立起来共同确定几个具有同一自变量的函数的情形. 将这些联立的微分方程称为微分方程组. 特别地,若微分方程组中的每一方程都是常系数线性微分方程, 则称此微分方程组为**常系数线性微分方程组**.

本节将主要介绍常系数线性微分方程组的解法. 所采用的方法是: 利用代数的方法消去微分方程组中的一些未知函数及其各阶导数, 将所给方程组的求解问题转化为含有一个未知函数的高阶常系数线性微分方程求解问题.

例 12.8.1 求解微分方程组

$$\begin{cases} \dfrac{dx}{dt} + \dfrac{dy}{dt} = -2x + y + 3, & (1) \\ \dfrac{dx}{dt} - \dfrac{dy}{dt} = 2x + y - 3. & (2) \end{cases}$$

解 由 (1)+(2), (1)−(2), 得

$$\begin{cases} \dfrac{dx}{dt} = y, & (3) \\ \dfrac{dy}{dt} = -2x + 3. & (4) \end{cases}$$

对 (3) 求导得

$$\dfrac{d^2 x}{dt^2} = \dfrac{dy}{dt}. \tag{5}$$

代 (5) 入 (4) 得

$$\dfrac{d^2 x}{dt^2} = -2x + 3. \tag{6}$$

该微分方程为一常系数线性微分方程, 其特征方程为 $r^2 + 2 = 0$, 特征根: $r_{1,2} = \pm\sqrt{2}\mathrm{i}$. 因此, 对应的齐次线性微分方程的通解为

$$\bar{x} = C_1 \cos\sqrt{2}t + C_2 \sin\sqrt{2}t.$$

由观察法可得方程 (6) 的特解 $x^* = \dfrac{3}{2}$, 则方程 (6) 的通解为

$$x = C_1 \cos \sqrt{2}t + C_2 \sin \sqrt{2}t + \dfrac{3}{2}.$$

将此通解代入 (3) 得

$$y = -\sqrt{2}C_1 \sin\sqrt{2}t + \sqrt{2}C_2 \cos\sqrt{2}t.$$

这样, 所求微分方程组的通解为

$$\begin{cases} x = C_1 \cos \sqrt{2}t + C_2 \sin \sqrt{2}t + \dfrac{3}{2}, \\ y = -\sqrt{2}C_1 \sin \sqrt{2}t + \sqrt{2}C_2 \cos \sqrt{2}t. \end{cases}$$

例 12.8.2 求解微分方程组

$$\begin{cases} \dfrac{\mathrm{d}^2 x}{\mathrm{d}t^2} = 2y, & (7) \\ \dfrac{\mathrm{d}^2 y}{\mathrm{d}t^2} = 8x. & (8) \end{cases}$$

解 记 $\mathrm{D} = \dfrac{\mathrm{d}}{\mathrm{d}t}$, 则方程组变为

$$\begin{cases} \dfrac{1}{2}\mathrm{D}^2 x = y, & (9) \\ \mathrm{D}^2 y = 8x. & (10) \end{cases}$$

代 (9) 入 (10) 得

$$\mathrm{D}^4 x = 16x, \tag{11}$$

即

$$\mathrm{D}^4 x - 16x = 0.$$

该微分方程为一常系数齐次线性微分方程, 其特征方程为 $r^4 - 16 = 0$, 特征根: $r_{1,2} = \pm 2$, $r_{3,4} = \pm 2\mathrm{i}$. 因此, 该微分方程的通解为

$$x = C_1 \mathrm{e}^{-2t} + C_2 \mathrm{e}^{2t} + C_3 \cos 2t + C_4 \sin 2t.$$

将此通解代入 (9) 得

$$y = 2(C_1 \mathrm{e}^{-2t} + C_2 \mathrm{e}^{2t} - C_3 \cos 2t - C_4 \sin 2t).$$

因此, 所求微分方程组的通解为

$$\begin{cases} x = C_1 e^{-2t} + C_2 e^{2t} + C_3 \cos 2t + C_4 \sin 2t, \\ y = 2(C_1 e^{-2t} + C_2 e^{2t} - C_3 \cos 2t - C_4 \sin 2t). \end{cases}$$

习 题 12.8

1. 求下列微分方程组的通解:

(1) $\begin{cases} \dfrac{dx}{dt} + \dfrac{dy}{dt} + 2x + y = 0, \\ \dfrac{dy}{dt} + 5x + 3y = 0; \end{cases}$
(2) $\begin{cases} 2\dfrac{dx}{dt} + \dfrac{dy}{dt} = t - y, \\ \dfrac{dx}{dt} + \dfrac{dy}{dt} = x + y + 2t; \end{cases}$

(3) $\begin{cases} \dfrac{d^2x}{dt^2} + \dfrac{dy}{dt} = x + e^t, \\ \dfrac{d^2y}{dt^2} + \dfrac{dx}{dt} = -y. \end{cases}$

2. 求下列微分方程组满足所给初始条件的特解:

(1) $\begin{cases} \dfrac{dx}{dt} + \dfrac{dy}{dt} = y - x + e^t, \quad x(0) = 1, \\ \dfrac{dx}{dt} - \dfrac{dy}{dt} = x + y + e^t, \quad y(0) = 1; \end{cases}$
(2) $\begin{cases} \dfrac{d^2x}{dt^2} + 2\dfrac{dy}{dt} = x, \quad x(0) = 2, \\ \dfrac{dx}{dt} = -y, \quad y(0) = 1. \end{cases}$

总 习 题 12

1. 求下列一阶微分方程的通解:

(1) $y' = \dfrac{y(1-x)}{x}$;

(2) $xy' - y \ln y = 0$;

(3) $x(y^2 - 1)dx + y(x^2 - 1)dy = 0$;

(4) $xdy + dx = e^y dx$;

(5) $y' = e^{\frac{y}{x}} + \dfrac{y}{x}$;

(6) $\left(x + y\cos\dfrac{y}{x}\right)dx - x\cos\dfrac{y}{x}dy = 0$;

(7) $y' = \dfrac{y}{x} + \tan\dfrac{y}{x}$;

(8) $y' + y = e^{-x}\cos x$.

2. 在某池塘内养鱼, 该池塘最多能养鱼 1000 尾. 在时刻 t, 鱼数 y 是时间 t 的函数 $y = y(t)$, 其变化率与鱼数 y 及 $1000 - y$ 成正比. 已知在池塘内放养鱼 100 尾, 3 个月后池塘内有鱼 250 尾, 求放养 t 月后池塘内鱼数 $y = y(t)$ 的公式.

3. 求解下列可化为齐次方程的通解:

(1) $2x^4 y \dfrac{dy}{dx} + y^4 = 4x^6$;

(2) $y' = 2\left(\dfrac{y+2}{x+y-1}\right)^2$.

4. 设 L 是一平面曲线, 其上任意一点 $P(x, y)(x > 0)$ 到坐标原点的距离恒等于该点处的切线在 y 轴上截距, 且 L 经过点 $\left(\dfrac{1}{2}, 0\right)$.

(1) 试求曲线 L 的方程;

(2) 求 L 位于第一象限部分的一条切线,使该切线与 L 以及两坐标轴所围成的图形的面积最小.

5. 有一平底容器,其内壁是由曲线 $x = \varphi(y)(y \geqslant 0)$ 绕 y 轴旋转而成的旋转曲面,容器的底面圆的半径为 2m. 根据设计要求,当以 $3\mathrm{m}^3/\min$ 的速率向容器内注入液体时,液面的面积将以 $\pi \mathrm{m}^3/\min$ 的速度均匀扩大 (假设注入液体前, 容器内无液体).

(1) 根据 t 时刻液面的面积,写出 t 与 $\varphi(y)$ 之间的关系式;

(2) 求曲线 $x = \varphi(y)$ 的方程. (注: m 表示长度单位米, min 表示时间单位分).

6. 设连续函数 $y = f(x)$ 满足
$$f(x) = \int_0^{2x} f\left(\frac{x}{2}\right) \mathrm{d}x + \ln 2,$$
求 $f(x)$.

7. 已知函数 $f_n(x)$ 满足
$$f_n'(x) = f_n(x) + x^{n-1}\mathrm{e}^x \quad (n\text{为正整数}),$$
且 $f_n(1) = \dfrac{\mathrm{e}}{n}$,求函数项级数 $\displaystyle\sum_{n=1}^{\infty} f_n(x)$ 的和函数.

8. 求微分方程 $x\mathrm{d}y + (x - 2y)\mathrm{d}x = 0$ 的一个解 $y = y(x)$,使得由曲线 $y = y(x)$ 与直线 $x = 1, x = 2$ 以及 x 轴所围成的平面图形绕 x 轴旋转一周的旋转体体积最小.

9. 求下列伯努利方程的通解:

(1) $y' - 3xy = xy^2$;

(2) $y' = \dfrac{\ln x}{x}y^2 - \dfrac{1}{x}y$;

(3) $3xy' - y - 3xy^4 \ln x = 0$;

(4) $y' + \dfrac{2}{x}y = x^2 y^{\frac{4}{3}}$.

10. 做适当的变换,求下列方程的通解:

(1) $(y + xy^2)\mathrm{d}x + (x - x^2 y)\mathrm{d}y = 0$;

(2) $x\dfrac{\mathrm{d}y}{\mathrm{d}x} + x + \sin(x + y) = 0$;

(3) $\dfrac{\mathrm{d}y}{\mathrm{d}x} = \dfrac{1}{x - y} - 1$;

(4) $\cos y \dfrac{\mathrm{d}y}{\mathrm{d}x} - \cos x \sin^2 y = \sin y$.

11. 试求 $y'' = 2x$ 的经过点 $M(0,1)$ 且在此点与直线 $y = \dfrac{1}{2}x + 1$ 相切的积分曲线.

12. 设函数 $y(x)$ 具有二阶导数,且曲线 $L: y = y(x)$ 与直线 $y = x$ 相切于原点,记 α 是曲线 L 在点 (x, y) 外切线的倾角,且 $\dfrac{\mathrm{d}\alpha}{\mathrm{d}x} = \dfrac{\mathrm{d}y}{\mathrm{d}x}$,求 $y(x)$ 表达式.

13. 函数 $f(x)$ 在 $[0, +\infty)$ 上可导,$f(0) = 1$,且满足等式
$$f'(x) + f(x) - \frac{1}{x+1}\int_0^x f(t)\mathrm{d}t = 0.$$

(1) 求导数 $f'(x)$；

(2) 证明：当 $x \geqslant 0$ 时，不等式 $\mathrm{e}^{-x} \leqslant f(x) \leqslant 1$ 成立.

14. 设微分方程 $y'' + p(x)y' + q(x)y = f(x)$ 的三个解分别为 $y_1 = x$，$y_2 = \mathrm{e}^x$，$y_3 = \mathrm{e}^{2x}$，求此微分方程满足初始条件 $y(0) = 1$，$y'(0) = 3$ 的特解.

15. 用变量代换 $x = \cos t (0 < t < \pi)$ 化简微分方程
$$(1 - x^2)y'' - xy' + y = 0,$$
并求其满足 $y|_{x=0} = 1$，$y'|_{x=0} = 2$ 的特解.

16. 求微分方程 $y'' - 2y' + y = (x-1)\mathrm{e}^x$ 满足初始条件 $y|_{x=1} = 0$，$y'|_{x=1} = 2$ 的特解.

17. 设 $y = y(x)$ 是二阶常系数线性微分方程 $y'' + py' + qy = \mathrm{e}^{3x}$ 满足初始条件 $y(0) = y'(0) = 0$ 的特解，求当 $x \to 0$ 时，函数 $\dfrac{\ln(1 + x^2)}{y(x)}$ 的极限.

18. 求微分方程 $y'' + 4y = x + \cos 4x$ 的通解.

19. 设非负函数 $y = y(x)(x \geqslant 0)$ 满足微分方程 $xy'' - y' + 2 = 0$，当曲线 $y = y(x)$ 过原点时，其与直线 $x = 1$ 及 $y = 0$ 围成平面区域 D 的面积为 2，求 D 绕 y 轴旋转所得旋转体体积.

附录 1 向量的线性运算

一、向量的概念

在物理学中，已经遇到过既有大小，又有方向的量，例如位移、速度、加速度、力、力矩等，这种既有大小又有方向的量叫做**向量**(或**矢量**).

在几何上，常用有向线段来表示向量. 有向线段的长度表示向量的大小，有向线段的方向表示向量的方向. 以 A 为起点，B 为终点的向量记为 $\overrightarrow{AB}$ (图 1)，也可以用一个黑体字母来表示向量，如 $\boldsymbol{a}, \boldsymbol{r}, \boldsymbol{v}, \boldsymbol{F}$ 等，或者用 $\vec{a}, \vec{r}, \vec{v}, \vec{F}$ 等表示.

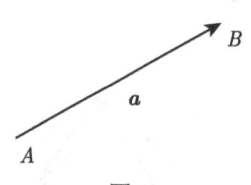

图 1

向量的大小称为向量的**模**，记为 $|\overrightarrow{AB}|$，$|\boldsymbol{a}|$ 或 $|\vec{a}|$. 模等于 1 的向量叫做**单位向量**. 模等于零的向量叫做**零向量**，记为 **0** 或 $\vec{0}$. 零向量的方向是任意的. 显然，对任意非零向量 $\boldsymbol{a}$，有 $|\boldsymbol{a}| > 0$. 起点在坐标原点的向量称为**向径**，一般用 $\boldsymbol{r}$ 来表示. 数学上，通常仅考虑向量的方向与大小，而不考虑向量的起点，这种向量称为**自由向量**.

如果向量 $\boldsymbol{a}$ 与 $\boldsymbol{b}$ 模相等且方向相同，则称向量 $\boldsymbol{a}$ 与 $\boldsymbol{b}$ **相等**，记作 $\boldsymbol{a} = \boldsymbol{b}$. 就是说，相等向量经过平移后能完全重合.

如果两个非零向量的方向相同或相反，则称这两个向量**平行**. 向量 $\boldsymbol{a}$ 与 $\boldsymbol{b}$ 平行，记为 $\boldsymbol{a} // \boldsymbol{b}$. 由于零向量的方向是任意的，因此可以认为零向量与任何向量都平行. 当两个平行向量的起点放在同一点时，它们的终点与公共起点应在一条直线上. 因此，两向量平行，又称这两向量**共线**.

二、向量的线性运算

1. 向量的加法

向量的加法运算规定如下:

平行四边形法则 设有两个向量 $\boldsymbol{a}$ 与 $\boldsymbol{b}$，任取一点 A，作 $\overrightarrow{AB} = \boldsymbol{a}$，$\overrightarrow{AD} = \boldsymbol{b}$，以 AB, AD 为邻边作平行四边形 $ABCD$，其对角线向量 $\overrightarrow{AC} = \boldsymbol{c}$ 称为**向量 $\boldsymbol{a}$ 与 $\boldsymbol{b}$ 的和**(图 2). 记为 $\boldsymbol{a} + \boldsymbol{b}$.

三角形法则 两个向量 $\boldsymbol{a}$ 与 $\boldsymbol{b}$ 首尾相接 ($\boldsymbol{b}$ 的起点接 $\boldsymbol{a}$ 的终点)，则三角形的另一边向量为 $\boldsymbol{a} + \boldsymbol{b}$ (图 3).

向量的加法运算满足下列运算律:

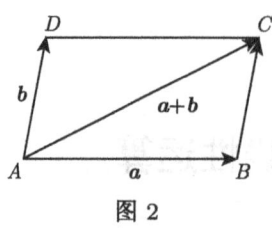
图 2

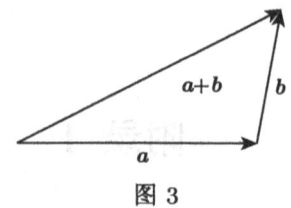
图 3

1) 交换律 $a + b = b + a$.
2) 结合律 $(a + b) + c = a + (b + c)$.

由于向量的加法满足交换律与结合律, 故 n 个向量 $a_1, a_2, \cdots, a_n (n \geqslant 3)$ 相加可写成

$$a_1 + a_2 + \cdots + a_n,$$

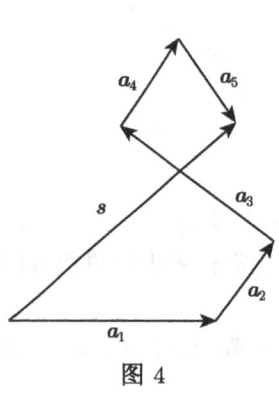
图 4

并按向量相加的三角形法则, 可得 n 个向量相加的法则如下: 使前一向量的终点作为次一向量的起点, 相继作向量 $a_1, a_2, \cdots, a_n$, 再以第一向量的起点为起点, 最后一向量的终点为终点作一向量, 这个向量即为所求向量的和向量. 如图 4 所示有

$$s = a_1 + a_2 + a_3 + a_4 + a_5.$$

2. 向量的减法

设 a 为一向量, 称与 a 的模相同而方向相反的向量为 a 的**负向量**, 记为 $-a$. 规定 a 与 b 的**差**为

$$a - b = a + (-b).$$

由图 5 可以看到, 求两个向量的差时, 可将向量的起点置于同一点, 连接两向量的终点所得到的向量就是 $a - b$ 或 $b - a$.

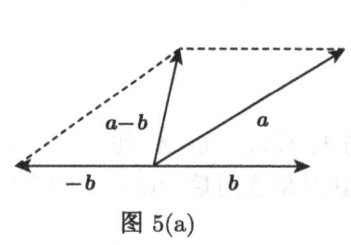
图 5(a)

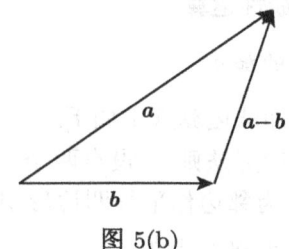
图 5(b)

由三角形两边之和大于第三边, 有

$$|a + b| \leqslant |a| + |b| \quad \text{及} \quad |a - b| \leqslant |a| + |b|,$$

其中等号在 a 与 b 同向或反向时成立.

3. 向量与数的乘法

设 λ 是实数, a 是向量, 向量 a 与 λ 的乘积是一向量, 记为 λa. 其

大小: $|\lambda a| = |\lambda||a|$.

方向: 当 $\lambda > 0$ 时, λa 与 a 同向; 当 $\lambda = 0$ 时, $\lambda a = 0$; 当 $\lambda < 0$ 时, λa 与 a 反向.

向量与数的乘法满足下列运算律:

1) 结合律 $\lambda(\mu a) = \mu(\lambda a) = (\lambda\mu)a$.

2) 分配律 $\lambda(a + b) = \lambda a + \lambda b$.

$(\lambda + \mu)a = \lambda a + \mu a$.

例 1 $\triangle ABC$ 中, D, E 是 BC 边上的三等分点, 如图 6, 设 $\overrightarrow{AB} = a$, $\overrightarrow{AC} = b$. 试用 a, b 表示 $\overrightarrow{AD}, \overrightarrow{AE}$.

解 由向量的减法有

$$\overrightarrow{BC} = b - a.$$

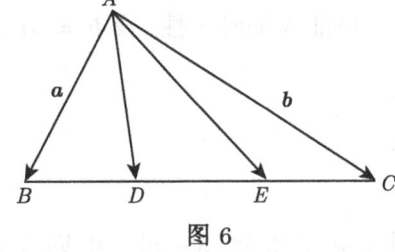

图 6

再由数乘运算有

$$\overrightarrow{BD} = \frac{1}{3}\overrightarrow{BC} = \frac{1}{3}(b - a),$$

$$\overrightarrow{EC} = \frac{1}{3}\overrightarrow{BC} = \frac{1}{3}(b - a).$$

从 $\triangle ABD$ 及 $\triangle AEC$ 中可得

$$\overrightarrow{AD} = \overrightarrow{AB} + \overrightarrow{BD}, \quad \overrightarrow{AE} = \overrightarrow{AC} + \overrightarrow{CE} = \overrightarrow{AC} - \overrightarrow{EC},$$

所以

$$\overrightarrow{AD} = a + \frac{1}{3}(b - a) = \frac{1}{3}(b + 2a),$$

$$\overrightarrow{AE} = b - \frac{1}{3}(b - a) = \frac{1}{3}(2b + a).$$

设 a 为非零向量, e_a 是与其同向的单位向量. 由向量与数的乘积的规定, 因 $|a| > 0$, 所以 e_a 与 $|a|e_a$ 有相同的方向, 即 $|a|e_a$ 与 a 的方向相同. 又 $||a|e_a| = |a| \cdot |e_a| = |a| \cdot 1 = |a|$, 即 $|a|e_a$ 与 a 有相同的模, 所以

$$a = |a|e_a.$$

当 $|a| \neq 0$ 时, 有

$$e_a = \frac{1}{|a|}a.$$

由于向量 a 与 λa 平行,因此常用向量与数的乘积来说明两个向量的平行关系,即有如下定理.

定理 1 设向量 $a \neq 0$,则向量 b 平行于 a 的充分必要条件是:存在唯一的实数 λ,使得 $b = \lambda a$.

证明 由向量与数的乘积的规定,可知充分性是显然的. 下面证明必要性.

设 $b // a$,取 $|\lambda| = \dfrac{|b|}{|a|}$,当 b 与 a 同向时,取 λ 为正值;当 b 与 a 反向时,取 λ 为负值,即有 $b = \lambda a$.

事实上,由于 b 与 λa 的方向总是相同的,并且

$$|\lambda a| = |\lambda| \cdot |a| = \frac{|b|}{|a|} \cdot |a| = |b|.$$

即向量 b 与 λa 的大小相等与方向相同,故 $b = \lambda a$.

再证 λ 的唯一性. 设 $b = \lambda a$ 及 $b = \mu a$ 同时成立,二式相减,有

$$(\lambda - \mu)a = 0,$$

即

$$|\lambda - \mu| \cdot |a| = 0.$$

因为 $|a| \neq 0$,故 $|\lambda - \mu| = 0$,即 $\lambda = \mu$. 这就证明了 λ 的唯一性.

三、向量在轴上的投影

设已知向量 $\overrightarrow{AB}$ 及 u 轴,过点 A 作 u 轴的垂直平面,该平面与 u 轴的交点 A' 称为点 A 在 u 轴上的**投影点**,如图 7.

设点 A, B 在 u 轴上的投影点分别为 A', B'(如图 8),e 是与 u 轴同向的单位向量,如果有 $\overrightarrow{A'B'} = \lambda e$,则称数 λ 为向量 $\overrightarrow{AB}$ 在 u 轴上的**投影**,记为

$$\mathrm{Prj}_u \overrightarrow{AB} = \lambda \text{ 或 } (\overrightarrow{AB})_u = \lambda.$$

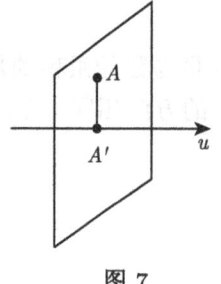

图 7

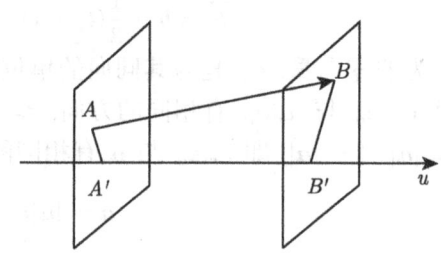

图 8

称 u 轴为**投影轴**, 称 $\overrightarrow{A'B'}$ 为向量 $\overrightarrow{AB}$ 在 u 轴上的**分向量**. 应当注意, 向量 $\overrightarrow{AB}$ 在 u 轴上的投影 λ 是一个数而不是向量, λ 也就是有向线段 $A'B'$ 的值.

由投影的定义可知, 向量 $\boldsymbol{a} = (a_x, a_y, a_z)$ 在直角坐标系中的坐标 a_x, a_y, a_z 就是向量 $\boldsymbol{a}$ 在 x, y, z 轴上的投影, 即

$$\operatorname{Prj}_x \boldsymbol{a} = a_x, \operatorname{Prj}_y \boldsymbol{a} = a_y, \operatorname{Prj}_z \boldsymbol{a} = a_z$$

或记为

$$(a)_x = a_x, \quad (a)_y = a_y, \quad (a)_z = a_z.$$

关于向量在数轴上的投影有以下投影定理.

定理 2(投影定理)　　向量 $\overrightarrow{AB}$ 在 u 轴上的投影等于向量的模乘以向量与 u 轴的夹角 φ 的余弦, 即

$$\operatorname{Prj}_u \overrightarrow{AB} = |\overrightarrow{AB}| \cos \varphi.$$

定理 3　　两个向量的和向量在 u 轴上的投影等于这两个向量在 u 轴上的投影之和, 即

$$\operatorname{Prj}_u (\boldsymbol{a} + \boldsymbol{b}) = \operatorname{Prj}_u \boldsymbol{a} + \operatorname{Prj}_u \boldsymbol{b}.$$

该性质可以推广到 n 个向量, 即

$$\operatorname{Prj}_u (\boldsymbol{a}_1 + \boldsymbol{a}_2 + \cdots + \boldsymbol{a}_n) = \operatorname{Prj}_u \boldsymbol{a}_1 + \operatorname{Prj}_u \boldsymbol{a}_2 + \cdots + \operatorname{Prj}_u \boldsymbol{a}_n.$$

定理 4　　向量与数的乘积在 u 轴上的投影等于向量在 u 轴上的投影与数的乘积, 即

$$\operatorname{Prj}_u (\lambda \boldsymbol{a}) = \lambda \operatorname{Prj}_u \boldsymbol{a}.$$

例 2　　设立方体的一条对角线为 OM, 一条棱为 OA, 且 $|OA| = a$, 求 $\overrightarrow{OA}$ 在 $\overrightarrow{OM}$ 方向上的投影 $\operatorname{Prj}_{\overrightarrow{OM}} \overrightarrow{OA}$.

解　　如图 9 所示, 记 $\angle MOA = \varphi$, 有

$$\cos \varphi = \frac{|OA|}{|OM|} = \frac{1}{\sqrt{3}},$$

于是

$$\operatorname{Prj}_{\overrightarrow{OM}} \overrightarrow{OA} = |\overrightarrow{OA}| \cos \varphi = \frac{a}{\sqrt{3}}.$$

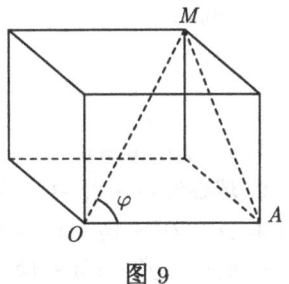

图 9

附录 2 习题参考答案及提示

习 题 8.1

1. A 第Ⅳ卦限; B 第Ⅴ卦限; C 第Ⅷ卦限; D 第Ⅲ卦限; E 第Ⅻ卦限.

2. A xOy 平面上; B yOz 平面上; C x 轴上; D y 轴上.

3. (1) 点 (a,b,c) 关于 xOy 面的对称点为 $(a,b,-c)$, 关于 yOz 面的对称点为 $(-a,b,c)$, 关于 xOz 面的对称点为 $(a,-b,c)$;

(2) 点 (a,b,c) 关于 x 轴的对称点为 $(a,-b,-c)$, 关于 y 轴的对称点为 $(-a,b,-c)$, 关于 z 面的对称点为 $(-a,-b,c)$;

(3) 点 (a,b,c) 关于原点对称的点为 $(-a,-b,-c)$.

4. 方向余弦为 $(\cos\alpha, \cos\beta, \cos\gamma) = \left(-\dfrac{1}{2}, -\dfrac{\sqrt{2}}{2}, \dfrac{1}{2}\right)$, 方向角为 $(\alpha, \beta, \gamma) = \left(\dfrac{2}{3}\pi, \dfrac{3}{4}\pi, \dfrac{\pi}{3}\right)$.

5. $\boldsymbol{a} = (1,2,2)$ 或者 $\boldsymbol{a} = (1,2,-2)$.

6. 证明略.

7. (1) $\boldsymbol{a} \cdot \boldsymbol{b} = 3$, $\boldsymbol{a} \times \boldsymbol{b} = (5,1,7)$; (2) $-2\boldsymbol{a} \cdot 3\boldsymbol{b} = -18$, $\boldsymbol{a} \times 2\boldsymbol{b} = (10,2,14)$;

(3) $\cos(\widehat{\boldsymbol{a},\boldsymbol{b}}) = \dfrac{3\sqrt{14}}{28}$.

8. $\boldsymbol{a}\cdot\boldsymbol{b} + \boldsymbol{b}\cdot\boldsymbol{c} + \boldsymbol{c}\cdot\boldsymbol{a} = -\dfrac{3}{2}$.

9. $\lambda(6,-4,-4)$, $\lambda \neq 0$.

10. $\lambda = 2\mu$.

11. 36.

12. $8\sqrt{3}$.

习 题 8.2

1. $x + 2y - 6 = 0$.

2. 球心为 $(1,-3,-1)$, 半径为 $\sqrt{11}$ 的球面.

3. $(x+2)^2 + (y+1)^2 + (z-1)^2 = 6$.

4. $8(x^2+y^2+z^2) + 4x + 6y + 8z - 29 = 0$.

5. $y^2 + z^2 = 2x + 1$, $4(x^2+y^2) = (z^2-1)^2$.

6. $x^2 - y^2 - z^2 = 2$; $x^2 - y^2 + z^2 = 2$.

7. (1) 母线平行于 z 轴的柱面; (2) 母线平行于 z 轴的椭圆柱面;

(3) 母线平行于 x 轴的抛物柱面; (4) 椭圆抛物面.

8. 略

习 题 8.3

1. 略
2. $y^2 - z^2 = \dfrac{1}{2}, x^2 + z^2 = 1.$
3. $\begin{cases} x^2 + 2y^2 - 2y = 8, \\ z = 0. \end{cases}$
4. (1) $\begin{cases} x = \dfrac{2}{5}\sqrt{10}\cos t, \\ y = \dfrac{4}{5}\sqrt{10}\cos t, \\ z = 2\sqrt{2}\sin t; \end{cases}$ (2) $\begin{cases} x = 1 + \sqrt{3}\cos t, \\ y = \sqrt{3}\sin t, \\ z = 0. \end{cases}$
5. $\begin{cases} x^2 + y^2 = 4, \\ z = 0; \end{cases}$ $\begin{cases} x = 2\cos\dfrac{z}{4}, \\ y = 0; \end{cases}$ $\begin{cases} y = 2\sin\dfrac{z}{4}, \\ x = 0. \end{cases}$
6. $x^2 + y^2 \leqslant 1.$
7. $x^2 + y^2 \leqslant x;\ x^2 + z^2 \leqslant 1, x \geqslant 0, z \geqslant 0.$

习 题 8.4

1. $x - 2y + z = 0.$
2. $x - 2y + 3z - 6 = 0.$
3. $2x - y + z - 2 = 0.$
4. 夹角为 $\arccos\dfrac{\sqrt{3}}{3}.$
5. (1) $x = 1;$ (2) $x - y = 0;$ (3) $4y - z = 2.$
6. $x + y + z = 9.$
7. $2x - 3y + 6z + 28 = 0$ 或 $2x - 3y + 6z - 56 = 0.$

习 题 8.5

1. $\begin{cases} x = 5t, \\ y = 3t, \\ z = 2 - 2t, \end{cases}$ $\dfrac{x}{5} = \dfrac{y}{3} = \dfrac{z-2}{-2}.$
2. $m = \dfrac{4}{3}, n = 3.$
3. $\dfrac{x-1}{2} = y - 2 = \dfrac{z-1}{4}.$
4. $\dfrac{x-1}{4} = \dfrac{y-2}{-2} = \dfrac{z-3}{-3}.$

5. $\dfrac{x-1}{1} = \dfrac{y+\dfrac{1}{5}}{1} = \dfrac{z+\dfrac{7}{5}}{1}$, $\begin{cases} x = 1+t, \\ y = -\dfrac{1}{5}+t, \\ z = -\dfrac{7}{5}+t. \end{cases}$

6. $x - y - z = 4$.

7. $6x - 5y - 8z = 7$.

8. $\dfrac{x-1}{4} = \dfrac{y-1}{-1} = \dfrac{z-1}{-3}$.

9. 0.

10. (1) 相交; (2) 垂直; (3) 平行.

11. $\left(\dfrac{15}{14}, \dfrac{8}{7}, \dfrac{17}{14}\right)$.

12. $\begin{cases} 3x - 8y - 5z - 1 = 0, \\ x + y - z + 1 = 0. \end{cases}$

13. $\dfrac{x-2}{2} = \dfrac{y}{1} = \dfrac{z-1}{4}$.

总 习 题 8

一、1. × 2. × 3. × 4. √

二、1. D 2. C 3. B 4. C 5. B.

三、1. $\sqrt{2}, 0$;

2. $\pm\left(\dfrac{\sqrt{6}}{6}, -\dfrac{\sqrt{6}}{6}, \dfrac{\sqrt{6}}{3}\right)$;

3. $7y + z - 5 = 0$;

4. $\dfrac{7}{3}\sqrt{3}$;

5. -3;

6. $\begin{cases} \dfrac{y}{2} = \dfrac{z}{-1}, \\ x = 0; \end{cases}$

7. $\begin{cases} 2x^2 + y^2 = 1, \\ z = 0. \end{cases}$

四、1. (1) 7; (2) $(-5, -1, 3)$; (3) 10.

2. $\arccos\dfrac{3\sqrt{13}}{13}$.

3. $\dfrac{\pi}{3}$.

4. $(4, -4, 2)$ 或 $(-4, 4, -2)$.

5. (1) $x - 5y - 4z + 13 = 0$; (2) $y + 3z = 0$ 或 $3y - z = 0$.

6. $x - 2y - z + 1 = 0$.

7. $x + 2y = 0$.

8. $\dfrac{x+3}{-5} = \dfrac{y}{-4} = \dfrac{z-1}{1}$.

9. $\dfrac{x-1}{1} = \dfrac{y-2}{-2} = \dfrac{z-1}{1}$.

10. $x + 5y + z - 8 = 0$.

11. $x + 2y + 1 = 0$.

12. $\begin{cases} x^2 + y^2 = x + y, \\ z = 0; \end{cases}$ $\begin{cases} 2y^2 + 2yz + z^2 - 4y - 3z + 2 = 0, \\ x = 0; \end{cases}$

$\begin{cases} 2x^2 + 2xz + z^2 - 4x - 3z + 2 = 0, \\ y = 0. \end{cases}$

13. $\begin{cases} (x-1)^2 + y^2 \leqslant 1, \\ z = 0; \end{cases}$ $\begin{cases} \left(\dfrac{z^2}{2} - 1\right)^2 + y^2 \leqslant 1, z \geqslant 0, \\ x = 0; \end{cases}$ $\begin{cases} x \leqslant z \leqslant \sqrt{2x}, \\ y = 0. \end{cases}$

习 题 9.1

1. $f(x) = x^3 + 3x^2 + 3x,\ z = x - 1 + \sqrt{y}$.

2. $f(x,y) = \dfrac{4}{9}y^2(3x + 2y - 1)^2$.

3. (1) $D = \left\{(x,y)\mid y < \dfrac{1}{2}(x^2 + 1)\right\}$;

(2) $D = \{(x,y)\mid -x < y < x\}$;

(3) $D = \{(x,y,z)\mid x > 1, y > -1, z > 1\}$;

(4) $D = \left\{(x,y,z)\mid |z| < \dfrac{\pi}{6}\sqrt{x^2+y^2},\text{且} x^2+y^2 \neq 0\right\}$.

4. (1) 1; (2) 0, 提示: $1 - \cos(x^2 + y^2) = 2\sin^2\left(\dfrac{x^2+y^2}{2}\right)$, 利用变量代换 $u = x^2 + y^2$ 使用重要极限; (3) e^4; (4) 0, 提示: $[(x+y)^2 - 2xy]e^{-(x+y)} = \dfrac{(x+y)^2}{e^{x+y}} - 2 \cdot \dfrac{x}{e^x} \cdot \dfrac{y}{e^y}$.

5. (1) 略; (2) 提示: 令 $y = kx(k \neq 1)$.

6. 不连续, 当点 (x,y) 沿 $y = kx^2$ 趋于 $(0,0)$ 时, $\lim\limits_{(x,y)\to(0,0)} \dfrac{x^2y}{x^4+y^2} = \lim\limits_{x\to 0} \dfrac{kx^4}{x^4+k^2x^2} = \dfrac{k}{1+k^2}$ 极限随着 k 变化而变化.

7. 连续, 因为 $0 \leqslant \left|\sin\dfrac{1}{x}\sin\dfrac{1}{y}\right| = \left|\sin\dfrac{1}{x}\right| \cdot \left|\sin\dfrac{1}{y}\right| \leqslant 1$, 而 $\lim\limits_{(x,y)\to(0,0)}(x+y) = 0$, 从而由夹逼准则知 $\lim\limits_{(x,y)\to(0,0)}(x+y)\sin\dfrac{1}{x}\sin\dfrac{1}{y} = 0 = f(0,0)$, 即函数 $f(x,y)$ 在点 $(0,0)$ 处是连续的.

习 题 9.2

1. $f_x(x,3) = 4$.

2. (1) $z_x = \dfrac{-2y}{(x-y)^2}$, $z_y = \dfrac{2x}{(x-y)^2}$;

(2) $z_x = x^{y-1} \cdot y^x(y + x\ln y)$, $z_y = x^y \cdot y^{x-1}(y\ln x + x)$;

(3) $z_x = \dfrac{y}{\sqrt{1-x^2y^2}} + 2y\cos(xy)\cdot\sin(xy)$, $z_y = \dfrac{x}{\sqrt{1-x^2y^2}} + 2x\cos(xy)\cdot\sin(xy)$;

(4) $z_x = \dfrac{1}{y}\cdot\cot\dfrac{x}{y}\cdot\sec^2\dfrac{x}{y}$, $z_y = -\dfrac{x}{y^2}\cdot\cot\dfrac{x}{y}\cdot\sec^2\dfrac{x}{y}$;

(5) $z_x = y(\ln y)^{xy}\cdot\ln(\ln y)$, $z_y = (\ln y)^{xy}\cdot x\left[\ln(\ln y) + \dfrac{1}{\ln y}\right]$;

(6) $z_x = -e^{x^2}$, $z_y = e^{y^2}$;

(7) $u_x = y^z x^{y^z-1}$, $u_y = x^{y^z}y^{z-1}z\ln x$, $u_z = x^{y^z}y^z\ln x\ln y$;

(8) $\dfrac{\partial u}{\partial x_k} = k\cos(x_1 + 2x_2 + \cdots + nx_n)$, $(k = 1,2,\cdots,n)$.

3. $f_x(1,1,1) = 3$, $f_y(1,1,1) = 3$ 和 $f_z(1,1,1) = 3$.

4. $\dfrac{\pi}{6}$.

5. (1) $\dfrac{\partial^2 z}{\partial x^2} = 24x + 6y$, $\dfrac{\partial^2 z}{\partial y^2} = -6x$, $\dfrac{\partial^2 z}{\partial x\partial y} = 6x - 6y$;

(2) $\dfrac{\partial^2 z}{\partial x^2} = a^2 e^{ax}\cos by$, $\dfrac{\partial^2 z}{\partial y^2} = -b^2 e^{ax}\cos by$, $\dfrac{\partial^2 z}{\partial x\partial y} = -abe^{ax}\sin by$;

(3) $\dfrac{\partial^2 z}{\partial x^2} = \dfrac{x+2y}{(x+y)^2}$, $\dfrac{\partial^2 z}{\partial y^2} = \dfrac{-x}{(x+y)^2}$, $\dfrac{\partial^2 z}{\partial x\partial y} = \dfrac{y}{(x+y)^2}$;

(4) $\dfrac{\partial^2 z}{\partial x^2} = -4\sin 2x + 2y(2x^2 + 4x + 3)e^{x^2+2x}$, $\dfrac{\partial^2 z}{\partial y^2} = 0$, $\dfrac{\partial^2 z}{\partial x\partial y} = 2(x+1)e^{x^2+2x}$.

6. (1) $f_{xxyz} = -9\cos(3x + yz) + 9yz\sin(3x + yz)$;

(2) $\dfrac{\partial^6 u}{\partial x\partial y^2\partial z^3} = abc(b-1)(c-1)(c-2)x^{a-1}y^{b-2}z^{c-3}$.

7. 证明略.

习 题 9.3

1. (1) $dz = e^2 dx + 2e^2 dy$;   (2) $du = dx - dy$.

2. (1) $dz = (4y^3 + 10xy^6)dx + (12xy^2 + 30x^2y^5)dy$;

(2) $dz = \cos(x\cos y)[\cos y dx - x\sin y dy]$;

(3) $du = dx + \left(\dfrac{1}{2}\cos\dfrac{y}{2} + ze^{yz}\right)dy + ye^{yz}dz$;

(4) $du = x^y y^z z^x \left[\left(\dfrac{y}{x} + \ln z\right)dx + \left(\dfrac{z}{y} + \ln x\right)dy + \left(\dfrac{x}{z} + \ln y\right)dz\right]$.

3. 不可微.
4. (1) 1.08;   (2) 2.95;   (3) 0.005;   (4) 0.502.
5. 1980cm³.
6. 4.93cm/s², 0.5%.

习　题　9.4

1. (1) $\dfrac{\mathrm{d}z}{\mathrm{d}t} = \mathrm{e}^t(\cos t - \sin t) + \cos t$;

(2) $\dfrac{\partial z}{\partial x} = \mathrm{e}^{xy}[y\sin(x+y) + \cos(x+y)], \dfrac{\partial z}{\partial y} = \mathrm{e}^{xy}[x\sin(x+y) + \cos(x+y)]$;

(3) $\dfrac{\partial u}{\partial x} = 2x(1 + 2x^2\sin^2 y)\mathrm{e}^{x^2+y^2+x^4\sin^2 y}, \dfrac{\partial u}{\partial y} = 2(y + x^4\sin y\cos y)\mathrm{e}^{x^2+y^2+x^4\sin^2 y}$.

2. 证明略, 提示: 从等式右边入手, 将 u 视为 r, θ 的复合函数, 即 $u = u(r\cos\theta, r\sin\theta)$.

3. 证明略.

4. (1) $\dfrac{\partial z}{\partial x} = y + f_x(x,y), \dfrac{\partial^2 z}{\partial x^2} = f_{xx}(x,y), \dfrac{\partial^2 z}{\partial x\partial y} = 1 + f_{xy}(x,y)$;

(2) $\dfrac{\partial z}{\partial x} = y\mathrm{e}^{xy}f_1' + 2xf_2', \dfrac{\partial^2 z}{\partial x\partial y} = \mathrm{e}^{xy}(1+xy)f_1' + xy\mathrm{e}^{2xy}f_{11}'' + 2\mathrm{e}^{xy}(x^2-y^2)f_{12}'' - 4xyf_{22}''$;

(3) $\dfrac{\partial z}{\partial x} = 2xyf_1' - \dfrac{y}{x^2}f_2', \dfrac{\partial^2 z}{\partial x\partial y} = 2xf_1' - \dfrac{1}{x^2}f_2' + 2x^3yf_{11}'' + yf_{12}'' - \dfrac{y}{x^3}f_{22}''$;

(4) $\dfrac{\partial w}{\partial x} = f_1' + yzf_2', \dfrac{\partial^2 w}{\partial x\partial z} = f_{11}'' + y(x+z)f_{12}'' + xy^2zf_{22}'' + yf_2'$.

5. (1) $\mathrm{d}z = \dfrac{y}{x(x+y)}\mathrm{d}x + \dfrac{x}{y(x+y)}\mathrm{d}y$,   (2) $\mathrm{d}u = \dfrac{(y^2+z^2-x^2)\mathrm{d}x - 2xy\mathrm{d}y - 2xz\mathrm{d}z}{(x^2+y^2+z^2)^2}$.

6. $\dfrac{\partial z}{\partial x} = \dfrac{y\mathrm{e}^{-xy}}{\mathrm{e}^z - 2}, \dfrac{\partial z}{\partial y} = \dfrac{x\mathrm{e}^{-xy}}{\mathrm{e}^z - 2}$.

7. (1) $\dfrac{\mathrm{d}y}{\mathrm{d}x} = \dfrac{\mathrm{e}^x + \cos(x+y) - 2x}{2y - \cos(x+y)}$;

(2) $\dfrac{\mathrm{d}y}{\mathrm{d}x} = \dfrac{\mathrm{e}^x - y}{x + \mathrm{e}^y}$;

(3) $\dfrac{\partial z}{\partial x} = \dfrac{2yz}{3z^2 - 2xy}, \dfrac{\partial z}{\partial y} = \dfrac{2xz}{3z^2 - 2xy}$;

(4) $\dfrac{\partial z}{\partial x} = \dfrac{f_1' + yzf_2'}{1 - f_1' - xyf_2'}, \dfrac{\partial x}{\partial y} = -\dfrac{f_1' + xzf_2'}{f_1' + yzf_2'}, \dfrac{\partial y}{\partial z} = \dfrac{1 - f_1' - xyf_2'}{f_1' + xzf_2'}$;

(5) $\dfrac{\partial z}{\partial x} = \dfrac{x}{2-z}, \dfrac{\partial^2 z}{\partial x^2} = \dfrac{(2-z)^2 + x^2}{(2-z)^3}$;

(6) $\dfrac{\partial^2 z}{\partial x^2} = -\dfrac{\mathrm{e}^z}{(\mathrm{e}^z - 1)^3}, \dfrac{\partial^2 z}{\partial x\partial y} = -\dfrac{\mathrm{e}^z}{(\mathrm{e}^z - 1)^3}, \dfrac{\partial^2 z}{\partial y^2} = -\dfrac{\mathrm{e}^z}{(\mathrm{e}^z - 1)^3}$.

8. 证明略.

9. $\dfrac{\partial u}{\partial x} = yz + xy\dfrac{yz - x^2}{z^2 - xy}$.

10. $\dfrac{\mathrm{d}u}{\mathrm{d}x} = \dfrac{\partial f}{\partial x} + \dfrac{\partial f}{\partial y}\cdot\cos x - \dfrac{2x\varphi_1' + \mathrm{e}^y\cos x\cdot\varphi_2'}{\varphi_3'}\cdot\dfrac{\partial f}{\partial z}$.

*11. (1) $\dfrac{\partial x}{\partial u} = \dfrac{2xu + 1}{2x^2 - y}, \dfrac{\partial y}{\partial u} = -\dfrac{2x + 2yu}{2x^2 - y}$;

(2) $\dfrac{\partial u}{\partial x} = -\dfrac{xu+yv}{x^2+y^2}, \dfrac{\partial u}{\partial y} = \dfrac{xv-yu}{x^2+y^2}, \dfrac{\partial v}{\partial x} = \dfrac{yu-xv}{x^2+y^2}, \dfrac{\partial v}{\partial y} = -\dfrac{xu+yv}{x^2+y^2}.$

*12. $\dfrac{\partial u}{\partial x} = \dfrac{2v}{4uv-1}, \dfrac{\partial u}{\partial y} = \dfrac{1}{1-4uv}, \dfrac{\partial v}{\partial x} = \dfrac{1}{1-4uv}, \dfrac{\partial v}{\partial y} = \dfrac{2u}{4uv-1}.$

习 题 9.5

1. (1) $\dfrac{x-1}{1} = \dfrac{y-1}{2} = \dfrac{z-1}{3}, x+2y+3z-6=0;$
(2) $\dfrac{x-0}{1} = \dfrac{y-1}{2} = \dfrac{z-2}{3}, x+2y+3z-8=0;$
(3) $\dfrac{x-1}{1} = \dfrac{y+2}{0} = \dfrac{z-1}{-1}, x-z=0;$
(4) $\dfrac{x-1}{3} = \dfrac{y-1}{3} = \dfrac{z-3}{-1}, 3x+3y-z-3=0.$

2. $(1,-1,1)$ 和 $\left(\dfrac{1}{3}, -\dfrac{1}{9}, \dfrac{1}{27}\right).$

提示: 利用曲线在该点的切线向量垂直于已知平面的法向量进行求解.

3. (1) $2x+y-4=0, \dfrac{x-1}{2} = \dfrac{y-2}{1} = \dfrac{z-0}{0};$
(2) $x+2y+3z-14=0, \dfrac{x-1}{1} = \dfrac{y-2}{2} = \dfrac{z-3}{3};$
(3) $4x+2y-z-6=0, \dfrac{x-2}{4} = \dfrac{y-1}{2} = \dfrac{z-4}{-1}.$

4. $x+4y+6z-21=0$ 和 $x+4y+6z+21=0.$

5. $x-y-2=0$ 和 $x-y+2=0.$

6. 证明略.

习 题 9.6

1. $-\dfrac{\sqrt{2}}{2}.$

2. (1) 当 $\alpha = \dfrac{\pi}{4}$ 时, 方向导数达到最大值 $\sqrt{2};$
(2) 当 $\alpha = \dfrac{5\pi}{4}$ 时, 方向导数达到最小值 $-\sqrt{2};$
(3) 当 $\alpha = \dfrac{3\pi}{4}$ 和 $\alpha = \dfrac{7\pi}{4}$ 时, 方向导数等于 0.

3. $\dfrac{1}{2}.$

4. $\dfrac{1}{2}(5+3\sqrt{2}).$

*5. (1) $\operatorname{grad}\dfrac{1}{x^2+y^2} = -\dfrac{2x}{(x^2+y^2)^2}\boldsymbol{i} - \dfrac{2y}{(x^2+y^2)^2}\boldsymbol{j};$
(2) $\operatorname{grad} f(1,-1,2) = 2\boldsymbol{i} - 2\boldsymbol{j} + 4\boldsymbol{k}.$

*6. $\operatorname{grad} f(1,1,2) = 5\boldsymbol{i} + 2\boldsymbol{j} + 12\boldsymbol{k}$, 点 $A\left(-\dfrac{3}{2}, \dfrac{1}{2}, 0\right)$ 处梯度为零.

*7. $\text{grad} f(1,1,1)$ 方向上的方向导数最大, 最大值为 $\sqrt{5}$.

*8. $\text{grad}\dfrac{m}{r} = -\dfrac{m}{r^2}\left(\dfrac{x}{r}\boldsymbol{i}+\dfrac{y}{r}\boldsymbol{j}+\dfrac{z}{r}\boldsymbol{k}\right)$, 在力学上可解释为, 位于原点 O 而质量为 m 的质点 M 对位于点而质量为 1 的质点的引力. 该引力的大小与两质点的质量的乘积成正比、而与它们的距离平方成反比, 该引力的方向由点 M 指向原点.

*9. 略.

*10. $f'(u)\dfrac{\boldsymbol{u}}{|\boldsymbol{u}|}$.

习 题 9.7

1. 极小值 $f(1,0) = -5$, 极大值 $f(-3,2) = 31$.
2. 最小值 $f(0,0) = f(2,2) = 0$, 最大值 $f(3,0) = 9$.
3. 最小值 $f(4,-2) = -64$, 最大值 $f(2,1) = 4$.
4. 最小值 $f\left(-\dfrac{1}{\sqrt{2}},-\dfrac{1}{\sqrt{2}}\right) = -\dfrac{1}{\sqrt{2}}$, 最大值 $f\left(\dfrac{1}{\sqrt{2}},\dfrac{1}{\sqrt{2}}\right) = -\dfrac{1}{\sqrt{2}}$.
5. 长、宽、高均为 $\sqrt[3]{2}$.
6. 点 $(3a, 3a, 3a)$ 是极小值点, 极小值为 $27a^3$.
7. 长、宽、高均为 $\dfrac{\sqrt{6}}{6}a$ 正方体, 体积最大为 $\dfrac{\sqrt{6}}{36}a^3$.
8. 15 万元和 10 万元.

习 题 9.8

1. $\ln(1+x+y) = x+y-\dfrac{1}{2!}(x+y)^2+\dfrac{1}{3!}(x+y)^3+R_3$, 其中 $R_3 = -\dfrac{1}{4!}\dfrac{(x+y)^4}{(1+\theta x+\theta y)^4}\ (0<\theta<1)$.
2. 1.1021.

总 习 题 9

1. $D = \{(x,y) | x^2 + y^2 \geqslant 1\}$.
2. $D = \{(x,y) | a^2 \leqslant x^2 + y^2 \leqslant 2a^2\}$.
3. $f(x,y) = \dfrac{2xy}{x^2+y^2}$.
4. (1) 0;   (2) 0;   (3) 0;   (4) 0;   (5) $\dfrac{1}{2}$;   (6) e;   (7) 1.
5. 证明略. 提示: (1) 取 $y = kx^3$; (2) 取 $x_n = 0, y_n = \dfrac{1}{n}$ 和 $x_n = \dfrac{1}{n}, y_n = -\dfrac{1}{n+1}$ (其中 $n \to \infty$).
6. 连续, 提示: 利用极坐标变换 $x = r\cos\theta, y = r\sin\theta$ 求极限.
7. (1) 充分非必要;   (2) 必要非充分;   (3) 既不充分又不必要;
   (4) 必要非充分;   (5) 充分非必要;   (6) 充分非必要.

8. 证明略.

9. $du = \dfrac{xz}{(x^2+y^2)\sqrt{x^2+y^2-z^2}}dx + \dfrac{yz}{(x^2+y^2)\sqrt{x^2+y^2-z^2}}dy - \dfrac{1}{\sqrt{x^2+y^2-z^2}}dz.$

10. $2\left(-\dfrac{y}{x}f_1' + \dfrac{x}{y}f_2'\right).$

11. (1) 2; \qquad (2) $yx^{y-1}f_1' + y^x \ln y f_2'.$

12. D

13. (1) z;

(2) $\dfrac{\partial z}{\partial x} = 2xf_1' + ye^{xy}f_2'$, $\dfrac{\partial z}{\partial y} = 2yf_1' + xe^{xy}f_2'$,

$\dfrac{\partial^2 z}{\partial x \partial y} = -4xyf_{11}'' + 2(x^2-y^2)e^{xy}f_{12}'' + xye^{2xy}f_{22}'' + e^{xy}(1+xy)f_2'$;

(3) $\dfrac{\partial^2 z}{\partial x \partial y} = f_1' - \dfrac{1}{y^2}f_2' + xyf_{11}'' - \dfrac{x}{y^3}f_{22}'' - \dfrac{1}{x^2}g' - \dfrac{y}{x^3}g''$;

(4) $dz = (f_1' + f_2' + yf_3')dx + (f_1' - f_2' + xf_3')dy$,

$\dfrac{\partial^2 z}{\partial x \partial y} = f_3' + f_{11}'' - f_{22}'' + xyf_{33}'' + (x+y)f_{13}'' + (x-y)f_{23}''$;

14. (1) $a=3$. 提示: 将 z 视为关于 x, y 的复合函数, 即 $z=z(u,v)$, $u=x-2y$, $v=x+ay$ 代入化简.

(2) $a=-\dfrac{2}{5}, b=-2$ 或 $a=-2, b=-\dfrac{2}{5}$. 提示: 将 u 视为关于 ξ, η 的复合函数, 即 $u=z(x,y)$, $\xi=x+ay$, $\eta=x+by$ 代入化简.

*15. (1) $\dfrac{dx}{dz} = \dfrac{z-y}{y-x}$, $\dfrac{dy}{dz} = \dfrac{x-z}{y-x}$;

(2) $\dfrac{dz}{dx} = \dfrac{2y-1}{1+3z^2-2y-4yz}$, $\dfrac{dy}{dx} = \dfrac{2z-3z^2}{1+3z^2-2y-4yz}$;

16. $2x+4y-z=5.$

17. $\dfrac{x+3}{1} = \dfrac{y+1}{3} = \dfrac{z-3}{1}.$

18. (1) $\dfrac{\sqrt{3}}{3}$; (2) $\dfrac{11}{7}$; (3) $i.$

19. (1) 极小值 $f\left(0, \dfrac{1}{e}\right) = -\dfrac{1}{e}$; (2) 极小值 $z(9,3)=3$, 极大值 $z(-9,-3)=-3$;

(3) $\left.\dfrac{\partial^2 z}{\partial x \partial y}\right|_{\substack{x=1\\y=1}} = f_1'(1,1) + f_{11}''(1,1) + f_{12}''(1,1).$

20. (1) A; 提示: 作变换 $x=r\cos\theta, y=r\sin\theta$, 则条件变为

$\lim\limits_{(x,y)\to(0,0)} \dfrac{f(r\cos\theta, r\sin\theta) - r^2\cos\theta\sin\theta}{r^4} = 1 \Leftrightarrow f = r^2\cos\theta\sin\theta + r^4 + o(r^5) \ (r\to 0),$

可见 $f(x,y)$ 在点 $(0,0)$ 的邻域内的符号取决于第一项, 由函数 $f(x,y)$ 在点 $(0,0)$ 的连续性知, $f(x,y)$ 在点 $(0,0)$ 不可能取得极值;

(2) A; 提示: $z_x = f'(x)\ln f(y)$, $z_y = \dfrac{f(x)}{f(y)}f'(y)$, $z_{xx} = f''(x)\ln f(y)$, $z_{xy} = f'(x)\dfrac{f'(y)}{f(y)}$,
$z_{yy} = \dfrac{f''(y)f(y) - [f'(x)]^2}{f^2(y)}f(x)$, 因为 $z = f(x)\ln f(y)$ 在点 $(0,0)$ 处取得极小值, 由 $f'(x) = 0$,
则有 $z_x(0,0) = f'(0)\ln f(0) = 0, z_y(0,0) = \dfrac{f(0)}{f(0)}f'(0) = 0$,

$$A = z_{xx}(0,0) = f''(0)\ln f(0), \quad B = z_{xy}(0,0) = f'(0)\dfrac{f'(0)}{f(0)} = 0,$$

$$C = z_{yy}(0,0) = \dfrac{f''(0)f(0) - [f'(0)]^2}{f^2(0)}f(0) = f''(0),$$

由题设可知 $\begin{cases} B^2 - AC < 0, \\ A > 0, \end{cases} \Rightarrow \begin{cases} [f''(0)]^2 \ln f(0) > 0, \\ f''(0)\ln f(0) > 0. \end{cases}$

(3) A.

21. (1) 最大值为 $f(0,2) = 8$, 最小值为 $f(0,0) = 0$;

(2) 最大值为 $f(-2,-2,8) = 72$, 最小值为 $f(1,1,2) = 6$;

(3) 最远点为 $(-5,-5,5)$, 最近点为 $(1,1,1)$.

提示: 由 $C: \begin{cases} x^2 + y^2 - 2z^2 = 0, \\ x + y + 3z = 5 \end{cases}$ 得 $z = \dfrac{5 - x - y}{3}$, 代入 $x^2 + y^2 - 2z^2 = 0$ 得

$x^2 + y^2 - 2\left[\dfrac{5-x-y}{3}\right]^2 = 0 \Rightarrow x^2 - 4x(y-5) + y^2 + 20y - 50 = 0$, 则问题变为函数

$f(x,y) = x^2 + y^2$, 在 $x^2 - 4x(y-5) + y^2 + 20y - 50 = 0$ 条件下的最值问题.

习 题 10.1

1. 略
2. 略
3. $\dfrac{1}{3}\pi a^3$.
4. (1) $[\pi, 2\pi]$; (2) $[0, \pi^2]$; (3) $[36\pi, 100\pi]$.
5. 略
6. $I_1 < I_3 < I_2$.
7. $I_2 < I_1 < I_3$.
8. $\pi f(0,0)$.

习 题 10.2

1. (1) $\displaystyle\int_0^1 dx \int_0^{1-x} f(x,y)dy$ 或 $\displaystyle\int_0^1 dy \int_0^{1-y} f(x,y)dx$;

(2) $\displaystyle\int_0^1 dx \int_{x^2}^{\sqrt{x}} f(x,y)dy$ 或 $\displaystyle\int_0^1 dy \int_{y^2}^{\sqrt{y}} f(x,y)dx$;

(3) $\int_{-1}^{1} dx \int_{-\sqrt{1-x^2}}^{\sqrt{1-x^2}} f(x,y) dy$ 或 $\int_{-1}^{1} dy \int_{-\sqrt{1-y^2}}^{\sqrt{1-y^2}} f(x,y) dx$;

(4) $\int_{1}^{3} dx \int_{\frac{1}{x}}^{x} f(x,y) dy$ 或 $\int_{\frac{1}{3}}^{1} dy \int_{\frac{1}{y}}^{3} f(x,y) dx + \int_{1}^{3} dy \int_{y}^{3} f(x,y) dx$.

2. (1) $\int_{0}^{2} dy \int_{\frac{y}{2}}^{y} f(x,y) dx + \int_{2}^{4} dy \int_{\frac{y}{2}}^{2} f(x,y) dx$;

(2) $\int_{0}^{1} dy \int_{\sqrt{y}}^{\sqrt[3]{y}} f(x,y) dx$;

(3) $\int_{0}^{1} dy \int_{2-y}^{1+\sqrt{1-y^2}} f(x,y) dx$;

(4) $\int_{-1}^{0} dx \int_{0}^{\sqrt{1-x^2}} f(x,y) dy + \int_{0}^{1} dx \int_{0}^{1-x} f(x,y) dy$;

(5) $\int_{0}^{1} dy \int_{y}^{2-y} f(x,y) dx$.

3. (1) $\dfrac{2}{3}$; (2) $\dfrac{1}{2}$; (3) $\dfrac{416}{3}$; (4) $\dfrac{3}{8}e - \dfrac{1}{2}\sqrt{e}$.

4. (1) 0; (2) $\dfrac{2}{15}$; (3) $\dfrac{\pi}{4}a^4 + 4\pi a^2$; (4) $\dfrac{1}{2}a^4$.

5. 略

6. 略

7. $\dfrac{1}{8} + xy$.

8. (1) $\int_{0}^{\frac{\pi}{4}} d\theta \int_{0}^{\sec\theta} f(\rho\cos\theta, \rho\sin\theta) \rho d\rho + \int_{\frac{\pi}{4}}^{\frac{\pi}{2}} d\theta \int_{0}^{\csc\theta} f(\rho\cos\theta, \rho\sin\theta) \rho d\rho$;

(2) $\int_{0}^{\frac{\pi}{2}} d\theta \int_{\frac{1}{\cos\theta + \sin\theta}}^{1} f(\rho\cos\theta, \rho\sin\theta) \rho d\rho$;

(3) $\int_{\frac{\pi}{4}}^{\frac{\pi}{3}} d\theta \int_{0}^{2\sec\theta} f(\rho) \rho d\rho$;

(4) $\int_{0}^{\frac{\pi}{4}} d\theta \int_{\tan\theta\sec\theta}^{\sec\theta} f(\rho\cos\theta, \rho\sin\theta) \rho d\rho$.

9. (1) $\dfrac{2\pi}{3}a^3$; (2) $-6\pi^2$; (3) $\dfrac{1}{32}\pi^2$; (4) $\dfrac{41}{2}\pi$.

10. (1) $\left(\dfrac{\pi}{3} - \dfrac{4}{9}\right)a^3$; (2) $\dfrac{\pi}{4}a^4 + 9\pi a^2$.

11. $\dfrac{10}{9}\sqrt{2}$.

12. 6π.

13. $\dfrac{3}{32}\pi a^4$.

14. $\dfrac{\pi}{2}$.

15. $\dfrac{4}{3}$.

习 题 10.3

1. (1) $\displaystyle\int_0^1 dx \int_0^{1-x} dy \int_0^{xy} f(x,y,z)dz$;   (2) $\displaystyle\int_{-1}^1 dx \int_{-\sqrt{1-x^2}}^{\sqrt{1-x^2}} dy \int_{x^2+y^2}^1 f(x,y,z)dz$;

(3) $\displaystyle\int_{-1}^1 dx \int_{x^2}^1 dy \int_0^{x^2+y^2} f(x,y,z)dz$;   (4) $\displaystyle\int_0^1 dx \int_0^{1-x} dy \int_{1-x-y}^1 f(x,y,z)dz$.

2. (1) 0;   (2) $\dfrac{32}{3}\pi$;   (3) $\dfrac{4}{15}\pi abc^3$;   (4) $\dfrac{1}{364}$;   (5) $\dfrac{1}{2}\ln 2 - \dfrac{5}{16}$.

3. 略

4. (1) $\dfrac{\pi}{6}$;   (2) $\dfrac{8}{3}\pi$;   (3) $\dfrac{\pi}{4}R^2h^2$;   (4) $\dfrac{16}{3}\pi$.

5. (1) $\dfrac{4}{5}\pi$;   (2) $\dfrac{\pi}{10}$.

6. (1) $\dfrac{32}{3}\pi$;   (2) $\dfrac{2(5\sqrt{5}-4)}{3}\pi$;   (3) $\dfrac{14}{3}\pi$.

7. $f'(0)$.

习 题 10.4

1. $S = \left[\dfrac{1}{6}(5\sqrt{5}-1) + \sqrt{2}\right]\pi$.

2. $8a^2$.

3. $\left(0, \dfrac{7}{3}a\right)$.

4. $\left(0, 0, \dfrac{3}{4}c\right)$.

5. $I_x = \left(\dfrac{b^2}{4} + \dfrac{h^2}{3}\right)m$, $I_y = \left(\dfrac{a^2}{4} + \dfrac{h^2}{3}\right)m$, $I_z = \dfrac{1}{4}(a^2+b^2)m$.

总 习 题 10

1. (1) A;   (2) C;   (3) B;   (4) B;   (5) D.

2. $\displaystyle\int_{-2}^2 dx \int_{-\sqrt{1+x^2}}^{\sqrt{1+x^2}} f(x,y)dy$.

3. 略

4. (1) $\displaystyle\int_0^{48} dy \int_{\frac{y}{12}}^{\sqrt{\frac{y}{3}}} f(x,y)dx$;   (2) $\displaystyle\int_0^{\frac{\sqrt{3}a}{2}} dy \int_{\frac{y}{2}}^{a} f(x,y)dx + \int_{\frac{\sqrt{3}a}{2}}^{a} dy \int_{a-\sqrt{a^2-y^2}}^{a} f(x,y)dx$;

(3) $\int_0^1 dy \int_{\arcsin y}^{\pi-\arcsin y} f(x,y)dx;$ (4) $\int_0^{\frac{\sqrt{2}R}{2}} dy \int_y^{\sqrt{R^2-y^2}} f(x,y)dx.$

5. $2\ln 2 - 1.$

6. $\frac{1}{2}(1-e^{-1}).$

7. $f(0,0).$

8. $\frac{\pi a}{2}.$

9. (1) $4\frac{2}{3};$ (2) $\frac{9}{4};$ (3) $\frac{12}{5};$ (4) $\frac{\pi}{6}.$

10. (1) $\int_{-1}^1 dx \int_0^{1-x^2} dz \int_{x^2}^{1-z} dy;$ (2) $\int_0^1 dy \int_0^{1-y} dz \int_{-\sqrt{y}}^{\sqrt{y}} dx.$

11. $\frac{8}{5}\pi.$

12. $\frac{368}{105}\mu.$

13. $\frac{\pi}{5}.$

习 题 11.1

1. $\frac{\sqrt{2}}{4}.$
2. $2\pi.$
3. $0.$
4. $e^a\left(2+\frac{\pi}{4}a\right) - 2.$
5. $2\pi a^2.$
6. $9.$
7. $\frac{3}{2}(1-e^{-2}).$

习 题 11.2

1. $\frac{34}{3}.$
2. $0.$
3. $\frac{\pi}{4}.$
4. $0.$
5. (1) $1;$ (2) $\frac{4}{3}.$
6. $\frac{17}{15}.$
7. (1) $0;$ (2) $0;$ (3) $0;$ (4) $\frac{8}{3}\pi^3;$ (5) $-2\pi;$ (6) $-\frac{3}{4}\pi a^3.$

8. (1) $\frac{1}{2}k\pi a^2$,　(2) $\frac{3}{16}k\pi a^2$.

9. (1) $\int_L \frac{2\sqrt{x}P+Q}{\sqrt{1+4x}}ds$;　(2) $\int_\Gamma \frac{P+2xQ+3yR}{\sqrt{1+4x^2+9y^2}}ds$.

习　题　11.3

1. $\frac{1}{30}$.

2. -2π.

3. (1) 6π;　　　　　　　　　　　　(2) $3\pi a^2$.

4. 5.

5. (1) $\frac{1}{2}\pi a^4$;　(2) $-a^2$;　(3) $e+\sin 1-1$;　(4) $\frac{1}{4}\pi^2$;　(5) $\frac{\pi}{8}ma^2$.

6. (1) $u(x,y)=\frac{1}{2}(x^2+y^2)+2xy+C$;　(2) $-\sin 3y\cos 2x+C$;　(3) $\sqrt{x^2+y^2}+C$.

7. $a=-1, b=1$.　$u(x,y)=(x+y)(e^x-e^y)-x+C$.

8. 略.

习　题　11.4

1. $4\sqrt{61}$.

2. 0.

3. πa^3.

4. $\pi a^3 h$.

5. $\frac{1+\sqrt{2}}{2}\pi$.

6. $-\frac{27}{4}$.

7. $\frac{32}{9}\sqrt{2}$;

8. (1) $\frac{4}{3}\pi a^4$;　(2) $\frac{10}{9}\pi a^4$.

习　题　11.5

1. -8π.

2. 0.

3. $3a^3$.

4. $\frac{3}{2}\pi$.

5. 8π.

6. $4\pi R^3$.

7. $\dfrac{\pi}{2}$.

8. (1) $\dfrac{1}{5}\iint\limits_{\Sigma}(2P+3Q+2\sqrt{3}R)\mathrm{d}S$;   (2) $\iint\limits_{\Sigma}\dfrac{2xP+2yQ+R}{\sqrt{1+4x^2+4y^2}}\mathrm{d}S$.

习 题 11.6

1. $\dfrac{\pi}{6}$.

2. -6π.

3. $\dfrac{2}{5}\pi a^5$.

4. $\dfrac{2}{3}\pi$.

*5. $-\sqrt{3}\pi a^2$.

*6. $\dfrac{3}{2}$.

总 习 题 11

1. $12a$.

2. C.

3. B.

4. $2a^2$.

5. $\dfrac{13}{6}$.

6. $\dfrac{2}{3}\pi(3a^2+4\pi^2b^2)\sqrt{a^2+b^2}$;

7. 0.

8. (1) $\dfrac{4}{3}$;   (2) $\dfrac{8}{3}$.

9. (1) $R=\sqrt{2}$;   (2) $\dfrac{3}{2}\pi$.

10. $a=2$.

11. $\dfrac{1}{35}$.

12. πa^3.

13. $(2-\sqrt{2})\pi R^3$.

14. $-4\pi abc$.

15. $3a^4$.

16. $\dfrac{12}{5}\pi a^5$.

17. 8π.

*18. 0.

习 题 12.1

1. (1) $y' = x^2$;　　(2) $yy' + 2x = 0$;　　(3) $x^2(1+y'^2) = 4$, $y|_{x=2} = 0$.

2. (1) 一阶线性微分方程;　　　　　　(2) 三阶非线性微分方程;
(3) 一阶非线性微分方程;　　　　　　(4) 二阶非线性微分方程.

3. $u(x) = \dfrac{x^2}{2} + x + C$, 提示: 将函数 $y = (1+x)^2 u(x)$ 代入微分方程得 $u'(x) = 1+x$, 积分得结果.

4. $y = \left(x^2 - \dfrac{\pi^2}{4}\right) \sin x$.

5. $y = (8 + 4x)\mathrm{e}^{-x}$.

习 题 12.2

1. (1) $y = \dfrac{1}{\ln|C(x^2-1)|}$;　　(2) $\ln y = C \cdot \mathrm{e}^{\arctan x}$;　　(3) $\sin y = C \cos x$;
(4) $y^2 - 1 = C(x-1)^2$;　　(5) $(1+\mathrm{e}^x)(1-\mathrm{e}^y) = C$;　　(6) $1 + y^2 = C(x^2 - 1)$;
(7) $\ln y^2 - y^2 = 2x - 2\arctan x + C$;
(8) 当 $\sin \dfrac{y}{2} \neq 0$ 时, 通解为 $\ln\left|\tan\dfrac{y}{4}\right| = C - 2\sin\dfrac{x}{2}$;

当 $\sin\dfrac{y}{2} = 0$ 时, 特解为 $y = 2k\pi(k = 0, \pm 1, \pm 2, \cdots)$;

提示: 利用三角公式将方程改写为 $y' = -2\cos\dfrac{x}{2}\sin\dfrac{y}{2}$, 分离变量积分得结果.

2. $v = \dfrac{mg}{k}\left(1 - \mathrm{e}^{-\frac{k}{m}t}\right)$, 提示: 设降落伞下落速度为 $v(t)$, 降落伞下落时, 同时受到重力 $P = mg$ 与阻力 $R = kv$ 的作用, 故降落伞所受外力为 $F = mg - kv$, 由牛顿第二定律 $F = ma$, 得 $v(t)$ 满足的微分方程同时根据题意得初始条件 $\begin{cases} m\dfrac{\mathrm{d}v}{\mathrm{d}t} = mg - kv, \\ v|_{t=0} = 0. \end{cases}$

3. $x = \dfrac{k}{a}\left(\dfrac{h}{2}y^2 - \dfrac{1}{3}y^3\right)$, 提示: 设 O 点到岸的距离竖直方向的投影为 $y = y(t)$, 水平方向的投影为 $x = x(t)$, x, y 满足的方程组为 $\begin{cases} \dfrac{\mathrm{d}x}{\mathrm{d}t} = ky(h-y), \\ y = at. \end{cases}$ 解得通解为 $x = \dfrac{1}{2}kaht^2 - \dfrac{1}{3}ka^2t + C$, 再根据初值条件 $x|_{t=0} = 0$ 得 $C = 0$, 代入 $y = at$ 得结果.

4. (1) $\ln|y| = \dfrac{y}{x} + C$;　　　　　　(2) $\ln C(y + 2x) + \dfrac{x}{y+2x} = 0$;
(3) $(y-x)^2 = Cy(y-2x)^3$;　　　　(4) $y = C\left(\ln\dfrac{y}{x} + 1\right)$.

5. (1) $(1 + \mathrm{e}^x)\sec y = 2\sqrt{2}$;　　(2) $y^2 = 2x^2(\ln x + 2)$;　　(3) $3(x^2 + y^2) = 5(x+y)$;

*6. (1) $x^2 - 2xy - y^2 + 2x + 6y = C$, 提示: 因为 $x + y = 0$ 与 $3x + 3y - 4 = 0$ 两直线交

点为 $(1,2)$，则坐标变换 $\begin{cases} x = X+1, \\ y = Y+2; \end{cases}$

(2) $y = \tan(x+C) - x$，提示：令 $u = x+2y$；

(3) $(y-x)^2 = Cy(y-2x)^3$，提示：令 $u = x+2y$；

(4) $x+3y+2\ln|x+y-2| = C$，提示：因为 $x+y=0$ 与 $3x+3y-4=0$ 两直线平行无交点，则直接令 $u=x+y$。

7. (1) $y = (x+1)\left[2(x+1)^{\frac{1}{2}} + C\right]$；　　(2) $y = C\cos x - 2\cos^2 x$；

(3) $y = \dfrac{1}{\ln x}\left(\dfrac{1}{2}\ln^2 x + C\right)$；　　(4) $y = \sin x + C\cos x$；

(5) $y = ax + \dfrac{C}{\ln x}$；　　(6) $x = Ce^{\sin y} - 2(\sin y + 1)$；

(7) $x = \dfrac{Ce^{-y}}{y} + \dfrac{e^y}{2y}$；　　(8) $x = \dfrac{1}{y^2}(\ln|y| + C)$。

8. $f(x) = 2x^2 - x$。

9. $y = x(1-4\ln x)$，提示：设曲线弧 $\overset{\frown}{OA}$ 的方程为 $y = f(x)$，则根据题意得方程 $\displaystyle\int_0^x f(t)dt - \dfrac{1}{2}xy = x^2$，方程两边同时对 x 求导，得 $f(x)$ 满足的微分方程 $y - xy' = 4x$，同时根据题意得初值条件 $f(1) = 1$，求其特解。

10. $f(t) = e^{4\pi t^2}(4\pi t^2 + 1)$。

11. $y(20) = 1512.58$g，提示：设 t 时刻添加剂总量为 $y(t)$，由公式：存储罐中总量的变化率 = 添加剂进入的速率–溶液流出的速率. 得到 $y(t)$ 满足的微分方程 $\dfrac{dy}{dt} = 2\times 40 - \dfrac{y}{8000-5t}\cdot 45$，解出通解，再根据初值条件 $y(0) = 100$ 得到 C，从而可求得 $y(20)$。

12. (1) $\dfrac{5}{2}x^2 = \ln y - \ln(5+y) + C$ 或 $\dfrac{5}{2}x^2 + \ln\left|1 + \dfrac{5}{y}\right| = C$；

(2) $y = x^4\left(\dfrac{x}{2} + C\right)^2$；

(3) $yx\left[C - \dfrac{a}{2}(\ln x)^2\right] = 1$；

(4) $y = x + \dfrac{1}{Ce^{\frac{x^2}{2}} - x^2 - 2}$，提示：令 $y - x = u$ 则 $\dfrac{dy}{dx} = \dfrac{du}{dx} + 1$ 代入原方程得到伯努利方程 $\dfrac{du}{dx} + xu = -x^3u^2$；

(5) $2xy - \sin(2xy) = 4x + C$，提示：令 $yx = z$ 则 $\dfrac{dz}{dx} = y + x\dfrac{dy}{dx}$ 代入原方程得到伯努利方程（可分离变量微分方程）$\dfrac{dz}{dx} = \dfrac{1}{\sin^2 z}$；

(6) $\dfrac{2}{\sin y} + \cos x + \sin x = Ce^{-x}$ 和特解 $y = k\pi, k \in Z$，提示：令 $z = \sin y$ 则 $\dfrac{dz}{dx} = \cos y \dfrac{dy}{dx}$ 代入原方程得到伯努利方程 $\dfrac{dz}{dx} - z = z^2\cos x$。

13. (1) $-\dfrac{1}{xy} + \ln(1+y) = C$，提示：积分因子为 $\mu(x,y) = \dfrac{1}{x^2y^2(1+y)}$；

(2) $x^2 + \dfrac{2}{3}(x^2-y)^{\frac{3}{2}} = C$, 提示: 重新组合方程 $d(x^2) + 2x\sqrt{x^2-y}dx - \sqrt{x^2-y}dy = 0$;

(3) $x^2 \ln y + \dfrac{1}{3}(1+y^2)^{\frac{3}{2}} = C$, 提示: 重新组合方程 $(2xy\ln y dx + x^2 dy) + y^2\sqrt{1+y^2}dy = 0$, 积分因子 $\mu(x,y) = \dfrac{1}{y}$;

(4) $y + xy + \dfrac{x^3}{3} + \dfrac{x^4}{4} = C$, 提示: 使用曲线积分法, 取点 (x_0, y_0) 为 $(0,0)$.

习 题 12.3

1. (1) $y = -\dfrac{1}{3}x^3 + \dfrac{1}{2}x^2 + C_1 x + C_2$;   (2) $y = C_1 x^4 + C_2 x^2 + C_3 x + C_4$;

(3) $y = \dfrac{1}{6}e^{2x} - C_1 e^{-x} + C_2$;   (4) $y = \begin{cases} x^2 \arctan C_1 x - \dfrac{x}{C_1} + \dfrac{1}{C_1^2}\arctan C_1 x + C_2, & C_1 \neq 0, \\ C_2, & C_1 = 0; \end{cases}$

(5) $y = C_1\left(x + \dfrac{x^3}{3}\right) + C_2$;   (6) $\arctan y = C_1 x + C_2$;

(7) $y = C_2 e^{C_1 x}$;   (8) $y = C_1 + \arcsin(C_2 e^x)$.

2. (1) $y = \dfrac{1}{4}e^{2x} + \cos x + \dfrac{1}{2}x - \dfrac{5}{4}$;   (2) $y = x^3 + x + 1$;

(3) $y = \tan\left(x + \dfrac{\pi}{4}\right)$.

3. $x = \dfrac{F_0}{m}\left(\dfrac{t^2}{2} - \dfrac{t^3}{6T}\right)$, $0 \leqslant t \leqslant T$. 提示: 设在时刻 t 质点的位置为 $x = x(t)$, 由牛顿第二定律, 得质点运动的微分方程 $m\dfrac{d^2 x}{dt^2} = F(t)$, 由题设, $F(t)$ 随 t 增大而均匀地减小, 且 $F(0) = F_0$, 则 $F(t) = F_0 - kt$; 由因为 $F(T) = 0$, 则 $F(t) = F_0(1-t/T)$, 故微分方程可改写为 $m\dfrac{d^2 x}{dt^2} = \dfrac{F_0}{m}\left(1 - \dfrac{t}{T}\right)$, 且得初始条件 $x|_{t=0} = 0$, $\left.\dfrac{dx}{dt}\right|_{t=0} = 0$, 求此微分方程的通解得结果.

4. $y = \dfrac{x}{2} + \dfrac{1}{2}$, 提示: 此方程属于 $y'' = f(x, y')$ 型的方程令 $y' = p(x)$ 代入进行求出其通解 $y = \dfrac{x}{2} + C_1 + \dfrac{C_2}{x}$, 因当 $x \to 0$ 时, y 有界, 则 $C_2 = 0$, 故 $y = \dfrac{x}{2} + C_1$, $y' = \dfrac{1}{2}$ 及 $y(1) = \dfrac{1}{2} + C_1$, $y(1) = 2y'(1)$ 可得 $C_1 = \dfrac{1}{2}$.

5. $\ln u$, 提示: 求多元复合函数 $z = f(\sqrt{x^2+y^2})$ 求二阶偏导数 $\dfrac{\partial^2 z}{\partial x^2}$, $\dfrac{\partial^2 z}{\partial y^2}$, 代入 $\dfrac{\partial^2 z}{\partial x^2} + \dfrac{\partial^2 z}{\partial y^2} = 0$ 得 $f(u)$ 微分方程 $f''(u) + \dfrac{1}{u}f'(u) = 0$, 此微分方程是不显含未知函数的可将阶的二阶微分方程, 求其在初值条件 $f(1) = 0$, $f'(1) = 1$ 下的特解.

习 题 12.4

1. (1) 不是;   (2) 不是;   (3) 不是;   (4) 不是.

2. $y = C_1 \sin 3x + C_2 \cos 3x$.

3. (1) $y = C_1 e^{2x} + C_2 e^{-x} + x e^x$;

(2) $y'' - y' - 2y = e^x - 2x e^x$, 提示：因为 $y = C_1 e^{2x} + C_2 e^{-x} + x e^x$, 则 $y' = 2C_1 e^{2x} - C_2 e^{-x} + x e^x + e^x$, $y'' = 4C_1 e^{2x} + C_2 e^{-x} + x e^x + 2e^x$, 利用 y, y', y'' 消去 C_1, C_2 即得所求方程.

习 题 12.5

1. (1) $y = C_1 e^{-3x} + C_2 e^{-5x}$; (2) $y = (C_1 + C_2 x) e^{-x}$;

(3) $y = e^{-3x}(C_1 \cos\sqrt{6}x + C_2 \sin\sqrt{6}x)$;

(4) $y = C_1 \cos\sqrt{10}x + C_2 \sin\sqrt{10}x + C_3 e^{\sqrt{5}x} + C_4 e^{-\sqrt{5}x}$;

(5) $y = C_1 + (C_2 + C_3 x)\cos x + (C_4 + C_5 x)\sin x$;

(6) $y = C_1 e^{\sqrt{2}x} + C_2 e^{-\sqrt{2}x} + C_3 e^x + C_4 e^{-x} + C_5 \cos x + C_6 \sin x$.

2. (1) $y = \dfrac{3}{2} e^{-x} + \dfrac{1}{2} e^{3x}$; (2) $y = x e^{-2x}$; (3) $y = e^{-x} \sin 2x$.

3. $\ln y = C_1 e^x + C_2 e^{-x}$, 提示：$y \neq 0$, 方程可化为 $\dfrac{yy'' - (y')^2}{y^2} = \ln y$ 即 $\left(\dfrac{y'}{y}\right)' = \ln y$, 而 $(\ln y)' = \dfrac{y'}{y}$, 则令 $z = \ln y$, 则原方程化为 $z'' - z = 0$.

习 题 12.6

1. (1) $y^* = a_0 e^{3x}$; (2) $y^* = x(a_0 x + a_1) e^{-2x}$;

(3) $y^* = x^2(a_0 x^2 + a_1 x + a_2) e^{-x}$; (4) $y^* = x(a\cos x + b\sin x)$;

(5) $y^* = a_0 \cos 2x + (b_0 x + b_1)\sin 2x$; (6) $y^* = e^x(a\cos x + b\sin x)$.

2. (1) $y = (C_1 + C_2 x) e^{-4x} + \dfrac{1}{16}x + \dfrac{1}{32}$; (2) $y = C_1 \cos x + C_2 \sin x + \left(\dfrac{1}{2}x^2 - x + \dfrac{1}{2}\right) e^x$;

(3) $y = C_1 \cos x + C_2 \sin x + \dfrac{4}{9}\sin 2x - \dfrac{1}{3}x\cos 2x$;

(4) $y = C_1 + C_2 e^{-x} + \dfrac{1}{2} e^x - \dfrac{1}{2}\cos x + \dfrac{1}{2}\sin x$.

3. (1) $y = (2x^2 - 4x + 5) e^x - 5$; (2) $y = \left(1 - \dfrac{1}{4}x\right) e^{-2x} + \dfrac{1}{8}\sin 2x$.

4. $y = C_1 e^{2x} + C_2 e^x + x e^x$.

5. $\varphi(x) = \dfrac{1}{2}(\cos x + \sin x + e^x)$, 提示：方程两边同时对 x 求两次导得到关于 $\varphi(x)$ 满足的微分方程；$\varphi''(x) + \varphi(x) = e^x$.

习 题 12.7

1. (1) $y = C_1 + C_2 \ln x + (\ln x)^3 - \dfrac{1}{x}$; (2) $y = \dfrac{C_1}{x} + \dfrac{C_2}{x^2}$;

(3) $y = C_1 x^5 + \dfrac{C_2}{x} - \dfrac{1}{9}x^2 \ln x$; (4) $y = C_1 + \dfrac{C_2}{x} + C_3 x^3 - \dfrac{1}{2}x^2$.

2. $y = C_1 + C_2 \ln x + (\ln x)^3 - \dfrac{1}{x}$,提示:方程两边同时对 x 求导得微分方程 $(1+x)^2 y'' - (1+x)y' + y = \dfrac{1}{1+x}$ 且有 $y(0) = 0, y'(0) = 0$,这是欧拉方程令 $1+x = \mathrm{e}^t$ 可求其特解.

习 题 12.8

1. (1) $\begin{cases} x = \dfrac{1}{5}(C_1 - 3C_2)\sin t - \dfrac{1}{5}(3C_1 + C_2)\cos t, \\ y = C_1\cos t + C_2\sin t; \end{cases}$

(2) $\begin{cases} x = C_1\mathrm{e}^t + C_2 t\mathrm{e}^t - 3t - 7, \\ y = -C_1\mathrm{e}^t - C_2\left(\dfrac{1}{2} + t\right)\mathrm{e}^t + t + 5; \end{cases}$

(3) $\begin{cases} x = \alpha^3 C_1 \mathrm{e}^{-\alpha t} - \alpha^3 C_2 \mathrm{e}^{\alpha t} - \beta^3 C_3 \cos\beta t + \beta^3 C_4 \sin\beta t - 2\mathrm{e}^t, \\ y = C_1 \mathrm{e}^{-\alpha t} + C_2 \mathrm{e}^{\alpha t} + C_3 \cos\beta t + C_4 \sin\beta t + \mathrm{e}^t, \end{cases}$ 其中 $\alpha = \sqrt{\dfrac{1+\sqrt{5}}{2}}$,
$\beta = \sqrt{\dfrac{1-\sqrt{5}}{2}}$.

2. (1) $\begin{cases} x = \dfrac{1}{2}\cos t + \dfrac{3}{2}\sin t + \dfrac{1}{2}\mathrm{e}^t, \\ y = -\dfrac{1}{2}\sin t + \dfrac{3}{2}\cos t - \dfrac{1}{2}\mathrm{e}^t; \end{cases}$ (2) $\begin{cases} x = 2\cos t - \sin t, \\ y = 2\sin t + \cos t. \end{cases}$

总 习 题 12

1. (1) $y = Cx\mathrm{e}^{-x}(x \neq 0)$; (2) $y = \mathrm{e}^{Cx}$;
(3) $(y^2 - 1)(x^2 - 1) = C$; (4) $\mathrm{e}^{-y} = 1 - Cx$;
(5) $\mathrm{e}^{-\frac{y}{x}} + \ln|x| = C$; (6) $\sin\dfrac{y}{x} = \ln|x| + C$
(7) $\sin\dfrac{y}{x} = Cx$; (8) $y = \mathrm{e}^{-x}(\sin x + C)$.

2. $y = \dfrac{1000 \cdot 3^{\frac{t}{3}}}{9 + 3^{\frac{t}{3}}}$,提示:$y(t)$ 满足的微分方程 $y' = ky(1000-y)$,同时根据题意得初始条件 $y|_{t=0} = 100, y|_{t=3} = 250$ 得 C, k 的取值.

3. (1) $y^2 = \dfrac{(4 + Cx^5)x^3}{Cx^5 - 1}$ 与特解 $y^2 = x^3$,提示:作变换 $y = z^{\frac{3}{2}}$,将原方程变为齐次方程 $3\left(\dfrac{z}{x}\right)^2 \dfrac{\mathrm{d}z}{\mathrm{d}x} + \left(\dfrac{z}{x}\right)^6 = 4$;

(2) $y = C\mathrm{e}^{-2\arctan\frac{y+2}{x-3}} - 2$,提示:由 $\begin{cases} y+2 = 0, \\ x+y-1 = 0 \end{cases}$ 得 $\begin{cases} x = 3, \\ y = -2. \end{cases}$ 故作坐标变换 $\begin{cases} u = x - 3, \\ v = y + 2, \end{cases}$ 将方程化为齐次方程 $\dfrac{\mathrm{d}v}{\mathrm{d}u} = 2\left(\dfrac{v}{u+v}\right)^2$,再令 $z = \dfrac{v}{u}$,将方程化为 $\dfrac{(1+z)^2}{z(1+z^2)}\mathrm{d}z = -\dfrac{\mathrm{d}u}{u}$,积分回代得结果.

4. (1) $y = 1/4 - x^2$,提示:设曲线 L 过点 $P(x,y)$ 的切线方程为 $Y - y = y'(X - x)$,令 $X = 0$,则得该切线在 y 轴上的截距为 $y - xy'$,由题设得微分方程 (齐次方程) $\sqrt{x^2 + y^2} = y - xy'$ 与初值条件,解之得;

(2) $Y = -\dfrac{\sqrt{3}}{3}X + \dfrac{1}{3}$, 提示: 易见曲线 $y = 1/4 - x^2$ 在点 $P(x,y)$ 处的切线方程为 $Y - (1/4 - x^2) = -2x(X - x)$, $\left(0 < x \leqslant \dfrac{1}{2}\right)$, 它与轴及轴交点分别为 $\left(\dfrac{x^2 + 1/4}{2x}, 0\right)$ 与 $(0, x^2 + 1/4)$, 则所求面积为 $S(x) = \dfrac{1}{2}\dfrac{(x^2 + 1/4)^2}{2x} - \int_0^{1/2}\left(\dfrac{1}{4} - x^2\right)dx$, 则求 $S(x)$ 的最小值点可得结果.

5. (1) $t = \varphi^2(y) - 4$, 提示: 设 t 时刻的溶液高度为 y, 此时液面面积为 $\pi\varphi^2(y) = 4\pi + \pi t$;

(2) $x = 2e^{\pi y/6}$, 提示: 液面高度为 y 时, 液面体积为 $\pi\int_0^y \varphi^2(u)du = 3t = 3\varphi^2(y) - 12$, 两边求导得 $\varphi(y)$ 满足的微分方程, 及题设条件提供的初值条件 $\varphi(0) = 2$.

6. $f(x) = (\ln 2)e^{2x}$.

7. $-e^x \ln(1-x), \quad -1 \leqslant x < 1.$

8. $y = y(x) = x - \dfrac{75}{124}x^2$, 提示: 微分方程可变形整理为 $\dfrac{dy}{dx} - \dfrac{2}{x}y = -1$, 解得其通解为 $y = x + Cx^2$, 故所求体积为 $V(C) = \int_1^2 \pi(x + Cx^2)^2 dx = \pi\left(\dfrac{31}{5}C^2 + \dfrac{15}{2}C + \dfrac{7}{3}\right)$, 求体积函数的最小值点得 C, 代入微分方程的通解得结果.

9. (1) $\dfrac{3}{2}x^2 + \ln\left|1 + \dfrac{3}{y}\right| = C$, 提示: 令 $z = y^{1-2} = y^{-1}$;

(2) $y = \dfrac{1}{\ln x + Cx + 1}$, 提示: 令 $z = y^{1-2} = y^{-1}$;

(3) $xy^{-3} + \dfrac{3}{4}x^2(2\ln x - 1) = C$, 提示: 令 $z = y^{1-4} = y^{-3}$;

(4) $7y^{-\frac{1}{3}} = Cx^{\frac{2}{3}} - x^3$, 提示: 令 $z = y^{1-\frac{4}{3}} = y^{-\frac{1}{3}}$.

10. (1) $x = Cye^{\frac{1}{xy}}$, 提示: 令 $xy = u$;

(2) $\cos(x+y) - \cot(x+y) = \dfrac{C}{x}$, 提示: 令 $x + y = u$;

(3) $(x-y)^2 + 2x = C$, 提示: 令 $x - y = u$;

(4) $\dfrac{2}{\sin y} + \cos x + \sin x = Ce^{-x}$ 及特解 $y = k\pi, k \in Z$, 提示: 令 $\sin y = u$ 将方程化为伯努利方程.

11. $y = \dfrac{1}{3}x^3 + \dfrac{1}{2}x + 1$.

12. $y = \sqrt{2} - \sqrt{2 - e^{2x}}$, 提示: 由题意知 $y(0) = 0, y'(0) = 1$, 因为 α 为曲线 l 在点 (x,y) 外切线的倾角, 所以有 $\dfrac{dy}{dx} = \tan\alpha$, 两端求 x 导得 $y'' = \sec^2\alpha \cdot \dfrac{d\alpha}{dx}$, 因为 $\sec^2\alpha = 1 + \tan^2\alpha$, 得 $(1 + y'^2)y' = y''$, 求其满足初值条件 $y(0) = 0, y'(0) = 1$ 下的特解.

13. (1) $f'(x) = -\dfrac{e^{-x}}{x+1}$, 提示: 方程两边同时对 x 求导, 令 $y = f(x)$, 即可得到 $y'' = f(x, y')$ 型的二阶微分方程;

(2) 略, 利用函数单调性进行证明, 当 $x \geqslant 0$ 时, $f'(x) < 0$, 则 $f(x)$ 单调减少, 且 $f(0) = 1$,

则 $f(x) \leqslant f(0) = 1$. 另设 $\varphi(x) = f(x) - \mathrm{e}^{-x}$, 则 $\varphi(0) = 0$, $\varphi'(x) = f'(x) + \mathrm{e}^{-x} = \dfrac{x}{x+1}\mathrm{e}^{-x}$, 当 $x \geqslant 0$ 时, $\varphi'(x) \geqslant 0$, 即 $\varphi(x)$ 单调增加, 则 $\varphi(x) \geqslant \varphi(0) = 0$, 即 $f(x) \geqslant \mathrm{e}^{-x}$.

14. $y = 2\mathrm{e}^{2x} - \mathrm{e}^x$, 提示: 由题设及二阶线性齐次和非齐次微分方程解的定理可假设原微分方程的通解为 $y = C_1(\mathrm{e}^x - x) + C_2(\mathrm{e}^{2x} - x) + x$.

15. $y = 2x + \sqrt{1-x^2}$, 提示: $y' = \dfrac{\mathrm{d}y}{\mathrm{d}t} \cdot \dfrac{\mathrm{d}t}{\mathrm{d}x} = -\dfrac{1}{\sin t}\dfrac{\mathrm{d}y}{\mathrm{d}t}$, $y'' = \dfrac{\mathrm{d}y'}{\mathrm{d}t} \cdot \dfrac{\mathrm{d}t}{\mathrm{d}x} = \left(\dfrac{\cos t}{\sin^2 t}\dfrac{\mathrm{d}y}{\mathrm{d}t} - \dfrac{1}{\sin t}\dfrac{\mathrm{d}^2 y}{\mathrm{d}t^2}\right) \cdot \left(-\dfrac{1}{\sin t}\right)$ 代入原方程得 $\dfrac{\mathrm{d}^2 y}{\mathrm{d}t^2} + y = 0$ 解此微分方程得通解 $y = C_1 x + C_2 \sqrt{1-x^2}$, 代入初值条件得特解.

16. $y = \left(\dfrac{3}{2} - \dfrac{2}{\mathrm{e}}\right) + \left(\dfrac{2}{\mathrm{e}} - \dfrac{7}{6}\right)\mathrm{e}^x + \dfrac{x^3}{6}\mathrm{e}^x - \dfrac{x^2}{2}\mathrm{e}^x$.

17. 1.

18. $y = \dfrac{1}{4}x - \dfrac{1}{12}\cos 4x$.

19. $\dfrac{17}{6}\pi$, 提示: 方程 $xy'' - y' + 2 = 0$ 与欧拉方程 $x^2 y'' - xy' + 2x = 0$ 同解, 且有初始条件 $y(0) = 0$ 及 $2 = \displaystyle\int_0^1 y(x)\mathrm{d}x$ 可得其特解; 另外方程 $xy'' - y' + 2 = 0$ 也可视为可降阶的二次方程求其初始条件下的特解.

参 考 书 目

[1] 程贤锋, 金本清等. 高等数学. 北京: 科学出版社, 2014.
[2] 华东师范大学数学系. 数学分析 (第四版). 北京: 高等教育出版社, 2010.
[3] 朱永忠等. 高等数学. 北京: 科学出版社, 2008.
[4] 同济大学应用数学系. 高等数学 (第六版). 北京: 高等教育出版社, 2007.
[5] 南京邮电大学高等数学教研室. 高等数学. 北京: 清华大学出版社, 2006.
[6] 上海财经大学应用数学系. 高等数学. 上海: 上海财经大学出版社, 2003.
[7] 盛祥耀. 高等数学. 北京: 高等教育出版社, 2002.

教师教学服务指南

为了更好服务于广大教师的教学工作，科学出版社打造了"科学 EDU"教学服务公众号，教师可通过扫描下方二维码，享受样书、课件、会议信息等服务.

样书、电子课件仅为任课教师获得，并保证只能用于教学，不得复制传播用于商业用途. 否则，科学出版社保留诉诸法律的权利.

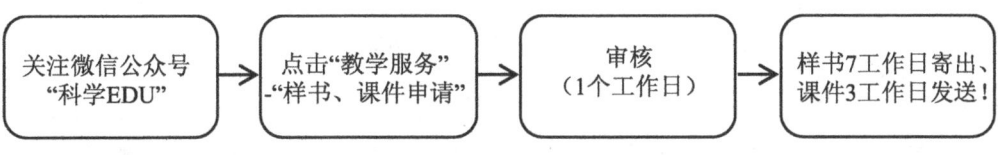

科学EDU

关注科学EDU，获取教学样书、课件资源

面向高校教师，提供优质教学、会议信息

分享行业动态，关注最新教育、科研资讯

学生学习服务指南

为了更好服务于广大学生的学习，科学出版社打造了"学子参考"公众号，学生可通过扫描下方二维码，了解海量经典教材、教辅、考研信息，轻松面对考试.

学子参考

面向高校学子，提供优秀教材、教辅信息

分享热点资讯，解读专业前景、学科现状

为大家提供海量学习指导，轻松面对考试

教师咨询：010-64033787　QQ：2405112526　yuyuanchun@mail.sciencep.com
学生咨询：010-64014701　QQ：2862000482　zhangjianpeng@mail.sciencep.com